実験医学 別冊
最強のステップUpシリーズ

初めてでもできる！超解像イメージング

STED、PALM、STORM、SIM、
顕微鏡システムの選定から撮影のコツと撮像例まで

［編集］岡田康志

表紙写真解説

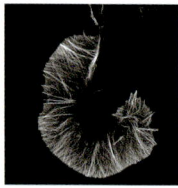

3D-SIMで観察したNG108-15細胞の成長円錐

詳細は実践編第3章5図3参照．

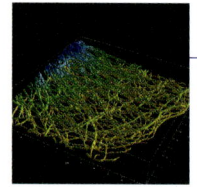

共焦点顕微鏡による微小管の三次元超解像イメージ

詳細は超解像イメージングフォトギャラリー参照．

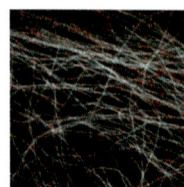

撮像した微小管（シアン）と微小管結合タンパク質MAP4（赤）

STED像．詳細は実践編第3章6図7参照．

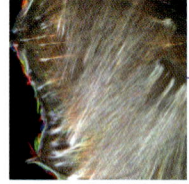

スピニングディスク超解像顕微鏡法SDSRMによるアクチン線維の超解像ライブイメージング

詳細は超解像イメージングフォトギャラリー参照．

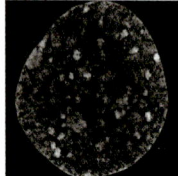

マウス10T1/2細胞核の3D-SIM画像

詳細は実践編第3章3図5参照．

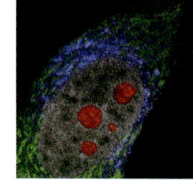

可視光2光子励起顕微鏡によるヒト子宮がん細胞の蛍光観察

詳細は原理・応用編第1章1図5参照．

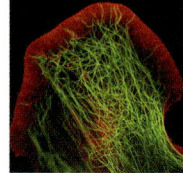

STEDで撮像したデコンボリューション後のNG108-15細胞の成長円錐

詳細は実践編第3章5図5参照．

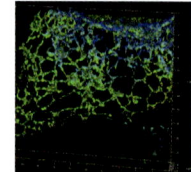

ERの超解像三次元ライブイメージ

CalreticulinのER局在化シグナル配列とKDEL配列を融合させたEGFP（pEGFP-ER，タカラバイオ社）によりERを標識し，共焦点顕微鏡をベースとした超解像顕微鏡法で三次元超解像イメージを作成した．画像提供：岡田康志博士（理化学研究所生命システム研究センター）．

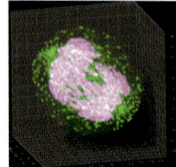

分裂後期HeLa細胞の三次元表現

EB1-GFP（微小管伸長端，緑）とH2B-TagRFP（染色体，マゼンタ）を発現するHeLa細胞を，格子光シート顕微鏡でタイムラプス撮影．染色体分配の途中のフレームを3D空間に表示した．個々の微小管先端と染色体の3D位置情報を正確に得ることができる．画像提供：清末優子博士（理化学研究所ライフサイエンス技術基盤研究センター）．

【注意事項】本書の情報について

　本書に記載されている内容は，発行時点における最新の情報に基づき，正確を期するよう，執筆者，監修・編者ならびに出版社はそれぞれ最善の努力を払っております．しかし科学・医学・医療の進歩により，定義や概念，技術の操作方法や診療の方針が変更となり，本書をご使用になる時点においては記載された内容が正確かつ完全ではなくなる場合がございます．また，本書に記載されている企業名や商品名，URL等の情報が予告なく変更される場合もございますのでご了承ください．

序

　超解像顕微鏡法の歴史を振り返ると，まず2000年にStefan Hellらは誘導放出制御（STED）顕微鏡の論文を発表し，同じころMats Gustaffsonも構造化照明顕微鏡法（SIM）の論文を発表しました．その後，2006年にEric Betzigら，Xiaowei Zhuangら，Samuel Hessらが独立に局在化法の論文を相次いで発表しました．STEDやSIMとは異なり，特別な光学系が不要であったこともあり，局在化法による超解像イメージングは研究者の間に一気に広まりました．その影響で，2010年ごろまでには局在化法用の顕微鏡だけでなく，STEDやSIMも市販されるにいたりました．その直後の2014年にノーベル化学賞が授与されたこともあって，超解像顕微鏡法はブームとなり，論文数も指数関数的に増加しています．

　一方で，「いろいろな種類がありすぎてどれを選べばよいかわからない」，「使ってみたものの，何も見えなかった」，「買ってはみたが，いまいち使えないので埃を被っている」などという声もよく耳にします．これは2000年ごろに2光子顕微鏡が登場したとき，そして，1980年代後半にレーザー走査型共焦点顕微鏡が登場したときと似た状況です．

　レーザー走査型共焦点顕微鏡は，当初，深さ方向の分解能が向上し，分厚い試料でも光学的断層像が撮影できると注目されましたが，実際に使用してみると，日常的な調整が必須で使いこなすのは困難で，前述のような話がよく聞かれたのです．そんな当時のバイブルが「Handbook of Biological Confocal Microscopy」〔Pawley J/ed, Plenum Press, 1990（最新版は第3版でSpringer Press, 2006）〕で，原理から応用まで何でも書いてある名著でした．

　今や，共焦点顕微鏡や2光子顕微鏡は広く活用され，その有用性を疑う人はいません．おそらく，今後5年以内に超解像顕微鏡も同様にその地位を確立することでしょう．しかし，今はまだ，新しい顕微鏡法に対する期待と，期待の裏返しのような失望が交錯する過渡期です．

　そんななか，タイムリーにも羊土社から本書の企画の話をいただきました．最初に思い浮かんだのは，原理，光学系からプローブなど周辺技術に加えて，実使用のためのチュートリアル，さらには発展的なトピックまでカバーしている前述の"Handbook"です．そこで，この"Handbook"に匹敵するものとするため，本書では超解像顕微鏡法の開発，応用などで世界第一線級の活躍をされている先生方や顕微鏡メーカーの方に執筆をお願いし，お忙しいなかご快諾いただきました．この場を借りて感謝申し上げます．本書がプロトコールから原理・応用まで網羅するバイブルとして，わが国における超解像蛍光顕微鏡を用いた医学生物学研究の発展に寄与できたならば，ひとえに執筆者の先生方のおかげであり，編者として幸甚の至りです．

　最後になりましたが，羊土社の方々，特に尾形さん，吉田さんにはたいへんお世話になりました．こうして本書がまとまったのは，ひとえにお2人の辣腕によるものです．心から感謝いたします．

2016年5月

岡田康志

執筆者一覧

◆編 集

岡田康志　理化学研究所生命システム研究センター細胞極性統御研究チーム

◆執筆者 [五十音順]

新井由之	大阪大学産業科学研究所生体分子機能科学研究分野
市村垂生	理化学研究所生命システム研究センター先端バイオイメージング研究チーム
一本嶋佐理	北海道大学大学院情報科学研究科生命人間情報科学専攻
伊東克秀	浜松ホトニクス株式会社システム事業部システム設計部
宇野真之介	東京大学大学院薬学系研究科薬品代謝化学教室
浦野泰照	東京大学大学院薬学系研究科薬品代謝化学教室/東京大学大学院医学系研究科生体情報学分野
太田啓介	久留米大学医学部解剖学講座
大友康平	北海道大学電子科学研究所研究支援部ニコンイメージングセンター
岡田康志	理化学研究所生命システム研究センター細胞極性統御研究チーム
加藤　薫	産業技術総合研究所バイオメディカル研究部門
神谷真子	東京大学大学院医学系研究科生体情報学分野
清末優子	理化学研究所ライフサイエンス技術基盤研究センター細胞動態解析ユニット
金城政孝	北海道大学大学院先端生命科学研究院 細胞機能科学研究室
佐甲靖志	理化学研究所佐甲細胞情報研究室
佐瀬一郎	株式会社ニコンマイクロスコープ・ソリューション事業部開発部
佐藤康彦	カールツァイスマイクロスコピー株式会社 Training, Application and Support Center
髙塚賢二	株式会社ニコンマイクロスコープ・ソリューション事業部マーケティング部
田中晋太朗	ライカマイクロシステムズ株式会社ライフサイエンス事業本部プロダクト部
玉田洋介	自然科学研究機構基礎生物学研究所生物進化研究部門
永井健治	大阪大学産業科学研究所生体分子機能科学研究分野
中川真一	北海道大学大学院薬学研究院
中野明彦	東京大学大学院理学系研究科生物科学専攻/理化学研究所光量子工学研究領域生細胞超解像イメージング研究チーム
根本知己	北海道大学電子科学研究所生命科学研究部門光細胞生理研究分野
波田野俊之	GEヘルスケア・ジャパン株式会社ライフサイエンス統括本部サイエンティフィックサポート営業部
服部雅之	自然科学研究機構基礎生物学研究所光学解析室
林　真市	オリンパス株式会社技術開発部門光学システム開発本部
早野　裕	自然科学研究機構国立天文台先端技術センター
日比輝正	北海道大学電子科学研究所生命科学研究部門光細胞生理研究分野
平岡　泰	大阪大学大学院生命機能研究科細胞核ダイナミクス研究室
平野泰弘	大阪大学大学院生命機能研究科細胞核ダイナミクス研究室
廣島通夫	理化学研究所佐甲細胞情報研究室
深澤宏仁	浜松ホトニクス株式会社電子管事業部第2製造部第2開発グループ
藤田克昌	大阪大学大学院工学研究科応用物理学専攻
増井　修	理化学研究所統合生命医科学研究センター免疫器官形成研究グループ
松田厚志	国立研究開発法人情報通信研究機構未来ICT研究所
松田知己	大阪大学産業科学研究所生体分子機能科学研究分野
山中真仁	名古屋大学大学院工学研究科量子工学専攻
横田秀夫	理化学研究所光電子工学研究領域画像情報処理研究チーム
和沢鉄一	大阪大学産業科学研究所生体分子機能科学研究分野
渡邉朋信	理化学研究所生命システム研究センター先端バイオイメージング研究チーム

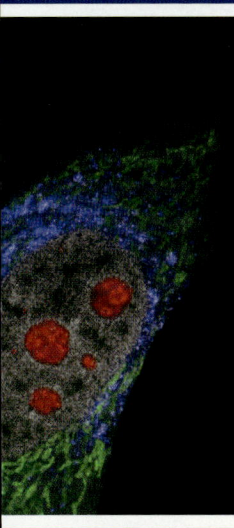
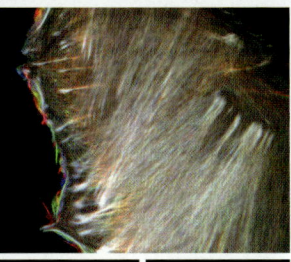
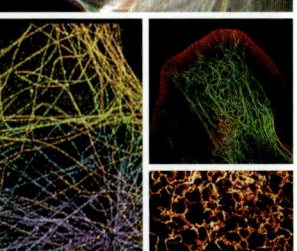

超解像イメージング
PHOTO GALLERY
フォトギャラリー

本書中で紹介している各種の超解像顕微鏡法の撮像例を集めました. 光学顕微鏡の限界 "200nm" を超えた世界をぜひご覧ください.

▶SD-OSRで観察したHeLa細胞ストレスファイバー

使用機種：SD-OSR. 対物レンズ：UAPON100X-OTIRF. 染色：F-Actin（緑, Alexa Fluor™ 488 Phalloidin）, Myosin2B（紫, Alexa Fluor™ 568）. 画像提供：上条桂樹博士（東北大学医学部）.

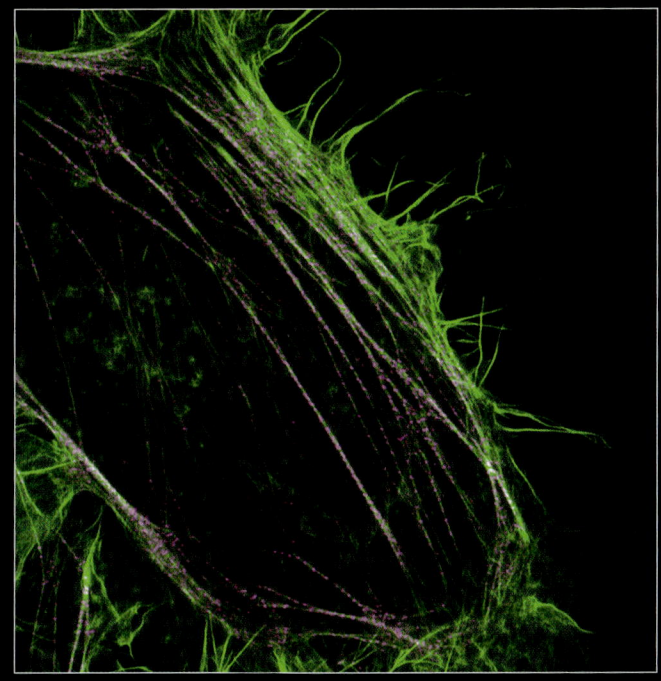

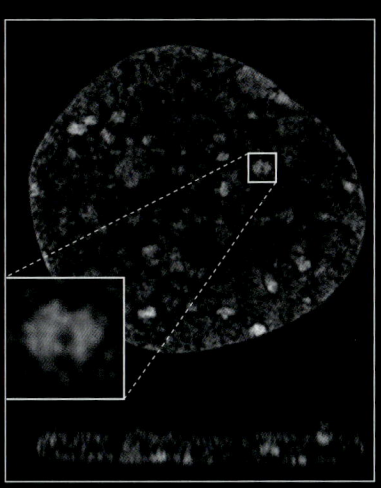

◀マウス10T1/2細胞核の3D-SIM画像

使用機種：DeltaVision OMX V3. 対物レンズ：UPlanSApo 100x/1.4 oil. 染色：細胞の化学固定後, DAPIで染色している. 四角で囲った部分の拡大図を左下に示した. 実践編第3章3図5参照.

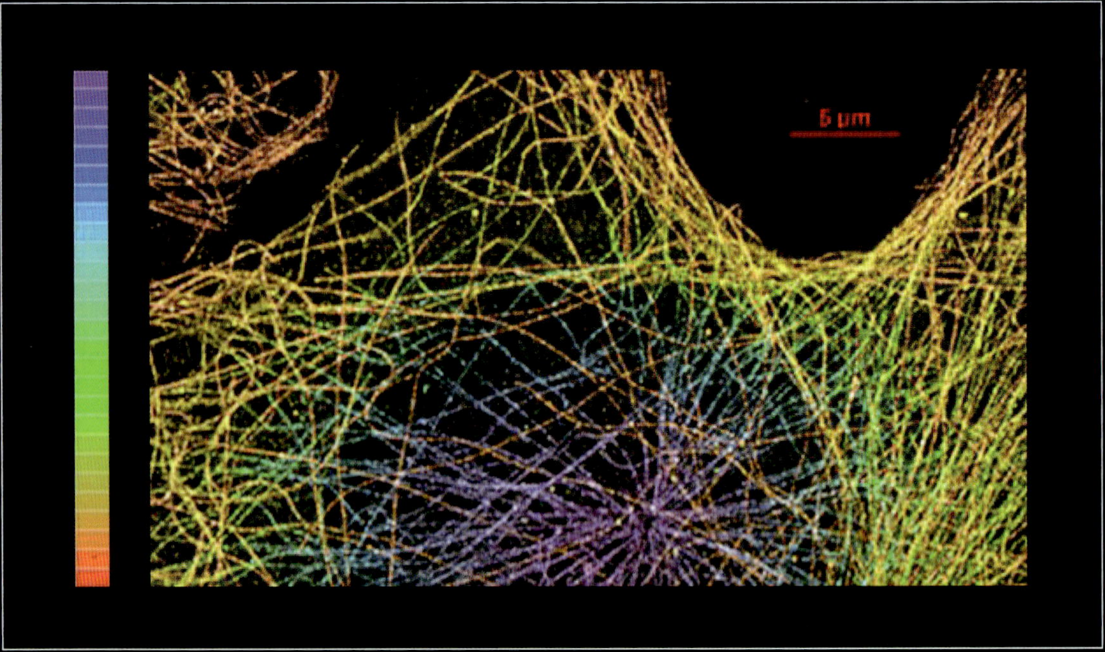

▲STORMによる微小管撮像画像(3D-STORM)
使用機種：N-STORM．細胞：BSC-1．染色色素：Alexa Fluor™ 647．対物レンズ：CFI Apo TIRF 100×H NA1.49（ニコン社）．撮像カメラ：Flash4.0（浜松ホトニクス社）．撮像条件：20,000frames（16ms/frame）×34layer．実践編第2章3図7参照．

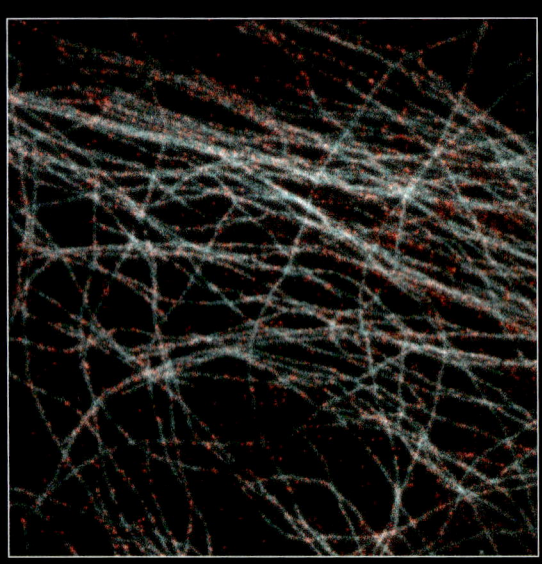

▲微小管と微小管結合タンパク質MAP4のSTED像
シアン：微小管．赤：MAP4．実践編第3章6図7参照．

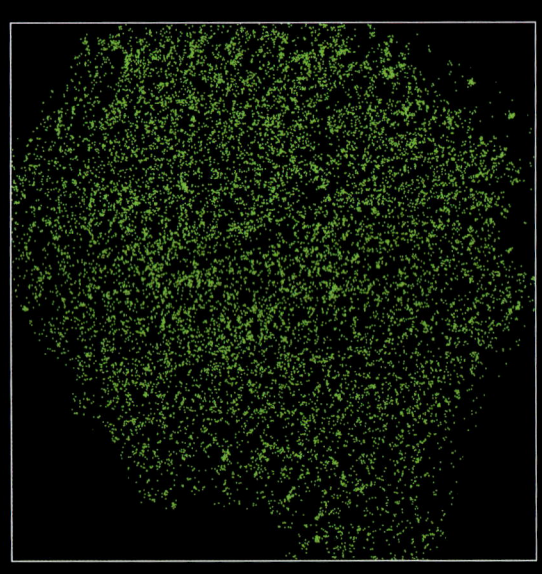

▲哺乳類細胞でのEGF受容体の細胞膜上分布（PALM画像）
使用機種：TE2000（ニコン社）/ C9100-13（浜松ホトニクス社）．対物レンズ：PlanApo 60X NA 1.49（ニコン社）．染色：EGF受容体に光転換蛍光タンパク質 mKikGRを融合し，CHO細胞で発現させている．原理・応用編第1章2図3参照．

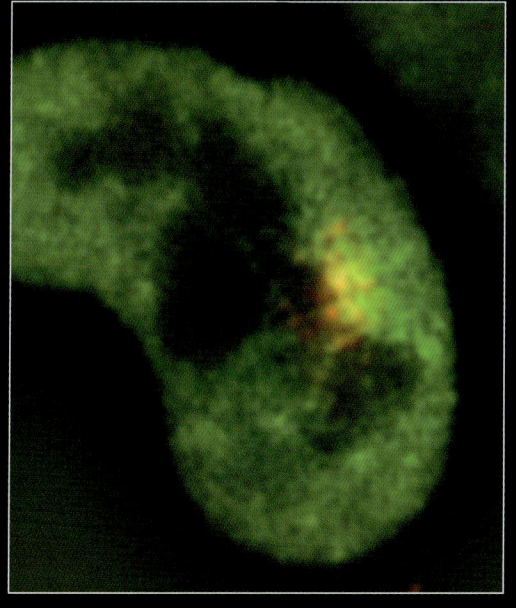

▲ **Xist ncRNA と hnRNPU の live-SIM 画像**
使用機種：N-SIM．対物レンズ：CFI Plan Apo IR SR 60XWI．蛍光標識：Xist ncRNA（赤）はMS2システムを用いてmCherryで間接標識し，hnRNPU（緑）はGFP融合タンパク質として直接標識している．実践編第3章4図3参照．

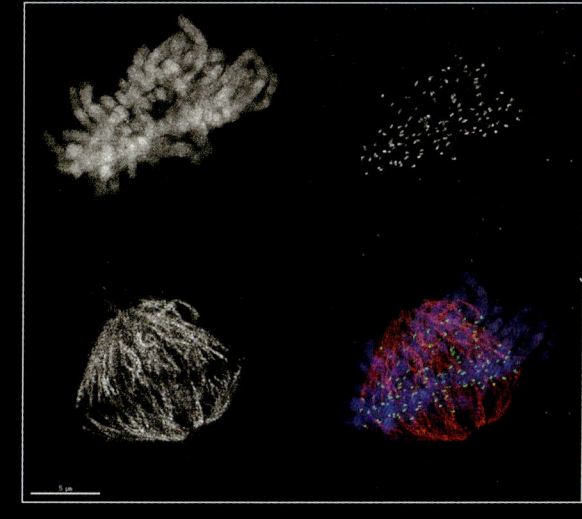

▲ **HeLa細胞染色体分配時のスピンドルとキネトコアの3D-SIM画像**
使用機種：DeltaVision OMX SR．対物レンズ：Certified 60X 1.42NA OIL PLAPON6 PSF．微小管：α-tubulin（赤：Alexa Fluor™ 568）．キネトコア：Hec1（緑：Alexa Fluor™ 488）．染色体DNA（青：DAPI）．三次元方向に超解像度が出せるOMX SRの3D-SIMによって，染色体分配時にテンションがかかるキネトコアの様子が詳細に観察できるようになった．実践編第2章1図2参照．

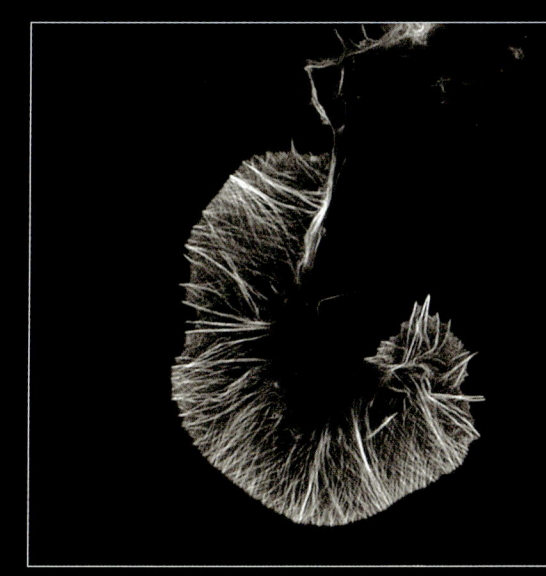

▲ **SIMで観察した成長円錐（NG108-15 細胞）**
左：2D-SIM．右：3D-SIM．使用機種：N-SIM（ニコン社）．対物レンズ：CFI SR Apo TIRF 100X/1.49 Oil．染色：Alexa Fluor™ 488 Phalloidinでアクチンを染色．同一の成長円錐のアクチン線維を，2D-SIMと3D-SIMで観察した．3D-SIMは，2D-SIMに比べ，光学的切片が薄いことがわかる．実践編第3章5図2，3参照．

▲STEDで撮像したHeLa細胞の微小管画像
使用機種：TCS SP8 STED3X. 対物レンズ：HC PL APO 100x/1.40 OIL STED WHITE. 染色：微小管をシリコンローダミンプローブSiR-tubulinで標識している．実践編第2章2図6参照．

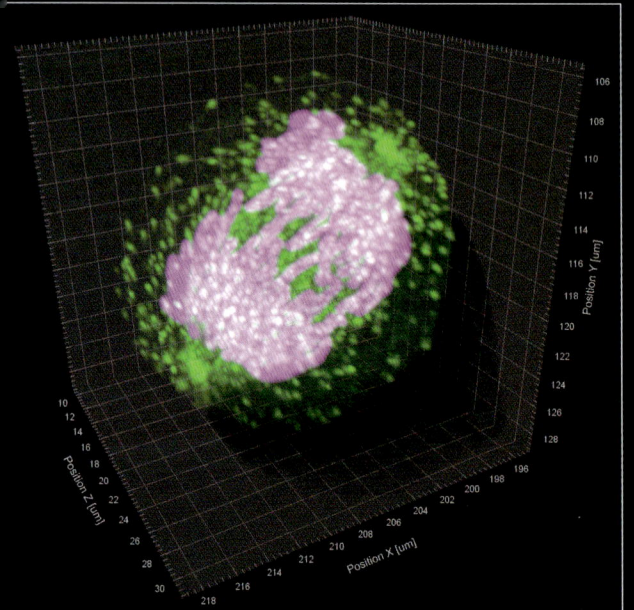

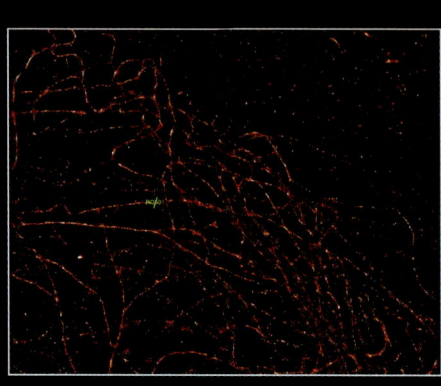

▲GSDで撮像したHeLa細胞の微小管画像
使用機種：SR GSD 3D. 対物レンズ：HC PL APO 160x/1.43 OIL CORR GSD. 染色：微小管をAlexa Fluor™ 647で標識している．実践編第2章2図12参照．

▲分裂後期HeLa細胞の三次元表現
使用機種：格子光シート顕微鏡（Betzig研究室）．対物レンズ：CFI Apo WD 25XW（1.1 NA，作動距離2mm）（ニコン社）．標識：EB1-GFP（微小管伸長端，緑）とH2B-TagRFP（染色体，マゼンタ）．高解像モードで撮影した3Dタイムラプス画像（原理・応用編第2章4 関連動画② も参照）から，染色体分配の途中のフレームを3D空間に表示した．画像提供：清末優子博士（理化学研究所ライフサイエンス技術基盤研究センター）

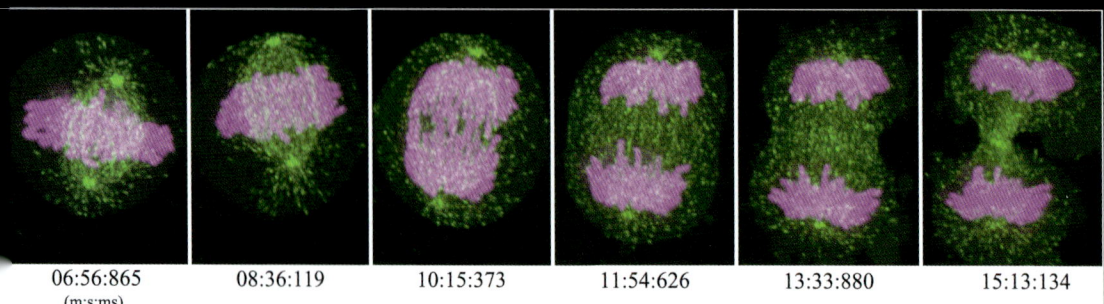

▲分裂期HeLa細胞の3Dタイムラプス画像
使用機種：同上．対物レンズ：同上．標識：同上．高解像モードで撮影した3Dタイムラプス画像（原理・応用編第2章4 関連動画② も参照）からフレームを抽出し，2D投影して表示．画像提供：清末優子博士（理化学研究所ライフサイエンス技術基盤研究センター）

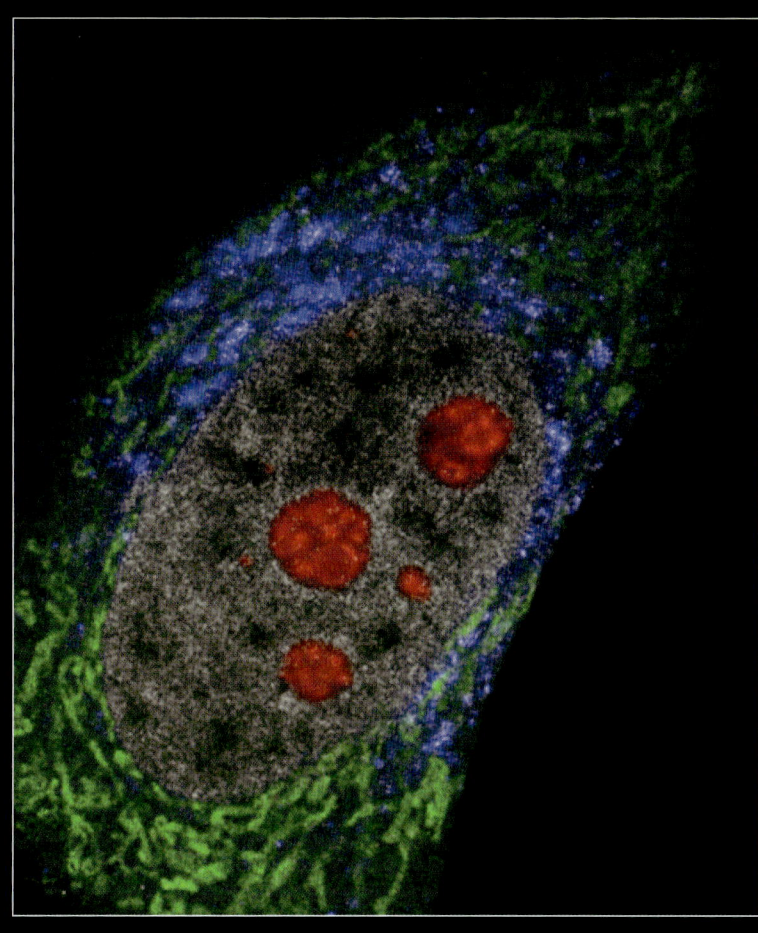

◀可視域2光子励起によるHeLa
　細胞の多色超解像画像

自作した2光子共焦点顕微鏡で撮像（レンズ：PLAPON60XOSC2）．波長525nmのフェムト秒レーザーで励起．ミトコンドリア（緑），細胞核（白），ゴルジ体（青），核小体（赤）を，Sirius，mseCFP，mTFP1，EGFPで標識．原理・応用編第1章1図5参照．

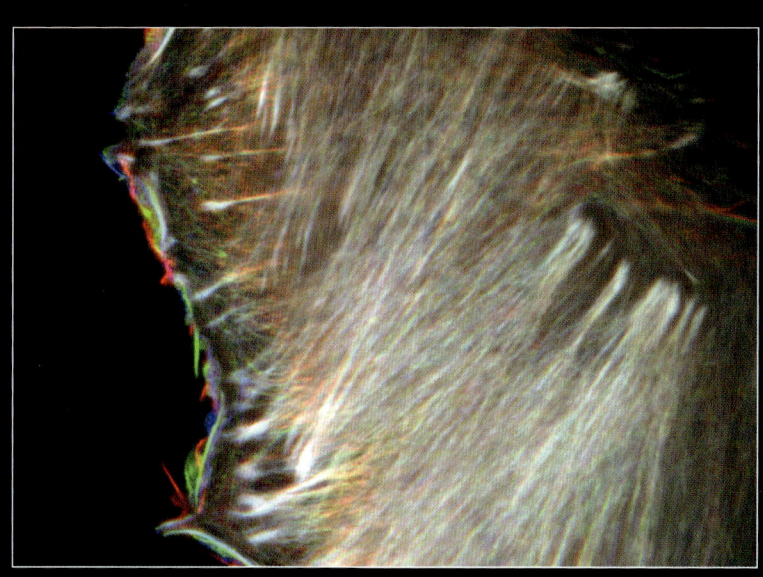

◀スピニングディスク超解像顕微
　鏡法SDSRMによるアクチン線
　維の超解像ライブイメージング

F-Tractin-EGFP染色．3フレーム分を，それぞれ赤，緑，青の色で重ね合わせた．
画像提供：岡田康志博士（理化学研究所生命システム研究センター）．

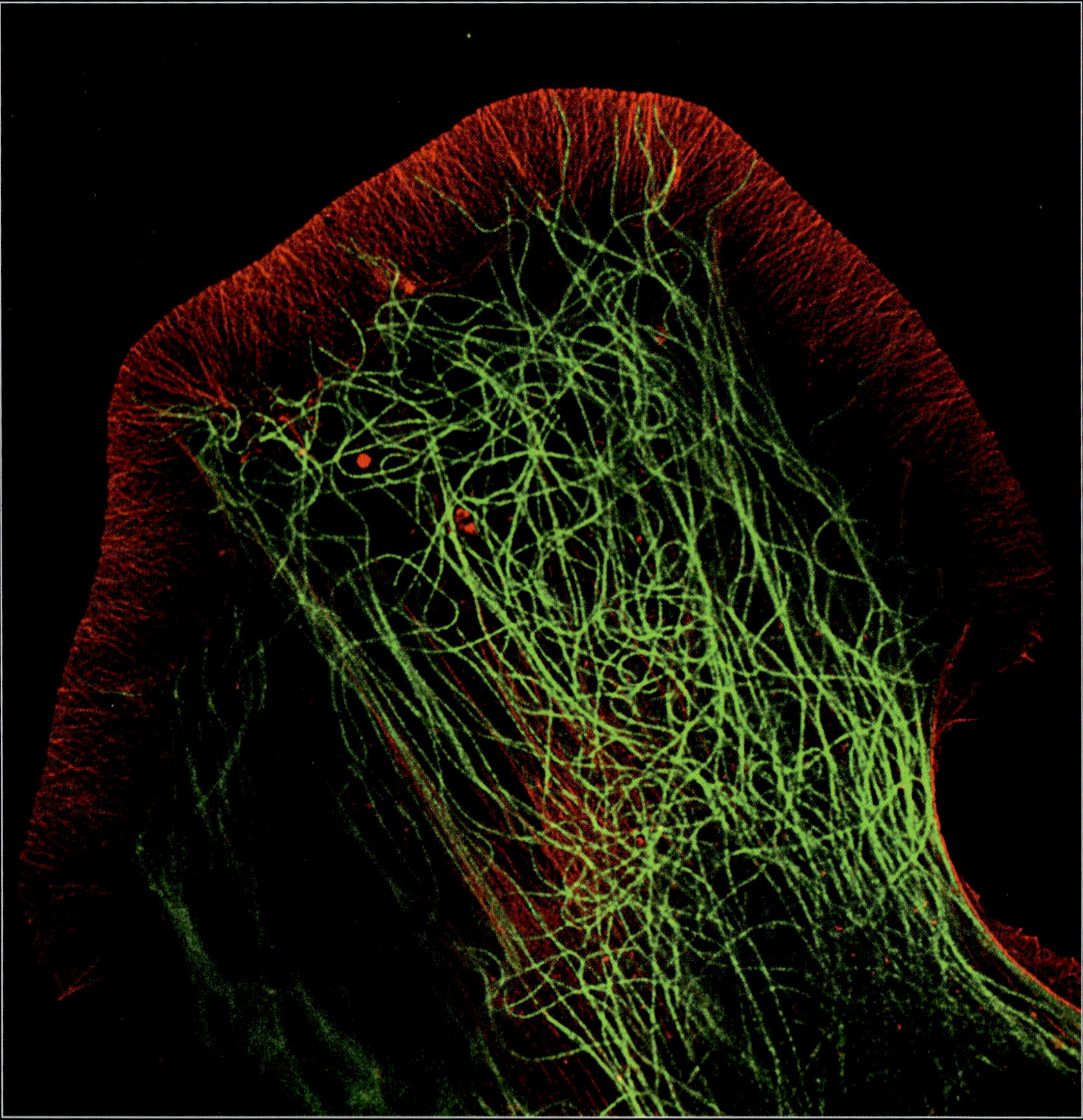

▲STEDで観察した成長円錐（NG108-15細胞）（デコンボリューション処理済）
使用機種：TCS SP8 STED 3X（ライカマイクロシステムズ社），対物レンズ：HC PL APO 100X/1.40 OIL STED WHITE．赤：アクチン（テトラメチルローダミンファロイジン）．緑：微小管（一次抗体：抗-αチューブリン抗体，二次抗体：Alexa Fluor™ 488）．実践編第3章5図5参照．

▶共焦点顕微鏡による微小管の三次元超解像イメージ
一次抗体：αチューブリン抗体DM1A，二次抗体：Alexa Fluor™ 488標識抗体．深さに応じて青から黄のグラデーションを付けた．画像提供：岡田康志博士（理化学研究所生命システム研究センター）．

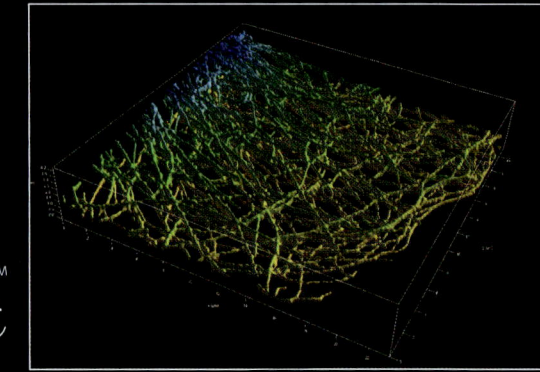

初めてでもできる！超解像イメージング

STED、PALM、STORM、SIM、
顕微鏡システムの選定から撮影のコツと撮像例まで

◆ 序	岡田康志	
◆ 超解像イメージングフォトギャラリー		5
◆ 動画のご案内		14
◆ Overview—顕微鏡技術の進展と超解像イメージング	岡田康志	16

実践編　〜超解像イメージングを始めよう！

第1章　今ある顕微鏡・自作顕微鏡で始める超解像イメージング

1　普通の蛍光顕微鏡で超解像イメージングに挑戦しよう　　岡田康志　20
　Column 1　自発的明滅機能をもつ蛍光色素HMSiRの開発と応用　　宇野真之介，神谷真子，浦野泰照　33

2　共焦点顕微鏡を用いた超解像イメージング　　岡田康志　37
　Column 2　従来型光検出器とGaAsP型光検出器　　深澤宏仁　46

3　1分子局在化顕微鏡の自作と撮像例　　新井由之，市村垂生　48
　Column 3　EM-CCDカメラとsCMOSカメラ　　伊東克秀　68

第2章　市販の超解像顕微鏡による標準解析
　〜微小管のイメージングを例に〜

1　GEヘルスケア社製：DeltaVision OMX SR　関連動画
　—3D-SIM超解像イメージングシステム　　波田野俊之　70

CONTENTS

- **2** ライカマイクロシステムズ社製：Leica TCS SP8 STED 3X, Leica SR GSD 3D
  ―誘導放出抑制顕微鏡と蛍光分子局在顕微鏡 ……………………… 田中晋太朗　80
- **3** ニコン社製：N-SIM, N-STORM ……………………………… 佐瀬一郎, 髙塚賢二　93
- **4** オリンパス社製：SD-OSR 関連動画
  ―スピニングディスク共焦点蛍光顕微鏡ベースの超解像顕微鏡 ……… 林　真市　105
- **5** カールツァイスマイクロスコピー社製：ELYRA P.1, ELYRA S.1, Airyscan
  ―PALM/dSTORM, SIMおよび共焦点レーザースキャン顕微鏡ベースの超解像イメージング
  ……………………………………………………………………………… 佐藤康彦　114

第3章　目的別の超解像イメージング

- **1** 超解像イメージングの注意点 …………………………………………… 岡田康志　127
- **2** 超解像イメージングに利用する光スイッチング蛍光タンパク質の種類と特性
  ……………………………………………………………… 松田知己, 永井健治　138
- **3** 3D-SIMによる細胞内構造の超解像イメージング
  ―アーティファクトの少ないSIM画像の取得 ……… 平野泰弘, 松田厚志, 平岡　泰　146
- **4** SIMによる超解像ライブイメージング
  ―生細胞中の対象分子の時空間動態の解析 ……………………………… 増井　修　157
- **5** SIM, STEDによるアクチン系細胞骨格のイメージング 関連動画
  ……………………………………………………………………………… 加藤　薫　169
- **6** STEDを用いた細胞内小器官などの微細構造の観察 …………………… 岡田康志　179
- **7** SIMを用いた核内構造体パラスペックルlncRNAの超解像FISH
  ……………………………………………………………………………… 中川真一　192

原理・応用編　～超解像イメージングの可能性を学ぼう！

第1章　超解像イメージングの原理

- **1** 結像特性と非線形な蛍光応答を利用した超解像法
  ―レーザー走査型蛍光顕微鏡を用いた超解像 ……………… 山中真仁, 藤田克昌　204
- **2** 蛍光1分子可視化技術と超局在化顕微鏡法
  ―PALMとSTORM ……………………………………… 廣島通夫, 佐甲靖志　213

CONTENTS

- **3** 構造化照明顕微鏡法 SIM
  ―縞照明のつくるモアレが可能にする超解像観察 ……………… 松田厚志，平野泰弘，平岡 泰　219

- **4** 共焦点顕微鏡法と構造化照明顕微鏡法の関係
  ―CFM と SIM の類似性と相違点 ………………………………………………………… 林　真市　227

- **5** 透過型液晶デバイスを用いた共焦点および 2 光子顕微鏡の超解像化
  ……………………………………………… 根本知己，大友康平，日比輝正，一本嶋佐理　235

- **6** RESOLFT と SPoD の原理と変法
  ―SPoD-ExPAN による超解像イメージングへの展望 ……………… 和沢鉄一，永井健治　242

- **7** 蛍光相関超解像法 SOFI
  ―自己明滅する蛍光プローブによる超解像 ……………………… 渡邉朋信，市村垂生　250

第2章　応用的な超解像イメージングと関連技術

- **1** 高い時間分解能と空間分解能をもつ SCLIM
  ―高速超解像 4D ライブイメージングによる膜交通の解析 ……………………… 中野明彦　257

- **2** 超解像深部ライブイメージングを可能にする補償光学
  ―光の乱れを補正する超解像システム ……………………… 玉田洋介，早野　裕，服部雅之　263

- **3** 超解像蛍光相関分光法
  ―STED-FCS による分子動態の計測 ……………………………………………… 金城政孝　271

- **4** ライトシート型超解像顕微鏡による 3D ライブイメージング　関連動画
  ―高速・低侵襲かつ三次元分解能に優れた新手法 ……………………………… 清末優子　277

- **5** SEM 連続断面観察（SSSEM）法による三次元形態観察
  ―電子顕微鏡を用いた nm スケールの 3D 観察 …………………………………… 太田啓介　285

- **6** 超解像イメージングデータのクラウド型画像処理
  ―多次元大容量のデータ処理システム ……………………………………………… 横田秀夫　293

◆ 索引 …………………………………………………………………………………………………… 303

動画のご案内

超解像イメージングのデータには，立体画像を回転させて見ることのできる3Dイメージングや，経時変化を追って観察できる4Dイメージングなどがあります．

本書ではその実際の動画を付録としてご用意いたしました．以下の2つの方法で再生することができます．光学顕微鏡の限界"200 nm"を超えて見える世界を，ぜひご覧ください．

1 「動画視聴ページ」に直接アクセス

www.yodosha.co.jp/jikkenigaku/app/9784758101950/

上記URLから「動画視聴ページ」に直接アクセスいただくと，視聴可能な動画の一覧が表示されます．

関連動画

2 書籍内のQRコードからアクセス

目次に 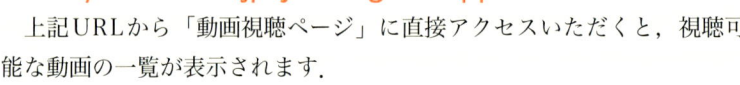 関連動画 マークのある項では，内容に関連する動画がある箇所に上記のようなQRコードを掲載しています．お持ちの端末でアクセスいただけば，その場で関連動画をご覧いただけます．

- 動画の視聴には標準的なインターネット接続環境が必要です．
- 通信環境やご利用のパソコン・モバイル端末の種類などのアクセス環境によって，動画が乱れる，または再生不可能なことがあります．あらかじめご了承ください．
- QRコードのご利用には，専用の「QRコードリーダー」が必要となります．お手数ですが各端末に対応したアプリケーションをご用意ください．
- その他，動画ご視聴の際の詳細や注意点は上記「動画視聴ページ」をご参照ください．

Overview

Overview

顕微鏡技術の進展と
超解像イメージング

岡田康志

顕微鏡技術と生物学の歴史

「科学は，新しい技術，新しい発見，新しいアイデアによって進歩する．たいていの場合，この順に」(Sydney Brenner)．

生物学と顕微鏡の歴史を振り返ると，まさしくその通りであったことが実感される．顕微鏡が発明された17世紀，その観察対象は生物であった．Robert Hookeは倍率約30倍の顕微鏡を作製し，「Micrographia」(1665)で動植物の微細構造を記載した．細胞という言葉はこのときに生まれた．また，Leeuwenhoekは，倍率200倍の顕微鏡を自作し，原生生物や細菌，精子などを発見・観察している．しかし，色収差やコマ収差・球面収差などの収差により，当時の顕微鏡の倍率は限られたものであった．

19世紀に入ると，複数のガラス素材やさまざまな曲率のレンズを組合わせることで，色収差や球面収差を軽減できることが経験的に発見された．その技術を応用したCarl Kellnerの顕微鏡はベストセラーとなった（ライカマイクロシステムズ社の前身）が，Kellnerは結核で夭逝してしまう．そこで，Kellnerの顕微鏡を利用した植物組織の観察で細胞説を提唱したSchleidenは，Kellnerの弟子のCarl Zeissに高性能顕微鏡開発を要請した．Zeissは，師の姿を通じて，勘と経験にもとづく顕微鏡開発の限界を痛感していた．そこで，親子ほど歳の離れた物理学者のAbbeを三顧の礼で招き入れ，光学理論にもとづいた設計で顕微鏡の性能を飛躍的に向上させた．このとき，現在の光学顕微鏡に匹敵する性能が達成された．

こうして開発された当時の最先端技術である顕微鏡を用いて，Virchowの病理学やKochの細菌学など，現代の医学生物学の基礎概念が確立された．

回折限界と電子顕微鏡

こうしてAbbeにより確立された光学顕微鏡の理論は，顕微鏡の性能の限界をも明らかにした．光という波を観察に用いる以上，回折という波の性質のために，波長の半分程度までの分解能しか達成することはできない．これを回折限界という．正確には，波長をλ，観察対象の周りの媒質の屈折率をn，対物レンズの開口角をαとすると，分解能dは$d = \lambda / 2n \sin \alpha$となるという結論で，Abbeの公式とよばれている．水中の試料を観察する場合，媒質は水なので$n = 1.33$である．$\sin \alpha$は1以下なので，波長$\lambda = 500 nm$の緑色光の場合

$d \geqq = 500/2.66 \fallingdotseq 190nm$ が分解能の限界である．

この分解能の限界を超えるために，20世紀なかごろには電子顕微鏡が開発され，細胞観察への応用によって，細胞内にはさまざまな微細構造（細胞内小器官）が存在することが示された．その後これらの細胞内小器官が，それぞれ細胞機能を担う場であることが示され，細胞生物学という学問分野へと成長した．

GFPと蛍光ライブイメージング

電子顕微鏡を用いた観察のためには，薄くした試料（厚さ100nm程度）を真空中にさらす必要があるため，生きた細胞を観察することはできなかった．

一方，回折限界より小さな対象物の動態を観察する光学顕微鏡法として，20世紀初頭に限外顕微鏡が発明された．今では暗視野顕微鏡とよばれる方法である．真っ暗な夜空に輝く恒星と同様，回折限界以下の対象物でも周囲が真っ暗ならば輝点として位置を計測できるという原理にもとづく方法である．

暗視野顕微鏡は，さまざまな構造物が密に混在する細胞内にそのまま適用することは難しいが，見たい構造だけを蛍光標識して光らせることで同様の効果を達成することができる．こうして，蛍光顕微鏡が注目を集め，大きく発展し，ついには蛍光分子1個の像を得られるまでに高性能化した．蛍光抗体法の発明により，抗体を利用して見たい構造だけを標識（染色）する方法が広く普及したが，生きた細胞内での適用は困難だった．また，目的のタンパク質を精製し蛍光色素で染色した後に細胞内にマイクロインジェクションで戻すという方法論も開発されたが，技術的に困難であり普及はしなかった．

これを解決したのが，20世紀末の緑色蛍光タンパク質（GFP）である．これにより，細胞内小器官や細胞内の分子を蛍光で標識して，生きた細胞の中でその動態を観察する蛍光ライブセルイメージング法が大きく発達した．

構造観察から機能計測・操作へ

蛍光顕微鏡法は，微細構造の動態観察だけでなく，化学状態・機能状態の可視化も可能とした．

1980年ごろTsienらにより開発された蛍光色素指示薬により，細胞内Ca^{2+}濃度のイメージングが実用化された．その後，GFPを用いた蛍光バイオセンサーが発明され，細胞内Ca^{2+}濃度に留まらず，さまざまな細胞内情報伝達分子の濃度やキナーゼ，Gタンパク質の活性化状態，pH，酸化還元状態，ATP濃度，膜電位，タンパク質混雑，力など，細胞内の特定化学種の濃度や細胞の状態など直接目には見えないものも視覚化し，顕微鏡で観察することが可能となってきた．

さらに，21世紀初頭のオプトジェネティクスの成功により，光応答性のチャネルタンパク質や光吸収によって構造が変化するフォトトロピンタンパク質を利用して，光照射により膜電位やタンパク質の局在，活性を操作する手法の開発が進められている．

Overview

超解像蛍光顕微鏡法の歴史的意義

　このように，光学顕微鏡の技術的進歩は，生物学研究の大きな推進力となってきた．そして，蛍光顕微鏡とその周辺技術の進歩により，目的の分子1個の動態を直接見ることも，濃度や電位・力など直接目には見えない状態を計測し操作することも可能となってきた．しかし，蛍光を用いても光学顕微鏡である以上，分解能の限界はAbbeの公式で規定される．一方，多くの細胞内小器官の大きさは，200nm以下である．神経情報伝達の基本単位であるシナプス1個は，回折限界まで絞ったレーザーのスポットのサイズと同程度の大きさである．したがって，例えば，シナプスの内部構造の観察や，シナプス内の濃度分布計測，あるいはシナプス内の特定の部位のみの操作はできない．

　そこに登場したのが超解像蛍光顕微鏡である．回折による分解能の限界を突破して，電子顕微鏡に匹敵する高い分解能を達成することが可能となった．今はまだ黎明期で，固定標本を用いて，従来は観察することができなかったような微細構造の可視化の報告がほとんどだが，前述のような歴史を考えれば，超解像蛍光顕微鏡の進むべき方向ははっきりしている．

　すなわち蛍光ライブセルイメージングで，これまでは見ることができなかった細かい構造が生きた細胞の中で動き・機能する様子を直接観察すること，そして，回折限界以下の微細な領域での化学状態や力学状態その他の「細胞状態」の可視化と操作である．超解像ライブイメージング，超解像機能イメージング，超解像機能操作が，21世紀前半の生物学を牽引する推進力になるだろう．

まず使ってみよう

　このように，近い将来重要な研究ツールになると予想される超解像蛍光顕微鏡だが，残念ながらまだあまり普及していない．装置自体が高価であることや，使いこなすためにある程度の光学系の知識や一定のノウハウが必要なことなどがハードルとなっていると思われる．

　そこで，本書では，あえて原理は後回しにして，手持ちの顕微鏡で実施できる簡便な超解像蛍光顕微鏡法や，超解像蛍光顕微鏡の自作方法を前半に配置した．また，顕微鏡メーカー各社に依頼して，同じ試料を題材として，各社市販装置の使用方法について詳述してもらった．ぜひ，これらを参考にして，自分自身で超解像蛍光顕微鏡を体験してみてほしい．

　今後，イメージングセンターなど各研究拠点への超解像蛍光顕微鏡の導入が進み，超解像イメージングを実施する環境は整備されていくものと期待される．また，平成28年度から，文部科学省 科学研究費助成事業 学術研究支援基盤形成「先端バイオイメージング支援プラットフォーム」がスタートしている（http://www.nips.ac.jp/bioimaging/）．

　まずは，「論文用にちょっとキレイな絵を撮ってみよう」程度のつもりで気軽に試してみてほしい．

実践編
~超解像イメージングを始めよう！

実践編

第1章　今ある顕微鏡・自作顕微鏡で始める超解像イメージング

1 普通の蛍光顕微鏡で超解像イメージングに挑戦しよう

岡田康志

> 顕微鏡メーカー各社から市販されている超解像顕微鏡のベースは通常の蛍光顕微鏡である．制約はあるが，通常の蛍光顕微鏡そのままでも超解像イメージングは可能で，試料によっては十分に実用的な結果が得られる．その経験は，超解像顕微鏡専用機購入の際の機種選定や購入後の実使用においても有用である．本項では，蛍光分子1分子イメージングと蛍光分子局在化法による超解像イメージングのプロトコールを解説する．

はじめに

　超解像イメージングには興味があるが，非常に高価な顕微鏡システムを購入する必要があるので手が出せない．そのように誤解をしておられる方は少なくない．確かに，誘導放出制御法（STED）などは，複雑な光学系と精密な軸合わせが必須であるため，現有の顕微鏡に簡単な改造を加えて実装するというわけにはいかない．しかし，原理・応用編第1章で詳述されているように，超解像イメージングにはさまざまな方法がある．STEDのように高度な光学系が必要なものもあれば，顕微鏡の改造はほとんど不要なものも少なくない．例えば，Betzigらが2006年に発表したPALM[1]に代表される蛍光分子局在化法は，蛍光1分子イメージングの延長であるため，全反射顕微鏡など蛍光1分子イメージングのシステムがあれば簡単に実施することができる．そのため，この手法は急速に普及が進んだ．本章3でも全反射顕微鏡の自作とこれを用いた局在化法による超解像イメージングについて詳しい説明がある．
　しかし，従来の蛍光分子局在化法では，蛍光分子の明滅を光で制御するため，複数波長の照明光切り替えや強力なレーザー光照明が必要であった．幸いなことに，自発的に明滅する蛍光色素が浦野らによって開発され（本章Column 1），蛍光分子局在化法による超解像イメージングは簡単に行うことができるようになった[2]．本項では，この自発的明滅能をもつ色素HMSiRを用いて，市販の顕微鏡と市販のカメラとフリーのソフトウェアの組合せで，簡単に蛍光分子局在化法が実施できることを解説する．

蛍光分子の1分子イメージング

　蛍光分子局在化法では，蛍光分子1分子の像からその位置を計測し，それを視野内のすべ

ての蛍光分子についてくり返すことで超解像イメージを再構成する．したがって，まずは，自分の顕微鏡で蛍光分子1分子が観察できることを確認する必要がある．

準備

1. 撮像装置・機器類

□ 蛍光顕微鏡

正立・倒立のいずれでも可能であるが，本項では倒立顕微鏡を例として解説する．なお，筆者自身が実際に試した経験があるのは，オリンパス社のIX71, IX73, IX81, IX83, ニコン社のEclipse TE300, Eclipse Ti, カールツァイスマイクロスコピー社のAxiovert 200M, Axio Vert. A1である．本項の例ではIX81を用いた．

□ カメラ

蛍光1分子イメージングを行うために，高感度低ノイズのカメラが必要である．従来は，高価なEM-CCDカメラが必須であったが，最近はsCMOSカメラの性能向上が著しい．sCMOSカメラは，EM-CCDカメラの半額程度で十分な性能が得られる．筆者が実際に使用しているのは，EM-CCDカメラはImagEMシリーズ（浜松ホトニクス社），iXonシリーズ（Andor Technology社），sCMOSカメラはORCA-Flash 4.0（浜松ホトニクス社），Zyla 4.2（Andor Technology社）である．本項の例では，iXon3 897（Andor Technology社）を用いた．

□ 蛍光フィルターセット

蛍光1分子イメージングでは，背景光をできるだけ低減し，蛍光をできるだけロスしないことが重要である．そのため，使用する蛍光色素にあわせた高性能の蛍光フィルターを使用することが望ましい．各顕微鏡会社の最新のフィルターセットや専業メーカー（Semrock社，Chroma Technology社など）のものを用いるとよい．本項の例では，CY5-4040C（Semrock社）を用いた．

□ 対物レンズ

励起光密度を稼ぐために100倍の高開口数（NA）の蛍光観察用対物レンズが望ましいが，60倍でもよい．光軸付近の狭い視野を単色で観察するので，Plan（球面収差補正）やApo（色収差補正）でない例えば，UPLFLN 100×O2（オリンパス社），CFI S Fluor 100×Oil（ニコン社）などでもよい．本項の例ではPLAPON 60×O（オリンパス社）を用いた．

□ 投影レンズ

理論的にも経験的にも，観察画像のピクセルサイズを100～150nm程度にするのが最適である[3]．したがって，EM-CCDのピクセルサイズが16μmの場合，100～200倍に相当する．Zyla 4.2やORCA Flash4.0などピクセルサイズが6.5μmと小さいsCMOSの場合は，2×2ビニング[*1]によってピクセル間のばらつきを抑えることが有効である．このとき，実質的なピクセルサイズは13μmとEM-CCDとほぼ同等になるので，同じく100～200倍となり，EM-CCDの場合と同じ光学系でよい．したがって，100倍の対物レンズを用いる場合は，Cマウント直結でも構わない．sCMOSの小さなピクセルサイズに合わせた縮小投影レンズが用意されている場合があるが，これは不要である．本項の例では，60倍の対物レンズを用いているので，3.2倍の投影レンズを用いている．

*1 2×2ビニングとは，臨接する2×2ピクセルを1つの仮想的なピクセルとして扱うこと．

☐ 光源

本項で用いる蛍光色素は，赤色光励起であるため，水銀ランプでは十分な強度が得られない．従来はキセノンランプが用いられていたが，高輝度LED光源（例えばThorlabs社のM625L3など）が使いやすい．

☐ 制御ソフトおよび画像解析ソフト

カメラおよび顕微鏡の制御と画像取得のためのソフトウェアは，使い慣れたものでよい．画像解析ソフトも普段使用しているものでよいが，本項ではImageJ[4]（のディストリビューションの1つであるFiji[5]）を用いて説明する．

2. 観察環境と観察試料

☐ 観察環境

高分解能（高い位置精度）をめざす際には，床からの振動や空調などの影響を考慮する必要があるが，30～100nm程度の分解能をめざすのであれば，それほど気にする必要はない．例えば，机も，除振台がなければ通常の実験机でもとりあえずは問題ない．照明も，薄暗い程度で十分で完全暗黒にする必要はない．

☐ スライドガラス，カバーガラス

洗浄の都合などから，試料はカバーガラスの間に封じている．スライドガラスは，カバーガラスを押しつけるために使用するだけなので，手持ちのものでよい．カバーガラスは，対物レンズ側に少し大きめのものを，反対側に少し小さめのものを用意する．われわれは，松浪硝子工業社の24×40mmのカバーガラスと22×22mmのカバーガラスを組合わせて用いることが多い．対物レンズは厚さ0.17mmのカバーガラスを前提に設計されているので，対物レンズ側の24×40mmのカバーガラスはNo.1Sを用いている．

☐ 蛍光色素

単に蛍光1分子を観察するだけであれば，多くの蛍光色素が使用可能である．われわれが実習などでよく用いているのはAlexa Fluor™ 488, Alexa Fluor™ 568, Alexa Fluor™ 647 (Thermo Fisher Scientific社) である．普段使用している蛍光標識二次抗体を用いればよい．局在化法による超解像イメージングの目的では，自発的に明滅する蛍光色素〔HMSiR（五稜化薬社）など〕を用いる．本項の例では，HMSiRを用いている．

プロトコール

1. 観察試料の用意

❶ カバーガラスの洗浄

カバーガラス表面の汚れを除去する．磁器製のカバーガラス立て（磁製染色器，池本理化工業社）にカバーガラスを立て，ビーカーに入れて洗浄する．塩酸エタノールを注ぎ，30分以上放置．使用直前に取り出して，別のビーカーに入れたエタノールで軽くリンスしてから，エアダスターで風乾する[*2]．

*2 火を付けて焼いてもよいが，火事に注意．

❷ 試料調製

　　HMSiR標識二次抗体をPBSで100倍希釈し，15,000rpm 30分4℃で遠心して上清を回収し，アグリゲートを除去する．24×40mmカバーガラスの中央に10μL滴下し，22×22mmカバーガラスを載せる．これを2枚のスライドガラスと，スライドガラスの大きさに切った濾紙の間に挟んで強く押し，試料ができるだけ薄く広がるようにする（図1）*3, 4．その後，22×22mmカバーガラスの周囲をマニキュアで封じる*5．同様にして，蛍光標識二次抗体をさらに100倍，1,000倍希釈した試料（それぞれ1万倍，10万倍希釈の試料）を作製する．

*3　全体重をかけるつもりで力一杯押す．スライドガラスでサンドイッチするのは，均等に力をかけるため．省略するとカバーガラスが割れやすい．
*4　試料の厚さを薄くすることで，厚さ方向の蛍光分子の重なりを少なくすることができる．
*5　無色透明のトップコートを用いる．使用しているうちに粘度が上がって使いにくくなるので，随時アセトンで粘度を調節する．マニキュアに含まれる有機溶媒の影響が気になる場合は，歯科用シリコーン印象材（デントシリコーンV，松風社）を用いている．

2. 顕微鏡観察

❸ 光学系の調整

　　蛍光顕微鏡に，❷で最初に作製した試料（二次抗体を100倍希釈したもの）をセットする．十分明るいので，容易にフォーカスが合わせられる．必要ならば，ランプハウスの芯出しやコレクタレンズの調整など照明系の調整を行う．その後，励起光光路にある視野絞りを調節して，視野の直径が半分になる程度まで絞り込む（図2）*6．カメラに切り替えて，視野絞りの影がシャープに見えるようにフォーカスを調節する．

*6　視野絞りを絞ることで迷光が減り，背景が暗くなることでコントラストが上がる．❹の1分子観察の際に，視野絞りを開閉して背景の明るさを比べてみるとよい．

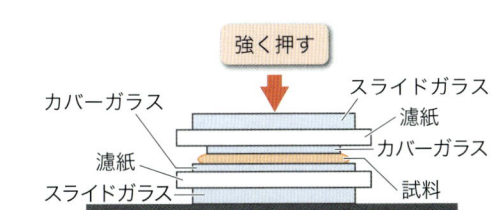

図1　試料調製の方法

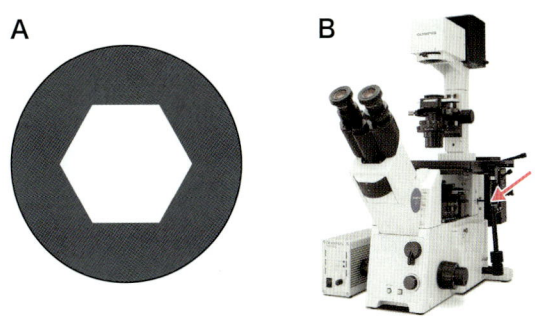

図2　視野絞りの調節
A) 視野絞り（FS）を視野の半分程度まで絞る．キチンと調節されていれば，試料に合焦したとき視野絞りの縁がシャープに見える．**B)** 倒立型リサーチ顕微鏡（IX71）FSの位置の例（→）（写真提供：オリンパス社）．

❹ １分子観察

　対物レンズを動かさないように注意して試料を交換する．二次抗体を１万倍希釈したものをセットし，カメラで観察する*7．すでにほぼ正しいフォーカス位置に調節されているはずなので，フォーカスを100μm程度の範囲でゆっくりと調節すると，たくさんの輝点が画面に映る*8．フォーカスを見失った場合は，100倍希釈の試料に戻ってフォーカスを合わせ直す*9．

* ＊7　カメラの露光時間は100msにセットする．EM-CCDの場合EMゲインを最大，画面表示のLUT（ルックアップテーブル）はオートにしておく．sCMOSの場合は，２×２ビニングの設定を行っておく．
* ＊8　同一箇所を見続けると，フォトブリーチにより数秒程度で蛍光分子が褪色してしまう．逆に，視野内の輝点が多すぎる場合は，しばらく待つと褪色によってちょうどよい密度で輝点が見えるようになる．
* ＊9　輝点が多すぎる場合は，10万倍希釈の試料に交換するとよい．蛍光標識二次抗体の場合，終濃度0.02μg/mL程度の試料が観察しやすい．

❺ １分子計測

　動画を撮像し，各輝点の輝度の時間変化を計測する．まずは，撮像した動画をImageJでスタックとして開く．次に，輝点のない領域を選択し（図３黄色の枠），Analyze/Measureでバックグラウンドの平均輝度を求めて記録しておく．輝点を選択し（図３ピンク色の枠），各フレームでの輝点の輝度を計測する*10．エクセルなど好みのソフトでグラフ化する（図４）．

* ＊10　次のようにしてマクロを作成すれば，スタックの全フレームについて簡単に計測できる．
  ① Plugins/New/Macrosでマクロ作成ウィンドウを開き，リスト１のように入力する．
  ② File/Save asで「MeasureStack.ijm」と名前を付けて好きな場所にセーブする．
  ③ Plugins/Macros/Installでセーブしたファイルを指定すれば，Plugins/Macrosに「Measure Stack」というマクロコマンドが追加される．

```
macro "Measure Stack" {
    saveSettings;
    run ("Clear Results") ;
    setOption ("Stack position", true) ;
    for (n=1; n<=nSlices; n++) {
      setSlice (n) ;
      run ("Measure") ;
    }
    restoreSettings;
}
```

リスト１
スタック内の全フレームについて計測するためのImageJマクロ

3．トラブル対応

1）何も見えず，フォーカスが合わせられない

　HMSiRは肉眼での観察ができないため，少し難しい．HMSiR標識二次抗体で上手くいかない場合は，手持ちの蛍光標識二次抗体を用いるとよい．光源が水銀ランプの場合，緑色領域（546nm）に輝線があるので，緑色の励起光で赤く光るもの，ローダミン，Cy3，Alexa Fluor™ 555や568などを観察するのが容易である．これらの色素で１分子観察に成功したところで，同じ条件，同じフォーカス位置でHMSiRの試料に交換してみるとよいだろう．

2）100倍希釈の試料では視野全体が明るいが，１万倍希釈にすると何も見えない

　希釈操作の際に，抗体が器壁やチップに吸着して失われてしまうことがある．1,000倍希

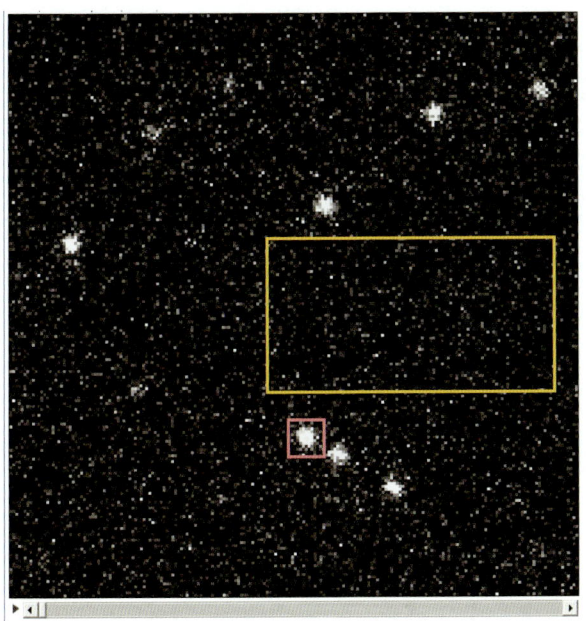

図3　画像の例と解析の様子
詳細は本文参照.

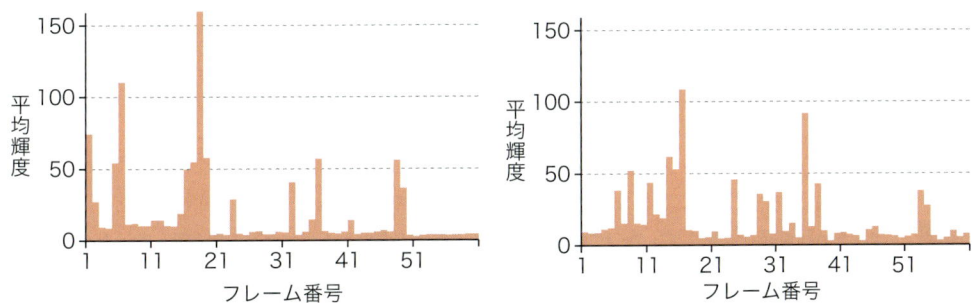

図4　解析結果の例
蛍光標識二次抗体の場合，抗体1分子に2〜3分子の蛍光色素が結合していることが多い．したがって，蛍光色素のブリンキングに伴って，輝度が50，100，150のように変化する．ただし，ブリンキングで点灯している時間が画像取得時間100msよりも短いときは，その分暗くなる．例えば，50msだけ点灯していた場合は，輝度は半減して，この例だと30程度となる．

釈など少し濃い目にして試してみるとよい．

　カメラのゲイン設定や画面表示のLUT設定のせいで何も見えないこともある．1分子観察を行うようなゲイン/LUT設定では，励起光のシャッターを閉じた状態で撮像するとピクセル単位でたくさんのノイズが見えるはずである（図5）．

3）100倍希釈の試料が一様に見えない．または1万倍希釈の試料で模様が見える

　カバーガラスの洗浄が不十分だと，カバーガラス表面の汚れのせいで抗体が一様に吸着されず，変な模様が見えることがある．カバーガラス洗浄の際，塩酸エタノールに浸けた状態でソニケーションすると洗浄効果が上がる．

図5　ノイズ
PBSだけを試料として観察した例.

4）どれだけ希釈してもたくさんの輝点が見える

　　PBSあるいは超純水だけで試料を作製してみる．図5のようにノイズだけが見えるはずである．たくさんの輝点が見える場合，水，PBS，カバーガラスのいずれかが汚れている．筆者のラボでは，超純水の採水口のフィルター由来のコンタミによって水だけでもキラキラ光る状態になったことがある．使用するPBSなどシリンジフィルターを通してから使用することで改善されることもある．

自発的明滅能をもつ蛍光色素を用いた超解像イメージング

　　本項前半のプロトコールでは，市販の顕微鏡に大きな改造を加えなくとも，蛍光分子1分子を見ることが可能であることが確認できた．この方法を応用することでさまざまな1分子計測が可能となるが，本項後半では超解像イメージングに応用する．

準備

1．撮像装置・機器類

□ 顕微鏡など
　　前半のプロトコールと同様である．

□ 解析用ソフト
　　本項では，前述した蛍光分子の1分子イメージングのプロトコールに引き続き，ImageJのディストリビューションの1つであるFijiを用いる．局在化法の処理には，ThunderSTORM[6]を用いる．文献4からSupplementary Dataをダウンロードして，ThunderSTORM.jarをFiji.app/pluginsにコピーする．

2. 観察試料

☐ **細胞**

普段用いている細胞でよいが，COS細胞などのようにガラスによく付着して薄く広がる細胞が見やすい．本項の例では，HeLa細胞を用いた．

☐ **カバーガラス**

われわれは，ドイツKarl Hecht社の18mm径の丸型カバーガラス（厚さ0.17±0.01mm，型番1014/18）をオゾン処理で洗浄・親水化して使用しているが，前述した松浪硝子工業社のNo. 1Sのカバーガラスでも問題ない．単に使用直前にエタノールに浸けて，火をつけて乾燥するのでも構わない．

☐ **蛍光標識二次抗体**

光学系の改造なしに蛍光色素を明滅させるために，浦野らによって開発された自発的に明滅する蛍光色素HMSiRを用いる．HMSiR標識二次抗体は，五稜化薬社より購入できる．

プロトコール

1. 観察試料の用意

❶ 細胞の固定

本項の撮像例では微小管を観察するので，パラホルムアルデヒド2％，グルタルアルデヒド0.1％，パクリタキセル10μM，PIPES 100mM，EGTA 1mM，$MgCl_2$ 1mM pH 6.9という組成の固定液を用いて37℃で15分固定し，細胞膜可溶化のため1% Triton X-100添加PBSで室温10分処理後，アルデヒド基のブロッキングのため100mMグリシン添加PBSで室温10分処理している[*11]．

> [*11] 高分解能観察に耐える形態・構造の維持のためには，しっかりと固定することが重要である．一方で，抗体の反応性を確保する必要がある．したがって，構造の維持と抗体の反応性のバランスをとるため，試料および用いる抗体に応じて固定条件の至適化が必要となることが多い．

❷ 抗体染色

1% BSA添加PBSでブロッキングを行い，一次抗体（抗αチューブリン抗体DM1A，シグマアルドリッチ社）10μg/mLで室温1時間，二次抗体（HMSiR標識抗マウスIgG抗体）10μg/mLで室温1時間染色した[*12]．

> [*12] 局在化法による超解像イメージングでは，標識密度が低い部分の信号が相対的に目立ちやすいためバックグラウンドを抑える必要がある．一方で，分解能に見合った標識密度を達成するため十分に強い強度での染色が必要であり，条件の至適化が必須である．まずは通常行っている条件で抗体染色を行うとよいだろう．

❸ 封入

HMSiRを用いた超解像イメージングでは通常用いている封入剤でよい．蛍光の明滅回数を多く稼ぐためには，褪色防止用封入剤が有効である．本項の撮像例では，ProLong™ Gold（Thermo Fisher Scientific社）を用いた[*13]．

＊13 dSTORMなどでは，チオールを添加した特殊な封入液を用いる．

2. 顕微鏡観察

❹ 検鏡

本項前半のプロトコールの要領で観察する．よい視野をみつけて，動画を300～1,000フレーム撮像する＊14, 15．

＊14 肉眼では見えないので，カメラで撮像しながらフォーカスや視野を探す必要があるが，蛍光分子の1分子計測よりも容易である．ちらちらと瞬くように光る様子が観察される．全部の蛍光色素が同時に点灯するわけではないので，見慣れた画像とは印象が大きく異なるかもしれない．試しに100フレームほど撮像して，平均画像を表示してみるとよい．

＊15 ImageJでは，リスト2のマクロを登録しておくと便利だろう．登録方法は＊10の要領で入力，インストールすればよい．Plugins/Macrosに「Average Stack」と「SOFI」というマクロコマンドが追加される．このうち「Average Stack」は，単純に平均画像を計算するマクロで，従来の蛍光画像に相当する．「SOFI」は，自己相関を用いて分解能を向上させるSOFI（原理・応用編第1章7参照）の簡易版で，最大1.4倍程度分解能が向上する．

```
macro "Average Stack" {
        run ("Z Project…", "projection=[Average Intensity]");
}
macro "SOFI" {
        run ("Z Project…", "projection=[Standard Deviation]");
        run ("Square");
        run ("Enhance Contrast", "saturated=0.35");
}
```

リスト2
平均画像・自己相関画像を計算するImageJマクロ

❺ 画像処理

撮像した画像をImageJでスタックとして取り込む＊16．

＊16 ここでは，ThunderSTORMを用いた局在化法の処理を簡単に説明する．詳しくは，ThunderSTORMのヘルプファイルを参照するとよい．

Plugins/ThunderSTORM/Run Analysisで解析用のウィンドウが開く．Camera setupは，使用したカメラに応じて適切な値を入力する（カメラ購入時に添付される資料に記載されている）．後の項目はとりあえずデフォルトのままでよい．Previewを押すと，輝点が認識されることが確認できる．OKを押すと解析がスタートする．少し時間がかかるので終了するまで待つ．解析が終わると，結果が表として表示され，その下に後処理用のメニューが表示される（図6）．まず，Filterのタブを選び，正しく計測された輝点以外を除外する．Plot histogramでSigmaを表示すると輝点をガウス関数でフィットした際のσ，すなわち輝点の広がりの大きさの分布が表示される．メインピークより小さいのはノイズ，大きいのは2分子以上の塊なので除去する．ImageJのROIツールを用いてメインピークを囲んでApply ROI to filterをクリックすると，自動的にFilterが作製されるので，Applyを押せばよい（図7）．次に，ステージのドリフト補正を行う．Drift correctionのタブを選び，Applyを押す．最後に，同一分子の点滅を1点とカウントするためにMergingタブを選んでApplyを押す．以上の後処理が終わったら，Visualizationを押す．表示方法の設定ウィンドウが開くが，とりあえずデフォルトのままOKを押せばよい．超解像イメージが表示される．

id	fra...	x [nm]	y [nm]	sig...	intensity [...	offset [ph...	bkgstd [p...	chi2	uncertaint...
1	1	580.299	701.013	526.5...	21560.692	60.362	15.575	3877.291	13.537
2	1	646.245	9909.956	287.4...	6015.965	84.528	18.916	5930.936	17.108
3	1	444.868	11846.398	309.7...	5992.627	75.239	19.181	6490.748	20.065
4	1	691.929	19508.86	206.1...	2551.173	43.872	15.712	7220.959	17.391
5	1	395.969	28948.51	406.5...	13420.982	8.202	14.428	6134.657	12.19
6	1	605.497	36540.74	196.4...	1484.409	43.789	14.349	7385.12	24.477
7	1	1034.351	6159.832	1015....	118051.437	0	17.882	5701.926	10.646
8	1	853.222	10272.71	686.6...	73780.718	0	19.134	5027.559	8.456
9	1	813.49	19580.935	433.2...	17769.671	0	17.117	7639.827	12.227
10	1	663.07	12483.917	268.4...	3753.184	73.949	23.49	10496.73	28.934
11	1	934.642	6719.795	82.733	350.851	102.811	15.16	4060.555	19.598
12	1	961.503	24538.904	235.6...	3600.39	59.44	15.581	5362.228	16.057
13	1	892.635	1111.698	662.9...	56784.046	0	20.959	7350.115	10.902
14	1	1207.443	22835.926	303.22	2721.426	43.609	10.539	3580.715	23.783
15	1	1201.883	13271.755	250.9...	6530.848	66.48	23.53	8858.894	14.88
16	1	931.702	1377.202	956.6...	113105.676	0	19.646	6239.447	10.744
17	1	1232.856	7397.134	283.7...	3580.804	76.594	16.311	5095.836	23.945
18	1	1393.391	19592.936	218.6...	2849.801	62.967	18.91	7745.521	20.711
19	1	1239.477	4117.071	161.5...	1227.195	100.933	14.877	3717.56	20.884
20	1	1302.858	13354.131	229.5...	4700.739	75.37	23.438	9399.051	17.134
21	1	1488.66	25282.384	165.9...	706.703	65.253	14.998	5765.567	37.688
22	1	1894.892	21816.923	472.8...	14643.064	36.208	14.32	4617.666	14.775
23	1	1736.714	23469.547	405.3...	8496.464	38.158	13.3	4471.217	17.279
24	1	1513.006	1850.79	680.5...	57319.627	0	17.152	5494.501	9.57
25	1	1874.179	3093.993	898.3...	109413.262	0	18.103	5053.645	9.207
26	1	1613.159	26156.663	178.2...	1311.589	59.487	15.605	5975.173	24.711
27	1	1895.631	4865.133	659.1...	46624.069	10.669	16.28	4561.052	10.443
28	1	1772.31	11419.157	187.5...	1732.87	80.362	15.729	4883.774	21.003
29	1	1798.015	19547.052	313.8...	9330.114	29.044	16.535	6376.839	11.868
30	1	2051.342	24785.577	166.8...	806.159	60.516	13.296	4808.492	29.952
31	1	1962.444	2420.667	765.2...	76472.693	0	18.66	5547.406	9.774
32	1	2008.873	2514.503	515.6...	17129.519	68.84	17.613	5042.136	18.02
33	1	2019.979	24802.333	300.1...	3987.739	40.064	11.713	4009.19	17.893
34	1	2136.188	25466.164	118.6...	412.256	56.25	10.605	3721.087	24.174
35	1	2054.227	2399.918	613.8...	51682.411	0	17.548	6029.464	8.88

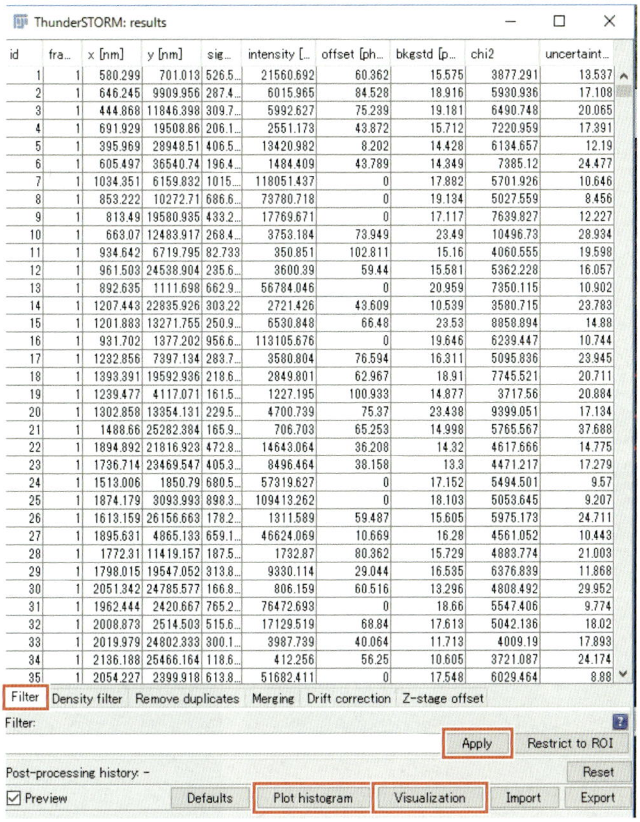

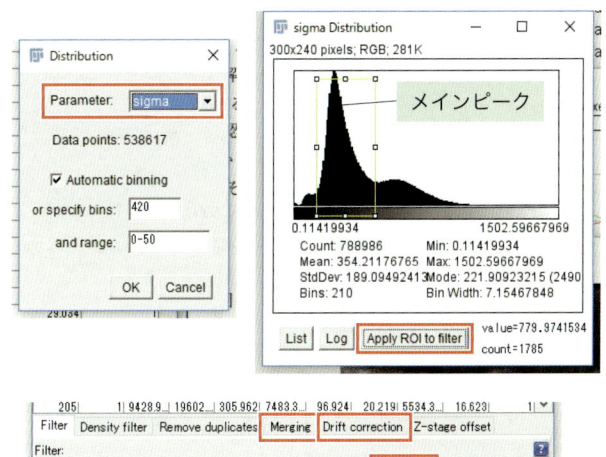

図6　解析結果の表示ウインドウ
詳細は本文参照.

図7　Filterの設定方法
詳細は本文参照.

3. 撮像例

実際に前述の手順で作製したHeLa細胞の微小管の染色像を図8A～Dに示す．微小管は直径25nmの線維であるが，通常の蛍光顕微鏡で見ると回折によって波長程度の太さに滲む．

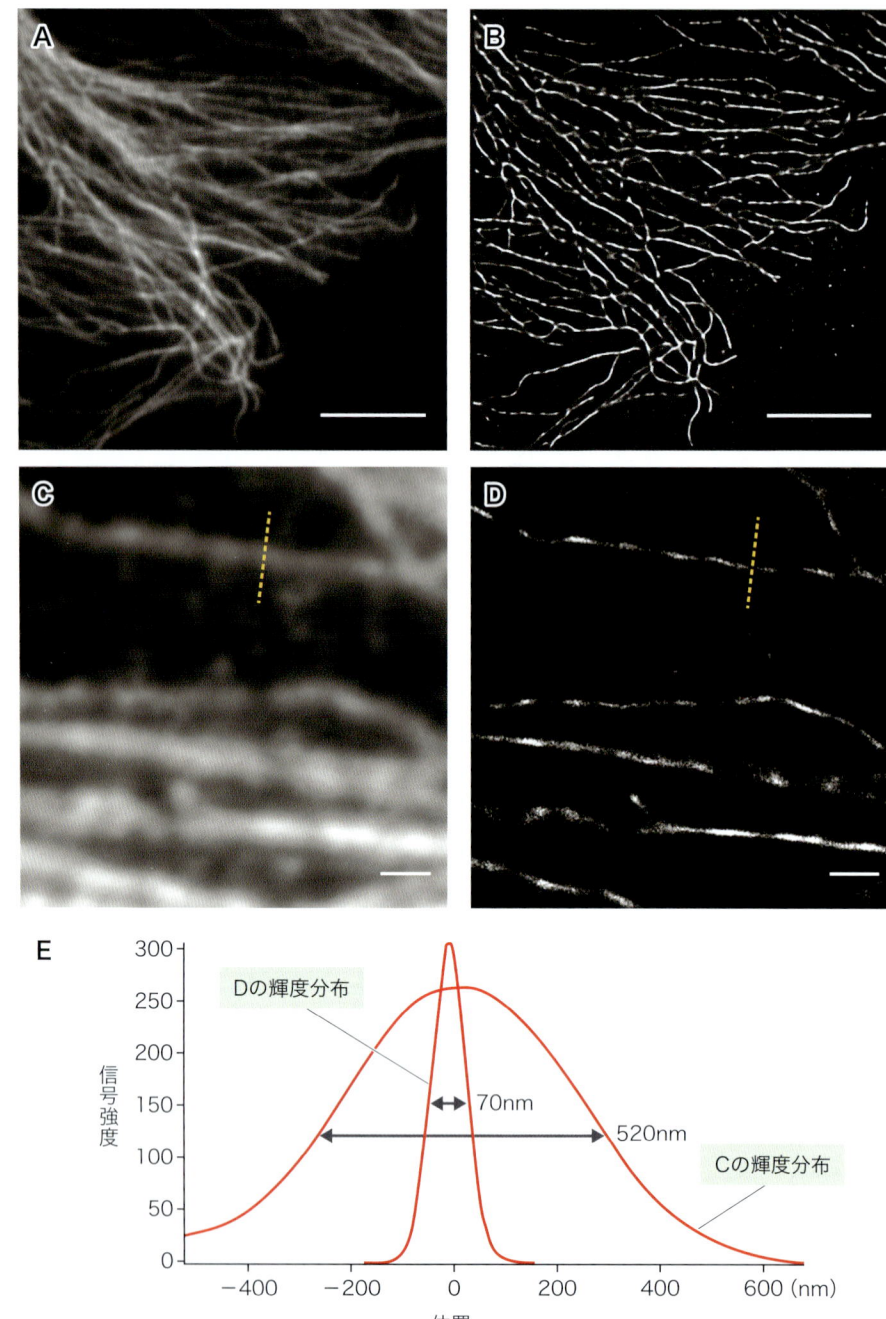

図8　HeLa細胞微小管の撮像例
A) 通常の蛍光顕微鏡画像に相当する1,000フレームの平均画像．B) 局在化法による超解像イメージ．ABのスケールバー：10μm．C) Aの拡大像．D) Bの拡大像．CDのスケールバー：1μm．E) CDの黄色線部の輝度分布（蛍光のラインプロファイル）．

ここでの観察波長は670nm程度なのでAbbeの公式による回折限界は260nmである．実際，図8Eのグラフに示すとおり，通常の蛍光顕微鏡画像に相当する平均像では微小管の幅が520nm程度に広がっている．一方，超解像イメージでは70nmと狭まり，分解能にすると260nmから35nmへと7倍以上向上していることがわかる．本項の例では，蛍光強度から推定される位置決定精度は平均20nmであるが，実際には抗体分子の大きさや，顕微鏡の振動・ドリフトなどの影響により，低下して30〜40nm程度となることが多い．また，最終的に得られた微小管の像が一様に見えず，濃淡の模様があるように見えるのは，輝点数が少ないことに起因するアーティファクトである．これらの問題点については，**実践編第3章1**で議論する．

4. トラブル対応

1）細胞がみつからない

HMSiRは目で見えないうえ，自発的に明滅する分子なので目的の細胞・構造物を探すのが難しい．本項前半のプロトコールのように，目で見える色素（例えばAlexa Fluor™ 488）を用いて同じ抗体で染めた試料を別に用意して，染色の様子を確認するとともにフォーカス位置などを確認するとよいだろう．

また，2重染色にして，目で見える色素の方で視野を探すのもよい．われわれは，探すのが難しい試料の際は，Alexa Fluor™ 488標識二次抗体とHMSiR標識二次抗体を1：10程度に混ぜて用いることで，目で見て探せるようにしている．

2）すぐに褪色してしまって1,000フレームも撮像できない

1分子計測ができる十分な強度で照明すると，HMSiRは数秒程度で褪色してしまう．したがって，ProLong™ Goldのような褪色防止剤の添加がきわめて有効である．

3）HMSiRがほとんど光らない，あるいは点滅しない

HMSiRの自己点滅能はpHに依存し，pH 7.4が至適となるように開発された．したがって，包埋に用いるバッファーのpHは7.4〜8.5に調節するとよい．

4）微小管が途切れて見える

Alexa Fluor™ 488で染めてみても途切れて見えるようであれば，固定の際に微小管が壊れてしまっている．固定液を新しくつくり直す．また，微小管は低温にすると脱重合するので，固定液や固定前の洗浄用のバッファーは37℃に温めておく．

Alexa Fluor™ 488で染めるとキレイに微小管が見えている場合は，抗体標識の不足が考えられる．できるだけ標識密度を上げるために，通常の蛍光抗体染色よりかなり濃い条件で染色する必要がある．本項の濃度でも不足している場合は，染色時間をオーバーナイトにするなど延長してみるとよい．ただし，抗体染色によって達成できる標識密度には限界がある．

5）局在化法で再構成しても微小管が細くならない

信号強度が弱く蛍光分子の位置計測の精度が低いか，振動・ドリフトが影響していると考えられる．カメラ条件を正しくセットして，図6で示しているThunderSTORMの結果のウインドウでPlot histogramからuncertaintyを選んでプロットすると，蛍光分子の位置計測

精度が確認できる．20〜30nmであれば問題ない．

また，ドリフトの影響はDrift correctionである程度除くことができる．Drift correction実行時に表示されるグラフをみて，1,000フレームの間に2ピクセル以上動いている場合は，ドリフトが大きい．倒立顕微鏡での観察の際，試料を固定せずにステージに置くだけという人がいるが，ドリフト・振動の影響を受けやすいため，しっかりと固定することが必要である．われわれは，クレンメルでの固定は行わず，油粘土で固定している．

おわりに

本項では，世界ではじめて開発された自己点滅能を示す蛍光色素HMSiRを用いた局在化法による超解像イメージングを紹介した．

まだ，本項執筆時点では，局在化法の画像処理については，自力でソフトウェアをインストールするなどの必要があり，多少難しいかもしれない．しかし，カメラおよび画像処理の技術は急速に進歩している．sCMOSカメラは，カメラ内での高度な画像処理を行いやすい．すでにスマートフォンやデジタルカメラのCMOSイメージセンサーには，画像処理機能を組込むことが進められている．同様にして，カメラ内で画像処理・局在化法の計算が行われ，フレームごとに蛍光分子の位置の座標のリストが直接出力される"局在化モード"で動作するカメラも遠からず登場するであろう（2016年3月末時点で，Photometrics社のPrime sCMOSカメラはその方向を指向している）．

一方，色素の方も，さらなる開発が望まれる．HMSiRは，すでに十分実用となる性能を有するが，欠点も存在する．例えば，同時にONになる分子の割合が1％程度である．このため，標識密度が高い部位では複数の蛍光分子が同時に光ってしまい，正しく測定できない．抗体分子の大きさを10nmとすると，500nm四方には最大で2,500分子が存在しうる．したがって，ON/OFF比は1/3,000程度が理想的であるが，この場合は10,000フレーム以上の原画像取得が必要となり[*17]，分単位の画像取得時間を要することになる．

また，比較的褪色しやすいので，褪色防止剤の併用が必須である．今後，ON/OFF比の異なる色素や，波長の異なる色素，褪色しにくく明るい色素など，第2世代，第3世代の自己点滅型蛍光色素が開発されると，カメラや画像処理ソフトウェアの改良とあいまって，局在化法による超解像イメージングはより簡便となり広く普及するであろう．

*17 同時にONになる分子の割合が1/nであるとき，nフレームの間に1回も光らない蛍光分子の割合は1/e≒37％．3nフレームの間に1回も光らない蛍光分子の割合は1/e^3≒5％となる．

◆ 文献・URL
1） Betzig E, et al：Science, 313：1642-1645, 2006
2） Uno SN, et al：Nat Chem, 6：681-689, 2014
3） Ober RJ, et al：Biophys J, 86：1185-1200, 2004
4） ImageJ（http://rsb.info.nih.gov/ij/）
5） Fiji（http://fiji.sc/）
6） Ovesný M, et al：Bioinformatics, 30：2389-2390, 2014

Column 1

自発的明滅機能をもつ蛍光色素HMSiRの開発と応用

宇野真之介,神谷真子,浦野泰照

蛍光プローブの明滅を利用する局在化法

2014年ノーベル化学賞が授与されたことに象徴されるように,超解像イメージング法の発展には蛍光プローブの開発が必要不可欠であった.蛍光プローブは蛍光タンパク質や有機小分子蛍光色素を骨格として,近年急速に開発が進められており,今では細胞の構造や情報伝達物質,酵素反応を可視化することができる.さらに,蛍光プローブの明滅特性に着目することで実現されたのが,超解像イメージング法の一種である局在化法である[1](本章1参照).従来の蛍光顕微鏡では,1分子の蛍光色素(大きさ1nm以下)から発せられた蛍光でも,光の回折によって波長程度($>200 nm$)に広がって観測されてしまうため,波長の半分よりも近接した2分子を識別することはできなかった(回折限界).一方,局在化法では近接する蛍光プローブを時間的に分離して光らせ,それぞれの分子の発する蛍光が重ならないようにする.光る分子が1分子のみであれば,その中心位置を数10nmの精度で決定することが可能であり,順番に決定したすべての分子の位置情報を重ね合わせることで高解像度の画像が取得できる.このように,局在化法を行うにはラベル化した蛍光プローブのうち大部分が無蛍光状態で存在し,ごく少数の分子が順番に光る必要がある.このとき,各分子は適切な時間間隔で光ったり光らなくなったりする(明滅する)ことが求められ,この明滅特性を制御することが重要である.しかし,一般的な蛍光タンパク質や蛍光色素はその名の通り,常に蛍光を発しており,明滅させるためには遺伝子工学的な改変または化学的な工夫が必要であった.

蛍光色素を明滅させる方法としてこれまでさまざまな手法が開発されているが,Alexa Fluor™ 647(Thermo Fisher Scientific社)などの一般的な有機小分子蛍光色素を用いるdSTORMは,最も汎用される手法である[2].dSTORMでは測定開始前に,100mM程度の高濃度チオール存在下で,蛍光色素を強く励起することで,大部分の分子をチオール付加体やラジカルアニオンなどの無蛍光状態に変換する.これらの無蛍光状態は可逆的であり,熱的あるいは紫外光照射によって再び蛍光状態に戻るため,わず

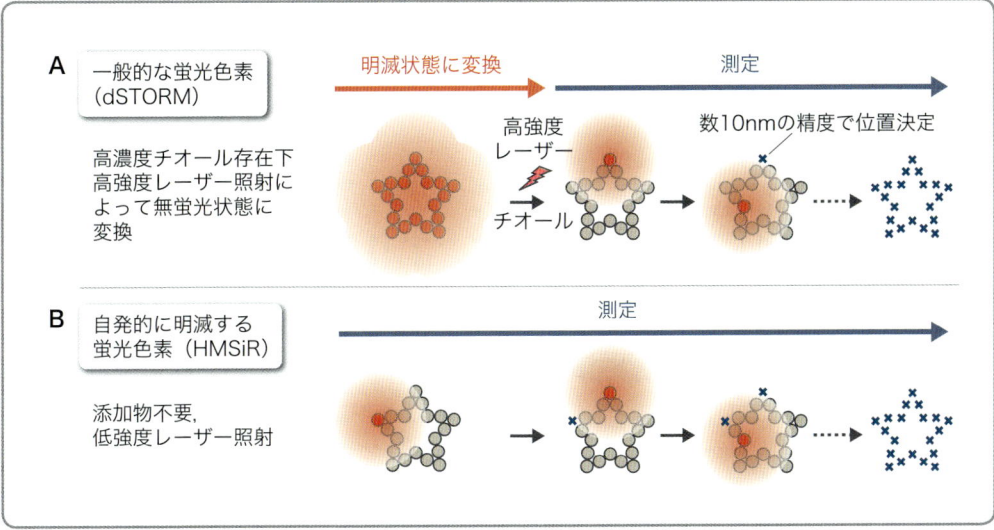

図1 一般的な蛍光色素(A)と自発的に明滅する蛍光色素(B)を用いた局在化法
文献4をもとに作成.

かな分子を順番に光らせることができる（図1A）（実践編第3章2参照）．チオールとして外部から添加するMEAやβ-MEだけでなく，細胞内に存在するグルタチオンも利用でき，生細胞中でのヒストンのイメージングが報告されている[3]．ただし，蛍光色素を無蛍光状態に変換し，適切な明滅状態を維持するには，数kW/cm²程度の強い光照射が必要なため，細胞への光毒性や蛍光色素の褪色が無視できない．そこでわれわれは，レーザー強度や添加物によらず，自発的に明滅する蛍光プローブ（図1B）の創製をめざした研究を開始し，蛍光色素自体の構造を詳細に解析・検討することで，近年HMSiRの設計・開発に成功した[4]．本コラムでは，HMSiRの開発と超解像イメージングへの適用例について紹介する．

自発的に明滅するHMSiRの開発とその特性

前述したように，われわれは，有機小分子蛍光色素自体に自発的な明滅特性を付与することで，添加物やレーザー強度によらず，生理的条件下で局在化法が行える蛍光色素を開発することをめざした．明滅特性の原理として，われわれが蛍光プローブの設計原理として開発してきたローダミン誘導体の分子内スピロ環化平衡が利用できると考えた．分子内スピロ環化平衡は，ローダミンのカルボン酸をチオールやアルコールに置換した誘導体が，pHに応じて無色・無蛍光の閉環体構造と吸収・蛍光を示す開環体構造を取る現象である（図2A）．閉環体構造では可視光域の吸収・蛍光が完全に消失するため，2種の構造間できわめて大きな蛍光強度変化を示す．この分子内スピロ環化平衡は熱的な酸・塩基平衡であるため，1分子に着目するとそれぞれの分子

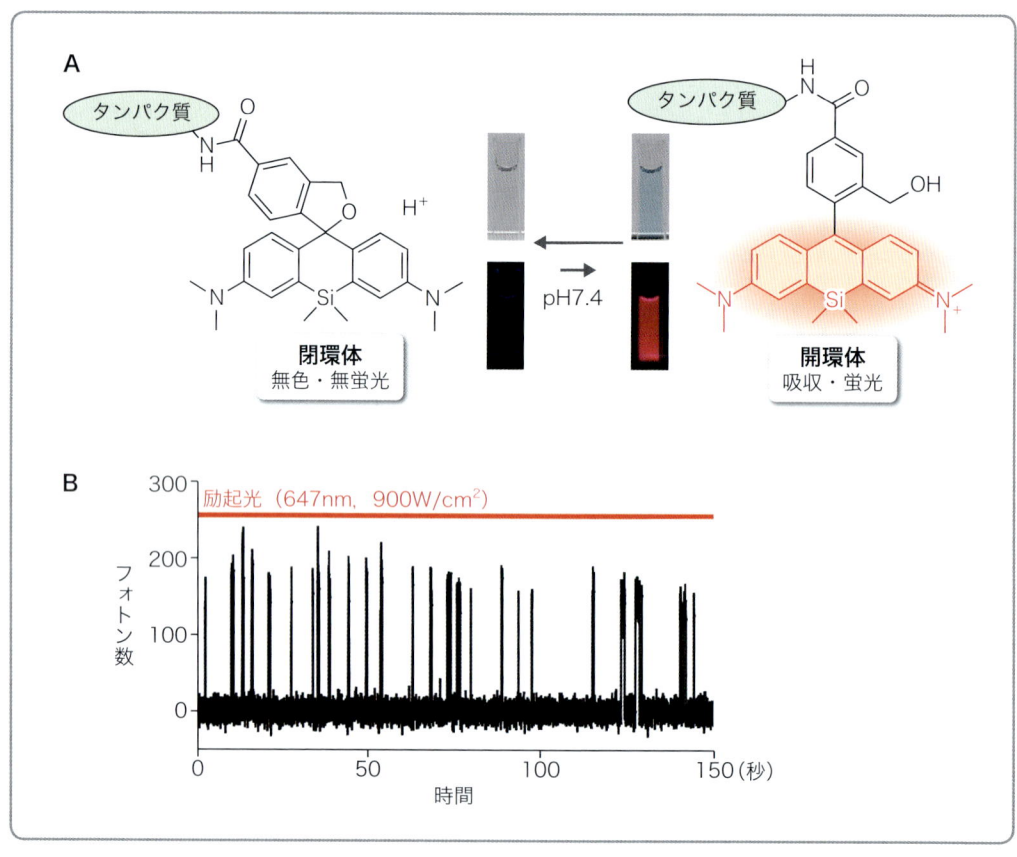

図2　HMSiRの分子内スピロ環化平衡（A）と1分子蛍光イメージング（B）
pH 7.4のリン酸緩衝液中において，従来の10分の1程度の励起光を照射した直後から明滅した．
文献4より引用．

がある時間間隔で開環体と閉環体を行き来している，すなわち明滅しているはずである．そこで，ローダミン誘導体の化学構造を検討することで，局在化法に最適化された自発的な明滅をくり返す蛍光色素が実現できると考えた．具体的には，①ある時間に同時に光る分子の割合（平衡定数）と，②光る状態の持続時間（閉環反応時定数）を検討した．分子設計，物性評価の詳細は割愛するが，有機化学の観点から種々の構造をもつローダミン誘導体群を設計・合成し，前述の物性を評価した．検討の結果，局在化法に適している蛍光色素としてHMSiRを開発することに成功した．HMSiRはpH 7.4において約1%のみが蛍光性の開環体で存在し，開環体はおよそ100msで閉環体に戻るという明滅特性を有している．また，Alexa Fluor™ 647と同程度の吸収/蛍光波長（Abs/Em=650nm/671nm）を有し，ε＝100,000/Mcm，Φ_{Fl}＝0.3（ε，Φ_{Fl}ともに開環体の値）と高い蛍光特性を示したことから局在化法に適している．

続いて1分子イメージングを行った結果，HMSiRはチオールや脱酸素剤を加えていない中性緩衝液（pH7.4のリン酸緩衝液）中で，レーザー強度によらず自発的に明滅することが確認できた（図2B）．1回の明滅でレーザー強度に応じて最大約2,600フォトンが検出でき，半値全幅（FWHM）＝21nmの精度で分子の位置を決定できた．また，レーザー強度をdSTORMの10分の1に抑えても明滅するため，検出フォトン数に応じて位置決定精度が少し下がるものの，褪色を抑え長時間観察することも可能であった．

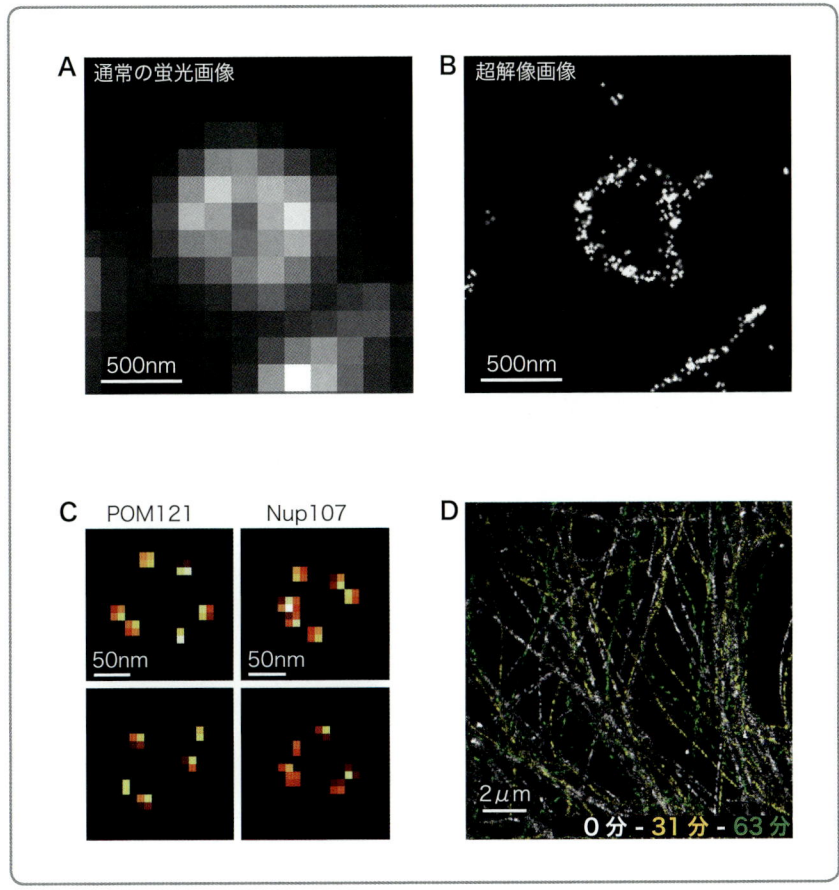

図3　HMSiRを用いた局在化法による超解像イメージング
A）B）プラスミドDNA上に重合したRecAフィラメントの平均化画像（通常の蛍光画像）（A）と超解像画像（B）．C）核上部に位置する核膜孔を構成するPOM121およびNup107の超解像画像．D）生細胞における微小管のタイムラプス超解像イメージング．文献4より引用．

実際の研究においてはHMSiRのNHSエステル体，Halo-tagリガンド，SNAP-tagリガンドなどの誘導体を用いることで，目的のタンパク質にHMSiRラベルすることができる．これらの誘導体は細胞膜透過性を有することから，後述するように生細胞への適用も可能である．一方で，分子内スピロ環化平衡は酸・塩基平衡であるため，pHに依存して開環体の存在比率と持続時間が変化する．具体的には，pHが低くなるほど開環体の存在比率は増え，開環体の持続時間は長くなるため，光る分子が重なりあい局在化法に適さなくなってしまう．したがってHMSiRは中性から弱塩基性の細胞内小器官での使用には適しているが，リソソーム内部といった酸性下での測定には別途最適な構造を選択する必要がある．

HMSiRを用いた局在化法による超解像イメージング

　はじめに，直径約500nmのプラスミドDNA上に重合したRecAフィラメントをHMSiRでラベルし，リン酸緩衝液中で測定した．添加物を加えなくとも測定開始直後からHMSiRは明滅し，高解像度の画像が取得できた（図3A, B）．

　続いて，全反射顕微鏡を用いるdSTORMでは観察困難な細胞深部の構造を，スピニングディスク共焦点レーザー顕微鏡を用いて観察した．スピニングディスク共焦点レーザー顕微鏡はガラス面から離れた構造も観察できるが，レーザーを分散して照射するため，一般的な蛍光色素の明滅状態を維持するのに必要なレーザー強度を得ることは難しい．このような条件でも自発的に明滅するHMSiRを用いれば測定が可能になると考えた．具体的には，HeLa細胞の核上部に位置する核膜孔を形成するPOM121およびNup107を抗体によりHMSiRでラベルし測定した．その結果，直径約120nmの環状に8回対称で位置するタンパク質の一部が観察できた（図3C）．

　さらに，生細胞における微小管のタイムラプス測定を行った．HMSiRを用いると弱いレーザー強度での局在化法が可能であり，細胞への光毒性や蛍光色素の褪色を最小限に抑えることができるため，同視野でくり返し画像が取得できる．具体的には，生きたVero細胞のβチューブリンをHalotagを介してHMSiRでラベルし，培地中で従来の10分の1以下のレーザー強度（40W/cm^2）で測定した．その結果，HMSiRは生細胞内環境下でも自発的に明滅し，微小管の超解像画像の構築に成功した．さらに，同視野において約30秒間の測定を10分間隔で7回行い，約1時間にわたって微小管が動く様子を観測することに成功した（図3D）．また，5分間連続測定し，15秒ずつオーバーラップするように超解像画像を構築すると，チューブリンの重合/脱重合のダイナミクスを観測することも可能であった．

おわりに

　このように，化学的視点から自発的明滅能を有する分子を精密設計し，さらにその機能をうまく利用することで，従来法では難しい測定が可能になった．新たな観察を実現するプローブの開発により，従来法とは全く異なるアプローチでの研究進展が大いに期待されることから，今後も開発される多種多様な蛍光プローブに，常に着目し続けていくことを強くお勧めする．

◆ 文献

1) Klein T, et al：Histochem Cell Biol, 141：561-575, 2014
2) Heilemann M, et al：Angew Chem Int Ed Engl, 47：6172-6176, 2008
3) Wombacher R, et al：Nat Methods, 7：717-719, 2010
4) Uno SN, et al：Nat Chem, 6：681-689, 2014

実践編

第1章　今ある顕微鏡・自作顕微鏡で始める超解像イメージング

2 共焦点顕微鏡を用いた超解像イメージング

岡田康志

共焦点顕微鏡は広く利用されているが，通常の蛍光顕微鏡より高い分解能が達成できることはあまり知られていない．構造化照明法（SIM）と同様に，理想的な共焦点顕微鏡は原理的には，通常の蛍光顕微鏡の2倍の分解能が達成できる．つまり，共焦点顕微鏡をもっているのなら，新たな高感度検出器とデコンボリューション用のソフトウェアを用意すれば超解像イメージングが可能になる．本項では，共焦点顕微鏡を用いた簡便な超解像イメージング法について解説する．

はじめに

共焦点顕微鏡の原理が提案されたのは1957年であるが，実用化にはレーザー光源や高感度検出器が必要であり，最初の市販機が登場したのは1987年である．その当時から，共焦点顕微鏡が理論的には通常の蛍光顕微鏡より高い分解能を達成できることが知られていたが，技術的な制約により実用的ではなかった．近年，共焦点顕微鏡の検出器の性能が大幅に向上し（**本章Column 2参照**），コンピューターの性能も飛躍的に進歩し高度な画像処理が簡単に行えるようになったため，共焦点顕微鏡を用いて分解能140nm程度のイメージングを行うことが可能となった．詳しい原理は**原理・応用編第1章4**に譲り，本項ではレーザー走査型共焦点顕微鏡（CLSM）を用いて分解能140nmの超解像イメージングを行う方法を解説する．

共焦点顕微鏡の分解能

理論的には，ピンホールのサイズが無限小の理想的な共焦点顕微鏡は，通常の蛍光顕微鏡の2倍の分解能をもつことが示される．例えば，開口数（NA）1.4の対物レンズで波長500nmの緑色の蛍光を観察する場合，通常の蛍光顕微鏡の分解能の限界はAbbeの公式から$0.5 \times 500/1.4 ≒ 180$nmと計算される．これに対し，理想的な共焦点顕微鏡の分解能はその半分の90nmである．しかし，ピンホールのサイズが無限小だと，これを通る蛍光は無限に弱くなってしまい，観察できない．ピンホールを開くと，180nmより細かい構造の信号は急速に弱くなる．その様子を表すのがMTF（modulation transfer function）である．

図1に通常の蛍光顕微鏡と共焦点顕微鏡のMTFを示す．黒い実線で示されるように，通

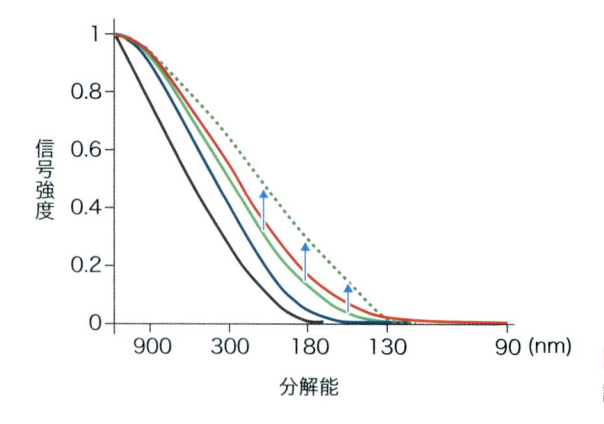

図1 蛍光顕微鏡と共焦点顕微鏡のMTF
詳細は本文参照.

常の蛍光顕微鏡では，180nmより高い分解能の成分は観察されない．理想的な共焦点顕微鏡，すなわちピンホールサイズが0のときのMTFが赤い実線である．分解能が90nmまで伸びていることがわかる．青い実線は，ピンホールを1 Airy Unit（AU）まで開いた共焦点顕微鏡のMTFである．蛍光顕微鏡（黒実線）より多少分解能が伸びているが，130～180nmの分解能成分の信号強度は非常に低く，ノイズに埋もれてしまう．

ピンホールを1AUより閉じると，MTFは赤実線と青実線の間にきて，130～180nmの成分の強度も増える（緑実線）．しかし，ピンホールを閉じるため，全体の信号強度は下がってしまう．

近年，可視光領域で高い量子効率をもつGaAsP（ガリウムヒ素リン）を光電面にもつ高感度検出器が登場し，ピンホールを0.5AU程度まで絞っても十分なS/Nで画像取得できるようになった．ここまで絞ると，緑の実線のように130～180nmの成分の強度は比較的大きくなるが，共焦点顕微鏡のMTFは通常の蛍光顕微鏡のMTFよりも高分解能成分が急激に減少するため，生の画像では高分解能成分が弱く細かい構造はよく見えない．そこで，通常の蛍光顕微鏡のMTFと同等のカーブ（緑の破線）になるように画像処理で高分解能成分を強調すれば（→），細かい構造までしっかりと見えるようになる．これが，共焦点顕微鏡を用いた超解像イメージングの原理である．

ピンホールを0.5AU程度まで絞って撮像し，画像処理で高分解能成分を強調すると，分解能が130nm程度まで，すなわち通常の蛍光顕微鏡の約1.4倍まで向上する．しかし，単純に高分解能成分を強調するとノイズも強調されてしまうので，ノイズを抑えながら高分解能成分を強調する必要がある．そのために，デコンボリューションとよばれる画像処理を用いることになる．

準備

1. 撮像装置と機器類

☐ 共焦点顕微鏡

オリンパス社のFV1000，ニコン社のA1，カールツァイスマイクロスコピー社のLSM780，

ライカマイクロシステムズ社のLeica TCS SP5など，メーカーは問わないが，ピンホールサイズを自由に設定でき，"GaAsP"あるいは"HyD"などの高感度検出器を備えている必要がある．従来型の光電子増倍管（PMT）でも不可能ではないが，積算回数を大幅に増やす必要がある．本項の撮像例では，ライカマイクロシステムズ社のSP8でHyDを用いて撮像している．

□ 対物レンズ

　　油浸の60～100倍（NA1.4）など，高倍率の明るいレンズがよいが，試料によっては水浸40倍（NA1.1～1.2）やシリコーンオイル浸100倍（NA1.35）なども有効である．

□ 解析ソフト

　　Huygens（Scientific Volume Imaging社），AutoQuant X3（Media Cybernetics社）など専用のパッケージソフトが市販されている．いずれも定価100万円以上であるが，それだけの価値はある．デモ版が用意されているので試用してみるとよいだろう．本項では，簡単に試してみることを目的として，ImageJ[1]のディストリビューションの1つであるFiji[2]にIterative Deconvolve 3D[3]とGaussian PSF 3D[4]というプラグインを導入する．この2つをダウンロードし，Fiji.app/Plugins/にコピーする．これら2つのプラグインを簡単に利用できるよう，本項のためにマクロ（リスト1）を作成した．Plugins/New/Macroでマクロ編集ウインドウを開いて入力し，セーブした後，Plugins/Macros/Installでインストールすると，Plugins/Macros/にDeconvolutionというマクロが追加される．

```
macro "Deconvolution [D]" {
title=getTitle () ;

lamda=500;
dx=20;
na=1.4;
gamma=0.1;
Dialog.create ("Deconvolution") ;
Dialog.addNumber ("Wave Length (nm) ", lamda);
Dialog.addNumber ("Pixel Size (nm) ", dx);
Dialog.addNumber ("NA", na);
Dialog.addNumber ("Wiener Filter Gamma", gamma);
Dialog.show () ;
lamda = Dialog.getNumber () ;
dx= Dialog.getNumber () ;
na= Dialog.getNumber () ;
gamma= Dialog.getNumber () ;
sigma=lamda/na*0.37/dx*0.83;

run ("Gaussian PSF 3D", "width=64 height=64 number=1 dc-level=1 horizontal="+sigma+" vertical="+sigma+" depth=7") ;
run ("Iterative Deconvolve 3D", "image="+title+" point=PSF output=Deconvoluted normalize show log perform detect wiener="+gamma+" low=1 z_direction=1 maximum=30 terminate=0.010") ;
selectWindow ("PSF") ;
close () ;
}
```

リスト1 デコンボリューションのためのImageJマクロ

2. 観察試料

□ カバーガラス

対物レンズは，カバーガラスの厚さを0.17mmとして設計されているので，No.1のカバーガラスは薄すぎる．No.1SあるいはNo.1.5を用いるとよい．われわれは，ドイツKarl Hecht社のカバーガラス（厚さ0.17±0.01mm，型番1014/18）を使用している．なお，補正環付き対物レンズを用いる場合は，No.1でも対応できる．

□ 試料

明るく，S/Nよく染まっていることが望ましい．固定標本，生細胞いずれでも可能である．本項の撮像例の図2では，mEmerald-TOMM20-C-10（Michael Davidson研究室で作製されたもので，Addgeneから入手できる．#54281）を発現させたHeLa細胞を用いている．図3もHeLa細胞を用いており，ミトコンドリアの外膜をmApple-TOMM20-N-10（#54955, Addgene），内膜をSu9-EGFP（#23214, Addgene）で染めた．図4はHeLa細胞の微小管をαチューブリン抗体DM1A（シグマ アルドリッチ社）とAlexa Fluor™ 488（Thermo Fisher Scientific社）で染めた．

プロトコール

1. 顕微鏡観察

❶ 通常の共焦点顕微鏡観察と同様にして視野・フォーカスを合わせる

❷ ピンホールのサイズを0.5AU相当になるように設定する

具体的な設定方法は，機種ごとに異なるが，ピンホールサイズがAU表示されている場合は，単に0.5に設定すればよい．"1 AU"のようなボタンがある機種の場合は，これを押して設定されたピンホールサイズからさらに半分にすればよい．

❸ 高感度検出器の条件を設定する

検出器は，できるだけHyDやGaAsP検出器を用いる．ゲインは，最もS/Nがよくなるように設定し，上げすぎない．フォトンカウンティングモードがある場合は，これを利用するのもよい．

❹ ピクセルサイズが60nm以下[*1]になるようズーム倍率を設定する

[*1] ピクセルサイズは達成したい分解能の半分以下にする必要がある．これをナイキスト条件という．実際には，多少オーバーサンプリングした方がよい結果が得られるので，目標分解能の1/4〜1/3程度にするとよい．

❺ レーザー強度を，褪色や光毒性の影響のない範囲でできるだけ強く設定する

❻ スキャン速度を遅めにして，平均加算回数を増やすように設定して撮像する[*2]

本項の撮像例では400Hz，4回平均で撮像した．

[*2] この設定によってS/Nを稼ぐ．

2. 画像処理

取得した画像をImageJで開き，Plugins/Macros/Deconvolutionを実行する．設定ウインドウが開くので，パラメータを入力する．最初の3つは，観察波長，ピクセルサイズ，対物レンズのNAであり，観察条件に応じて入力する．4つめの"Wiener Filter Gamma"は，画像処理の強度に関するパラメータで，取得した画像のノイズの程度によって最適値は異なる．0.001～1の範囲で試してみる（後述の図5B参照）．

撮像例

1. ミトコンドリアの超解像イメージング

ミトコンドリア外膜に局在するmEmerald-TOMM20を発現させたHeLa細胞の撮像例を図2に示す．このように，共焦点顕微鏡のピンホールを小さくしてデコンボリューションをかけるだけで，通常の蛍光顕微鏡や従来の共焦点顕微鏡では見ることができない微細構造を

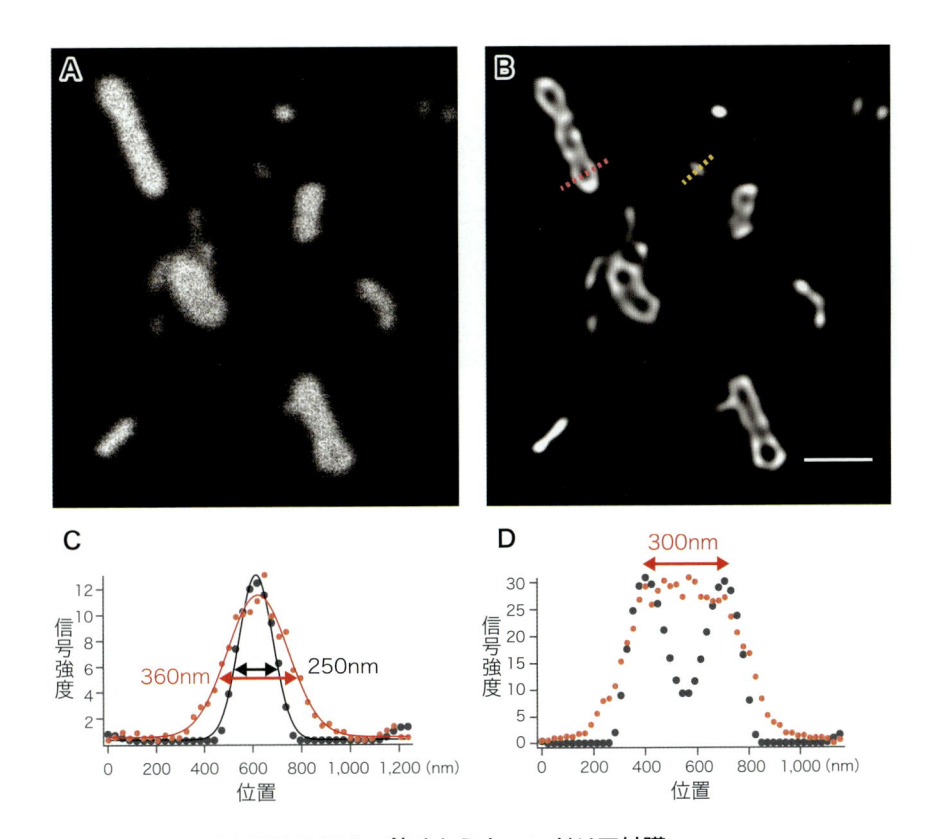

図2　mEmerald-TOMM20で染めたミトコンドリア外膜
A）共焦点顕微鏡の原画像．B）デコンボリューション後．スケールバー：1μm．C）D）Bの黄色破線（C）およびピンク破線（D）部分の輝度分布（蛍光のラインプロファイル）．原画像（●）に対して，デコンボリューション後（●）は，約1.4倍に分解能が向上している．

41

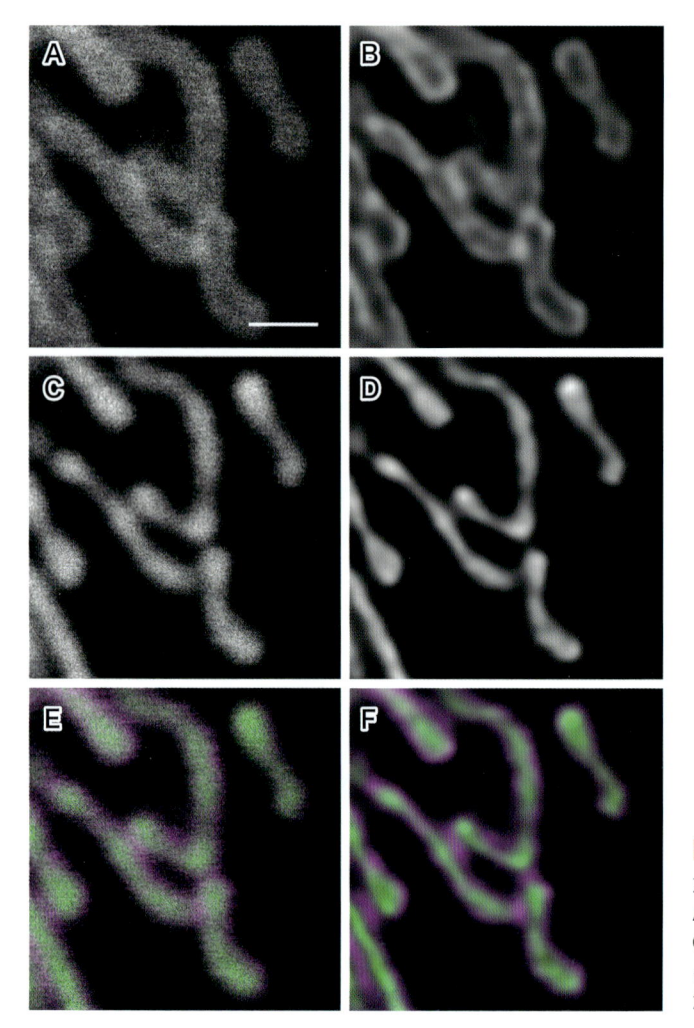

図3 ミトコンドリア外膜と内膜の二重染色
左側：原画像．右側：デコンボリューション像．
A) B) 外膜をmApple-TOMM20-N-10で染色．
C) D) 内膜をSu9-EGFPで染色．E) F) EはAとCのmergeで，FはBとDのmerge．マゼンタが外膜で，緑が内膜．スケールバー：1μm．

簡単に描出することができる．本手法は原理的に，共焦点顕微鏡で行うすべてのイメージングに適用できる．例えばタイムラプス観察は，前述と同様ピンホールサイズを0.5AUに絞り，ピクセルサイズを60nm以下に設定して撮像した後，得られた画像を1枚ずつデコンボリューション処理すればよい．実際，図2の撮像例は，タイムラプス撮像したなかの1コマである．

多重染色も同様である．図3の撮像例では，ミトコンドリア外膜をmApple-TOMM20で，内膜をEGFP標識したFo-ATPase subunit 9[5]で二重染色した．得られた画像をそれぞれの色で別々にデコンボリューションすることで簡単に高分解能の多重染色像が得られる．

三次元画像についても，本質的には同様である．zスタック画像を取得して，デコンボリューション処理する．この際，各zセクション画像を別々に処理するのではなく，三次元画像全体に対して三次元のデコンボリューション処理を行うことで，深さ方向の分解能も向上させることができる．ただし，パラメータ設定などが二次元のデコンボリューション処理より複雑になるので，本項では詳述しない．簡単に試すには市販ソフト（Huygens，

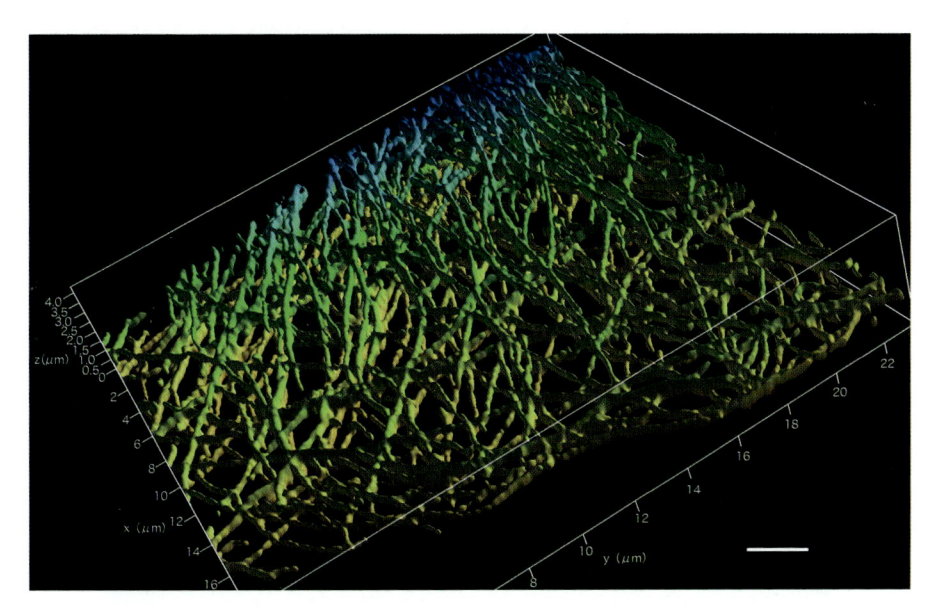

図4 微小管の三次元超解像イメージ
詳細は本文参照．スケールバー：2 μm．

AutoQuant，Imaris）などを使用するとよいだろう．

2. 微小管の三次元超解像イメージング

図4に微小管の撮像例を示す．本章1と同様にして微小管をαチューブリン抗体DM1A（シグマ アルドリッチ社）とAlexa Fluor™ 488標識二次抗体（Thermo Fisher Scientific社）で染色した固定標本である．深さ方向に4μm分を100nmステップで40枚撮像し，Huygens（Scientific Volume Imaging社）で三次元デコンボリューション処理した．表示の際に，深さに応じて青から黄色のグラデーションを付けている．

トラブル対応

1）リンギングなどのアーティファクトが発生する

デコンボリューション後に，周期的な模様が生じることは少なくない（図5）．リンギングとよばれるアーティファクトである．取得した画像のS/Nが悪い場合や，Wiener Filter Gamma[*3]の値を小さくしすぎた場合に生じやすい．Wiener Filter Gammaの値を大きくすると軽減する．

*3 本項のプラグインでは，次式で与えられるWienerフィルターTを用いており，分母第2項がパラメータΓである．

$$T = \frac{H^*}{|H|^2 + \Gamma}$$

ここで，HはPSF，$*$は複素共役を表す．

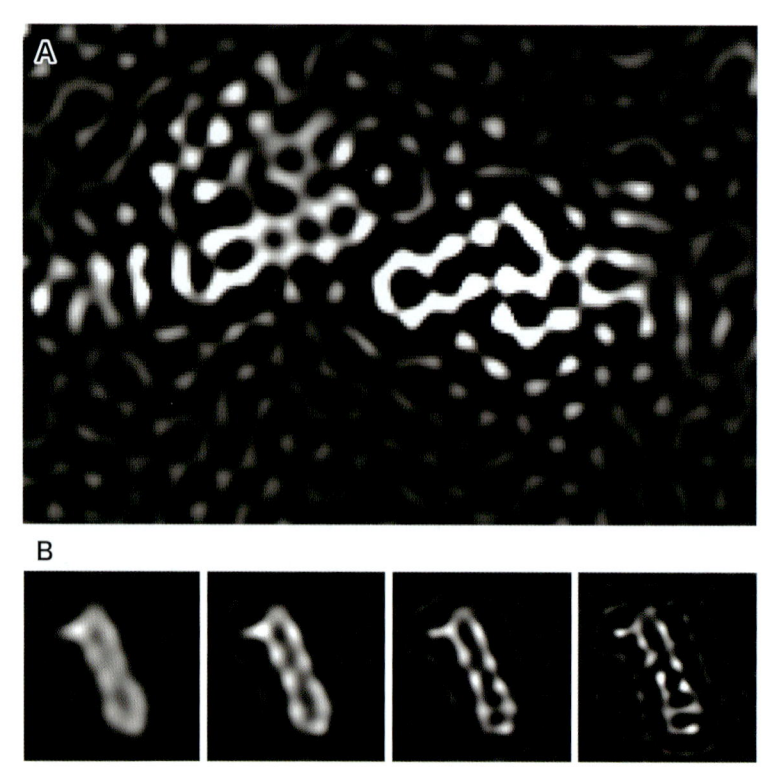

図5　リンギングとWiener Filter Gamma（Γ）の意味
A）リンギングの例．B）左からΓ＝1.0, 0.1, 0.01, 0.001．Γを小さくするとアーティファクトが目立つようになる．

2）処理に時間がかかる

　デコンボリューションは重い処理なので，1024×1024の画像を1枚処理するのに，比較的ハイエンドのPC（Core i7-6700K 4 GHz，インテル社）でも，本項の方法で1分弱かかる．大きな画像やタイムラプス画像を処理する際には，128×128程度の部分を切り出して条件設定などを行ってから，全体を処理するのが現実的だろう．同じ条件で撮像した試料は，同じパラメータで処理できるので，条件検討がすめば，バッチ処理で一晩かけて自動的に全データを処理すればよい．

おわりに

　本項で紹介した共焦点顕微鏡とデコンボリューションを組合わせた超解像イメージングは，簡便である．最新の共焦点顕微鏡でなくとも，検出器を最新の高感度検出器に交換し，デコンボリューションのソフトウェアをインストールするだけで実施できる．また，これまで共焦点顕微鏡で観察してきた試料がそのまま観察できる．**本章1**で述べた局在化法のように特殊な蛍光色素や特殊な試薬は必要としない．分解能は1.4倍程度と，他の超解像顕微鏡法に

比べると数字のうえで見劣りする．しかし，撮像例にあるように，実際の試料では，この1.4倍の差は大きい．特別な準備が不要で気軽に実施できるので，われわれもルーチーンに利用している．

そのためか，最近相次いで顕微鏡メーカーから高感度検出器とデコンボリューションソフトウェアのパッケージが市販されている．フリーソフトに比べると初期投資が必要となるが，顕微鏡での画像取得からデコンボリューションによる処理まで，パラメータ設定などを含めて連携が工夫されているので，使い勝手は非常によい．

また，すでに高感度検出器が実装されていれば，本項のようにフリーソフトを組合わせるだけでも実現できる．しかし，市販のソフトウェアには，共焦点顕微鏡の画像データをそのまま読みとり，画像取得時のパラメータを自動的に取得してデコンボリューション処理に用いる機能をもつものもある．そのようなソフトウェアを用いれば，顕微鏡と一体のパッケージのような使い勝手が実現され，快適である．われわれも，市販ソフトであるHuygensを使用している．

本項執筆を機会に，改めてフリーソフト，市販ソフトさまざまに試してみたが，いずれも適切に設定すれば，最終的に得られる画像には大きな差はなかった．原画像に含まれている情報が適切に復元されているためである．しかし，市販ソフトの改善は著しく，以前に比べると格段に使いやすくなっている．例えば，デフォルトとして設定されるパラメータが適切なので，「おまかせ」にしても十分よい結果が得られる．本項では，できるだけこれに近い使い勝手を実現できるようにマクロを作成したが，限界もある[*4]．HuygensやAutoQuantは30日限定のデモ版が無料で使用できるので，ぜひそちらも試してみて欲しい．

*4　本項で紹介したマクロは，デコンボリューションとしては簡易的なものである．まず，点像分布関数（PSF）は実測値でも，顕微鏡の光学系を具体的に考慮した理論値でもない．対物レンズのNAと観察波長から計算される理論的な分解能に相当するガウス関数で近似している．デコンボリューションのアルゴリズムも，ウィナーフィルターによる前処理と反復法を組合わせた比較的単純な方法である．しかし，前述の**共焦点顕微鏡の分解能**で説明したように，高分解能成分を含む共焦点画像のMTF補正処理としては十分に機能する．

◆ 文献・URL
1）ImageJ（http://rsb.info.nih.gov/ij/）
2）Fiji（http://fiji.sc/）
3）Iterative Deconvolve 3D（http://www.optinav.com/download/Iterative_Deconvolve_3D.class）
4）Gaussian PSF 3D（http://www.optinav.com/download/Gaussian_PSF_3D.class）
5）Chen H, et al：J Cell Biol, 160：189-200, 2003

従来型光検出器とGaAsP型光検出器

深澤宏仁

従来型の光検出器

　蛍光イメージングにおいて，光検出器に求められる特性は高い信号雑音比（S/N比）である（**本章2**も参照）．高い信号雑音比をもつ極微弱光用の光検出器としては，20世紀中ごろに開発が進んだ光電子増倍管（photomultiplier tube：PMT）[1]が代表的であり，例えば本書に関連する共焦点レーザー顕微鏡においても，蛍光検出用の光検出器として光電子増倍管が使用されている．光電子増倍管は，光を電子に変換する光電面と，ダイノードとよばれる二次電子放出を利用した電子増倍部から構成されている真空管型の光検出器である．単一光子（シングルフォトン）が光電面に入射すると，量子変換効率にしたがって電子が真空に放出され，電極で加速・収束されてダイノードに導かれて増倍される．一般的にダイノード1段の二次電子放出比は5前後であり，例えばダイノードが10段あれば，トータルの電子増倍比（ゲイン）は5^{10}（およそ1,000万）となる．つまり1個の光子が1,000万個の電子に変換・増倍されるのである．そのようにして入力信号が多段増倍されることで，ようやく現代の電気回路で扱うことができる出力信号レベルにまで到達するわけである．

　そのような光電子増倍管において，心臓部ともよぶべき重要な部分が光を電子に変換する光電面である．1930年ごろに開発された銀酸化セシウムからなるS–1光電面にはじまって，その後いわゆるアルカリ光電面が開発された．アルカリ光電面は放射線検出を目的としたシンチレーション光の検出に使用されることが多い．2種類の金属からなるバイアルカリ光電面や，紫外から赤外域まで幅広い波長域で感度をもちNa-K-Csなど3種類の金属からなるマルチアルカリ光電面がその例である．特にマルチアルカリ光電面は，さまざまな発光波長を検出する用途に向いているため，蛍光イメージングでもよく使用されている一般的な光電面である．現代の科学的研究においては，さまざまな現象を光に変換して捉えることが非常に多くなってきているため，極微弱光用の光検出器はますます重要な役割を担うようになってきている．

GaAsP型光検出器の登場

　そのような背景のもとで，光検出器メーカーは，現在もより優れた光電面の開発を日々行っている．近年登場したGaAsP（ガリウム砒素リン）やGaAs（ガリウム砒素）などの結晶光電面が代表例である[1]．特にGaAsP光電面は高い量子変換効率を最大の特長とした光電面であり，感度が最大となる波長が500～600nm程度であるため，蛍光検出には最適の光電面となった．**図**に従来のマルチアルカリ光電面とGaAsP光電面の量子変換効率を示す．例えば530nmの波長で量子変換効率を比較した場合，マルチアルカリ光電面はおよそ25%程度であるのに対し，GaAsP光電面は45%程度と非常に高感度であることがわかる．近年では多くのレーザー顕微鏡メーカーでGaAsP光電面の光検出器を搭載した顕微鏡が商品化されており，各社のウェブサイトで公開されている蛍光イメージング画像をみれば，従来のアルカリ光電面型光検出器との差は歴然としていることがわかるであろう．このGaAsP光電面の登場によって，顕微鏡ユーザーは，これまで検出が困難であった微弱な現象をより低い励起レーザーパワーで観測できるようになったのである．これは蛍光イメージングにおける大きな技術革新の1つであろう．

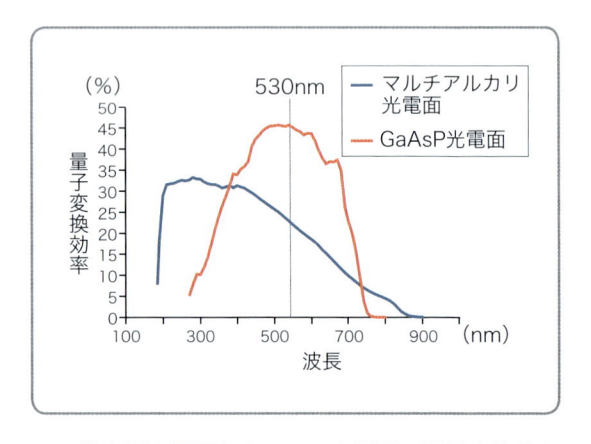

図 従来型光電面とGaAsP光電面の量子変換効率

ハイブリッドフォトディテクタ～真空管技術と半導体素子の融合

一方前述したように，現代の科学的な研究においては，現象を光に変換して観測することが多い．高い信号雑音比はどの用途においても重要な特性であるが，用途によってはそれ以外の特性も非常に重要となることがある．例えば，より高速の現象を観測したい，稀にしか起こらないような現象を精度よく観測したい，などである．光検出器メーカーではそのようなニーズにも迅速に対応するべく，やはり日々さまざまな光検出器の可能性を模索しているのである．

そのようななかで実現した光検出器の1つにハイブリッドフォトディテクタ（HPDもしくはHAPD）[1)2)]がある．もともと高エネルギー物理学実験や天文物理学実験の分野[3)～5)]でその開発が進んだが，近年では例えばBecker & Hickl社やPicoQuant社，ライカマイクロシステムズ社において，蛍光検出用の光検出器としてGaAsP光電面のハイブリッドフォトディテクタを内蔵したモジュールが開発され，商品化されているようである[6)～8)]．

ハイブリッドフォトディテクタは，光電子増倍管で培われた真空管技術と半導体素子の融合という意味で「ハイブリッド」という名称でよばれており，光電面とアバランシェダイオード（AD）から構成されている．光入射によって光電面から放出された電子を高電界（～10 kV）で加速し，アバランシェダイオードに打ち込んで増幅するため，ダイノードで電子増倍を行う光電子増倍管に比べて非常にシンプルな構造となっている．そしてそのシンプルな構造こそが，ハイブリッドフォトディテクタのさまざまな特長を生み出しているのである．例えば，浜松ホトニクス社で開発されたハイブリッドフォトディテクタ[9)]の主な特長としては，高速応答性や高時間分解能，低アフターパルス[1)]特性などがあげられる．これらの特長は，例えば蛍光寿命測定や蛍光相関分光測定の際の測定精度に直結するため，非常に重要な特性と考えられており，その点において前述したBecker & Hickl社やPicoQuant社で採用されていると考えられる．

近年の新しい光検出器

一方で，近年では半導体技術をベースとしたシングルフォトンの検出が可能な光検出器も登場してきている．例えばSiPM（silicon photomultiplier）やMPPC（multi pixel photon counter）であり[10)]，これらの半導体型の光検出器はガイガーモードとよばれる特殊な動作モードで動くアバランシェフォトダイオードで構成されている．PET（positron emission tomography）などの核医学分野や高エネルギー物理学実験分野で注目されている光検出器であり，シンチレーション光やチェレンコフ光の検出が主な用途となるが，近年飛躍的に性能が向上していることから，将来的には蛍光検出分野でも使用される日がやってくるかもしれない．

おわりに

蛍光検出用の光検出器として，従来はマルチアルカリ光電面を搭載した光電子増倍管が主流であったが，近年ではGaAsP光電面を搭載した光電子増倍管やハイブリッドフォトディテクタといった高感度・高性能の光検出器が主流となってきている．これらの新しい光検出器の利用によってはじめて明らかにされる知見の蓄積は，新しい学問を生み出すきっかけとなり，さらには社会の発展につながるであろう新たな産業を創成する可能性を秘めている．

◆ 文献・URL

1) 「光電子増倍管 その基礎と応用 第3a版」（浜松ホトニクス株式会社 編集委員会）(http://www.hamamatsu.com/resources/pdf/etd/PMT_handbook_v3aJ.pdf)，浜松ホトニクス社，2007
2) Fukasawa A, et al : IEEE Trans Nucl Sci, 55 : 758-762, 2008
3) Hayashida M, et al : Nucl Instrum Methods Phys Res A, 567 : 180-183, 2006
4) Nakayama H, et al : Nucl Instrum Methods Phys Res A, 567 : 172-175, 2006
5) Nishida S, et al : Nucl Instrum Methods Phys Res A, 595 : 150-153, 2008
6) HPM-100 (http://www.becker-hickl.de/HPM-100.htm)，Becker & Hickl社
7) PMA Hybrid Series (https://www.picoquant.com/products/category/photon-counting-detectors/pma-hybrid-series-hybrid-photomultiplier-detector-assembly)，PicoQuant社
8) Leica HyD (http://www.leica-microsystems.com/jp/製品紹介/共焦点顕微鏡/details/product/leica-hyd/)，Leica Microsystems社
9) HIGH SPEED COMPACT HPD R10467U-40/R11322U-40 カタログ (http://buyersguide.pennwell.com/Shared/User/cy6b2d7be42a884566b0bcbf596142d4b3.pdf)，浜松ホトニクス社
10) 第3章 Si APD, MPPC．「光半導体素子ハンドブック」(http://www.hamamatsu.com/resources/pdf/ssd/03_handbook.pdf)，pp49-72，浜松ホトニクス社

実践編　第1章　今ある顕微鏡・自作顕微鏡で始める超解像イメージング

3　1分子局在化顕微鏡の自作と撮像例

新井由之，市村垂生

「超解像顕微鏡は難しい」と思われている．生物学研究者が超解像顕微鏡を研究室に導入したいとき，自作を考える人は多くない．ほとんどの人は，高いお金を支払ってメーカーから購入するか，もしくは知り合いの光学研究者に構築を依頼するか，どちらかを選択するだろう．しかしながら，現在普及が進んでいるいくつかの超解像顕微鏡法は，必要最低限の道具をそろえれば特殊な専門知識がなくても誰でも自作できる．本項では，超解像顕微鏡の1つである1分子局在化顕微鏡の基本構成とその構築プロトコールを示し，きれいな超解像画像を取得するための考え方やコツを，実測例を交えて紹介する．「超解像顕微鏡は自作できる」ことを生命科学の研究者たちに広く知ってもらい，その結果，超解像顕微鏡の生命科学応用の加速につながれば幸甚である．

はじめに

「超解像」の「超」とはどういう意味だろうか．通常の顕微鏡観察では，対物レンズを通して得られた像を，目やカメラなどの検出器上に結像することで画像化する．その際，どれくらい小さな構造を見分けることができるか表す指標として，空間分解能がある．空間分解能とは，近接する2点を異なる2点として観察できる能力のことである．高開口数のレンズを用いても，識別可能な2点間の最小距離は200nm程度が限界である．これは，波長よりはるかに小さな発光源（単一蛍光分子）から出てきた光が検出器上に結像されるとき，光の波動性により完全な1点として再現されないためである．したがって，空間分解能以下の間隔で近接する2点は，カメラ上で重なってしまい分解されない（回折限界）．以上が，一般的な空間分解能の説明である．

この説明は，近接する2点が同時に発光し，それを検出する場合にのみ当てはまり，2点が異なる時間に発光し，それを別々に検出するような状況はこの限りではない．現在提案されている多くの超解像顕微鏡は，この考え方にもとづいている．特に，本項で解説する1分子局在化顕微鏡（single molecule localization microscopy：SMLM）[*1]では，蛍光性を活性化・不活性化できる蛍光プローブを用いて，画面上の蛍光プローブをまばらに発光させることで，近接する分子の重なりを回避する[1]．観察された1分子由来の蛍光像は，1分子イメージング技術で培われた局在化法（原理・応用編第1章2参照）により解析され，その位置を数nm～数十nmの精度で決定できる．図1に示すように，視野内の多数の分子の光る

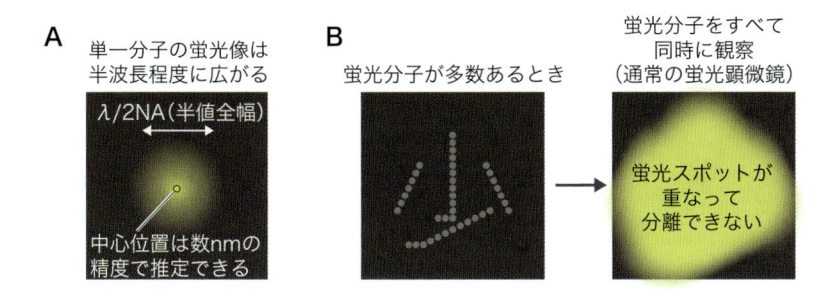

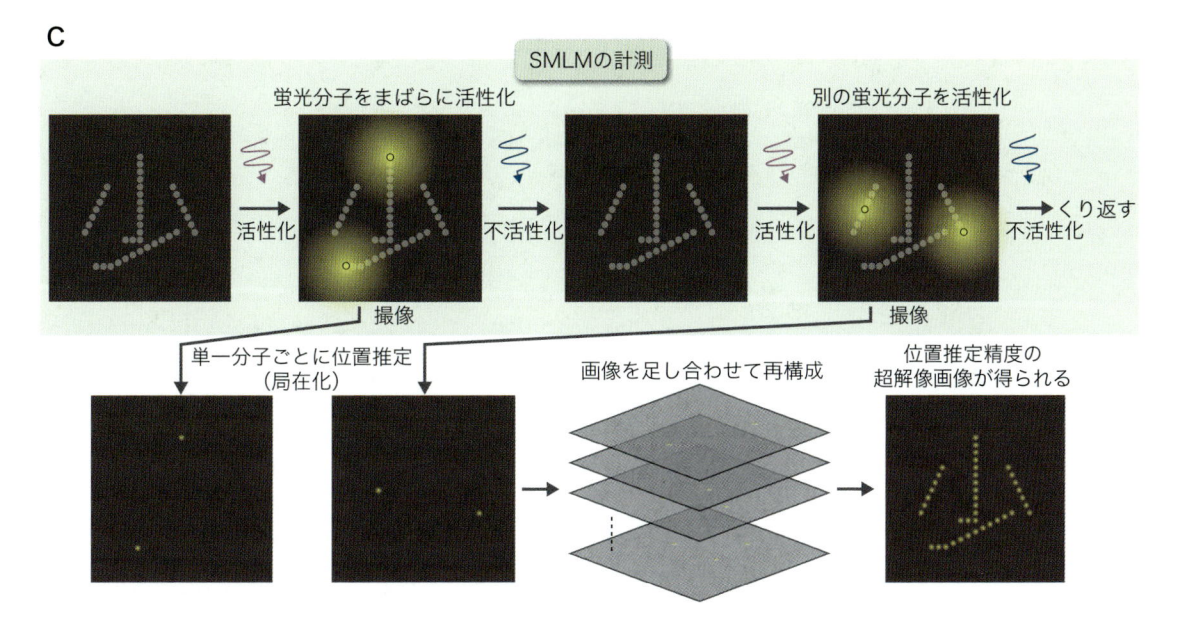

図1 1分子局在化顕微鏡（SMLM）で超解像画像が得られるしくみ

A) 単一蛍光分子の観察．B) 多数の蛍光分子の通常の観察．C) 1分子局在化顕微鏡を用いた観察．λ：光の波長．NA：開口数．

　タイミングを，何フレームにもわたって時間的にずらして観察すれば，すべての1分子の位置をnm精度で記録することができ，その情報をもって画像を再構成できる．この画像は位置推定精度[*2]と同等の空間分解能，すなわち回折限界を超えた解像力，「超解像」をもつことになる．

　このような超解像イメージングを実現するための準備とプロトコルを，「顕微鏡システムの構築」と「細胞試料の超解像観察」に分けて，図2，3に示す．これ以降，図2，3の各項目を詳細に説明する．理論には深く立ち入らないが，理解を深めるために，本書の関連する項（**実践編第3章1，2，原理・応用編第1章1，2**など）を併せて読むことをお薦めする．

[*1] PALM (photoactivated localization microscopy) や，STORM (stochastic optical reconstruction microscopy) を含む．

[*2] localization accuracy. 1分子輝点の明るさ，画素サイズ，背景ノイズに依存する．明るければ明るいほど，位置推定精度は上がる．

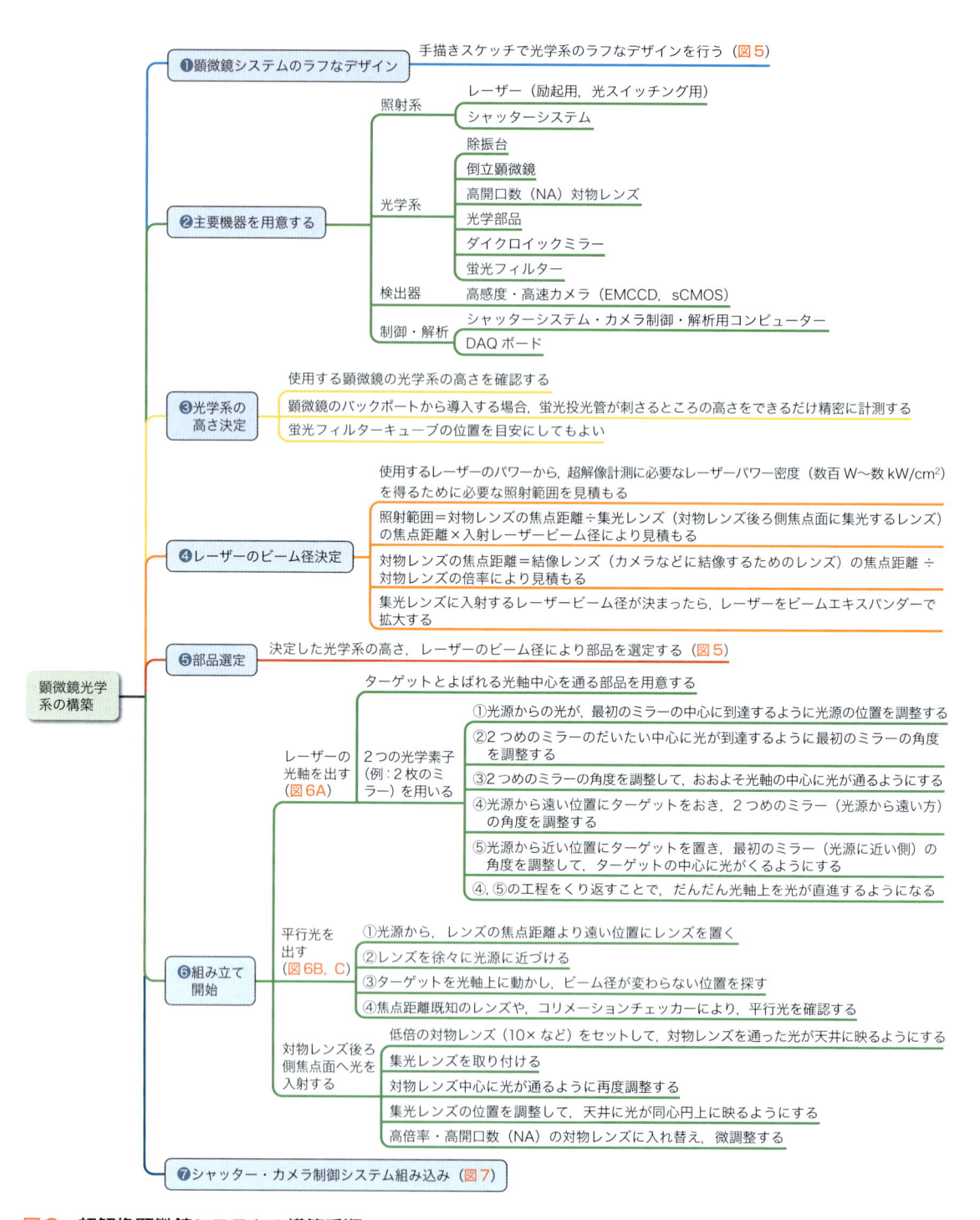

```
顕微鏡光学系の構築
├─ ❶顕微鏡システムのラフなデザイン ── 手描きスケッチで光学系のラフなデザインを行う（図5）
├─ ❷主要機器を用意する
│    ├─ 照射系
│    │    ├─ レーザー（励起用，光スイッチング用）
│    │    └─ シャッターシステム
│    ├─ 光学系
│    │    ├─ 除振台
│    │    ├─ 倒立顕微鏡
│    │    ├─ 高開口数（NA）対物レンズ
│    │    ├─ 光学部品
│    │    ├─ ダイクロイックミラー
│    │    └─ 蛍光フィルター
│    ├─ 検出器 ── 高感度・高速カメラ（EMCCD，sCMOS）
│    └─ 制御・解析
│         ├─ シャッターシステム・カメラ制御・解析用コンピューター
│         └─ DAQボード
├─ ❸光学系の高さ決定
│    ├─ 使用する顕微鏡の光学系の高さを確認する
│    ├─ 顕微鏡のバックポートから導入する場合，蛍光投光管が刺さるところの高さをできるだけ精密に計測する
│    └─ 蛍光フィルターキューブの位置を目安にしてもよい
├─ ❹レーザーのビーム径決定
│    ├─ 使用するレーザーのパワーから，超解像計測に必要なレーザーパワー密度（数百W〜数kW/cm²）を得るために必要な照射範囲を見積もる
│    ├─ 照射範囲＝対物レンズの焦点距離÷集光レンズ（対物レンズ後ろ側焦点面に集光するレンズ）の焦点距離×入射レーザービーム径により見積もる
│    ├─ 対物レンズの焦点距離＝結像レンズ（カメラなどに結像するためのレンズ）の焦点距離÷対物レンズの倍率により見積もる
│    └─ 集光レンズに入射するレーザービーム径が決まったら，レーザーをビームエキスパンダーで拡大する
├─ ❺部品選定 ── 決定した光学系の高さ，レーザーのビーム径により部品を選定する（図5）
├─ ❻組み立て開始
│    ├─ ターゲットとよばれる光軸中心を通る部品を用意する
│    ├─ レーザーの光軸を出す（図6A）── 2つの光学素子（例：2枚のミラー）を用いる
│    │    ├─ ①光源からの光が，最初のミラーの中心に到達するように光源の位置を調整する
│    │    ├─ ②2つめのミラーのだいたい中心に光が到達するように最初のミラーの角度を調整する
│    │    ├─ ③2つめのミラーの角度を調整して，おおよそ光軸の中心に光が通るようにする
│    │    ├─ ④光源から遠い位置にターゲットをおき，2つめのミラー（光源から遠い方）の角度を調整する
│    │    ├─ ⑤光源から近い位置にターゲットを置き，最初のミラー（光源に近い側）の角度を調整して，ターゲットの中心に光がくるようにする
│    │    └─ ④，⑤の工程をくり返すことで，だんだん光軸上を光が直進するようになる
│    ├─ 平行光を出す（図6B, C）
│    │    ├─ ①光源から，レンズの焦点距離より遠い位置にレンズを置く
│    │    ├─ ②レンズを徐々に光源に近づける
│    │    ├─ ③ターゲットを光軸上に動かし，ビーム径が変わらない位置を探す
│    │    └─ ④焦点距離既知のレンズや，コリメーションチェッカーにより，平行光を確認する
│    └─ 対物レンズ後ろ側焦点面へ光を入射する
│         ├─ 低倍の対物レンズ（10×など）をセットして，対物レンズを通った光が天井に映るようにする
│         ├─ 集光レンズを取り付ける
│         ├─ 対物レンズ中心に光が通るように再度調整する
│         ├─ 集光レンズの位置を調整して，天井に光が同心円上に映るようにする
│         └─ 高倍率・高開口数（NA）の対物レンズに入れ替え，微調整する
└─ ❼シャッター・カメラ制御システム組み込み（図7）
```

図2　超解像顕微鏡システムの構築手順

細胞試料の超解像観察

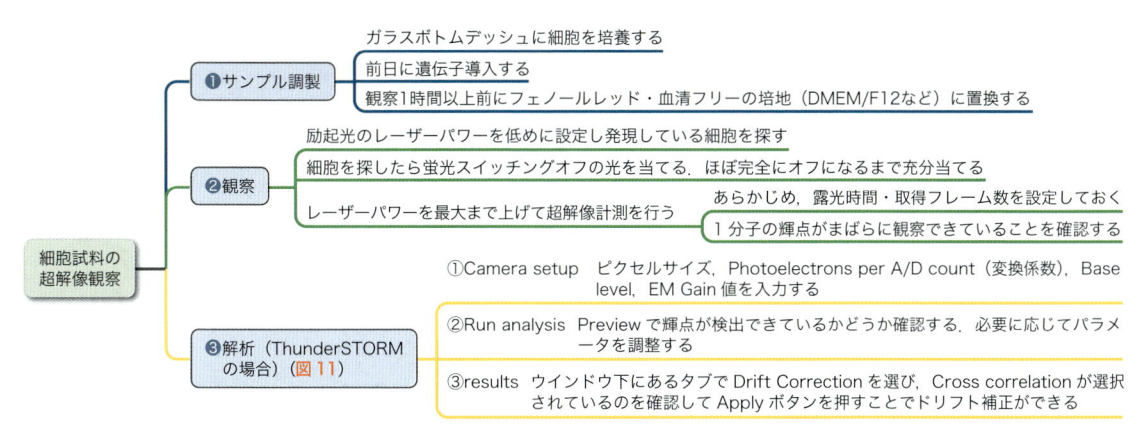

❶サンプル調製
- ガラスボトムデッシュに細胞を培養する
- 前日に遺伝子導入する
- 観察1時間以上前にフェノールレッド・血清フリーの培地（DMEM/F12など）に置換する

❷観察
- 励起光のレーザーパワーを低めに設定し発現している細胞を探す
- 細胞を探したら蛍光スイッチングオフの光を当てる．ほぼ完全にオフになるまで充分当てる
- レーザーパワーを最大まで上げて超解像計測を行う
  - あらかじめ，露光時間・取得フレーム数を設定しておく
  - 1分子の輝点がまばらに観察できていることを確認する

❸解析（ThunderSTORM の場合）（図11）
- ①Camera setup　ピクセルサイズ，Photoelectrons per A/D count（変換係数），Base level，EM Gain値を入力する
- ②Run analysis　Previewで輝点が検出できているかどうか確認する．必要に応じてパラメータを調整する
- ③results　ウインドウ下にあるタブでDrift Correction を選び，Cross correlation が選択されているのを確認して Apply ボタンを押すことでドリフト補正ができる

図3　細胞試料の超解像観察の流れ

超解像顕微鏡システムの構築

1．超解像顕微鏡システムの設計と光学機器・素子・解析ソフトの選定

　超解像顕微鏡システムの構築を行うにあたり，図2に示したステップで作業を進めて行く．まず，顕微鏡システムのラフなデザインを手描きでよいので作成する（図2❶）．これにより，おおまかに必要な機器・部品を予想することができる．SMLMの典型的なシステムは，2種類の光源と，全反射照明を実現する光学系，倒立顕微鏡，高感度・高速カメラ，およびそれらの制御装置（コンピューターとインターフェースボード）により構成される．また，撮像した画像から超解像画像を構築するための解析ソフトも重要な要素である．次に，主要な機器類の準備を行う（図2❷）．図4に，本項で構築する装置に必要な光学機器・光学素子のリストを示す．光源には比較的多くの蛍光プローブで使える405nmと488nmレーザーの組合わせを選んだ．顕微鏡の筐体としてニコン社製あるいはオリンパス社製の生物用倒立顕微鏡を，全反射照明用の対物レンズとして100×NA1.49を用いた．検出器としては，浜松ホトニクス社製のsCMOSカメラあるいは電子増倍型CCD（EM-CCD）カメラを採用した．
　以下，装置設計と光学機器・光学素子の選定のポイントを述べる．実際は，研究目的，予算，既存の装置によって，さまざまな制約がかかるが，ここでは一般的な考え方を述べる．

1）光源

　用いる蛍光プローブに応じてレーザー波長を選ぶ（手持ちのレーザーを用いる場合は，レーザー波長に合わせて蛍光プローブを選ぶことになる）．蛍光励起用と蛍光プローブの活性化・不活性化用の，異なる波長の2台のレーザーを用いる．レーザー出力は20～100mW[*3]程度あるのが望ましい．

[*3]　蛍光タンパク質の場合，50mW程度は欲しい．

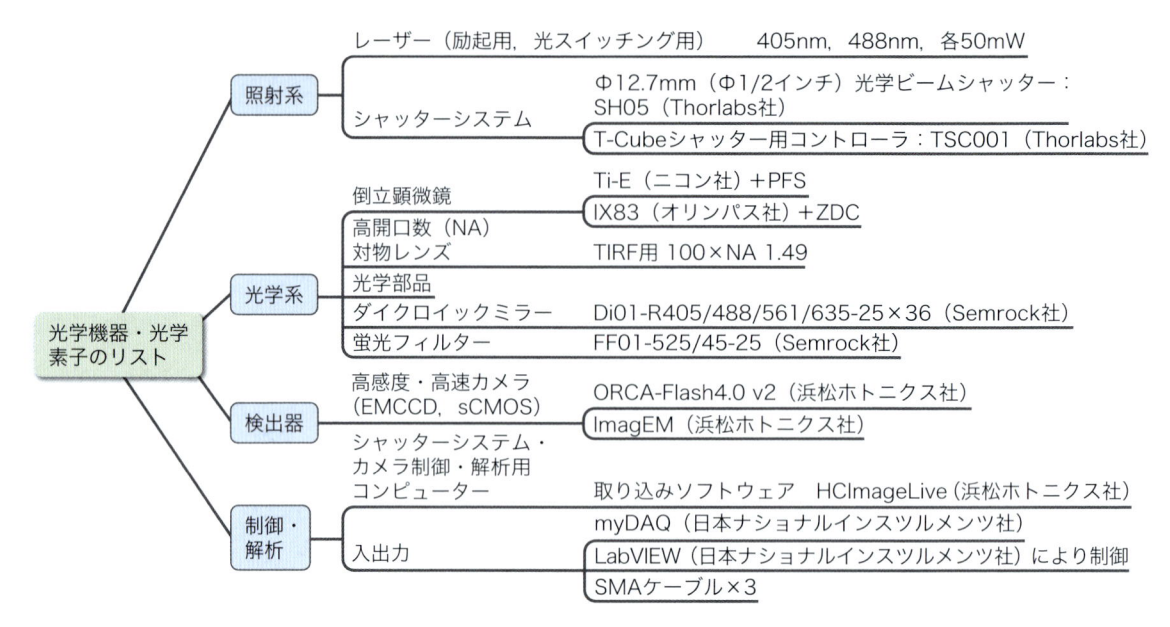

```
光学機器・光学     ┌ 照射系 ┬ レーザー（励起用，光スイッチング用）　405nm，488nm，各50mW
素子のリスト     │        └ シャッターシステム ┬ Φ12.7mm（Φ1/2インチ）光学ビームシャッター：
                │                              │ SH05（Thorlabs社）
                │                              └ T-Cubeシャッター用コントローラ：TSC001（Thorlabs社）
                ├ 光学系 ┬ 倒立顕微鏡 ┬ Ti-E（ニコン社）+PFS
                │        │            └ IX83（オリンパス社）+ZDC
                │        ├ 高開口数（NA）対物レンズ ─ TIRF用 100×NA 1.49
                │        └ 光学部品 ┬ ダイクロイックミラー ─ Di01-R405/488/561/635-25×36（Semrock社）
                │                   └ 蛍光フィルター ─ FF01-525/45-25（Semrock社）
                ├ 検出器 ┬ 高感度・高速カメラ ┬ ORCA-Flash4.0 v2（浜松ホトニクス社）
                │        │ (EMCCD，sCMOS)    └ ImagEM（浜松ホトニクス社）
                └ 制御・解析 ┬ シャッターシステム・カメラ制御・解析用コンピューター ─ 取り込みソフトウェア　HCImageLive（浜松ホトニクス社）
                              └ 入出力 ┬ myDAQ（日本ナショナルインスツルメンツ社）
                                       ├ LabVIEW（日本ナショナルインスツルメンツ社）により制御
                                       └ SMAケーブル×3
```

図4　SMLMの構築に必要な光学機器・光学素子のリスト

2）シャッターシステム

　　活性化光と不活性化光（蛍光励起光）の照明様式は大きく分けて交互照明様式と同時照明様式の2種類があり，目的に応じて使い分ける．同時照明様式は文字通り2色の照明光を同時に照射し続け，その間，カメラで連続的に画像取得し続ける．一方，交互照明様式では，図1Cのように活性化光と蛍光励起光の照明を交互に行い，蛍光励起時のみ蛍光画像を取得する．交互照明を採用する場合は，レーザーオン・オフ制御のためのシャッターシステムの導入が必要となる．

　　交互照明様式の場合は，1サイクルごとにすべてのプローブを不活性化させるため，活性化が不可逆な蛍光プローブを用いれば定量的な分子数カウントが可能である．一方，同時照明様式では，刻一刻と変化する輝点分布を絶え間なく撮像し続けるため，時間の無駄がなく高速化に適している．また，照明光のオン・オフ制御やカメラとの同期が必要ないため，装置系が非常に簡便になる．カウントの定量性は保証されないが[*4]，単に超解像画像が欲しいときはあまり問題にならない．どの程度の定量性を必要とするかによって，どちらの照明様式を採用するかを決めればよい．

　　本項では，機械シャッターを用いた系について解説しているが，最近は外部入力によって強度変調可能な半導体レーザーが広く普及しており，それを利用すれば予算・光学系を削減・簡略化できる．

*4 同じ蛍光プローブ由来の輝点が複数のフレームに渡って連続して計測されたとき、これらが別の輝点として認識されるからである。このような効果は、「ダブルカウント」と通称される。ダブルカウント問題は解析法の発展とともにある程度補正できるようになっている。解析プログラムによっては、ダブルカウントを判定する機能が備わっているものもある。また、ダブルカウントを含んでいるデータでも、活性状態にある平均時間とカメラのフレームレートから、正確な個数を推定する手法が提案されている[2]。これらの補正は、数千数万のオーダーのカウントには効果的である。

3) 光学系

SMLMでは単一分子ごとの蛍光輝点を観察する必要があるため、高いパワー密度[*5]で試料を照射し蛍光を最大限取り込むことが重要となる。輝点が明るいほど位置推定の精度が向上するからである。このため、対物レンズは開口数（NA）の大きいものが望ましい。油浸の対物レンズはNAが1.40以上と大きく、特に全反射照明蛍光顕微鏡（TIRFM）用の対物レンズはNAが1.49と非常に大きい。しかし、NAが大きい対物レンズは一般に高額であるうえ、油浸の対物レンズでは球面収差の影響を考慮する必要がある[*6]。フィルターやダイクロイックミラーも、気合いを入れて高性能なものを用意したい。蛍光の透過率の大きい（90%以上）ものが必須である[*7]。特に、ダイクロイックミラーは、レーザー照射用の平面度が高いものが望ましい。レーザー照射用の光学系については後述する。

*5 超解像顕微鏡観察では、レーザーのパワー（W）ではなく、パワー密度（W/cm^2）で照射強度を確認することが重要である。同じレーザーパワーを使用したとしても、照射範囲が異なれば、照射強度は大きく異なるからである。

*6 培地などの水溶液中に試料があると、ガラスやオイルの屈折率（1.51）と水の屈折率（1.33）が大きく異なるため、ガラスの表面からフォーカス位置が外れると、球面収差により解像度が急速に落ちる。球面収差があると、輝点の蛍光強度も低くなるため解像度の劣化につながる。球面収差は対物レンズに補正環があればある程度は補正できる。最近では、補償光学（**原理・応用編第2章2参照**）により球面収差を補正し、SMLMによる超解像の解像度を上げる装置なども用意されている。

*7 以前はSemrock社のフィルター類一択であったが、最近は各社フィルターメーカーや顕微鏡メーカーが高性能のフィルター類を用意している。

4) 検出系

1分子の輝点を数千〜数万フレーム検出しなくてはならないため、検出器であるカメラは高感度・高速である必要がある。以前はEM-CCDカメラが主流であったが、最近はsCMOSカメラが感度・速度・価格ともに優れている（**実践編第1章Column 3参照**）。観察の倍率は、位置推定精度が画素サイズに依存することを考慮して決定する[3]。1ピクセル当たりのサイズは50〜100nm程度が一般的であり、本項で解説する検出系では1ピクセル43nmとしている[*8]。対物レンズだけでは倍率が足りない場合は、顕微鏡に備わっている中間変倍レンズを用いるかカメラと顕微鏡の間にリレーレンズを導入する。ただし、倍率が2倍になると、ピクセルあたりの光子数は1/4になるため、照射強度やカメラの感度との兼ね合いを注意する。

*8 例えばsCMOSカメラの1ピクセルが6.5μmのとき、100倍の対物レンズを使うと、観察面での倍率はおよそ6.5μm / 100 = 65nmとなる。さらに、1.5倍の中間変倍レンズを用いると、65/1.5 = 43nmとなる。

5) 制御・解析用コンピューター

画像を取り込むコンピューターの性能（特に、メモリ・ストレージ容量）も重要である。

SMLMでは一度の計測で何千・何万フレームの画像データを計測する．例えば，512×512ピクセルで16bitの分解能で1万フレーム取得すると，画像のファイルサイズは5GBになるため十分な記憶領域を用意する必要がある[*9]．一方，シャッター・カメラ制御に使用するインターフェースボードはUSB接続の安価なもので十分である．

[*9] 計測時にサブアレイで画像範囲を制限することで，必要なメモリを減らすことができる．

6）解析ソフトウェア

SMLMにより計測した1分子輝点の数は数万点以上になるため，ソフトウェアにより自動的に輝点を検出する必要がある．最近はフリーのソフトウェアが研究者により開発・公開されており，インターネットを通じて自由にダウンロードして使用することができる．よく知られているものとして，rapidSTORM[4]，ThunderSTORM[5]，QuickPALM[6]，Localizer[7]などがある．対応OS，読み込める画像フォーマット，プラットフォームなどはそれぞれ異なるため，マシン環境に合ったものを選ぶことになる．われわれは，ThunderSTORMをお薦めしたい．ImageJ[8]のプラグインとして動作するソフトで，輝点検出の精度の高さ，画像データのみでのドリフト補正機構，ファイル出力の自由度の高さなどの長所があり，使い勝手がよい．

ちなみに1分子局在化法では1分子計測を行う必要があるため，TIRFMが必要であると思われがちである．確かにTIRFMを用いれば，例えば細胞膜近傍にのみ存在する分子を選択的に励起できるため，コントラストの向上が可能である．しかし，SMLMでは，光スイッチング蛍光プローブにより画面上に一度に光る輝点の数を制御することが可能であることから，TIRFMは必須というわけではない．

2．レーザー入射光学系の設計

全反射照明を実現するためのレーザー入射光学系について説明する（図5）．この系は，488nm励起の全反射照明蛍光顕微鏡に光スイッチング用の405nmレーザーを加えたものである．蛍光観察用の励起光（488nm）は，TIRF用ミラーの角度によって落射照明と全反射照明を自由に切り替えることが可能であるが，405nmレーザーは落射照明により視野全面を照射する．一見複雑そうにみえるが，レーザーの平行光を，集光レンズにより対物レンズの後ろ側焦点面に集光させているだけである[9]．以下，具体的な設計について述べる．

1）光学系の高さの決定

まず，使用する顕微鏡に合わせて，光学系を配置する高さを決定する（図2❸）．ここでは，顕微鏡バックポートから光を導入することを考える．光学部品を並べてレーザーからの光を最終的に顕微鏡に導入する際に，どの高さで光学部品を配置していくかが決まらないと，具体的な光学部品パーツ（ロッドやスタンド，ケージシステムなど）を決めることができないからである．高さの基準としては，倒立型の蛍光顕微鏡であれば対物レンズ下のダイクロイックミラーの中心位置の高さとなる．この高さは，顕微鏡メーカーに聞くと教えてもらえる．あるいは，試料上側からランプ光を強く照射し，その光が顕微鏡バックポートから射出する際の高さを実測することによっても知ることができる．

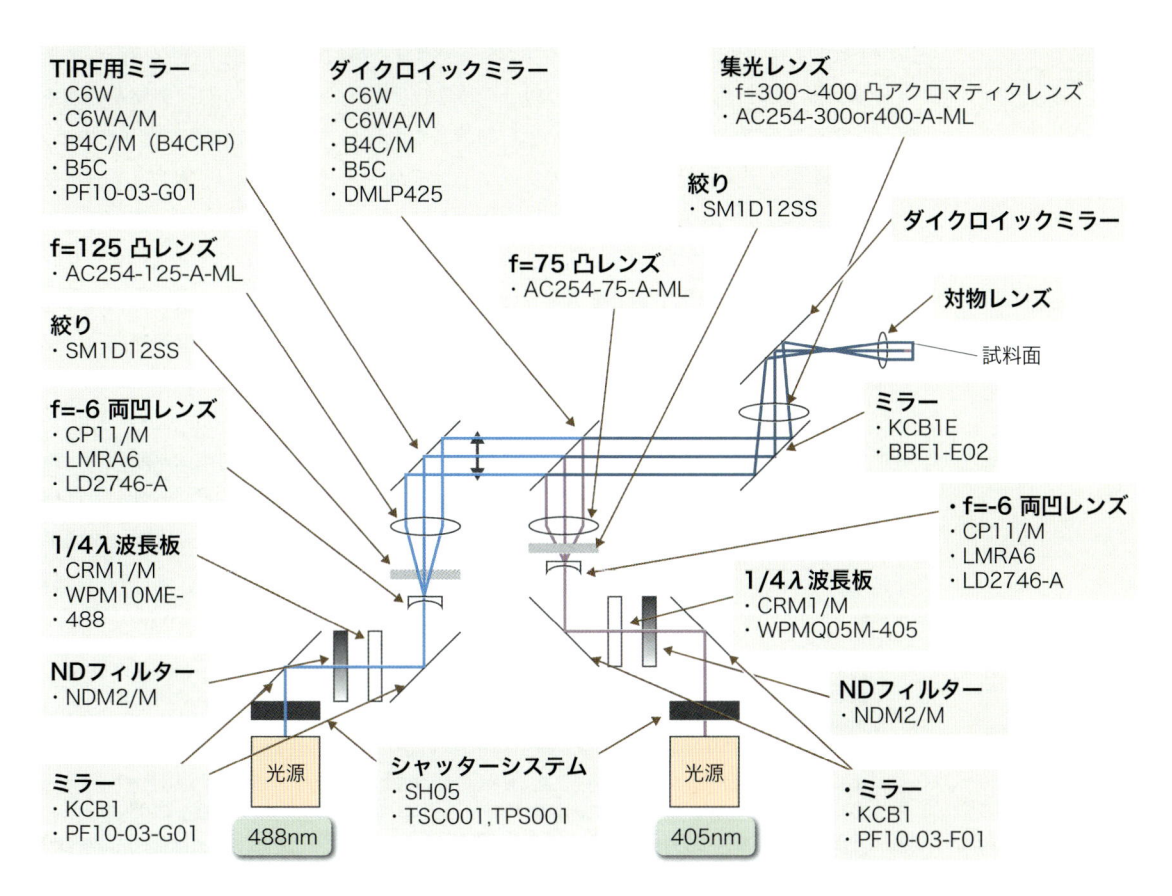

図5 レーザー入射光学系の設計図

部品名を太字で，Thorlabs社の型番を箇条書きで示す．型番が複数ある場合は，その素子を固定するのに複数のパーツを利用したことを示している．図示したパーツ以外にも，ケージシステムを構成するためのロッド（ERシリーズ，Thorlabs社）や，ポストアセンブリを用いている．また，顕微鏡筐体にケージシステムを接続するために，ニコン社製の顕微鏡の場合には顕微鏡エピ蛍光ポート用アダプタ（SM1A30，Thorlabs社）を用いた．なおこの系は，新学術領域「少数性生物学」のトレーニングコースでも使用した．

2) レーザービーム径の決定

次に決定することはレーザーのビーム径である（図2❹）．レーザーのパワー（対物レンズ射出時でおおよそ光源の半分程度には下がる）から必要な照射範囲を見積もる．照射範囲が決まると，使用する対物レンズの焦点距離[*10]および対物レンズ後ろ側焦点面に集光するためのレンズの焦点距離[*11]から，集光レンズに入射する際に必要なレーザーのビーム径を求めることができる[*12]．レーザーのビーム径をカタログスペックから見積り，ビームを拡大するのに必要なレンズの焦点距離を決定する[*13]．

3) 部品選定

光学系の高さ，照射レーザービーム径が決まったら，具体的な光学部品の選定を行う（図2❺）．光学部品は，レンズなどの素子をホルダーに保持し，さらに，光学系に合わせた高さに置く必要があるため，そういった周辺パーツについて配慮する必要がある[*14]．パーツ

を直線上に配置するために，光学レール（シグマ光機社や駿河精機社など）やケージシステム（Thorlabs社やNewport社など）の利用をお薦めしたい．光学レールは，光学系の途中に新たなパーツを容易に追加できるため試行錯誤しやすいが，光学系が大きくなりやすい．一方，ケージシステムは光学系をコンパクトにできるが，パーツの追加はやりにくい（再度バラす必要がある）．このように，それぞれ弱点はあるものの，後述の光軸出し作業時にたいへん有効である．本項では，Thorlabs社のケージシステムを利用することとし，ケージシステム用の光学パーツや光学素子を選定した（図5）．

SMLMの計測では，多数のフレーム間のXYZ方向の位置ずれを抑制する必要がある．位置ずれは，周囲からの音響・機械振動，空気の流れ，室温の変化，光学系や試料ホルダーの機械的不安定性など，さまざまな要因によって起こる．音響・機械振動を防ぐために除振台を使うことが望ましい．空気の流れや室温の変化を軽減するには，顕微鏡筐体を断熱材で覆う，あるいは温度制御された箱に入れるとよい．また，光学系や試料ホルダーを熱的・機械的に安定に作製することも重要である．ただし，これらすべてをそろえなくても，顕微鏡のオートフォーカスシステムや，解析ソフトウェアのドリフト補正機能により，ある程度は軽減できる．

*10 現在の光学顕微鏡の対物レンズはほとんどが無限遠光学系用なので，「対物レンズの倍率＝結像レンズの焦点距離÷対物レンズの焦点距離」で決まる．結像レンズの焦点距離は，顕微鏡メーカーごとに異なる．ニコン社の場合は200mm，オリンパス社の場合は180mmとなることから，例えば100倍の対物レンズを使うとき，ニコン社の場合は対物レンズの焦点距離は2.0mmなのに対し，オリンパス社は1.8mmとなる．

*11 集光レンズの位置は，組み立ての都合上，顕微鏡のすぐ外に配置することから，ある程度の焦点距離が必要である．経験的に，オリンパス社の顕微鏡の場合は300mm，ニコン社の場合は400mm程度あるのが望ましい．

*12 ニコン社の顕微鏡で，100倍の対物レンズ，焦点距離400mmの集光レンズを用いて，直径50μmの照射範囲が必要とすると，0.05mm×400/2＝10mmの径のビームを集光レンズに入射する必要がある．

*13 ビームの拡大は2枚のレンズを用いる．焦点距離の比が拡大率となる．2枚の凸レンズを用いるケプラー型と，1枚の凹レンズと1枚の凸レンズを用いるガリレイ型がある．ケプラー型の場合，システムの全長は2つのレンズの焦点距離の和となるため大きくなりがちであるが，レンズ間で光を集光できるため，集光点にピンホールを置けば空間フィルタリングによりビームの形状をきれいにすることができる．一方，ガリレイ型のシステムの全長は凸レンズの焦点距離で決まるため，ケプラー型に比べてシステムをコンパクトにできる．

*14 光学部品メーカーはCADデータを提供していることが多いので，CADデータを使ってあらかじめ組み立て予想図をつくることができる．予想図をつくれば，部品同士の干渉や部品の発注漏れを減らすことができる．

3. 光学系の組立

必要な部品が手に入ったら，光学系の組み立てを行う（図2❻）．組み立てでは，まずミラーにより光が光軸を通るように導き，次にレンズを導入して光軸の調整および平行光の作製を行う．以下に，組み立て時にキーとなるテクニックを簡単に述べる*15．

*15 レーザーが目に入ると最悪失明するため，保護メガネの着用はもちろん，腕時計などによる予期せぬ反射が起きないように最大限の注意を払う．

1）光軸の出し方（図6A）

レーザーから射出したビームをレンズなどの光学部品の中心にまっすぐ入射するためには，光軸調整が必要となる．光軸調整には，目印となるターゲットとよばれる部品（自作でも可能）と，2つのキネマティック式ミラーを用いると，比較的容易に行うことができる．ター

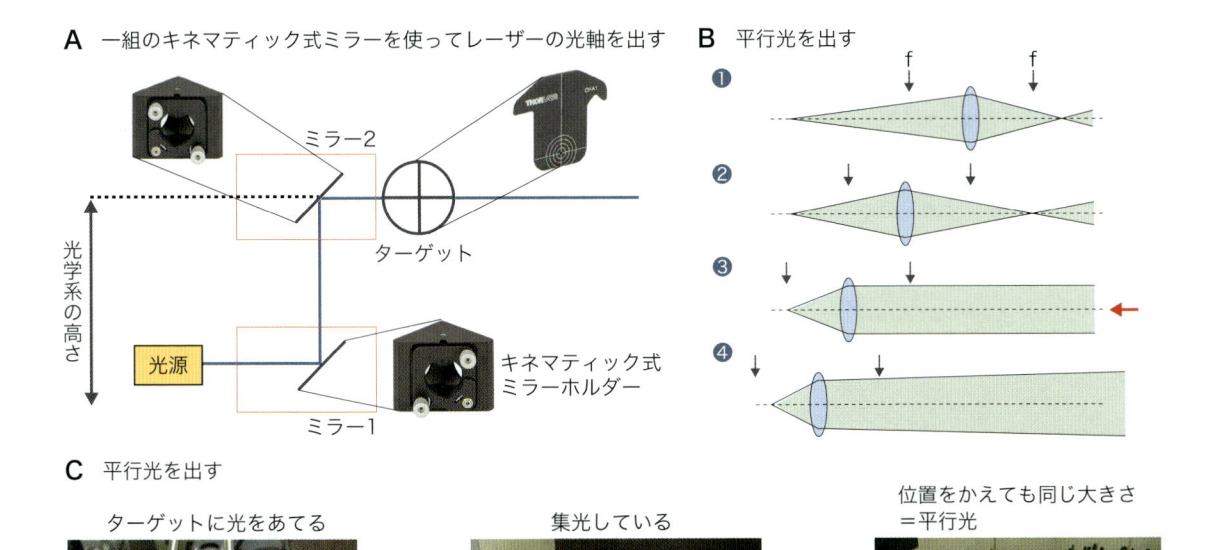

A 一組のキネマティック式ミラーを使ってレーザーの光軸を出す

ミラー2
ターゲット
光学系の高さ
光源
キネマティック式ミラーホルダー
ミラー1

B 平行光を出す

❶
❷
❸
❹

C 平行光を出す

ターゲットに光をあてる → 集光している → 位置をかえても同じ大きさ＝平行光

図6　光学調整のノウハウ

A) レーザー光を光学系の中心に通すための調整方法．最初にミラー1の角度を調整して，ミラー2の中心に光が到達するようにする．次にミラー2の角度を調整してターゲットの中心に到達するようにする．くり返すと徐々に光が中心から動かなくなる．このように，2つの異なる光学部品の軸を用いることで，光軸を光学系中心に導くことができる．**B)** 光源とレンズの位置と射出光の広がりの関係．焦点より外側に光源がある場合，光は集光する（❶）．レンズを光源に近づけると徐々に焦点位置が遠ざかっていく（❷）．焦点の位置に光源があれば，射出する光は平行光となる（❸）．焦点の内側になると，光は広がっていく（❹）．**C)** 平行性の確認．レーザーはコヒーレントなので，平行光になればほとんどビーム径が変わらない．絞りの大きさを適当に調整してターゲットの円と同じ大きさになるようにし，ターゲット位置を変えたときにビーム径が変わらないレンズ位置を探す．

ゲットの高さは，光学系の高さに正確に合わせる．以下の要領で光軸調整を行う．

❶ まず，各ミラーの中心に光があたるようにラフに調整する

❷ ターゲットを光軸上で前後に動かし，ターゲットが光源に近いときは光源に近い方のミラー（図6Aのミラー1）の角度を，光源から遠いときは遠い方（2つめ）のミラーの角度を調整する

❸ ❷の工程をくり返すことで，ターゲットを前後に動かしても光が中心から動かなくなるようになる．このとき，ターゲットのど真ん中に光がくるように根気よく調整する[*16]

[*16] ここでどれくらい正確に調整できるかで，レーザーを試料・カメラの中心に照射できるかどうかが決まる．正確さの目安は「目視でずれていない」ことである．

2）ビームエキスパンダー用のレンズの導入

ミラーによる光軸調整ができたら，次はレンズを導入して光軸調整を行う．理想的にはレンズを導入した際に光軸はずれないはずであるが，多くの場合，レンズや光学部品の微妙なずれ（偏芯）により，光軸がずれてしまうため，調整が必要である．ミラーによる光軸調整がしっかりできていれば，この工程は比較的容易に行うことができる．

❶ レンズを1つずつレンズホルダーに挿入する

❷ レンズホルダーのXY軸（光軸に対して直交する軸）を動かし，ターゲットを前後させても光が光軸から動かない場所を探す

❸ 次のレンズを入れ工程❷を行う．同様に，必要なすべてのレンズに対して❶，❷を順次くり返す[*17]

> [*17] この際，必ずしも光源に近い側から挿入する必要はない．特に，図5で採用している凹レンズと凸レンズの組合わせによるビーム拡大光学系では，光源から遠い凸レンズを先に調整する方がよい．

3）平行光の出し方（図6B，C）

レンズの焦点距離の位置に光源を置けば，レンズから射出する光は平行光となる．焦点位置より外側に光源があれば光は集光するし，焦点距離の内側にあれば光は発散する．レーザーはコヒーレントな光源なので，平行光であればビーム径はどの位置でもほぼ変わらない．したがって，以下の手順でレンズを動かして平行光にする．

❶ 光源からレンズの焦点距離より遠い位置にレンズを置く

❷ レンズを徐々に光源側に近づけていく．光の集光点が，徐々に遠くなる

❸ ターゲット上のビーム径がどの位置でも変わらないレンズ位置を探す

なお，こうしてつくった光の平行性は，別のレンズ（焦点距離が既知）を置いたときに光が焦点距離の位置に集光することを確認したり，コリメーションチェッカー[*18]とよばれる光学部品を利用したりすることによって，正確に確認できる．

> [*18] 光の干渉を利用して平行光かどうか求めることができる．可視光は比較的観察しやすいが，UVなどの場合はUV域用のコリメーションチェッカーを用いる必要がある．

4）対物レンズへの光の入射

最後に試料面に対して対物レンズの中心から平行光を出す必要がある．

❶ 低倍率の対物レンズをセットして対物レンズから光を出す．その際，顕微鏡へ導入する直前のミラーの角度を調整するなどして，対物レンズの中心に光が到達するようにする

❷ 対物レンズ後ろ側焦点面へ集光させるためのレンズをとり付ける．対物レンズ中心に光が到達するように再度調整する

❸ 天井に投影される光のパターンをみる．集光レンズの位置を調整し，天井に投影されるスポットのサイズが最小になる位置を探す（同心円上のパターンを示す）[*19]

*19　正確には，この位置は対物レンズから平行光が射出する位置ではないが，観察上はほとんど問題がない．

❹ 実験で使う高開口数（NA）の油浸対物レンズ，および油浸用イマージョンオイルとカバーガラスをとり付け，再度調整する*20

*20　このとき，光があらぬ方向に飛ぶことがあるので，目に入らないように注意する．

❺ ここまでの工程で，落射照明ができているので，TIRF用ミラーの角度を変えて，全反射照明にする．サンプルをのせてフォーカスを合わせた状態で，TIRF用ミラーの角度をゆっくり変えていくと，天井に投影される光が横に移動していく．ガラス上側に光が出てこなくなり，TIRF用ミラーにもう1つのスポット（全反射光）が現れるポイントで全反射照明が実現している

4. シャッターとカメラの制御系の構築（図2❼）

　活性化光と不活性化光を交互に照明する場合は，活性化光と蛍光励起光の光路にシャッターを置き，シャッターとカメラ撮像のタイミングを同期する必要がある．これを実現するための，コンピューターを用いたシンプルな同期方法を紹介する．

　通常，シャッターの開閉やカメラの撮像は，外部入力信号によって制御できる．1台のコンピューターからのトリガー信号を送り，3つの機器（2台のシャッターとカメラ）のタイミングを同期する．図7Aに示すように，コンピューターに制御信号出力用のインターフェースボード（ここでは日本ナショナルインスツルメンツ社のmyDAQ）を接続し，ボードの出力端子（アナログでもデジタルでも可）とシャッターのトリガー入力端子（一般にExt SyncやTrigger Inとよばれる），およびカメラ検出器のトリガー入力端子を結線する．トリガー信号の閾値は装置によって異なるため装置のマニュアルを確認する必要があるが，おおむね，HIGHを5V，LOWを0Vとしておけばよい．トリガー信号としては，読み込み側の設定によって，エッジトリガーとレベルトリガーがある（図7B）*21．通常，シャッターはレベルトリガーで制御され，カメラはソフトウェアによってエッジトリガーとレベルトリガーのどちらも選択可能である．その他，HIGH-LOWのどちらがオンに相当するか（レベルトリガー），立ち上り（riseやpositive）か立ち下り（fallやnegative）のいずれをトリガーとして検出するか（エッジトリガー）など，装置によって異なるので，装置や制御ソフトウェアのマニュアルで確認されたい．

　コンピューター上でプログラムを組み，トリガー信号をくり返し送信する．1サイクルでは，図7Bのように，まず405nmレーザーのシャッターにトリガーを送信し，次に488nmレーザーのシャッターおよびカメラにトリガーを送信する．このループを必要回数（数千回〜数万回）くり返す．405nmレーザーのシャッターと488nmレーザーのシャッターの間は，シャッターの開閉を待つためのタイムラグを設ける（図7BのΔT）．シャッターの性能によるが，汎用の機械シャッターでは数msから数十msのオーダーである．また，図7Bでは，3つの出力チャネル（Ch0, Ch1, Ch2）を用いているが，488nmレーザーのシャッターへのトリガーを分岐して，カメラへのエッジトリガーとして用いても問題なく動作する．つまり，2つの出力チャネルのみで，タイミング制御を実現できる．

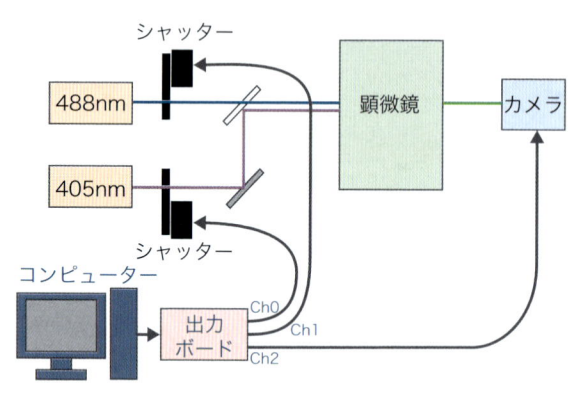

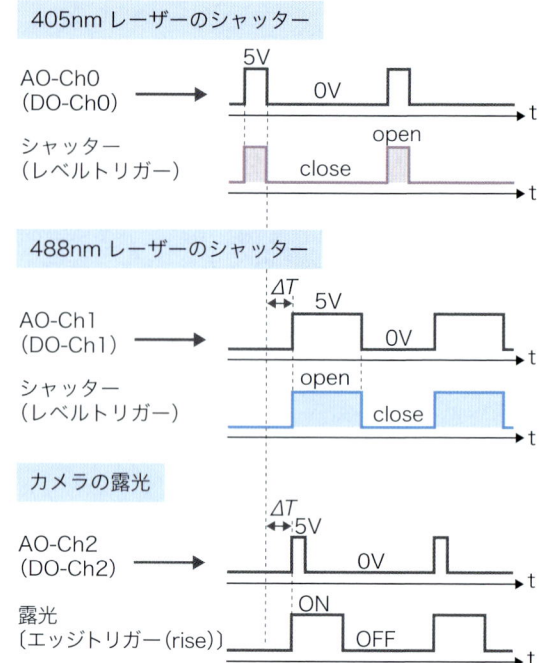

A シャッター・カメラの同期のための構成例　　**B** シャッター開閉とカメラ露光のタイミング

図7　シャッターとカメラの同期
AO：Analog output，DO：Digital output，Ch：出力チャネル，t：時間，ΔT：シャッター開閉のタイムラグ．

*21　カメラを例にすると，レベルトリガーモードではHIGHの間ずっと露光し，LOWになった瞬間に露光を終了する．つまり，露光の開始と終了を制御できる．エッジトリガーモードでは，HIGHになった瞬間に露光を開始し，ソフトウェア上で設定した露光時間の間，露光する．つまり，露光の開始のタイミングのみ制御できる．

細胞試料の超解像観察

1．サンプル調整

　図3にしたがって，細胞試料を超解像観察する．実際の観察と解析については後述の「**撮像例**」で説明するので，ここでは，試料調整と観察条件の決定について述べる．
　超解像計測に限らず，すべての実験において試料の調整が重要であることは間違いない．特に，SMLMによる超解像計測では，目的とする**1）分子の局在，2）分子の発現量，3）分子の運動ダイナミクス**に注意する必要がある．ここでは主に，哺乳類細胞でのタンパク質の観察に焦点を絞る．

1）分子の局在

　一般に，蛍光タンパク質やHaloTag®などを目的とするタンパク質に融合させた場合，その

局在が本来と異なる場合がよくある．そのため，事前に一般的な蛍光顕微鏡などで局在を十分に確認する．最近，新規プローブを学術誌に報告する際には，いくつかのタンパク質について局在が正しいか確認するよう求められることが多い．目的とする分子がすでに論文著者らによって作製されている場合は，その発現ベクターを著者らにもらうのが確実である[*22]．

> [*22] 最近では，論文公開とともにAddgene（https://www.addgene.org/）にデポジットされることが多く，安価に発現ベクターを手に入れることができる．

2）分子の発現量

1）とも関連するが，SMLMでは十分に発現している分子の方が観察はやりやすい．これは，一般的な1分子計測では，通常の蛍光顕微鏡では観察できないほど低い発現量の方が1分子観察しやすいことと異なる．SMLMでは光により蛍光性をオン・オフ制御することのできるプローブを用いるため，発現量が多くても光スイッチングにより蛍光性をオフにすることが可能だからである．発現量が少ないと，目的の分子を探してフォーカスを合わせている間に蛍光褪色が起きてしまい，画像を再構築できるだけの十分な輝点を得ることができなくなってしまう[*23]．

> [*23] 蛍光褪色の問題については，目的とするタンパク質のもともとの発現量にも依存する．例えば，細胞骨格に関連する分子では，基本的に発現量が多いため，多少の褪色は影響しないが，そもそも分子数が少ない場合（例えばクラスリンなど）では，蛍光褪色が起きるとそもそも像の構築ができなくなってしまう場合がある．また，内在性の分子を観察し分子数を検出するような場合は，蛍光褪色が起きてしまうと正確な分子数の定量ができなくなってしまうので十分に注意する必要がある．

3）分子の運動ダイナミクス

SMLMでは10ms程度の露光時間で何千〜何万フレームの画像を取得する．そのため，計測中に目的とする分子が動いてしまうと，「ブレ」となり，位置推定の精度が損なわれる．特に，細胞膜上を拡散するような分子を観察する場合は，細胞をPAA（パラホルムアルデヒド）などで固定する必要がある．ただし，固定の方法が適切でないと，ミトコンドリアなどからの背景光が上昇する可能性がある．また，細胞の固定処理により，蛍光プローブの光スイッチング特性が変化し，光スイッチングが起きにくくなることがあるので注意が必要である．

超解像計測に限らないが，試料の調整がやはりキーとなる．事前に，発現量・パターンなどを確認しておき，超解像計測を行うことが望ましい．

2．蛍光プローブの選定

SMLMでは，計測の目的や光源の波長に応じて，使用する蛍光プローブの種類が変わり，その蛍光プローブの特性によって，計測条件を最適に選択する必要がある．SMLMに用いられる蛍光プローブの活性状態・不活性状態間の遷移様式は，PA（photoactivatable）型，PC（photoconvertible）型，PS（photoswitchable）型の3種類に分類される[10]（**実践編第3章2**参照）．PA型は，不活性状態から活性化した後，蛍光励起準位からある一定の確率で完全な暗状態に遷移する（図8A）．PC型では，不活性状態から活性化した後，ある一定の確率で別の色の蛍光状態に遷移する（図8B）．PA型，PC型が不活性状態から活性状態への遷移が不可逆だったのに対して，PS型は活性状態・不活性状態間の遷移は可逆的に起こる（図8C）．活性化光と蛍光励起光の波長が異なるものと，1つの波長で活性化と蛍光励起が行え

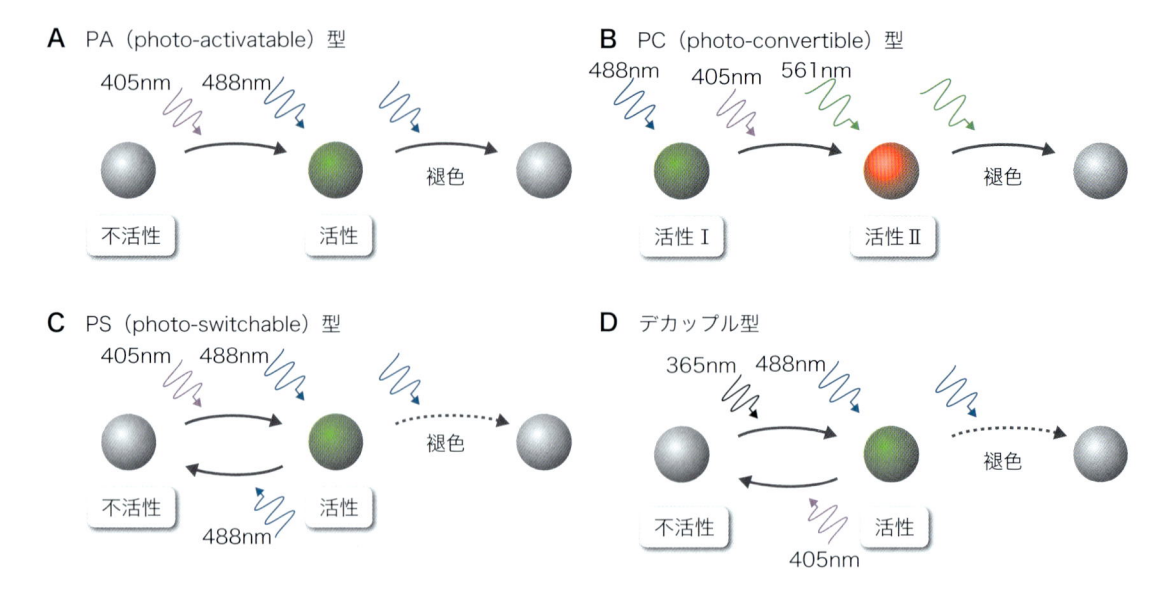

図8 蛍光プローブの4種類のスイッチング様式
状態遷移や蛍光励起の波長は蛍光プローブによって異なる．図中には，それぞれの様式のメジャーな蛍光プローブにおける波長を記載した．

るものがあり，それぞれネガティブスイッチング，ポジティブスイッチングとよばれる．SMLMでは，ほとんどの場合ネガティブスイッチング型が用いられている．ポジティブスイッチング型の場合，励起光を照射すると輝点の数がどんどん増えてしまい，輝点の検出が困難になるためである．前述の3種類のスイッチング様式に加えて，今後需要が増すと予想されるのは，蛍光励起，活性化，不活性化の波長がすべて異なるタイプ（デカップル型）である（図8D）．蛍光タンパク質の場合，Dreiklangがこのタイプになる[11]．

3. 光照射強度と照射時間の決定

SMLM観察においては，いくつかの計測パラメータを事前に決定する必要がある．ここでは，蛍光励起光が不活性化光を兼ねるタイプの蛍光プローブ（PA型，PC型，ネガティブスイッチングPS型）に話を絞る．決定すべきパラメータには，活性化光と蛍光励起光の強度と，カメラのフレームレート，撮像枚数などがある．交互照明の場合は，これらに加えて，活性化光と蛍光励起光の照射時間も決定すべきパラメータとなる．

計測パラメータを決定するうえで，まず考えるのは，1フレーム内の蛍光輝点の数密度である．蛍光1分子ごとに位置推定するためには，個々の輝点が互いに十分に離れている必要がある．ただし，1フレーム内の蛍光輝点が少なすぎると，撮像枚数が多くなってしまい，全計測時間が長くなってしまう．最適な数密度は，用いる解析ソフトウェアの性能にもよるため一概にはいえないが，おおよそ1 μm四方に1個という密度と考えればよい．蛍光プローブが高密度に標識されている試料の観察では，活性化光照射によって，全蛍光プローブのうちのほんの一部（〜0.1%）を活性化し，蛍光励起光照射によってそれらを次々と不活性化させていく必要がある．したがって，「活性化光は弱く，蛍光励起光は強く」が基本的な考

A 活性化

405nm I_{on}

$n_F = 1 - exp(-\sigma_{on} I_{on} T_{on})$

I_{on} 強 / 弱

B 不活性化

488nm I_{off}

$n_F = exp(-\sigma_{off} I_{off} T_{off})$

減衰時間 $\tau = 1/\sigma_{off} I_{off}$

I_{off} 強

C 交互に照明

405nm I_{on}
488nm I_{off}

I_{off} 強すぎ / I_{off} 弱すぎ

D 同時に照明

405nm I_{on}
488nm I_{off}

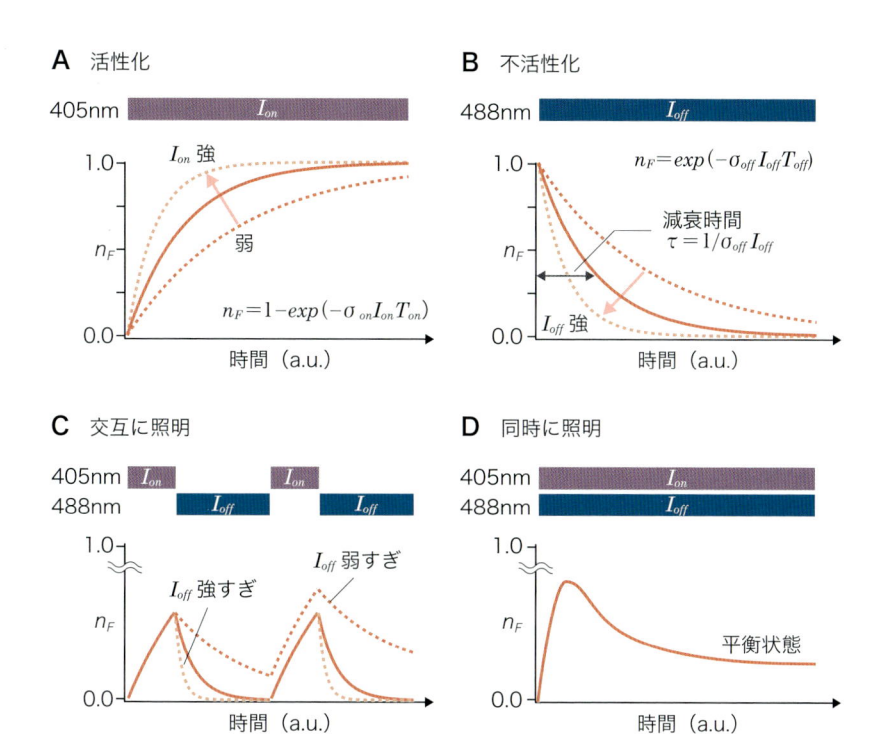

平衡状態

図9　活性化状態にある分子の割合（n_F）の時間変化

A) 活性化時と**B)** 不活性化時の変化はいずれも指数関数にしたがう．**C)** 交互に照明すると，指数関数的な増減をくり返す．**D)** 同時に照明すると，一定の時間が経過後，平衡状態に達する．平衡状態では，単位時間あたりに活性化する分子数と不活性化する分子数が一致している．I_{on}, I_{off}, T_{on}, T_{off}はそれぞれ，活性化光（405nm）と不活性化光（488nm）の光子密度と，それらの照射時間．光子密度（I_{on}, I_{off}）は単位時間・単位面積当たりの光子数で，単位は$1/(s\,cm^2)$である．σ_{on}, σ_{off}は分子種によって決まる定数で，面積の次元（cm^2）をもつ．

え方となる．実際の計測では，試行錯誤が可能な試料であれば，実験的に最適パラメータを探索すればよい．以下，計測パラメータ設定の考え方を説明する．

1）交互照明の場合

すべての蛍光プローブが不活性な状況で活性化光を一定時間照射したとき，活性化する蛍光プローブの割合は，活性化光の光子密度（I_{on}）と照射時間（T_{on}）の指数関数にしたがって増加する（図9A）．活性化光を強くする，あるいはその照射時間を長くすると，蛍光輝点数が増加する．活性化光を強く（弱く）することと時間を長く（短く）することは同等の効果であるため，高速性が必要な場合は，照射時間は短くし，照明光の強弱で蛍光輝点数を調節するとよい．一方，不活性化光の照射時は，活性状態蛍光プローブの数は，不活性化光の光子密度（I_{off}）とその照射時間（T_{off}）とともに指数関数的に減衰する（図9B）．不活性化光強度と照射時間は，その時間内にほぼすべての輝点が不活性化するように選ぶ．ただし，不活性化しながらも蛍光像を取得しているため，カメラの露光時間を考慮する必要がある．カメラの種類，画素数にもよるが，カメラの撮像速度は速くても数ms〜数十msである．光が強すぎて早い時間に不活性化させてしまうと，細胞の自家蛍光が相対的に大きくなってし

まうので，注意が必要である（図9C）．逆に，不活性化光が弱すぎると，1サイクルで消えきらず，活性状態の蛍光分子数が増加してしまう（図9C）．

2）同時照明の場合

活性化光と不活性化光を継続して照射すると，個々の蛍光プローブは刻一刻とスイッチングするが，全体として活性化と不活性化が釣り合った平衡状態に陥る（図9D）．2色の光の強度バランスを調節して，各フレーム内で単一分子輝点が識別できる密度になるようにする．1フレームの露光時間は，活性状態の平均継続時間と一致させると無駄がなく効率がよい．平均継続時間は，不活性化の減衰時間（図9B）に一致する．

撮像例

1. 観察の概要 （図3❷）

図10に観察例を示す．試料はDreiklang[11]を融合したvimentinをHeLa細胞に発現させたものを用いた．Dreiklangは488nmで蛍光励起され，405nm照射によって不活性化する．活性化の波長は365nmであるが，光照射しなくても熱緩和によって活性化が進む．なお，図10

❶ 光スイッチオフ前　❷ 光スイッチオフ後　❸ 1分子イメージング

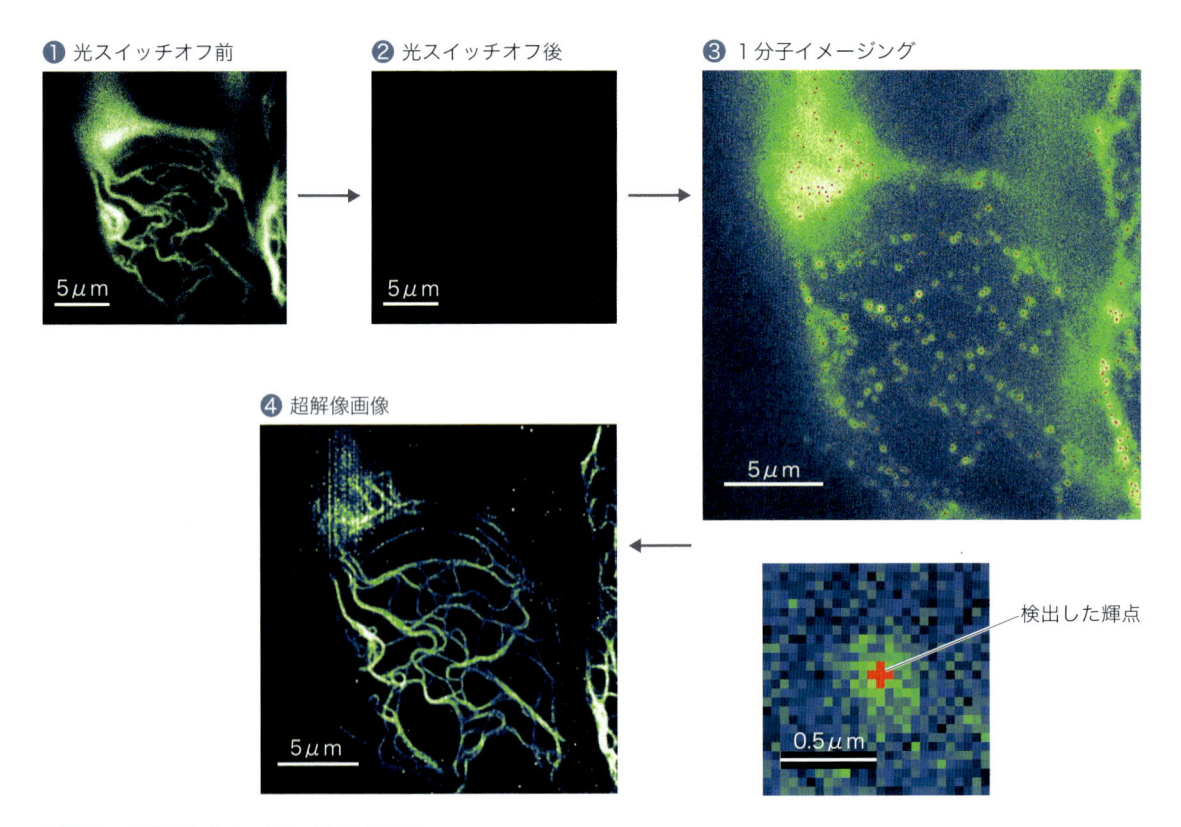

❹ 超解像画像

検出した輝点

図10　超解像イメージングの実施例
詳細は本文参照．

の例では365 nmは用いず，自発的な活性化を利用した．

❶まず，励起光（488 nm）を弱くして，vimentin様の構造を示す細胞を探し，フォーカス位置を調整する．❷次に，光スイッチングオフ用の光（405 nm）を，蛍光性が十分オフになるまで照射する．❸カメラのパラメータ（露光時間・計測フレーム数）を確認し，488 nmの励起光の強度を上げて，1分子の輝点を観察し，計測を開始する．個々の分子が十分判別できるくらいまばらで，かつ数が少なすぎないように注意する．このようにして得られた超解像生データを用いて，❹超解像画像を再構築する．

2. 超解像画像の再構築（図3❸）

　超解像画像の再構築のためのソフトウェアはいくつか知られているが，ここではThunderSTORMを利用した例を示す．ThunderSTORMは，フリーの画像解析ソフトImageJ上で動作するプラグインであり，無料で利用できる[*24]．本プラグインを利用して，先ほど取得した1分子イメージングデータ（超解像生データ）から超解像画像を再構築する．まず，Camera setup項目で計測に用いたカメラのパラメータを入力する（図11A）．Pixel size（ピクセルサイズ）は，簡易的にはカメラの画素サイズを倍率で割るか，対物マイクロメータなどで実測した値を入力する．Photoelectrons per A/D count（変換係数），Base level（ベースレベル），EM gainは，カメラが計測したカウントを光子に変換する際に必要なパラメータである[*25]．次に，Run analysis画面で輝点検出のセッティングを行う（図11B）．ThunderSTORMでは，輝点の検出のための前処理方法や輝点検出方法，フィッティング方法を自由に選ぶことができるが，1分子輝点が十分見えているような像であれば，ほとんどの場合デフォルトのセッティングで問題ない．まず，画面下のPreviewボタンを押すと，輝点検出の様子

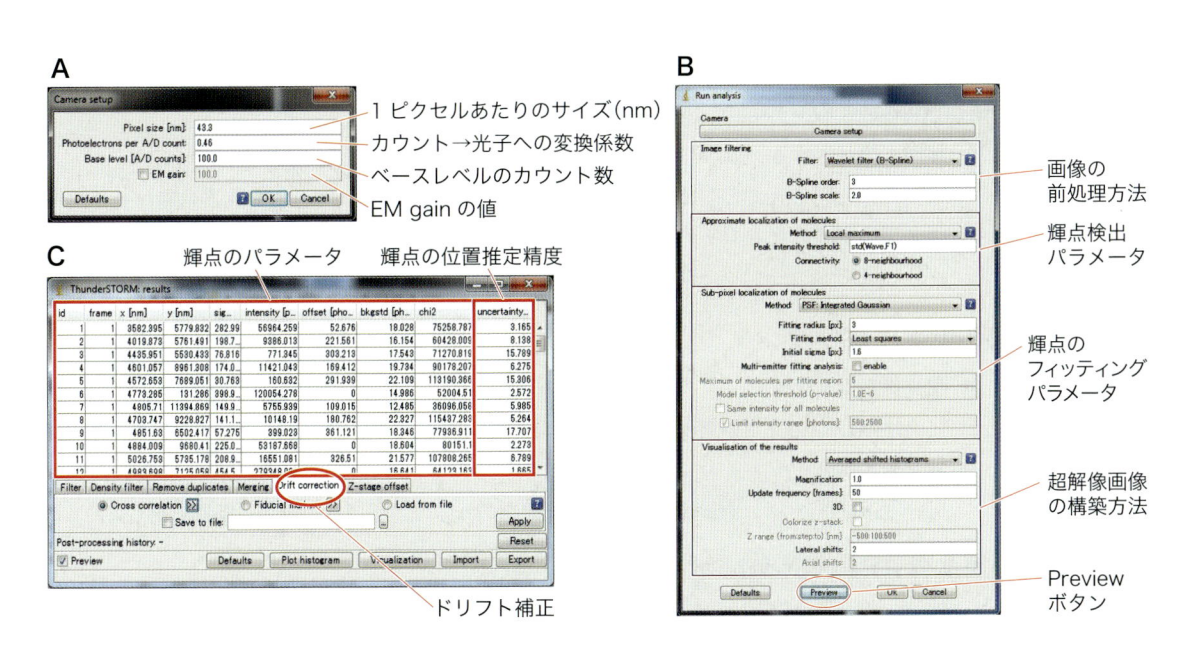

図11　解析ソフトウェア（ThunderSTORM）を用いた解析[12) 13)]
A）カメラのパラメータ設定のウインドウ．B）輝点検出と超解像画像の構築方法の設定のウインドウ．C）解析結果のウインドウ．

を確認することができる（図10❸，赤の十字で示される）．Preview画面で十分輝点が検出されていることが確認できれば，OKボタンで超解像解析を行う．解析終了後，図11Cのようなテーブルが表示される．このテーブルには，検出したすべての輝点情報（輝度値や位置，精度など）が表示される．このウインドウでは，ドリフト補正を行うことができる．SMLMでは数千～数万フレームの計測が必要であり，計測中にステージがXY方向にずれる．ずれの補正方法もいくつか選ぶことが可能であるが，相互相関（cross correlation）による方法が簡便で強力である．このようにして，超解像画像を再構築することができる（図10❹）[*26]．

[*24] ThunderSTORMのダウンロードサイト（https://github.com/zitmen/thunderstorm）からダウンロードし，ImageJのpluginフォルダーに入れる．ImageJは標準でもtiffやAVIなどいくつかのフォーマットのファイルを読み込むことが可能であるが，Bio-Format（http://loci.wisc.edu/software/bio-formats）というプラグインを入れると，多くの顕微鏡メーカー・カメラメーカーのファイルを読み込むことが可能となる．ImageJの派生プロジェクトであるFijiには標準でBio-Formatが入っているため，FijiにThunderSTORMをインストールしてもよい．ただし，輝点検出のところでエラーが表示されることがある．

[*25] ベースレベルとは，光の入射がないときのカウント数であり，ここでは各ピクセルの平均値を入力すればよい．カメラメーカーに問い合わせれば，標準的なベースレベル（ダークオフセット値）を教えてくれる．ちなみに，カウント数をフォトン数に換算するためには，ベースレベルやカメラ変換係数以外にも，蛍光波長におけるカメラの量子効率（波長に対する検出感度のこと）が必要であるが，ここでは省略されているため，もし正確なフォトン数が知りたい場合は注意が必要である．なお，ビニングとは隣り合う素子を連結して感度を上げることである．ビニングが2×2では，2×2＝4素子を1素子として扱うことができ，読み出しノイズを減らすことができる．

[*26] ThunderSTORMはImageJのマクロと組合わせることで，解析を簡単に自動化することができる．

トラブル対応

SMLMにおいて想定されるトラブルについて，その対処方法や確認すべき項目を以下に列挙する．

1. 光学系構築において

照明ムラが生じる

→ レーザーを光源として用いるため，ある程度干渉パターンが生じることは避けられないが，あまりにもムラがひどい場合，レーザーのビームプロファイルがきれいなガウシアン形状になっているかどうか確認する．

2. 試料観察において

蛍光像が見えない

→ 蛍光タンパク質の発現をチェックする．

背景光が高い

→ 固定細胞では，背景光が高くなる傾向があるので，可能であれば生細胞を用いる．

3. 計測条件の決定において

光スイッチングが起きにくい

→ 光スイッチング型蛍光タンパク質の場合，固定化するとスイッチング速度が遅くなることがある．スイッチングはするので，十分な時間・照度で照明すればよい．

1分子がまばらに光らない，輝点が見えない
→ 励起光が十分強く，カメラの露光時間が短すぎないかどうか確認する．活性化光強度を下げる．照射時間を短くする．

4. 画像取得において

多数のフレームを取得している間に焦点がぼやける
→ 顕微鏡を安定化する．オートフォーカスシステムの導入を検討する．

5. 超解像画像の構築において

蛍光輝点ではないものが，輝点として認識される
→ 輝点の検出閾値を上げる．

おわりに

　以上，超解像イメージングを実現するための基本的な1分子局在化顕微鏡システムの構築から，超解像画像の取得までの一連の流れを，実用性に比重を置いて記述してきた．本項で紹介した顕微鏡システムに必要な光学機器や光学素子（図4，5）をゼロから集める場合，ある程度の投資（少なくとも500万円以上）は必要であるが，それでも市販品一式（3,000万円以上）を購入するよりははるかに安価に，超解像顕微鏡を導入できることになる．簡単な光学系であるため，時間の投資も少なくて済む．実験者のバックグラウンドにもよるが，1週間もあれば構築は可能であると思われる．ぜひとも，臆することなく挑戦していただき，本書タイトルの「初めてでもできる！超解像イメージング」を実感してほしい．

◆ 文献・URL
1) Betzig E, et al：Science, 313：1642-1645, 2006
2) Annibale P, et al：PLoS One, 6：e22678, 2011
3) Thompson RE, et al：Biophys J, 82：2775-2783, 2002
4) rapidSTORM（http://www.super-resolution.biozentrum.uni-wuerzburg.de/research_topics/rapidstorm/）
5) ThunderSTORM（https://github.com/zitmen/thunderstorm）
6) QuickPALM（https://code.google.com/archive/p/quickpalm/）
7) Localizer（https://bitbucket.org/pdedecker/localizer）
8) ImageJ（http://imagej.nih.gov/ij/）
9) 渡邉朋信, 市村垂生：「1分子生物学」（原田慶恵, 石渡信一/編）, pp179-192, 化学同人, 2014
10) Tiwari DK & Nagai T：Dev Growth Differ, 55：491-507, 2013
11) Brakemann T, et al：Nat Biotechnol, 29：942-947, 2011
12) Oversný M, et al：Bioinformatics, 30：2389-2390, 2014
13) Schneider CA, et al：Nat Methods 9：671-675, 2012

Column 3

EM-CCDカメラとsCMOSカメラ

伊東克秀

局在化法とフレームレート

PALMに代表される局在化法には，二次元の検出器であるカメラが使用される．局在化法についてはここでは詳しく説明しないが，数千〜数万枚の蛍光分子画像から1枚の超解像画像をつくり出す方式であり，数千〜数万枚の画像取得時間が超解像画像の露在時間となる（**本章3**参照）．露光時間中はサンプルが静止している必要があるため高いフレームレート[※1]のカメラが必要となる．また，この方式では1個の蛍光分子の輝度分布に対してフィッティングをかけて重心位置を求めるが，その位置精度はカメラの検出感度（S/N）に依存するために高感度なカメラが必要となる．局在化法の論文[1]が発表された2006年当時は高いフレームレートかつ高感度なカメラはEM-CCDカメラしかなかったため，その後も多くの局在化法の論文にはEM-CCDカメラが使用されてきたが，2011年にsCMOSカメラが発売されると同時にその高いフレームレートかつ高感度の特性が受け入れられ局在化法において使用されていくことになる．

表に現時点での代表的なEM-CCDカメラとsCMOSカメラの特性を示す．EM-CCDカメラのフレームレートは現在でこそ70フレーム/秒（2006年当時は30フレーム/秒）であるが，それに対しsCMOSカメラは同じ512×512画素の部分読み出しであれば400フレーム/秒と約5.7倍も速く動作させることができる．EM-CCDカメラで10,000枚の画像取得には142秒が必要となるが，sCMOSカメラでは25秒で済むことになる．sCMOSカメラを200×200画素（2,000フレーム/秒）の部分読み出しで動作させ67枚の画像で1枚の超解像画像をつくるように設定すればビデオレート[※2]（30フレーム/秒）の超解像イメージングが可能になることが報告されている[2]．sCMOSカメラは今後さらにその開発が進み，より高いフレームレートをもつものが発売されてくることになるだろう．

カメラの比較方法

ここでカメラの比較方法について触れておく．1画素あたりの面積の違うカメラの感度は，1画素に入射するフォトン数をそろえて比較する必要がある．顕微鏡を使用する場合は集光効率を決める対物レンズは同じものを使用し，リレーレンズ[※3]の倍率を調節してサンプル上の1画素のサイ

表　EM-CCDカメラとsCMOSカメラの比較

	単位	EM-CCDカメラ	sCMOSカメラ
型名	―	ImagEM-X2（浜松ホトニクス社）	ORCA Flash4.0 V2（浜松ホトニクス社）
画素数	画素	512×512	2048×2048
画素サイズ	μm	16×16	6.5×6.5
600nmでの量子効率	%	92	82
暗電流	エレクトロン/画素/秒	0.0005	0.006
読み出しノイズ	エレクトロンrms	1以下	1.4
Excessノイズ（Fn）	―	1.4	無（＝1）
最速フレームレート	フレーム/秒	70	100（400*）

＊512×512画素の部分読み出しの場合

※1　**フレームレート**
フレームレートとは1秒当たりに取得できる画像枚数を表す画像速度である．

※2　**ビデオレート**
ビデオレートとはアナログビデオカメラで使われてきたフレームレートで，人間の目の認識速度を超えた画像速度の指標として使われる．

ズを合わせて入射フォトン数を揃える．例えばEM-CCDカメラで100倍の対物レンズを使用した場合のサンプル上の画素サイズは160nm（16μm÷100）になるが，sCMOSカメラで1画素あたりの入射フォトン数を同じにするためには100倍の対物レンズに0.40倍のリレーレンズを組合わせて倍率を40倍としてサンプル上の画素サイズを162.5nm（6.5μm÷40）とする必要がある．

カメラのS/Nと検出位置精度

$$S/N = \frac{QE \times P}{\sqrt{Fn^2(d \times T + QE \times (P + Ib)) + (Nr/M)^2}}$$

カメラのS/Nは上記の式で表される．S/NのSは信号成分で，フォトンを電子に変える効率である量子効率QE（Quantum Efficiency）に入射フォトン数Pを掛けたものである．S/NのNはノイズ成分で，暗電流ノイズ，光ショットノイズ，読み出しノイズの3種類とEM-CCDカメラにのみ存在するExcessノイズFnがある．d（エレクトロン/秒）は温度に依存する暗電流，T（秒）は露光時間，Ib（フォトン）は背景光，Nr（エレクトロン）はEMゲインが1倍のときの読み出しノイズ，MはEMゲインでsCMOSカメラでは1倍（$M=1$）である．

図はこの式において露光時間が短く暗電流ノイズが無視でき，背景光はないという条件（$d \times T = 0$，$Ib = 0$）のもと，理想的なカメラを基準として各カメラのS/Nを相対的に示したものである．ここで理想的なカメラは量子効率が最大（$QE=100\%$），読み出しノイズが0エレクトロン，Excessノイズがない（$Fn=1$）カメラとする．EM-CCDカメラはExcessノイズの影響で入射フォトン数が増加してもS/Nの最大が約0.7までしか到達しないことに注意する．入射フォトン数の多い部分ではsCMOSカメラの方がEM-CCDカメラよりもS/Nが高く，入射フォトン数が少ない部分ではその逆になり，そのクロスポイントはおよそ5フォトン/画素になる．蛍光イメージングでは何らかの背景光が存在するために入射フォトン数は5フォトン/画素以上になる場合が多く，すなわち蛍光観察ではsCMOSカメラの方がS/Nが高くなる場合が多い．

局在化法では，強力なレーザーパワーで1フレームのう

※3 リレーレンズ
リレーレンズとは顕微鏡の中間実像をカメラの撮像面に中継するレンズである．

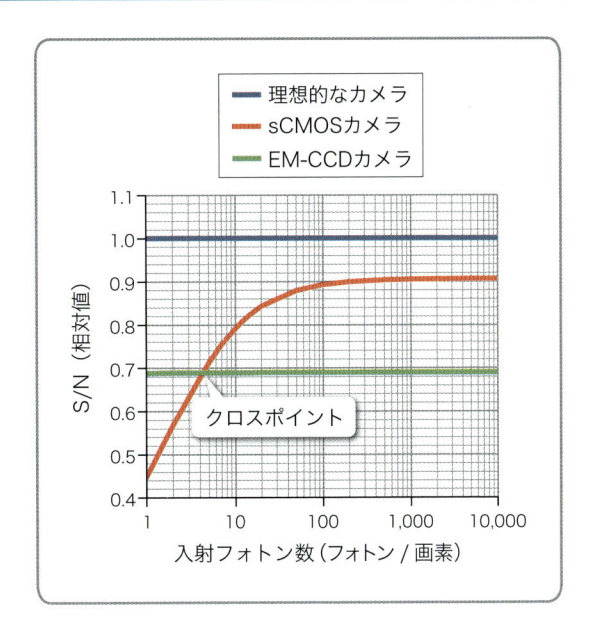

図 EM-CCDカメラとsCMOSカメラのS/Nのクロスポイント

ちに蛍光分子を光らせきるため，1個の蛍光分子に対応したカメラへの入射フォトン数は1フレームで数千フォトンにもなる．この入射フォトン数が数画素に広がったとしても5フォトン/画素を超えるため，sCMOSカメラの方がS/Nが高くなる．カメラのS/Nが高いことは局在化法においては蛍光分子の検出位置精度を高くすることにつながり，sCMOSカメラの方が検出位置精度のよいことが報告されている[3]．

おわりに

このように局在化法においては，EM-CCDカメラよりもsCMOSカメラの方がフレームレートおよび検出位置精度において優位であることが示されている．また，局在化法だけでなく構造化照明法においても高いフレームレートと高感度のカメラが必要とされている．さらにsCMOSカメラの方がEM-CCDカメラよりも低コストであることも理由となり，今後は超解像顕微鏡の検出用カメラとしてはsCMOSカメラが主流になっていくと考えられる．

◆ 文献
1) Betzig E, et al : Science, 313 : 1642-1645, 2006
2) Huang F, et al : Nat Methods, 10 : 653-658, 2013
3) Long F, et al : Opt Express, 20 : 17741-17759, 2012

実践編

第2章 市販の超解像顕微鏡による標準解析〜微小管のイメージングを例に〜

1 GEヘルスケア社製：
DeltaVision OMX SR
―3D-SIM超解像イメージングシステム

波田野俊之

解説機種のポイント

近年，光学分解能の限界を打ち破る超解像顕微鏡が開発されてきた．さまざまな超解像顕微鏡が開発される一方で，蛍光試薬が限定される，ライブセルイメージングに適さない，XY方向の解像度しか改善されないなどの課題がでてきた．本項ではこれらの課題を克服した3D-SIM超解像イメージングシステムのDeltaVision OMX SRを紹介する．

はじめに

　レンズを通る光は必ず分散するという物理的な性質をもつ．そのため，実際の光源の大きさよりも蛍光シグナルの分布は大きく観察されてしまう．これが分解能の限界の要因となっており（回析限界），XY方向に200〜300 nm，Z軸方向に500〜600 nm以内に存在する2点を区別できない．これまで光学顕微鏡において解像度を上げるために，焦点面以外の光の拡散を物理的に除去する共焦点顕微鏡や，光の拡散を数学的な演算処理でもとの位置に戻すデコンボリューション顕微鏡が用いられてきた．近年，回析限界を超えた分解能を有する超解像顕微鏡法の発展により，より詳細な生体内分子の局在・位置関係が明らかになってきた．これまで超解像レベルの分子局在・細胞形態観察については，主にPALM/STORM法，STED法などが用いられてきたが，いずれも画像取得に時間がかかるため生細胞や動きの速い分子動態の超解像レベルでの観察は困難であった．さらにこれらの手法では二次元のXY平面においては超解像が得られるが，Z軸を含む三次元の超解像は得られなかった．変化スピードの速い生命現象の超解像観察を行うには，迅速な画像取得だけでなく，Z軸方向も含む三次元での超解像観察が可能なシステムが必要である[1]．DeltaVision OMX SRは三次元構造化照明顕微鏡法（3 dimensional structured-illumination microscopy：3D-SIM）を用いた超解像の撮像を可能とする装置である[2]．特徴として，以下の3点があげられる．

①XY軸方向への約2倍の解像度だけでなく，従来難しかったZ軸方向の約2倍の超解像度の解析が可能[1]

②高速な構造化照明※の生成機構や高精度高速カメラにより，生きた細胞を用いて変化の速い生命現象の観察が可能[3]

③高品質顕微鏡レンズだけでなく，独自の光学系設計により安定した超解像撮像が可能

実践編
第2章 1

本項では，微小管のイメージングを例に，準備から撮像までの注意点や改善点について解説する．

DeltaVision OMX SR を用いた微小管イメージング

準備

1. 超解像顕微鏡
- [ ] DeltaVision OMX SR

2. 器具類
- [ ] 均一な厚さのカバーガラス[*1,2]
  18mm φ No.1（0111580, Paul marienfeld GmbH & Co.KG社）〔できれば1S（1.5）グレードの品質のもの〕
- [ ] スライドガラス
  ファインフロストスライドグラス 厚み 0.9～1.2mm（SFF-004，松浪硝子工業社）
- [ ] 12ウェルプレート

> [*1] 構造化照明法では光の拡散が上下均一である必要があり，カバーガラスの厚さが不均一だと光の拡散に影響が出る．
> [*2] 観察するシグナルの光の拡散パターンを調整する際，カバーガラスから光源が離れると調整が困難になるため，カバーガラス面に細胞または組織切片などのサンプルが張り付いている必要がある．

3. 細胞
- [ ] HeLa-Kyoto

4. 試薬類
- [ ] イマージョンオイル
  対物レンズ用の屈折率の異なるオイルのセット
- [ ] 細胞培養液
  DMEM（10% FCM含む）/2mMチミジン
- [ ] 固定試薬
  PHEM buffer pH 7.0（60mM PIPES，25mM HEPES，10mM EGTA，2mM $MgSO_4$）
  グルタルアルデヒド 50％水溶液，EM grade
  20mg/mL sodium-borohydride（452882，シグマ アルドリッチ社）
  0.1% Triton-X 100
  PBS溶液
  BSA

※ 構造化照明
規則的にならんだ線状の光の照明．いわゆる「縞々の光」．縞々の光を当てて撮像した場合，サンプルの回折限界を超えた光の位置情報を得ることができる．身近な例として，縞々のパターンのなかに見えるモアレ像は，この分解不能な位置情報が目に見える形で現れる現象である[3]．3D-SIMの場合，縞々の光を60度ずつ回転させた3角度と，各角度で縞々の直角に5回シフトした合計15枚のサンプル撮像画像から，フーリエ変換によって回折限界を超えた位置情報を取り出し，超解像画像として再構築する．実践編第3章5，原理・応用編第1章3参照．

☐ 固まらないマウント材*3, 4：Dako Fluorescent Mounting Medium（S3023，ダコ社）

*3 固まるタイプのマウント材であると，固まり方によっては細胞内の水分を奪い，細胞の形が崩れてしまうことがある．これは，XY軸のみならずZ軸方向の超解像撮像へ大きく影響する．固まらないマウント剤としては褪色防止剤入りグリセロール，VECTASHIELD Mounting Medium H-1000（VECTOR LABORATORIES社）などもある．
*4 マウント材にDAPIなどの蛍光色素が溶解しているものは使用不可．

5. 抗体

一次抗体

☐ 微小管
Rabbit polyclonal Anti-α-Tubulin antibody（ab18251，アブカム社）

☐ キネトコア
Mouse monoclonal Anti-HEC1 antibody［9G3］（ab3613，アブカム社）

☐ 染色体
DAPI

二次抗体

☐ Alexa Fluor™ 568 Goat anti-Rabbit IgG（H＋L）Secondary Antibody（A-11036，Thermo Fisher Scientific社）

☐ Alexa Fluor™ 488 Goat anti-Mouse IgG（H＋L）Secondary Antibody（A-11029，Thermo Fisher Scientific社）

6. 撮像装置選定時の注意点

適切な屈折率に調整できる照明方法を提供しているか？
周期構造をもった縞模様の光（構造化照明）を形成するには，上下に均一な光の拡散が重要であり，光の屈折率をサンプルごとに調整できるかどうかがクリティカルな点である．

実測時に十分にZ軸の解像度が出ているか？
Z軸方向の解像度については，製品仕様と実際の撮像の結果とが異なる場合がある．

生細胞などのやや蛍光シグナルが暗いサンプルに必要な撮像スピードがあるか？
ライブ撮像を行う場合は，観察対象の動きをどのくらいの時間分解能で測定できるかを把握しておく必要がある．また，構造化照明だけでなく超解像技術全般に，光をサンプルに当てる時間が既存の技術より長いため，固定サンプルの撮像であっても退色に起因するアーティファクトを抑えるためにも高速な撮像システムが望ましい．

各波長に合わせた最適な構造化照明の調整を行っているか？
各波長でベストな超解像観察を行うためには，波長ごとに適切な縞模様の光（構造化照明）を形成するための調整が必要である．この構造化照明の調整ができるかどうかや，特定の波長のみ調整してほかの波長は調整していないなど，顕微鏡によって違いがあることは注意が必要である．

これまで使っていた蛍光色素が使えるか？
PALM，STORM，STEDなどの技術は，高い解像度を出せる一方，蛍光色素が蛍光を発する状態と発しない状態に切り替える必要があり，使用できる蛍光色素に制限がある．構造化

照明においては，撮像方法は広視野顕微鏡と同じ方法であるため，これまで使っていた色素を使うことができる[3]．

プロトコール

1. 細胞培養

12ウェルプレートに滅菌済みのカバーガラスを敷き，その上に細胞を播種する．継代12時間後に細胞培養液（10％FCSを含むDMEM）に最終濃度2mMになるようにチミジンを添加し，G1/S期に細胞周期の進行を停止させた．24時間後に，37℃[*5] PBSで3回洗浄後，新しい培地を加え，9時間培養後，固定した．

> [*5] 微小管は低温下では脱重合してしまうため，固定するまですべての試薬は37℃に温めたものを使用する．

2. 固定

❶ 12ウェルプレートから培地を除去する

❷ 0.5％ Triton-X 100を含むPHEMバッファーを加え，室温で1分間静置する

❸ 1％ グルタルアルデヒドと0.5％ Triton-X 100を含むPHEMバッファーに置換し，室温で10分間固定する[*6]

> [*6] 以降の試薬は室温のものを使う．

❹ 0.5％ Triton-X 100を含むPBSに置換し，室温で10分間静置する

❺ PBSで3回洗浄する

❻ 20mg/mL sodium borohydrideを溶解したPBSを加え，室温で30分間静置する（クエンチング[*7, 8]）

> [*7] クエンチングの際，気泡が発生するのでガラス表面が液体から出ないように注意する．
> [*8] グルタルアルデヒドを用いた固定を行う場合，未反応の遊離アルデヒド基がサンプル内のタンパク質と反応して自家蛍光を生じる．この未反応の遊離アルデヒド基と水素化ホウ素ナトリウムを反応させるクエンチング処理により，自家蛍光を低減できる．

❼ 0.1％ Triton-X 100を含むPBS（0.1％ Triton-X 100/PBS溶液）で3回洗浄する

❽ 3％ BSAを含む0.1％ Triton-X 100/PBS溶液を加え，室温で30分間ブロッキングする

3. 染色

❶ 平らなガラス板，あるいはプラスチックケースの上にパラフィルムを敷く．その上に1％ BSAを含む0.01％ Triton-X 100/PBS溶液で希釈した抗体溶液（抗HEC1抗体1：500，

抗α-Tubulin抗体1：1,000）を適量滴下し，固定された細胞の接着したカバーガラスを付着面を下向きに置く．乾燥しないように注意しながら4℃でオーバーナイト，一次抗体反応を行う

⬇

❷ 細胞の接着した面を上にし，12ウェルプレートにカバーガラスを戻し，0.01％ Triton-X 100/PBS溶液を用いて3回洗浄する

⬇

❸ ❶と同様に，1％ BSAを含む0.01％ Triton-X 100/PBS溶液で希釈した抗体溶液（Alexa-Fluor™ 568 goat anti-rabbit IgG（H＋L）1：1,000，Alexa-Fluor™ 488 goat anti-mouse IgG（H＋L），1：1,000）を適量滴下し，室温で1時間，二次抗体反応を行う

⬇

❹ 12ウェルプレートにカバーガラスを戻し，0.01％ Triton-X 100/PBS溶液で1回洗浄する

⬇

❺ 0.1μg/mL DAPIを含む0.01％ Triton-X 100/PBS溶液を12ウェルプレートに加え，室温で10分間静置する

⬇

❻ 0.01％ Triton-X 100/PBS溶液を用いて3回洗浄する

⬇

❼ マウント剤をスライドガラスの上に適量滴下する．カバーガラスに付着した余分な水分をキムワイプ（日本製紙クレシア社）に吸わせ，細胞接着面を下向きにして泡の混入に注意しながらカバーガラスをスライドガラスにかける

⬇

❽ マウント剤が乾燥した後，透明マニキュアでカバーガラス周囲を封じる

4. 撮像条件の設定

- [ ] 60 × NA1.42PSFレンズ
- [ ] sCMOSカメラ3台
  視野サイズ：256×256，1ピクセルサイズ：XY方向80nm，Z方向125nm．
- [ ] 構造化照明：3アングル（各アングルで5フェーズシフト合計15枚）
- [ ] Zセクショニングのステップ幅：125nm（65セクション，合計の厚さ8μm厚，合計975枚撮像）
- [ ] 撮像モード：Structured illumination，露光時間およびレーザー出力は，最高輝度が7,000程度になるよう以下のように調整した．
- [ ] レーザー波長405nm，露光時間50ms，レーザー出力10％
- [ ] レーザー波長488nm，露光時間10ms，レーザー出力10％
- [ ] レーザー波長568nm，露光時間2ms，レーザー出力10％
- [ ] 解析：DeltaVision OMX SR付属の解析ソフトウェアを用いて構造化照明像の再構築と色収差，球面収差などの補正を行った．

5. 撮像

スライドフォルダにスライドが水平になるように設置し，励起光の反射の影響を避けるため，明視野撮像用のコンデンサーはレンズ光軸上から離れるように移動する．オートフォー

カス機能によりピントを合わせ，Spiral Mosaicモードで広い範囲の細胞のプレビュー画像を撮像する．撮像したい細胞が視野の中心になるようにステージを移動する．前述した撮像条件や後述のトラブル対応のチェック項目にしたがい，励起光の強さ，撮像するZ軸方向の厚みを決定する．

6. 定量解析

DeltaVision OMX SR 付属のソフトウェア Priism 4.2.3 を用いて以下の手順で測定を行った．

❶ 微小管構造を目視できるように画面の表示コントラスト調整

❷ 測定したい部分を拡大表示

❸ ラインプロファイルツールで微小管の幅を測りたい部分を指定

❹ 指定位置で，Zセクションを動かしフォーカスがあっているか確認

❺ 測定位置の記録のためスクリーンショット撮像（図1）

❻ 平均値の算出

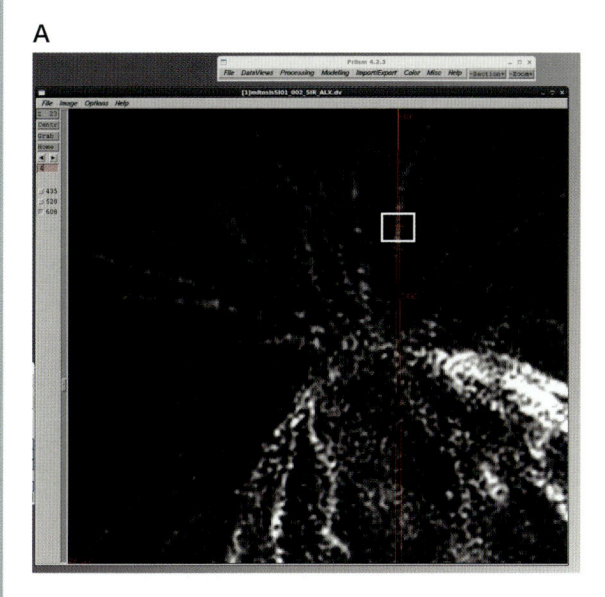

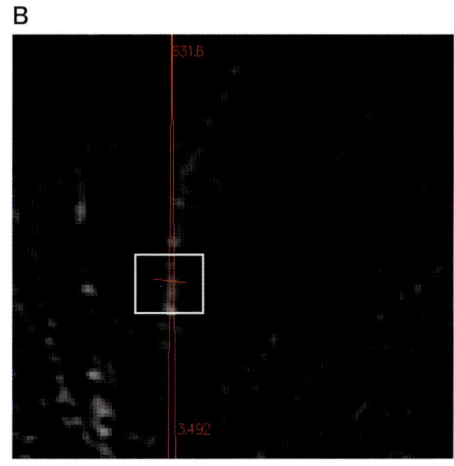

図1　測定位置記録のためのスクリーンショット撮像

A）全体像．B）Aの微小管の測定位置付近の一部の拡大図．測定位置は微小管の横断方向（重合方向にほぼ直角）に描写されている短い赤い線．縦に伸びているくさび上の2本の線は，測定位置の信号強度分布をx軸方向に投影して描写したもの．ピーク上方の数値631.6はシグナルの最大値，下方の数値3.492は信号強度分布の半値全幅のピクセル数を示す．

撮像例

再構築した三次元構造化照明顕微鏡像から，DeltaVision OMX SR付属のソフトウェアSoftWoRx用いて微小管の三次元立体画像を作製した．図2，3は立体像を撮像の方向に沿って投影表示した像である（関連動画も参照）．

1．測定結果

XY解像度：平均134nm 20本の微小管（波長568nmでの予測範囲135＋/－5nm）
Z解像度：平均360nm 20本の微小管（波長568nmでの予測範囲350＋/－15nm）

2．工夫した点

前述のとおり微小管に用いた568nmの上下の光の拡散をモニターし，オイルの条件を568nm側に合わせた．

トラブル対応

超解像イメージングができていない，広視野撮像では見当たらない場所に別の場所にあるはずのシグナルが二重に現れる，などのトラブルが起きることがある．この場合のチェック項目と改善方法は以下の通りである．

1．チェック項目

☐ 適切な屈折率のオイルで光の拡散パターンを上下均一にできているか？
☐ 光の拡散パターンが上下同じ長さに撮像できているか？
☐ 撮像中退色していないか？

2．改善方法

1）適切な屈折率のオイルで光の拡散パターンを上下均一にできているか？

サンプルの固定化，マウント材の種類，カバーガラスの厚さ，温度などさまざまな要因により，実際に撮像したサンプルの蛍光シグナルがレンズを通して形成する拡散のしかたは変化する．この光の拡散パターンが適切に形成されていないと，構造化照明が正しくできない．すなわち，周期構造をもった縞模様の光が適切に形成されないため，解像度そのものが上がらない．

解決方法：光の拡散パターンは，油浸式接眼レンズのオイルの屈折率の変更，またはレンズの補正環によって調整できる．本項の例のように，調整にオイルを用いる場合，屈折率の異なるオイルのセットを準備する必要がある．まず，点光源をサンプルのなかから探し，XZまたはYZ方向に再構築した画像を観察する．その際サンプルの輝点を中心にラグビーボール状の強いシグナルとZ軸方向上下に均一な拡散（図4B）になるような屈折率の対物レンズ用オイルを使用する．図4Aのように上方のシグナルが強い場合はオイルの屈折率が高すぎるため上げる必要がある．図4Cの場合はその逆である．また適切なオイルが選ばれた場

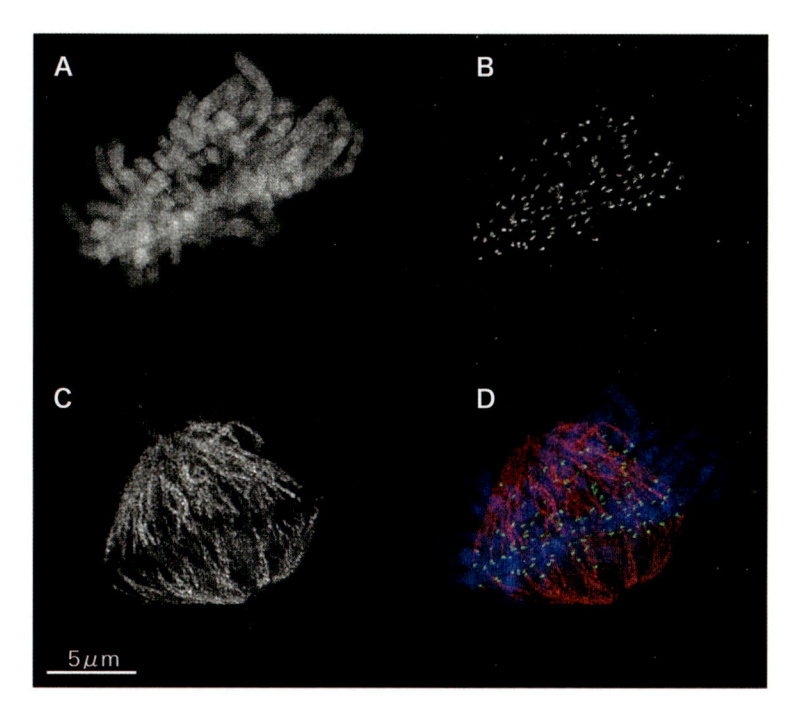

図2 DeltaVision OMX SRによる微小管の三次元超解像立体画像
A) 染色体DNA（DAPI）. B) キネトコア（HEC1抗体）. C) 微小管（α-tubulin抗体）. D) 重ね合わせ像.

関連動画

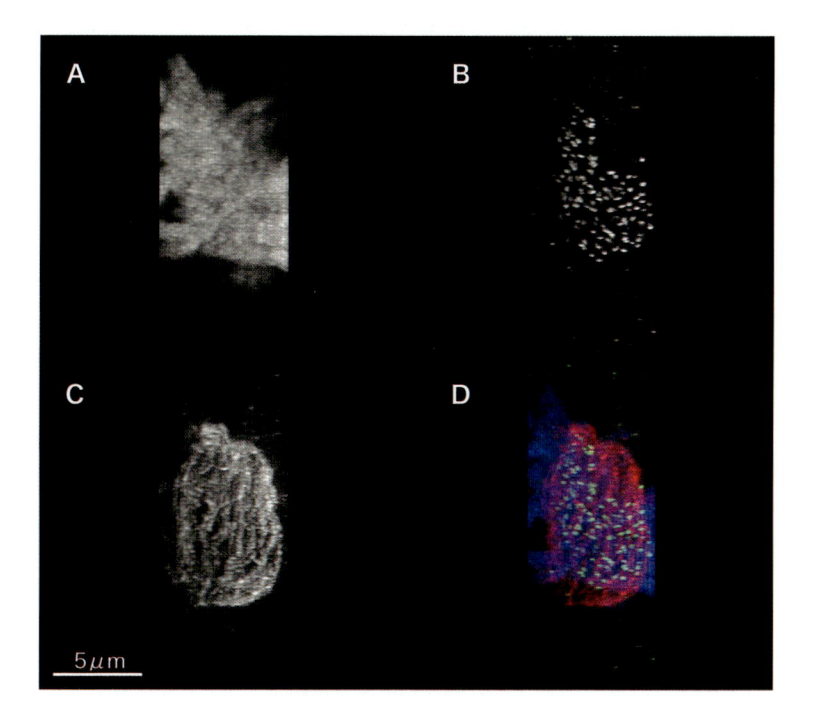

図3 図2の90°回転像

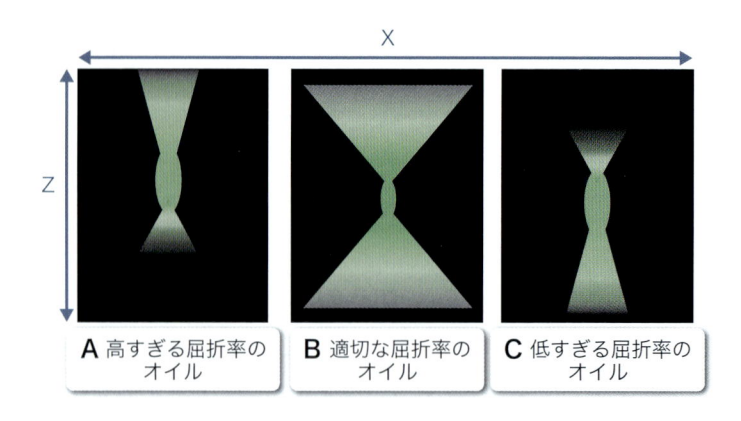

図4　光の拡散パターンとオイルの屈折率の関係

合，中央のラグビーボール状のシグナルのZ方向の長さが不適切な場合と比べて短くなる．

2）光の拡散パターンが上下同じ長さに撮像できているか？

もし，片方だけに拡散パターンが偏っていると，偏った拡散をシグナルとして計算してしまい，アーティファクトの要因となる．

解決方法：サンプルで特に観察したい場所の輝点の中心から上下等幅の厚さに撮像する．

3）撮像中褪色していないか？

撮像中に褪色してしまうと，上限不均一な光の拡散のパターンが形成され，これも超解像イメージの再構築計算結果に影響する．

解決方法：極力短い露光時間と高速なシステムで撮像する．DeltaVision OMXの場合，7,000前後の輝度になるよう露光時間，レーザー出力を調節する．DeltaVision OMX SRは1msの露光時間から撮像可能である．

おわりに

本項で示した撮像例において，微小管の検出に用いた568nmの波長で予測の範囲内の超解像度（135+/-5nm）を示す画像の取得ができた．構造化照明法では蛍光波長の長さも解像度に影響するため，ラベルに用いる蛍光色素を568nmから488nmに変更すればさらに解像度を上げることができると考えられる．超解像顕微鏡の撮像はサンプル調製および撮像条件の最適化が非常に重要で，適切な条件が設定されていなければそもそも超解像のイメージは得られず，アーティファクトが生じるという性質をもつ．装置に撮像条件の最適化が容易に行える機能が備わっていることが望ましい．また，本項で解説した光の拡散を均一にするためのサンプル調製上の注意点にも留意と習熟が必要である．

本項ではGEヘルスケア社製の顕微鏡の特徴の1つであるZ軸方向の解像度についても解析した．実際の撮像においても理論値に近い平均360nmの解像度が得られた．Z軸方向の

解像度は，Z軸方向だけでなくXY方向の解像度にも影響する．例えば，ある平面で見えていたわずかなシグナルが低い解像度では別のz軸平面から写り込んでいる場合がある．この光源が実際には360nmより離れた場所にあった場合，超解像顕微鏡では除外することができるため結果的にXY方向の解像度の改善につながる．

　XY方向で固定，カバーガラスから100nmの厚さの範囲内で観察を行う場合はPALM/STORMの方が解像度は高い．マイクロスフィアなどの厚みがあって蛍光強度の高いサンプルの観察はSTEDが得意としている[4]．培養細胞や微生物のライブかつ三次元空間での標的分子のダイナミクスを解析するには，高速撮像と多色観察が可能な3D-SIMが適している．高速な3D-SIM撮像と解析を実現するDeltaVision OMX SRはライブイメージング，超解像観察での位置情報取得，多色蛍光による多数の分子の局在比較といった複合的な要望をバランスよく実現するシステムである．本項が超解像顕微鏡技術を選択する場合や，超解像顕微鏡を用いる際の一助になれば幸いである．

謝辞

　本項で紹介したプロトコール，ならびに撮像に用いたサンプルは，東北大学加齢医学研究所分子腫瘍学研究分野田中耕三教授，池田真教博士研究員のご厚意によりご提供いただきました．この場を借りてご協力に深く感謝申し上げます．

◆ 文献
1) Gustafsson MG, et al：Biophys J, 94：4957-4970, 2008
2) Schermelleh L, et al：Science, 320：1332-1336, 2008
3) Gustafsson MG：Proc Natl Acad Sci U S A, 102：13081-13086, 2005
4) Schermelleh L, et al：J Cell Biol, 190：165-175, 2010

実践編

第2章 市販の超解像顕微鏡による標準解析〜微小管のイメージングを例に〜

2 ライカマイクロシステムズ社製：
Leica TCS SP8 STED 3X,
Leica SR GSD 3D
――誘導放出抑制顕微鏡と蛍光分子局在顕微鏡

田中晋太朗

解説機種のポイント

Leica TCS SP8 STED 3X は，共焦点レーザー顕微鏡をベースとし，純粋に光学的な三次元超解像を実現した超解像顕微鏡である．一方，Leica SR GSD 3D は，蛍光顕微鏡をベースとし，超解像顕微鏡における最大クラスの平面およびZ軸分解能を実現している．本項ではLeica TCS SP8 STED 3X および Leica SR GSD 3D を用いて超解像画像を撮像するための手順およびポイントについて解説する．

■ Leica TCS SP8 STED 3Xによる微小管の超解像イメージング

Leica TCS SP8 STED 3Xは，誘導放出抑制（stimulated emission depletion：STED）（原理・応用編第1章1, 6参照）を原理とし，ホワイトライトレーザーや超高感度検出器HyDによるゲート検出をはじめとした光学技術により超解像を実現している[1〜3]．STEDの原理は非常にシンプルで，STED光のON/OFFにより共焦点画像と超解像画像を速やかに切り替えてリアルタイムで撮像することができる．さらに，純粋に光学的な超解像画像を撮像するため，画像演算処理過程で生じうるアーティファクトが起こりにくい．また，共焦点レーザー顕微鏡をベースとしており，共焦点制御ソフトウェアと同一のプラットフォームにて簡便に画像取得条件を調整することができる．すなわち，共焦点レーザー顕微鏡を使用した経験があれば特別なトレーニングを必要とすることなく，すぐに超解像画像を撮像することができる．

準備

- □ 超解像レーザー顕微鏡：Leica TCS SP8 STED 3X（図1）
- □ STED観察用対物レンズ：Leica HC PL APO 100×/1.40 OIL STED WHITE
- □ 制御ソフトウェア：LAS X（画像取得および各種画像処理，測定機能）
- □ ライカマイクロシステムズ社製 油浸レンズ用イマージョンオイル：低自家蛍光タイプ，11513859-3

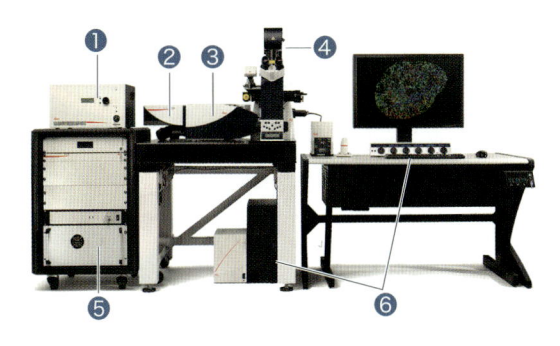

図1　Leica TCS SP8 STED 3X システム

❶ホワイトライトレーザー．❷STEDモジュール．❸共焦点スキャナ．❹全自動倒立型蛍光顕微鏡．❺STEDレーザー．❻制御ワークステーション．文献4より引用．

- 培養細胞の種類：HeLa細胞（生細胞）
- 蛍光標識：シリコンローダミンプローブ SiR-tubulin（提供：Kai Johnsson, Grazvydas Lukinavicius, スイス連邦工科大学ローザンヌ校）[5]
- ガラスボトムディッシュ：カバーガラス厚みが0.17mmのものを使用（3971-035，IWAKI社など）

プロトコール

ここではSiRプローブにより蛍光標識されたHeLa細胞（生細胞）の微小管を，775nmのレーザー光をSTED光として用いて超解像イメージングを行い，微小管の横断方向の信号強度分布の半値全幅を示して分解能を数値化する手順を紹介する[*1]．

> *1　観察試料の調整方法についてはライカマイクロシステムズ社の「STED試料調整ガイド」[4]をご参照いただきたい．

1. 撮像準備

❶ システムを起動する

制御ワークステーションおよび，共焦点スキャナ，レーザー光源ユニット（励起光およびSTED光），全自動倒立型蛍光顕微鏡の電源をONにする．制御ワークステーション起動後，制御ソフトウェアLAS Xを起動し，システムのキャリブレーションを行う．

❷ STED光の自動アライメントをする

制御ソフトウェアLAS X Configurationメニューで表示されるSTED設定画面よりBeam Alignmentを選択すると，励起光とSTED光の重ね合わせ位置が自動的に調整される（図2❸）[*2]．

> *2　自動アライメントは共焦点スキャナ内部のターゲットを用いるため，顕微鏡ステージ上の観察試料にレーザーが照射されることなく実施することができる．

❸ 顕微鏡下で試料を観察して撮像視野を選択する

試料を顕微鏡ステージに乗せて，明視野または蛍光観察により撮像対象となる視野を選択する．

❹ 観察試料の蛍光標識に適した撮像条件を選択する

　　LAS X Acquire メニュー（図3）を開き，励起光波長に633nmを選択，蛍光検出波長域は645〜730nmの範囲を指定する（図3 ❹，❻）*3．蛍光標識に用いているシリコンローダミンは近赤外の蛍光プローブで，Cy5と同様の蛍光画像取得設定により撮像することができる．

　　　*3　この機種においては励起レーザーとして470〜670nmの範囲で任意の波長を使用することができるホワイトライトレーザーを搭載している．また，プリズム分光スリット方式によりフィルターを使用することなく任意の蛍光検出波長域を設定できる．これによって使用する蛍光標識に応じて励起波長および蛍光検出波長を最適化することができる．

❺ 共焦点画像を表示して画像取得設定を調整する

　　ライブスキャンを開始して共焦点画像をビューアー画面に表示し（図3 ❼ Live ボタン），撮像視野および焦点位置，スキャンズーム倍率を調整する（図3 ❶）．調整時はSTED光をOFFにすること．また，画素数を512×512ピクセル程度にすると調整が容易となる．

❻ 励起光出力および検出器ゲインを調整して，共焦点画像の撮像条件を決定する

　　ビューアー画面を見ながらより最適な条件になるよう調整する．

❼ 画像ピクセルサイズを調整する

　　撮像画素数を調整して，撮像画像のピクセルサイズが，実画像で得られる分解能の1/2から1/4サイズとなるようにする．STEDの平面分解能は50nmであるため，ピクセルサイズを12.5〜25nm程度に設定するとよい*4．

　　　*4　Optimize XY format機能を使用することで，超解像画像に適したピクセルサイズで撮像ができるよう画素数を自動調整することができる（図2 ❶）．

❽ 蛍光検出のTime Gatingを設定する

　　使用する蛍光標識の蛍光寿命に応じて，蛍光検出のタイミングを任意に設定することで分解能を向上することができる．標準的な設定はゲート開始点が0.3〜2.0ns（ナノ秒），ゲート終了点は6.5nsとなる．ゲート開始点を遅らせることで分解能を向上することができるが，シグナル量が小さくなるため試料に応じて調整をする．ここでは，0.5nsと6.0nsにて設定する（図4）*5．

　　　*5　パルス発振レーザーであるホワイトライトレーザーと，超高感度検出器HyDを用いることで蛍光寿命の情報を得ることができる．Time Gatingは，STED画像で得られる蛍光スポットにおいて，シグナル中心部と周辺部での蛍光寿命の分布に差異が生じる現象を利用して分解能を向上する技術である．

❾ STED画像の取得設定をする

　　励起光の出力設定を共焦点画像撮像時の2〜5倍にする．また，STED光の出力は試料や観察目的に応じて10〜100％の範囲にて調整を行う．安定性の高い近赤外の蛍光色素と775nmのSTED光を用いることで，STED光出力を抑えて十分な分解能を得ることが可能であり，また，生細胞試料へのダメージを抑えるため，ここでは励起光出力を15％，STED光

図2 STED設定画面
❶Optimal Pixel Size：画素数を自動調整し，指定したピクセルサイズで撮像を行う．❷STED Dichroic Slider：STED光の波長に応じたカットフィルターの選択．❸Beam Alignment：励起光とSTED光の自動アライメントの実施．

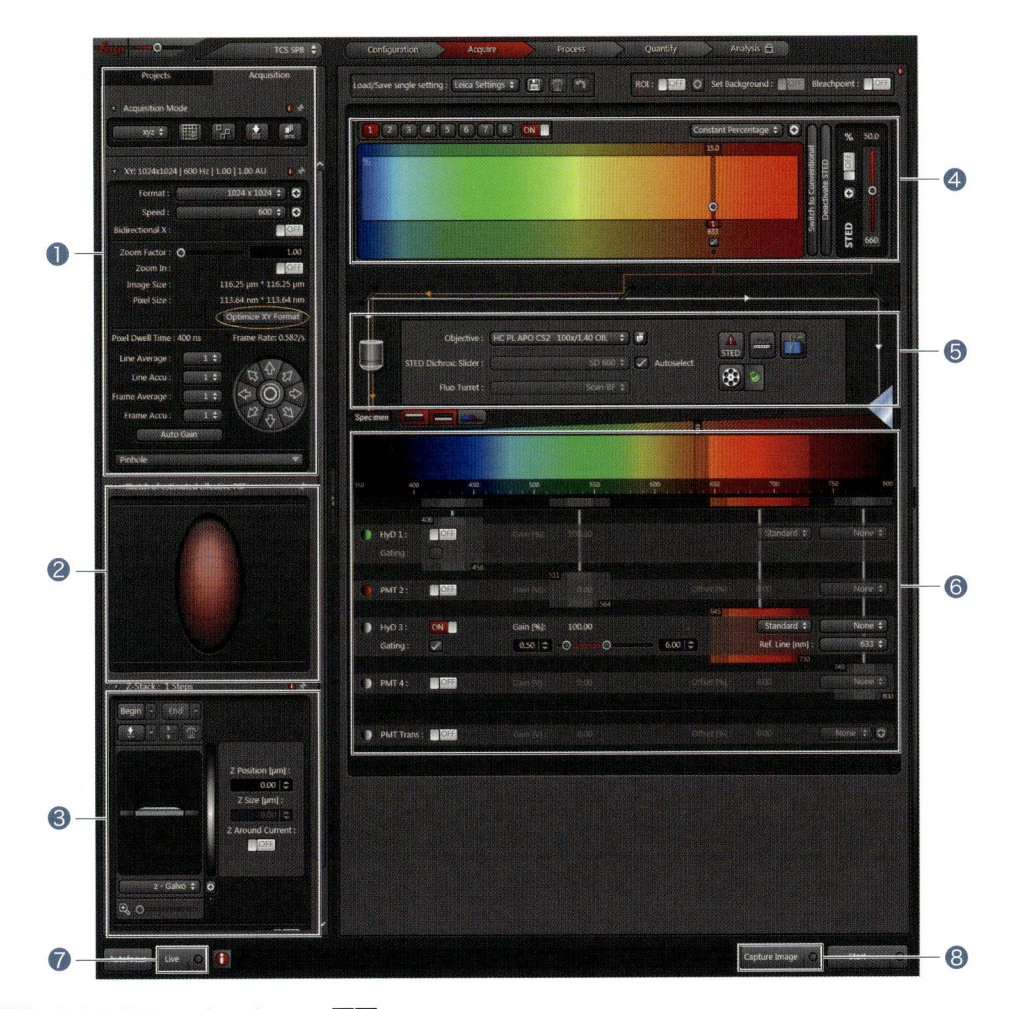

図3 LAS X Acquireメニュー画面
❶画像取得の設定：撮像画素数，スキャン速度，ズーム，画像平均/積算など．❷撮像するSTED画像で得られる分解能の模式図．❸Z軸連続断層像撮像の設定．❹レーザー光の波長および出力（ON，OFFならびに出力強度）の設定．❺対物レンズ，ビームスプリッターの設定．❻蛍光検出波長域の設定．❼Liveボタン，ライブスキャンの開始．❽Capture Imageボタン，撮像の開始．

図4 Time Gatingの設定例
図3❻中央部の拡大．

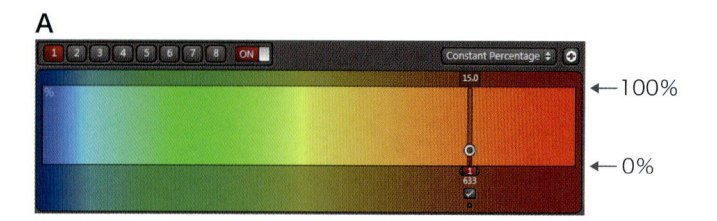

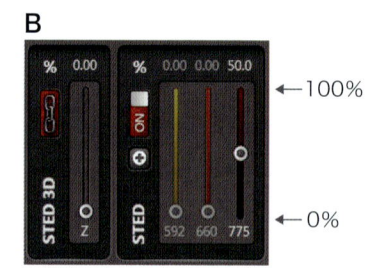

図5　STED画像撮像時のレーザー光出力の設定例
A) 励起レーザー光633nm，出力15％で設定．**B)** STEDレーザー光775nm，出力50％で設定．

出力を50％にて設定する（図5）．STED画像では得られる蛍光シグナル量が共焦点画像と比較して小さくなるため，励起光出力，検出器ゲインの調整，撮像時の画像積算などを用いることにより，適切な明るさでの画像撮像を行う*6．

*6　励起光とSTED光の強度差が大きいほど分解能は向上するため，励起光出力をできるだけ抑えて撮像するとよい．

2. 撮像

❿ STED画像を撮像する

Capture Imageボタン（図3❽）をクリックするとSTED画像の撮像が開始される．STED画像の撮像後，STED光をOFFにして，再度，Capture Imageボタンをクリックすることで，通常の共焦点画像を撮像することができる*7．

*7　撮像時にシークエンシャルスキャンを設定することで，STED画像と共焦点画像を連続撮像することができる．

⓫ 分解能を数値化する

LAS XソフトウェアのQuantifyメニューによりLine Profile機能を選択すると輝度値測定をすることができる．撮像したSTED画像をビュアー画面に表示した後，描画ツールからラインを選択し，微小管の横断方向にラインを書き入れる（図6C）*8．グラフ画面に横断方向の信号強度分布のグラフ（ラインプロファイル）が表示されるので，レンジマーカーツールを用いて半値全幅を測定する（図6D，E）．

*8　書き入れた測定ラインの長さと幅について，描画ツールのPropertyメニューより任意の数値を入力することができる．測定ラインに幅をもたせることでシグナルが平均化され，より正確に分解能を測定することができる．ここではSTEDの平面分解能である，0.05 μm（50nm）のライン幅にて設定する（共焦点画像はライン幅を0.2 μmにて測定）．

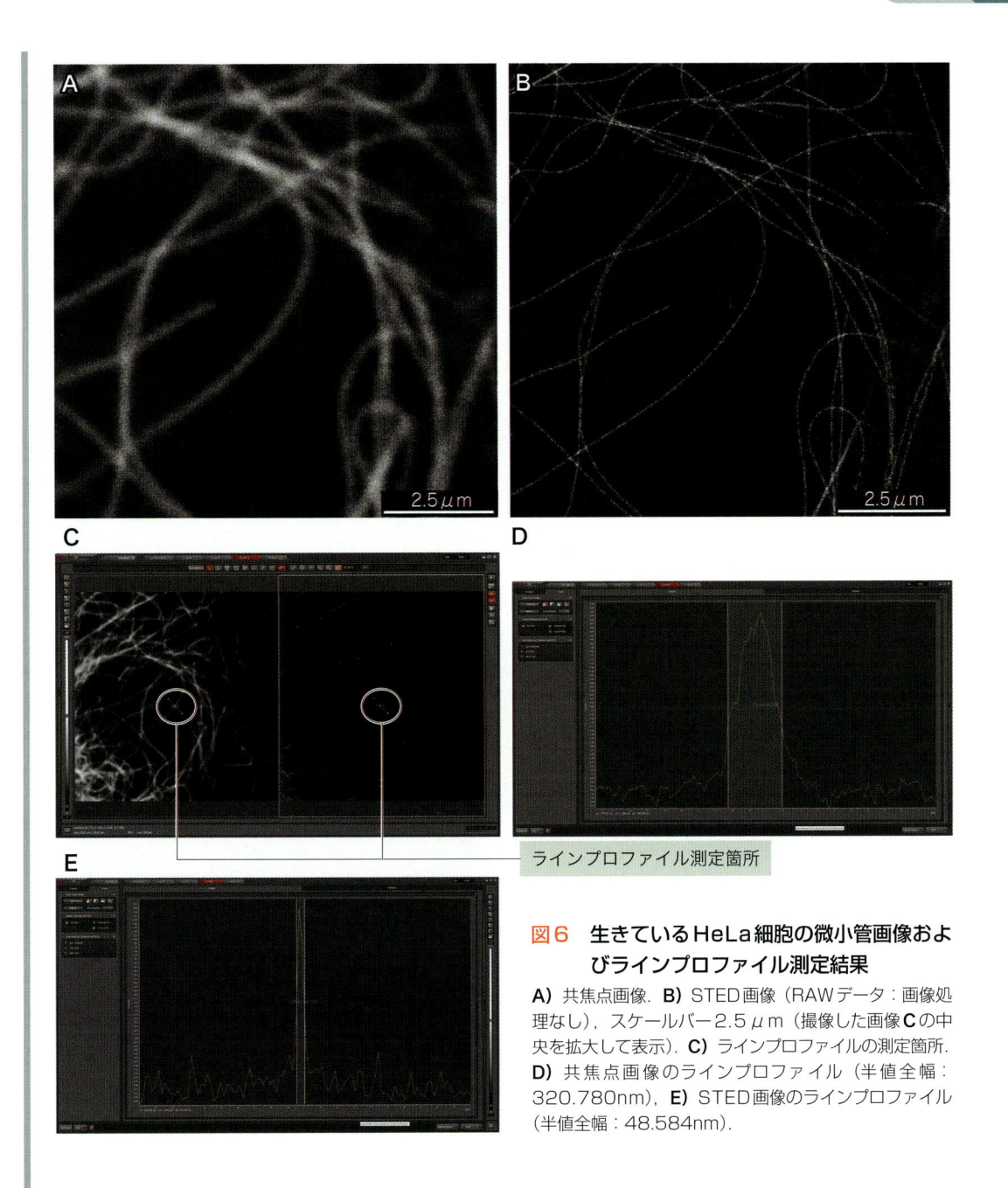

図6 生きているHeLa細胞の微小管画像およびラインプロファイル測定結果

A) 共焦点画像. **B)** STED画像（RAWデータ：画像処理なし），スケールバー2.5μm（撮像した画像Cの中央を拡大して表示）. **C)** ラインプロファイルの測定箇所. **D)** 共焦点画像のラインプロファイル（半値全幅：320.780nm），**E)** STED画像のラインプロファイル（半値全幅：48.584nm）.

3. 撮像例

前述のプロトコールにより得られたSTED画像および共焦点画像の比較および，微小管の測定結果を示す（図6）．STEDでは画像処理をすることなく，生細胞において平面方向でおよそ48.6nmの分解能を可能としている（図6E）．

4. トラブル対応

Leica TCS SP8 STED 3Xによる観察で起こりうるトラブルと対応を表1に示す.

表1 Leica TCS SP8 STED 3Xのトラブルシューティング

トラブル	考えられる原因	解決のための処置
STED画像撮像で蛍光シグナルが検出されない	撮像条件の調整不足	・励起光出力を上げる ・画像積算をする ・検出器ゲインを上げる ・STED光出力を下げる ・Time Gatingの開始点を早くする
	試料の蛍光標識が弱い	・より明るく蛍光標識を行う
分解能の向上がみられない	励起光とSTED光の照射位置ずれ	・自動アライメントを実施する
	STED光による蛍光標識の再励起	・使用する蛍光標識とSTED光の波長の組合わせを再検討する

5. Leica TCS SP8 STED 3Xのまとめ

　ここではLeica TCS SP8 STED 3Xを用いて平面方向の分解能を向上した超解像画像の撮像を事例に紹介した．STEDは平面方向のみならず，Z軸方向においても光学的に130nmの分解能を実現している．また，STED光として592nm，660nm，775nm波長のレーザー光を搭載しているため，可視光域の波長において任意の蛍光色素や蛍光タンパク質を用いることができ，多重染色標本も容易に撮像することができる．組織や細胞における三次元的な共局在試験をLeica TCS SP8 STED 3Xにより実施することで，生体内での形態観察の可能性を広げることが期待される．

Leica SR GSD 3Dによる微小管の超解像イメージング

　Leica SR GSD 3Dは，GSD (ground state depletion) またはdSTORM (direct stochastical optical reconstruction microscopy) とよばれる局在化技術 (実践編第1章Column 1，第2章3参照) を採用し，蛍光分子のブリンキング（明滅）を原理とすることにより，平面分解能20nm，Z軸分解能50nmを実現した超解像イメージングシステムである[6) 7)]．蛍光分子のブリンキングを起こすために必要な高出力レーザーを搭載しており，一般的な蛍光色素を使用して容易に多重染色標本の超解像観察をすることができる[8)]．また，局在化法において課題となるドリフト（視野に対して試料がずれること）を最小限に抑える，独自の補正技術を搭載したSuMo (suppressed motion) ステージにより，安定した超解像画像の撮像を可能としている．これにより，撮像後の画像位置補正を必要とせず，画像を取得しながら超解像画像をオンライン構築し，表示することができるため，容易に超解像イメージングを行うことができる．

準備

- ☐ **超解像イメージングシステム**：Leica SR GSD 3D（図7）
- ☐ **GSD観察用対物レンズ**：Leica HC PL APO 160×/1.43 OIL CORR GSD
- ☐ **制御ソフトウェア**：LAS X（画像取得および各種画像処理，測定機能）
- ☐ **ライカマイクロシステムズ社製 油浸レンズ用イマージョンオイル**：低自家蛍光タイプ，11513859-3
- ☐ **培養細胞の種類**：HeLa細胞（固定細胞）
- ☐ **蛍光免疫染色**
    - ・一次抗体：抗Tubulin, Detyrosinated抗体（ウサギ，ポリクローナル，AB3201，メルク社）
    - ・二次抗体：Alexa Fluor™ 647標識ヤギ抗ウサギIgG抗体（A-21245，Thermo Fisher Scientific社）
- ☐ **カバーガラス**：ガラス厚みが0.17mmのものを使用（22×22No1-S，松浪硝子工業社など）
- ☐ **スライドガラス**：S1111，松浪硝子工業社など

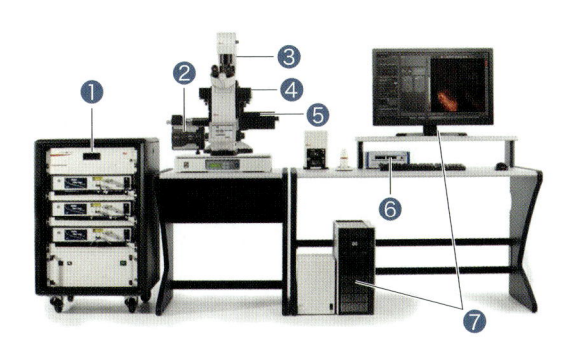

図7　Leica SR GSD 3D システム
❶Leica SR GSD 3Dレーザーラック．❷検出用カメラ（EM-CCDまたはsCMOS）．❸全自動倒立型蛍光顕微鏡．❹レーザープロテクションおよびSuMoステージ．❺GSDモジュール．❻ピエゾフォーカスコントローラー．❼制御ワークステーション．文献9より引用．

プロトコール

ここではAlexa Fluor™ 647色素（Thermo Fisher Scientific社）により蛍光免疫標識されたHeLa細胞の微小管を用いて超解像イメージングを行い，微小管の横断方向の信号強度分布の半値全幅を示し分解能を数値化する手順を紹介する[*9]．

> [*9] 試料調整の詳細についてはライカマイクロシステムズ社の「GSD試料調整ガイド」[9]をご参照いただきたい．

1. 撮像準備

❶ **システムを起動する**

制御ワークステーションおよび，検出用カメラ，ピエゾフォーカスコントローラー，レーザー光源ユニット，全自動倒立型蛍光顕微鏡の電源をONにする．制御ワークステーション起動後，制御ソフトウェアLAS Xを起動し，システムのキャリブレーションを行う．

❷ **制御ソフトウェアLAS XのメニューからSR GSD Wizard**[*10]**を起動する**

*10 Wizardは3つの作業メニューより構成されている．
①Previewメニュー：観察視野および焦点位置を決定して蛍光顕微鏡画像を撮像する（図8）．
②GSDメニュー：Previewにて決定した撮像範囲においてGSD画像を撮像する（図9）．
③GSD-Toolsメニュー：取得した画像データを再演算して，超解像画像の最適化を行う．

❸ **顕微鏡下で試料を観察して撮像視野を選択する**

試料を顕微鏡ステージに乗せて，明視野または蛍光観察により撮像対象となる視野を選択する．

❹ **観察試料の蛍光標識に適した撮像条件を選択する**

Previewメニュー上で，使用する蛍光フィルターキューブを選択すると，適した励起レーザー波長が自動で選択される（図8）．ここでは試料の蛍光標識として，近赤外の蛍光色素であるAlexa Fluor™ 647色素を用いているため，蛍光フィルターキューブ642を選択する．励起レーザー光は642nm，蛍光フィルターキューブの蛍光取得波長域は660〜760nmとなる．

❺ **蛍光顕微鏡画像（落射蛍光画像）を撮像する**

ライブスキャンを開始して蛍光画像をビュアー画面に表示し，撮像視野および焦点位置を調整する．励起レーザー光出力およびカメラ撮像条件（露光時間，ゲインなど）を調整して画像の取得条件を決定し落射蛍光画像を撮像する（図8❶，❹）．撮像した落射蛍光画像はGSD画像を撮像する際の参照画像（図10❸）として使用する[*11]．

*11 カバーガラス近傍の試料を観察対象とする場合は，全反射顕微鏡画像を撮像して参照画像とすることができる．また，全反射蛍光顕微鏡のエバネッセント光を励起光に用いてGSD画像を撮像することができる．

❻ **GSD画像の撮像条件を設定する**

次に，GSDメニューを選択する．蛍光フィルターキューブおよびレーザー光波長は，落射蛍光画像の撮像と同じものを使用し，カメラ撮像条件（露光時間，ゲインなど）を設定する（図9❶，❹）．また，GSD画像を撮像する時間を，撮像枚数または総撮像時間のいずれかにより設定する（図9❸）[*12]．

*12 通常GSD画像の取得には，10,000〜100,000枚の画像を撮像する．

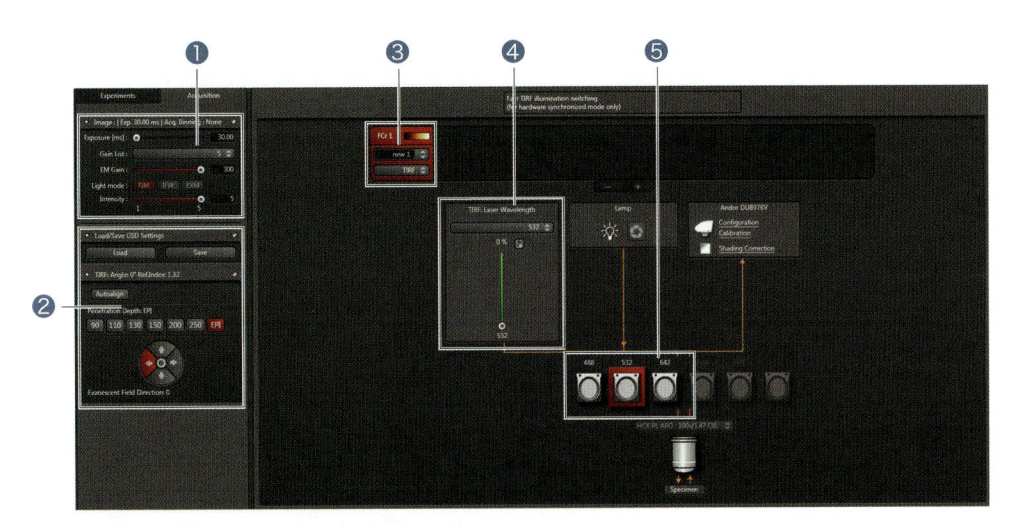

図8　Previewメニュー画面
❶カメラ撮像条件の設定．❷全反射顕微鏡観察時の照明光設定．❸観察方法の切り替え．❹使用する蛍光フィルターキューブおよび励起レーザー光の出力設定．❺光路に入っている蛍光フィルターキューブの表示．

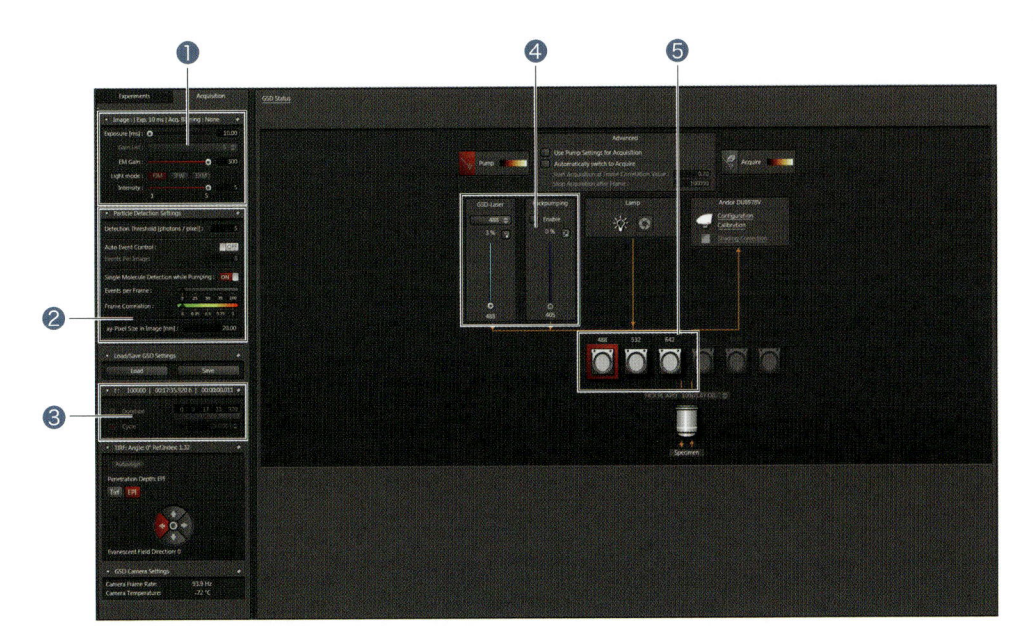

図9　GSDメニュー画面
❶カメラ撮像条件の設定．❷１分子シグナルの検出条件の設定．❸画像撮像時間または撮像枚数の設定．❹使用する蛍光フィルターキューブおよびレーザー光の出力設定．❺光路に入っている蛍光フィルターキューブの表示．

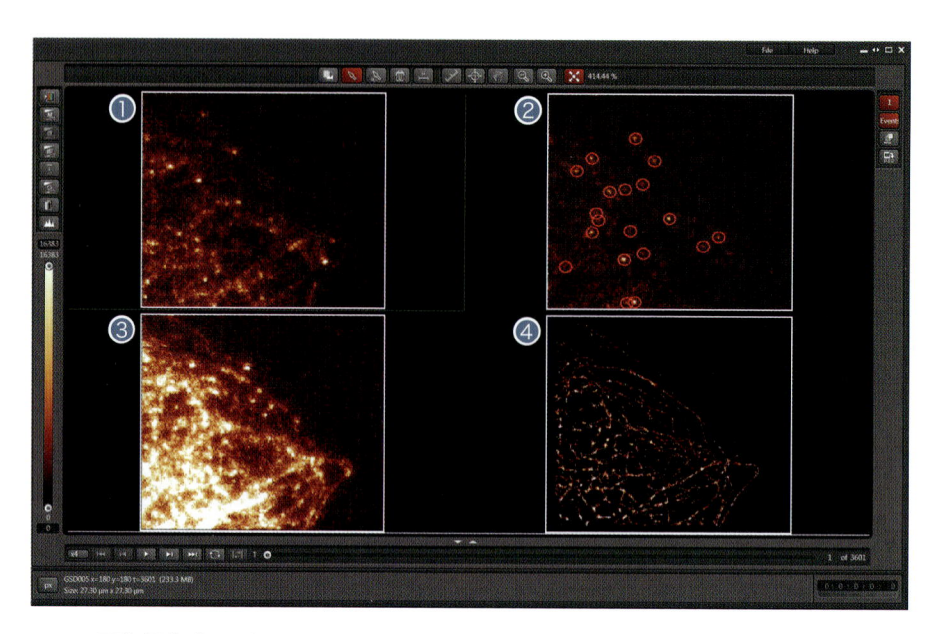

図10　GSD画像撮像中のビュアー画像
4種類の画像がビュアー画面にリアルタイムで表示される．❶1分子画像：蛍光分子のブリンキングを示すライブ画像．❷1分子検出画像：ブリンキングしている1分子シグナルを自動検出する（赤丸内）．❸参照画像：プロトコールの❺で撮像した蛍光顕微鏡画像．❹超解像画像：検出した1分子シグナルをもとに構築されるGSD画像．

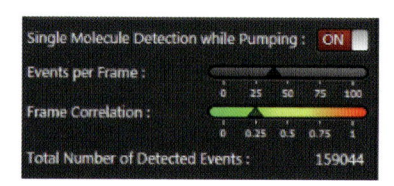

図11　GSDメニュー画面の1分子シグナルの検出条件を示す設定ウインドウ

❼ ブリンキング（蛍光分子の明滅）を開始する

　　Start Pumpingボタンをクリックして選択したレーザー光を試料に照射し，蛍光分子のブリンキングを開始する．このとき，ビュアー画面のライブ画像でブリンキングが起こっている様子を確認することができる（図10❶，❷）．GSDメニュー画面の1分子検出設定ウインドウに表示されるFrame Correlation[*13]が0.2～0.25の値となるように照射するレーザー光出力を調整する（図11）．

　　　*13　Frame Correlationは撮像中に起こるブリンキングの効率を示している．

2．撮像

❽ GSD画像の撮像を開始する

　　十分なブリンキング効率が得られていることを確認した後，画像撮像用にレーザー光出力を下げる．Start Acquisitionボタンをクリックすると撮像が開始され，ビュアー画面にGSD画像がリアルタイムで構築，表示される（図10❹）[*14, 15]．

*14 撮像中に1分子検出の閾値設定を変更することで，GSD画像の明るさを調整することができる．（ここでは1ピクセルあたり50回ブリンキングが起こった場合，シグナルとして検出する設定としている）．

*15 撮像中にブリンキング効率が減少してきた場合，405nmレーザーを撮像と並行して試料に照射することにより，ブリンキング効率を上げることができる．

❾ 前述の❻で指定した既定の撮像枚数または撮像時間に到達すると自動的に撮像が終了し，得られたGSD画像がビュアー画面に表示される（図10❹）*16．

*16 画像撮像終了後，取得したRAWデータをもとに，演算に使用する画像フレーム数の指定，1分子検出の閾値設定，画像表示モードを指定して，画像データを再演算することで，超解像画像を最適化することができる．

❿ 分解能を数値化する

LAS XソフトウェアのQuantifyメニューによりLine Profile機能を選択すると輝度値測定をすることができる．撮像したGSD画像をビュアー画面に表示した後，描画ツールからラインを選択し，微小管の横断方向にラインを書き入れる（図12B）*17．グラフ画面（図12C）に横断方向の信号強度分布のグラフが表示されるので，レンジマーカーツールを用いて半値全幅を測定する．

*17 書き入れた測定ラインの長さと幅について，描画ツールのPropertyメニューより任意の数値を入力することができる．測定ラインに幅を持たせることでシグナルが平均化され，より正確に分解能を測定することができる．ここではGSDの平面分解能である，0.02 μm（20nm）のライン幅にて設定する．

3. 撮像例

前述のプロトコールにより得られたGSD画像および落射蛍光画像の比較および，微小管の測定結果を示す（図12）．GSDでは平面方向でおよそ39.8nmの分解能が得られた（図12C）．

4. トラブル対応

Leica SR GSD 3Dによる観察で起こりうるトラブルと対応を表2に示す．

表2 Leica SR GSD 3Dのトラブルシューティング

トラブル	考えられる原因	解決のための処置
蛍光顕微鏡画像でみられる蛍光シグナルがGSD画像で検出されない（特定の範囲でのみ蛍光シグナルが検出される）	ブリンキングを起こすためのレーザー出力が不足している	Frame Correlationの値が0.2〜0.25になるようにレーザー出力を調整する
GSD画像のバックグラウンドが高い	試料の観察面以外からの蛍光シグナルも検出している	全反射蛍光顕微鏡のエバネッセント光を励起光に用いてGSD画像を撮像することで，背景光を軽減することができる（Leica SR GSD 3Dは全反射蛍光顕微鏡の機能を標準で備えている）

5. Leica SR GSD 3Dのまとめ

ここではLeica SR GSD 3Dを用いて平面方向の分解能を向上した超解像画像の撮像を事

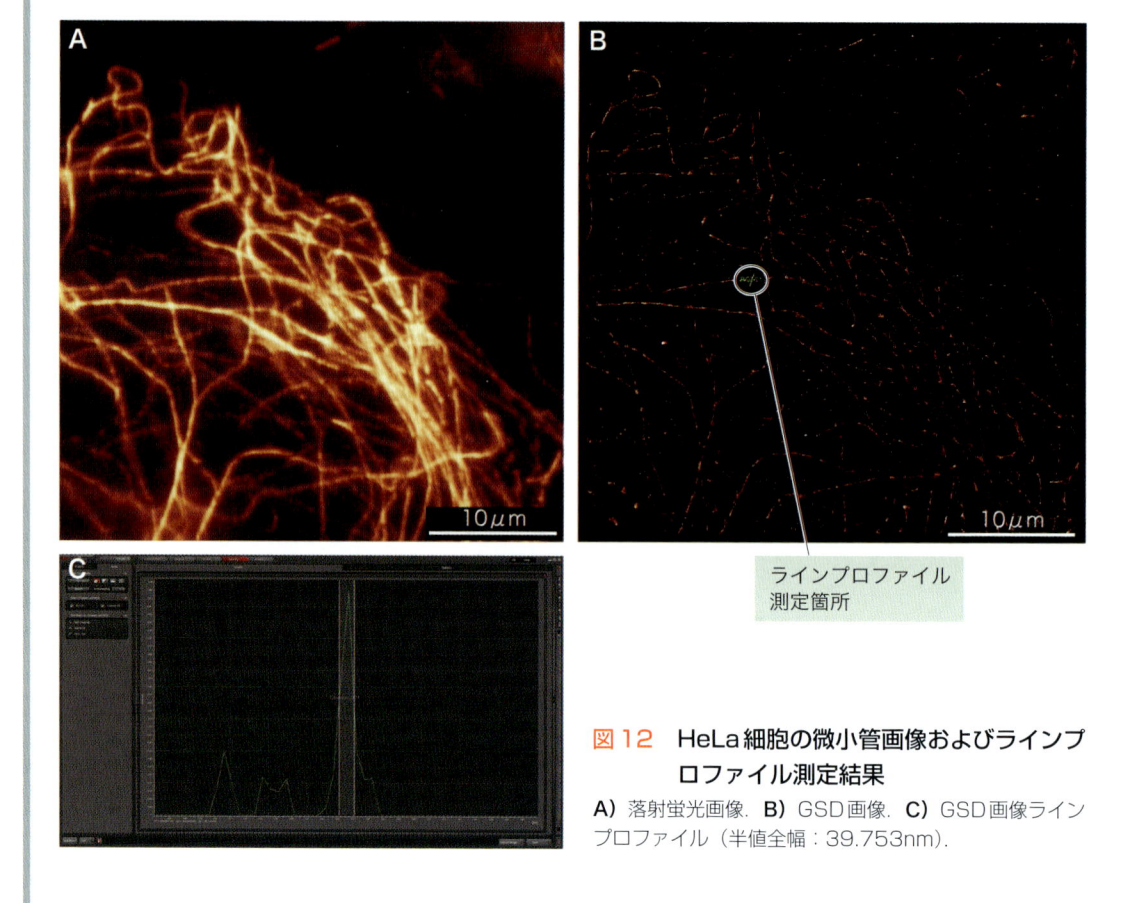

図12 HeLa細胞の微小管画像およびラインプロファイル測定結果
A）落射蛍光画像．B）GSD画像．C）GSD画像ラインプロファイル（半値全幅：39.753nm）．

例に紹介した．Leica SR GSD 3Dは超解像顕微鏡において最大クラスの分解能である20nmの平面分解能および，50nmのZ軸分解能を実現しており，三次元的な超解像観察を可能としている．また，可視光域の波長において一般的な蛍光色素を組合わせて，多重染色標本も容易に撮像することができる．Leica SR GSD 3Dは細胞の膜タンパク質やオルガネラなど，微細かつ複雑な機能をもった構造物の解析や共局在試験などへの応用が期待される．

◆ 文献・URL
1) Hell SW & Wichmann J：Opt Lett, 19：780-782, 1994
2) Willig KI, et al：Nat Methods, 4：915-918, 2007
3) Vicidomini G, et al：Nat Methods, 8：571-573, 2011
4) STED Super-Resolution. Your Next Dimension Leica TCS SP8 STED 3X（http://www.leica-microsystems.com/products/confocal-microscopes/details/product/leica-tcs-sp8-sted-3x/downloads/）
5) Lukinavičius G, et al：Nat Methods, 11：731-733, 2014
6) Hell SW & Kroug M：Applied Physics B, 60：495-497, 1995
7) Fölling J, et al：Nat Methods, 5：943-945, 2008
8) Testa I, et al：Biophys J, 99：2686-2694, 2010
9) Super-Resolution System for 3D Localization Microscopy Leica SR GSD 3D（http://www.leica-microsystems.com/products/super-resolution-microscopes/details/product/leica-sr-gsd-3d/downloads/）

実践編

第2章 市販の超解像顕微鏡による標準解析〜微小管のイメージングを例に〜

3 ニコン社製：N-SIM, N-STORM

佐瀬一郎, 髙塚賢二

解説機種のポイント

　光の回折限界を越える分解能を実現した超解像顕微鏡はこの数年で急速に広がり, 培養細胞を中心とした生物標本の画像化に多く利用されつつある. 超解像顕微鏡にはいくつもの手法があるが, それぞれの技術の性能を十分に発揮させるためには, 技術の特徴を理解し, 標本準備を整えたうえで実験にとりかかる必要がある. 本項では, 構造化照明を利用した構造化照明顕微鏡（structured illumination microscopy：SIM）および個々の蛍光分子の明滅を利用した確率論的な光学再構築顕微鏡（stochastic optical reconstruction microscopy：STORM）について, それぞれの特徴および培養細胞を対象とした撮像における注意点を紹介する. さらに, それらを活用した最新の論文を紹介する.

はじめに

　光学顕微鏡は, 1990年代の撮像用センサーを含めた検出感度の飛躍的な向上および蛍光プローブの性能向上により, バイオ分野において幅広く利用されるようになった. さらに近年の照明技術や解析技術への工夫により光の回折限界を超える分解能をもつようになり, 従来存在した光学顕微鏡と電子顕微鏡間の分解能ギャップを埋めつつある. 光の回折限界を超える顕微鏡技術は総じて超解像顕微鏡とよばれているが, 観察手法は多様であり, それぞれの技術的特徴を理解して使い分ける必要がある. 現在すでに幅広く利用されている技術として共焦点顕微鏡がある. 顕微鏡をはじめて利用する研究者でも共焦点顕微鏡を使えば, ワンクリックである程度良質な蛍光画像を得られるまでになっている. 一方で超解像顕微鏡はまさに光の回折限界を越える技術であるため, 基本となる顕微鏡の性能を十分に出すための準備が重要となる. そのため本項では, 単なる撮像のための作業手順を示すのではなく, 基本となる準備を標本・環境・装置という項目にまで立ち返り説明する. 多くの場合それらは独立ではなくそれぞれがつながっている. 例えば, 装置の温度は対物レンズ用オイルの屈折率に影響をおよぼす場合があり, その屈折率の変化が光学系の収差へ影響する場合があるというように, 一見影響が小さいと誤解してしまうような要素が最終的な画像に影響するため, それら1つ1つに配慮しながら準備を進めることで, 総合的な性能を得ることができるようになる.

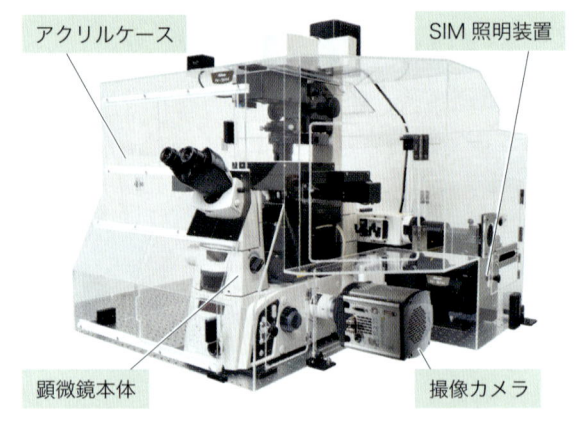

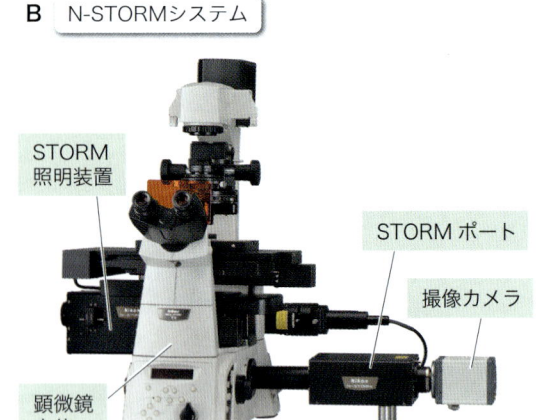

図1　N-SIM，N-STORMシステムの概観

　本項では，構造化照明を利用したSIM（N-SIM）（図1A）および個々の蛍光分子の明滅を利用したSTORM（N-STORM）（図1B）について，それぞれの技術の特徴および培養細胞を対象とした撮像における注意点を紹介する．SIMは，照明光に縞状の構造を施し，標本構造との間で発生するモアレパターンを利用して超解像を得る方法である[1,2]（**原理・応用編第1章3参照**）．原理的な分解能は構造化照明の空間周波数に依存し，落射照明観察の約2倍の分解能が得られ，構造化照明のつくり方によってXYZの三次元に超解像画像を得ることができる．従来の落射蛍光観察に利用されているfluoresceinやGFPをはじめとする蛍光色素をそのまま利用でき，他の超解像顕微鏡法に比べ標本に照射する励起光強度が弱く，観察対象への光毒性が低いという大きな利点があり，生きた培養細胞などの生物標本に適した超解像技術である．一方STORMは，蛍光色素分子からの光が光学分解能より小さな点光源からの光であることを利用し，個々の蛍光色素からの輝点が重ならない程度にまばらに明滅させ，各輝点の重心をプロット（3D-STORMの場合は，光軸方向の位置情報を算出するために，輝点形状を計算）し，画像を再構築する技術である（**原理・応用編第1章1参照**）[3,4]．通常の落射蛍光観察に比べ約10倍程度の分解能で分子局在を議論することができ，Z軸方向に複数の3D-STORMデータを撮像し，再構築することで立体画像の取得が可能という特徴がある．

　重要な点は，ニコン社の超解像顕微鏡であるN-SIMおよびN-STORMが，通常の顕微鏡に搭載される形で実現されていることである．それにより従来のさまざまな観察手法や摂動技術（光刺激など）と組合わせて超解像観察を実施することができ，今まで得られている知見のなかに超解像観察で得られた結果を当てはめて解釈することができる．技術は一概に万能ではなく，超解像観察も巨人の肩の上に乗る必要があるのである．

生物標本の超解像撮影（例：微小管）

準備

1. 標本準備

【SIM】

- **色素**：共焦点顕微鏡の観察などで利用される一般的な蛍光色素をそのまま利用して観察が可能である．なお，S/N比が高くなるように抗体濃度や染色時間を調整することは顕微鏡観察において重要なポイントであり，これは超解像顕微鏡観察でも同様である．

- **標本封入**：標本封入には非硬化タイプ・硬化タイプの封入剤のいずれも使用可能であるが，硬化タイプのProLong™ Diamond，非硬化タイプのSlowFade™ Diamond（Thermo Fisher Scientific社）を用いて封入したサンプルでは良好なS/N比と画質が得られている．

- **標本染色**：染色手法，一次抗体濃度，二次抗体濃度などの諸条件について，各研究室で共焦点顕微鏡観察などに用いられてきた蛍光色素標識抗体による一般的な染色プロトコールをそのまま用いることで超解像顕微鏡観察が可能[*1]である．また蛍光タンパク質を発現させた細胞の観察も可能である．蛍光タンパク質の発現が少ない，あるいは十分に蛍光を発しない場合には，例えば抗GFP抗体を用いて抗体染色を行うとよい．

> [*1] 標本の固定条件（グルタルアルデヒド，パラホルムアルデヒドなど）は，標本の超解像構造を壊してしまう可能性があるため，濃度や時間などを調整し至適条件をみつける必要がある．

【STORM】

- **色素**：吸光係数と量子効率が高くさらに明滅現象を生じやすい色素を利用する．有機色素の場合は主に2種類の型が存在し，1つは励起波長の異なる2種類の色素を組合わせたアクティベーターベース型（Alexa Fluor™ 405 — Alexa Fluor™ 647, Cy3 — Alexa Fluor™ 647[*2]などの組合せ），もう1つは単色素のレポーターベース型（ATTO 488, CF™568, Alexa Fluor™ 647など[*2]）である．どちらも観察のための比較的強い励起レーザー照射により自発的な明滅現象を生じるが，微弱な短波長レーザーを照射することにより明滅頻度を制御することができる．アクティベーターベース型は，撮像のための色素波長が1つになるため光学系の色収差による影響を受けないメリットがある．レポーターベース型の色素のメリットは，標本準備の容易さといえる．

> [*2] AlexaFluor系（Thermo Fisher Scientific社）およびCy系色素（GEヘルスケア社），CF系色素（Biotium社）．

- **イメージング溶液**：色素から得られる光子数が輝点の重心位置精度を決めるため，蛍光色素から得られる光子数を最大限に上げる必要がある．そのため，色素の明るさを確保しつつ，色素を効率よく明滅させるイメージング溶液を利用する．イメージング溶液は，グルコースを含む緩衝液にβメルカプトエタノールのような還元剤を加え，さらにグルコースオキシダーゼとカタラーゼを加えることで溶液中の酸素を除去しており，効率のよい明滅や色素からの光子数を確保している．数時間の実験ごとに新しいイメージング溶液を利用することが推奨される．またイメージング溶液を用いる場合，イメージング溶液の交換後に10分間程度37℃でインキュベートすることも重要である（グルコースオキシダーゼとカタラーゼを

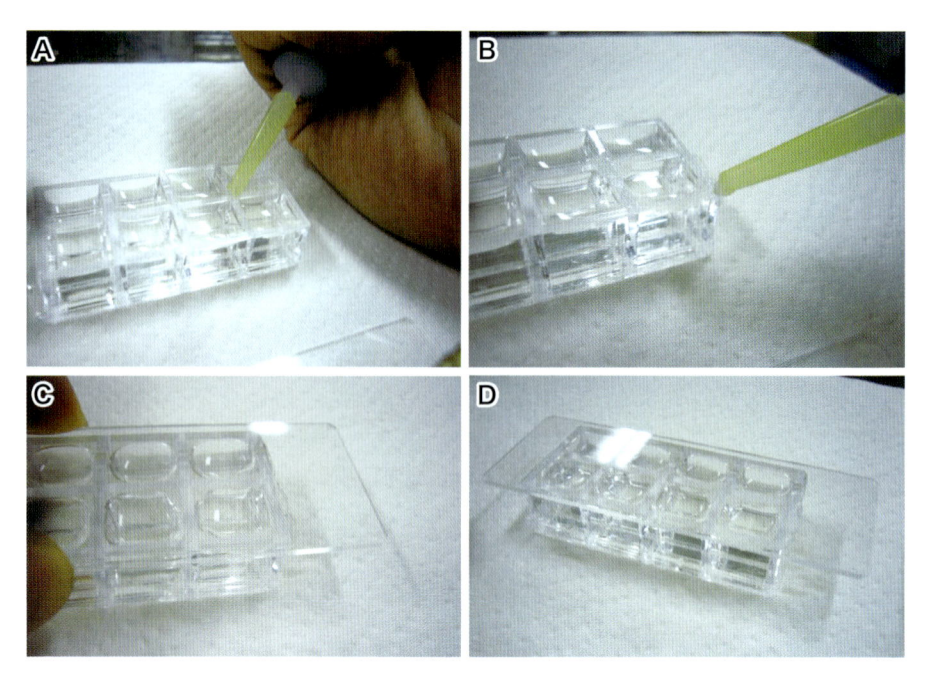

図2 超解像STORM撮像用標本ホルダおよび密封作業
STORM撮像のための標本準備．8ウェルチャンバーに細胞を培養し，染色した後，撮像直前にイメージング溶液を入れ，シリコーングリースで密封する作業を示す．**A)** 8ウェルチャンバー上部縁にシリコーンオイルを塗る．**B)** 利用するウェルの上部4辺全体に隙間なく塗る．**C)** スライドガラス（76×26mm 厚さ1mm）を上からかぶせる．**D)** 全体に均一に力をかけて隙間がないようにシリコーンオイルを広げる．

用いたラジカルスカベンジャー系を至適温度で働かせるため）．またこの作業により温度変化によるドリフトも抑えることができる．

- □ **標本染色**：レポーターベース型の色素を利用する場合の染色方法，一次抗体濃度，二次抗体濃度など諸条件について，各研究室で共焦点顕微鏡観察などに用いられてきた蛍光色素標識抗体による一般的な染色プロトコールをそのまま用いることで超解像顕微鏡観察が可能である．前述したようにアクティベーターベース型の色素の場合は，二次抗体に異なる2つの色素を結合させる必要があるが，紙面の都合により詳細は文献5を参照されたい．
- □ **容器**：培養細胞を対象としたSTORM撮像では，標本容器に変形の生じにくい8ウェルチャンバー（#155409, Thermo Scientific™ Nunc™ Lab-Tek™ II Chambered coverglass, Thermo Fishier Scientific社）が有効である．さらに前述したイメージング溶液の脱気状態を維持するためには，1つのウェルの容器空間をイメージング溶液で満たし（空間は1mL，溶液は700 μL），容器上部の縁をシリコーングリースなどで密封するとよい（図2）．

2. 環境準備

【SIM/STORM共通】

超解像観察をするうえで，顕微鏡本体の温度変化および振動を排除する必要がある．多くの実験室には空調装置が設置されているが，空調装置からの送風が直接装置に当たるような

場合，装置自身の温度が周期的に変化（例えば数分程度の周期）してしまい，観察位置のドリフトの原因となる．さらにより高周期なドリフトの原因としては，周辺機器の発生する振動（冷蔵庫などのコンプレッサーや装置に含まれる冷却ファン）や実験室の扉の開け閉めなどにより生じる振動がある．防振台を利用することで大半は抑えられるが，太いケーブルが床と防振台を跨ぐ[*3]ことで微小振動が防振台へ伝わってしまう場合があるので注意しなければならない．また防振台の下に熱源となる装置（光源など）を置くことは，防振台本体のゆがみや，空気のゆらぎの原因となる場合があるため，避けなければならない．

> [*3] 太いケーブル（例えば直径10mm以上）が防振台から床に垂れ下がることで，床の微小振動がケーブルを介して防振台に伝わってしまう場合があるので注意しなければならない．

3. 装置準備

【SIM/STORM共通】

超解像観察装置を利用する場合は，事前に装置の暖機運転を実施し，装置を含む実験室全体の温度を安定化しておくことが望ましい．特にピエゾステージや電動ステージなどの電源は実験の数時間前には入れておくことで不要なドリフトを抑えることができる．さらに利用する対物レンズ用のオイルは事前に実測環境と同じ温度になるようにアクリルケース内に入れておく（図3），もしくは対物レンズに載せておくとよい．

光学系に関する準備で重要なポイントは，対物レンズの補正環の調整である．通常の落射照明などの蛍光観察では見過ごしがちであるが，超解像顕微鏡ではカバーガラスの厚さの違いなどにより生じる収差が最終画像に影響してしまうため，補正環を調整する必要がある．現在は各社から直径100〜200 nmの蛍光ビーズ[*4]が各波長にて発売されており，それらの微小な蛍光ビーズの点像強度分布の形状を指標に対物レンズの補正環を最適化することが重要である．

> [*4] 例えば，TetraSpeck™ Microspheres, 0.1 μm, fluorescent blue/green/orange/dark red（T7279）（Thermo Fisher Scientific社）．

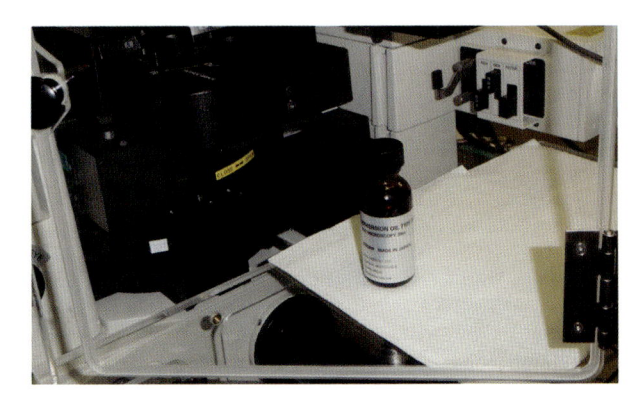

図3 温度安定のために事前にアクリルケース内に入れた対物レンズ用のオイル

【SIM用対物レンズ】

SIM超解像観察のためにレンズ偏芯誤差を低減した対物レンズがある．標本に応じ，固定標本の撮影に最適な100×油浸対物レンズ（CFI SR Apo TIRF 100×H NA1.49，ニコン社）もしくは生細胞のタイムラプス撮像にも対応する60×水浸対物レンズ（CFI SR Apo IR 60× WI NA1.27，ニコン社）より選択する．

【STORM用対物レンズ】

STORM超解像撮像用に，色素を効率よく明滅させるため必要な高出力レーザーに対応し，軸上色収差を低減した100×油浸対物レンズ（CFI HP Apo TIRF 100×H NA1.49, CFI HP Plan Apo VC 100×H NA1.40，ニコン社）がある．

プロトコール

【SIM】

❶ 標本セッティング

準備した標本を顕微鏡ステージに固定する．通常の蛍光観察と同様に，撮像装置の線形ダイナミックレンジを十分に活かした明るい蛍光像が得られるようにレーザー強度およびカメラの露光時間を調整する．

❷ 撮像モードの選択

撮像領域を選択する際には，複数のモードから観察対象に合わせて撮像モードを選択する．
①TIRF-SIM/2D-SIM モード：全反射照明法（total internal reflection fluorescence：TIRF）を用いたガラス界面近傍の撮像もしくは二次元SIM画像を高速に取得することができる．
②3D-SIM モード：比較的厚みのある標本に対し，三次元に超解像効果を発揮した画像を取得することができる．

❸ 撮像

撮像前の確認：撮像時に補正環などの光学条件が調整されているかを確認する有効な手段として，標本に構造化照明がきちんと投影されているかを確認するという方法がある．実際に構造化照明を標本に照射し，標本上に構造化照明による縞模様（モアレ）が観察されているかを確認する（図4）．補正環位置が大きくずれている場合や標本の封入剤や培地の屈折率があっていない場合，縞模様が見えなくなることがある．

撮像：TIRF-SIM/2D-SIMは最速0.6s/frame，3D-SIMは最速1s/frameの画像取得が可能である．またSIMは色素の自由度が高いため，励起レーザー波長（405, 458, 488, 514, 532, 561, 640, 647nm）を選ぶことができる．さらに2カメラアダプタを顕微鏡とカメラの間に挿入することにより，405, 488, 561, 640nmから任意の2波長を選択し，2色同時SIM撮影が可能となる．

❹ 復元

SIM撮像および解析は，通常の落射蛍光撮影や共焦点顕微鏡の撮影・画像処理を行うソフトウェアと同一のプラットフォームで可能である．解析に際しては，「自動セッティング」を選択することにより最適なパラメータによるSIM画像の復元が行われる．

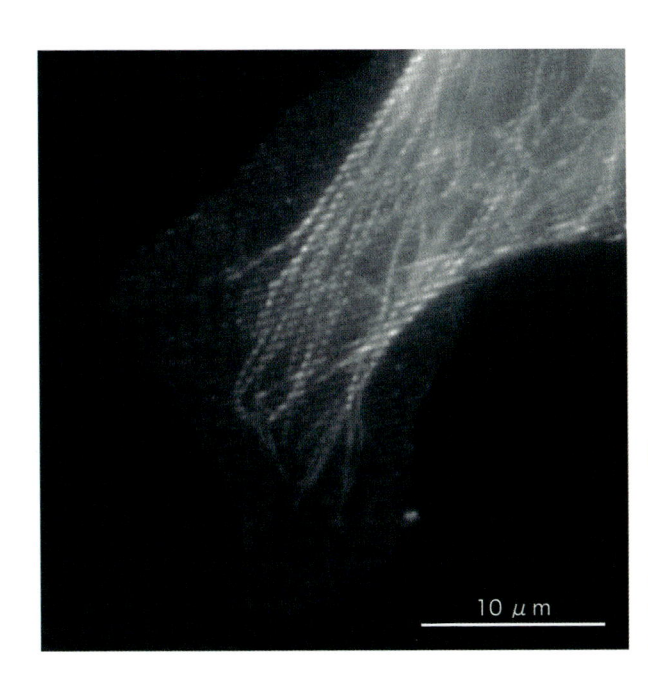

図4 構造化照明により干渉縞が生じている蛍光画像（SIM）
細胞：HeLa，染色色素：Alexa Fluor™ 488，対物レンズ：CFI Apo TIRF 100×H NA1.49（ニコン社），撮像カメラ：DU-897（Andor Technology社），露光時間：300ms.

【STORM】

❶ 標本のセッティング

準備した標本を顕微鏡ステージに固定する．強い励起光で観察する前に，通常の落射照明観察により，撮像対象とする細胞および領域を選択する．そのうえで，レーザー照明に切り替え，撮影画像のコントラストが最大になるように調整する．この状態から焦点維持装置（Perfect Focus System，ニコン社）をONにしておく．

❷ 撮像

蛍光色素励起用のレーザー強度を最大まで上げることで，視野内の色素が明滅状態になることを確認する．さらに短波長のアクティベーション用のレーザー強度を調整する（通常は前述の励起レーザー最大強度の1/1,000〜1/10,000程度）ことにより，視野内に100〜200程度の輝点が生じるようにする．総撮像枚数を設定し画像取得を開始する．撮像開始後に，再度，各フレームで検出される輝点の数を100〜200程度に調整し，調整された輝点数を維持する．

撮像中に検出された輝点数や画像がリアルタイム表示されるので（単色・多色の場合も），撮像状況を確認しながら実験を進めることができる．実験中に検出される輝点数を変更したい場合でもアクティベーション用のレーザー強度を何度でも調整することができる．

❸ 解析

撮像された各フレームの輝点を検出する．通常は初期値で設定された条件で解析することにより各フレームの輝点重心や光子数（さらには3D-STORMの場合は輝点の楕円率など）が自動で解析される．撮像中に，標本と対物レンズ間でドリフトが生じるような場合は，カバーガラスに固定された蛍光ビーズや輝点位置の相関により補正することが有効である．

❹ 表示

フレームごとに解析された輝点の重心位置は最終的に1枚の画像に統合され，表示される．

輝点表示は十字・ガウス分布を選ぶことができ，3Dデータの場合は光軸方向の位置に応じたカラーグラデーション表示や立体表示が可能である．光軸方向の位置（スライス）や輝点の密度に応じたフィルター（density based filter）表示が可能である．

❺ キャリブレーション

　　STORMの場合，通常の測定手法とは異なり，シリンドルカルレンズ※の導入によって非点収差を与え輝点を楕円状にする．この輝点の楕円率は光軸方向の位置（Z位置）に依存して変わるため，Z位置を楕円率から算出している．そこで，事前に直径100nmの蛍光ビーズ（もしくは，カバーガラス界面に吸着させた蛍光色素）を利用し，Z位置と楕円形状のキャリブレーション曲線を測定しておく必要がある．蛍光ビーズを視野内に数十〜百程度になるように接着させた標本を準備し，同標本をピエゾステージで光軸方向に精度よく動かし，その際の蛍光ビーズ像の楕円率の変化をキャリブレーション曲線として利用する．なお，対物レンズの補正環を動かした際には再度キャリブレーション曲線を測定することが望ましい．

撮像例

　　図5〜7にニコン社製のN-SIM，N-STORMによる微小管の超解像画像例を示す．

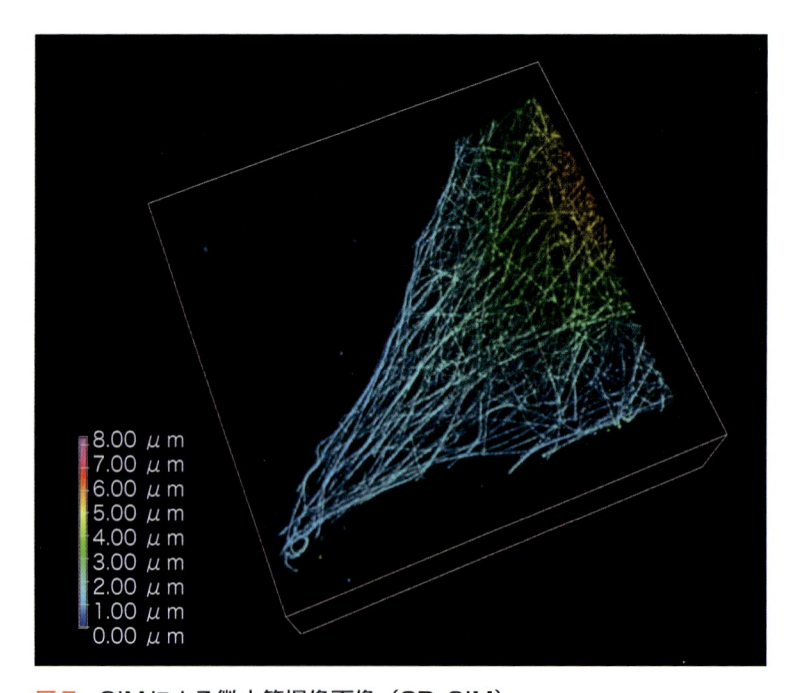

図5　SIMによる微小管撮像画像（3D-SIM）
細胞：HeLa，染色色素：Alexa Fluor™ 488，対物レンズ：CFI Apo TIRF 100×H NA1.49（ニコン社），撮像カメラ：DU-897（Andor Technology社），露光時間：300ms．標本作製のご協力：産業技術総合研究所脳神経情報研究部門 加藤 薫博士．

※　シリンドルカルレンズ
レンズ分類の一種であり，レンズの入射面において，2つの軸成分を定義した場合，一方向にのみ曲率をもち直交する方向では曲率をもたないレンズである．

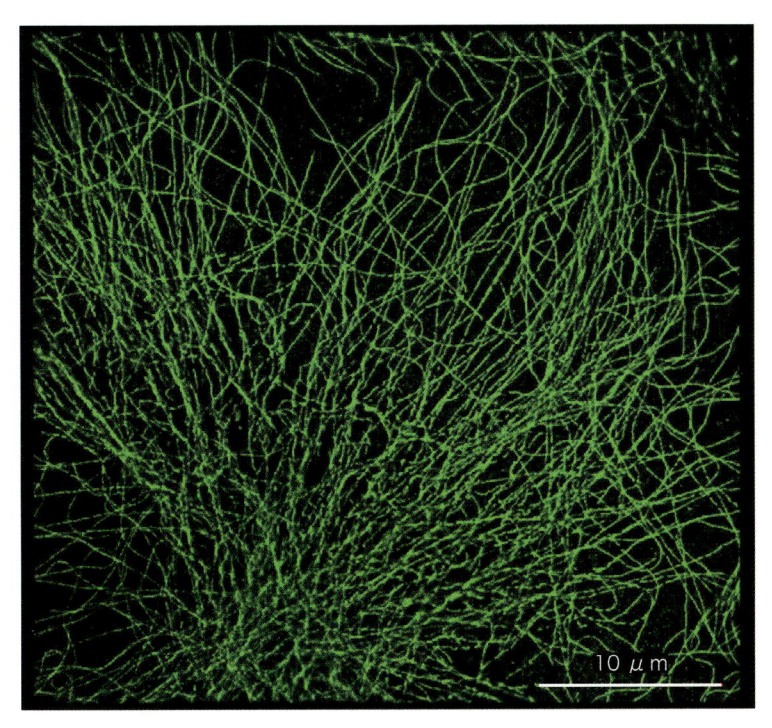

図6 STORMによる微小管撮像画像（2D-STORM）

細胞：BSC-1，染色色素：Alexa Fluor™ 647，対物レンズ：CFI Apo TIRF 100×H NA1.49（ニコン社），撮像カメラ：DU-897（Andor Technology社），撮像条件：20,000frames（16ms/frame）．

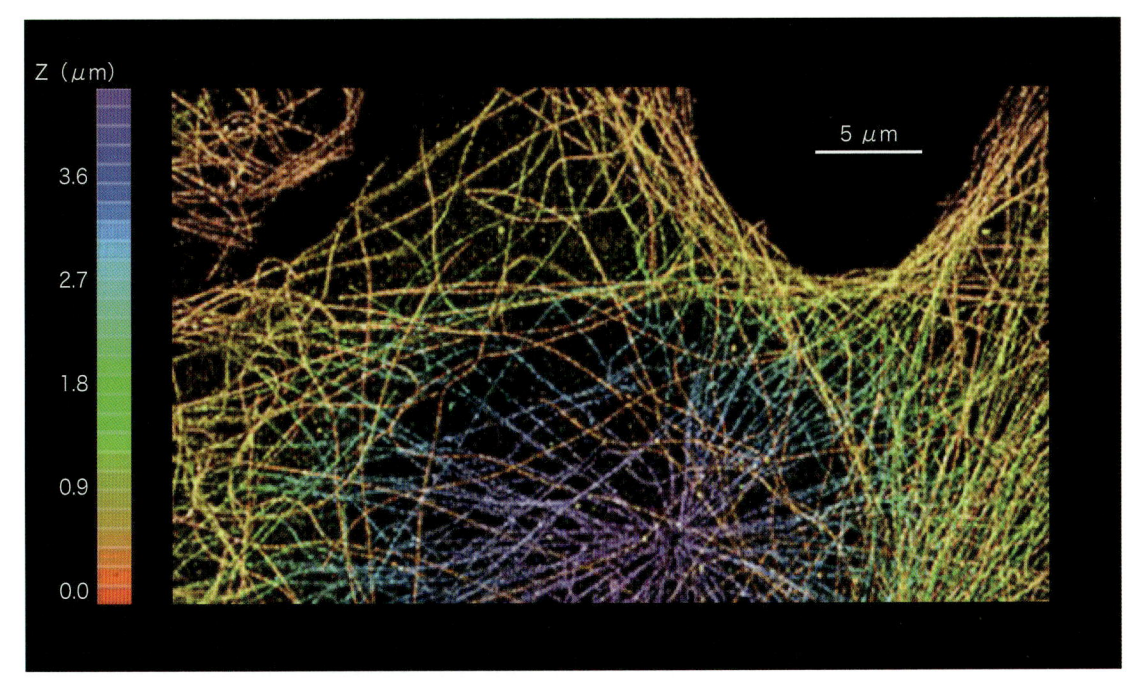

図7 STORMによる微小管撮像画像（3D-STORM）

細胞：BSC-1，染色色素：Alexa Fluor™ 647，対物レンズ：CFI Apo TIRF 100×H NA1.49（ニコン社），撮像カメラ：Flash4.0（浜松ホトニクス社），撮像条件：20,000frames（16ms/frame）×34layer．

SIMとSTORMのトラブルシューティング

手法	トラブル	対応
SIM	超解像にならない	対物レンズ用オイルの劣化，カバーガラスの厚さのばらつき，培地の屈折率などにより，対物レンズの補正環位置が適切でない可能性がある．実際の標本上で，再度，補正環を調整することで画質が改善する場合がある．
	点像が一方向に伸びている	超解像顕微鏡では，従来の落射照明観察では影響のなかった振動が画質に影響してしまう場合がある．防振台の上に冷却ファンをもつ機器があれば移動する．防振台と実験室間に太いケーブルが横たわってしまっている場合は，張力が掛からないように配置する．必要に応じてケーブルと防振台の間にスポンジなど挟むことで振動の伝達を抑えることができる．
STORM	明滅頻度が低い	色素の種類の違いによっても明滅頻度や検出できる光子量は異なる（蛍光タンパク質などは，検出される光子数が1/2以下の場合がある）． 有機系色素（Alexa Fluor™ 647 nmなど）においても励起レーザー強度が弱い場合には明滅頻度が低い場合があるため，そのような場合は励起用レーザー強度を上げる． また，イメージング溶液に含まれる還元剤は，湿度により劣化することがあるので新しいものを利用する．さらにイメージング溶液は酵素を利用しており，時間とともに劣化するため，3～5時間で交換することが望ましい．
	解析結果をガウス表示にした際に大きさの違う円がある	大きさの異なる円が表示されることは，不具合ではない．STORMの「ガウス表示」は，以下のルールで撮像された輝点情報を表示させている． STORMの場合，輝点を形成する光子数の違いにより局在の正確さが異なる．ガウス表示の大きさの違いは，局在の正確さ（Δx）を表している（N：光子数，s：点像強度分布の標準偏差）． $$\Delta x = s/\sqrt{N}$$ 具体的には，PSFの半値全幅（FWHM）の$1/\sqrt{N}$倍の値が円の直径になる[6]．

おわりに

　生物内で起きている現象の理解のためには，1つの標本よりさまざまな手法（モダリティ）による情報を取得し，仮説を立て，摂動を加え，検証してゆく必要がある．技術的に「分解能」という次元に新しい扉を開いた超解像顕微技術の次のステップは，まさしく現存する他の技術と融合し，生物学的情報を共有してゆくことができるかという実用のフェーズである．顕微鏡は，低倍から高倍観察に至る空間的自由度，環境維持や検出装置選択による時間的自由度，光を利用した刺激や分光検出など入出力の自由度を実装可能な柔軟なプラットフォームになっており，そのようなプラットフォームに超解像分解能を加えることこそが，現実的な実用化のための必須条件である．

　最近の事例では，生きた標本の多色観察により分裂時の関連タンパク質の局在を画像化[7]することができるようになっており，神経細胞の広視野形状を共焦点顕微鏡で撮像し，そのうえで受容体の局在を超解像顕微鏡で解析するような前述した顕微鏡のマルチモード特性を活用した研究[8]や超解像顕微鏡で検出された局在を定量解析することで新しい知見を得るような研究[9]も進められている．さらに複合的にSIM，STORMを利用することで構造と分子局在を解き明かす複数の研究が報告されている[10,11]．今後さらに，従来の実験方法に超解像観察を組合わせる実験が盛んになることが想定される．構造・機能，さらには分子情報を1つのプラットフォームで議論できるようになることは生命現象理解のために不可欠であり，超解像顕微鏡はその実現への一歩となる．

◆ 文献

1) Gustafsson MG：J Microsc, 198：82-87, 2000
2) Gustafsson MG, et al：Biophys J, 94：4957-4970, 2008
3) Rust MJ, et al：Nat Methods, 3：793-795, 2006
4) Dempsey GT：「Handbook of Single-Molecule Biophysics」(Hinterdorfer P & Oijen A, eds), pp95-127, Springer, 2009
5) Bates M, et al：Science, 317：1749-1753, 2007
6) Thompson RE, et al：Biophys J, 82：2775-2783, 2002
7) Strahl H, et al：Nat Commun, 6：8728, 2015
8) Dudok B, et al：Nat Neurosci, 18：75-86, 2015
9) Ricci MA, et al：Cell, 160：1145-1158, 2015
10) Hoshina N, et al：Neuron, 78：839-854, 2013
11) Poulter NS, et al：Nat Commun, 6：7254, 2015

光の回折限界を超えて、細胞内の構造を直接見る

光の回折による200nmの解像限界を打破し、細胞内構造を精細に可視化する超解像顕微鏡。
ニコンは取得原理の異なる2つの超解像顕微鏡で、ライブセル研究の要望に応えます。

超解像顕微鏡 N-SIM

構造化照明顕微鏡法を採用し、従来の光学顕微鏡の約2倍以上（約115nm*）の超解像を実現。0.6秒/枚**の高速タイムラプス撮影が可能なため、ライブセルの分子の挙動も超解像度で取得できます。

* 488nm励起、3D-SIMモードの場合、** TIRF-SIM/2D-SIMモードの場合

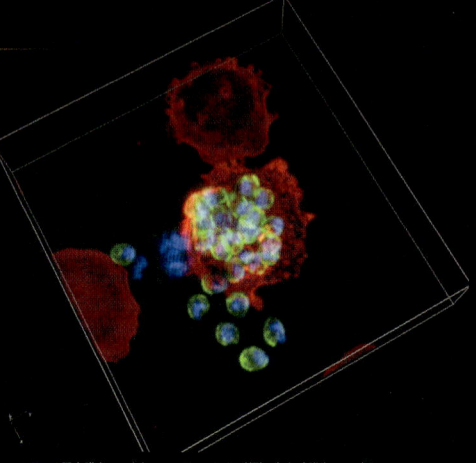

マラリア原虫膜（MTIP）をAlexa Fluor® 488（緑）、赤血球膜（Band3）をAlexa Fluor® 568（赤）、DNAをDAPI（青）で標識。マラリア原虫が赤血球から飛び出した瞬間を鮮明に撮影。
撮影ご協力：愛媛大学プロテオサイエンスセンター　森田将之先生、高島英造先生、飯村忠浩先生、坪井敬文先生

超解像顕微鏡 N-STORM

ローカリゼーション法を採用し、従来の光学顕微鏡の約10倍（水平解像度約20nm*）もの超高分解能を達成。タンパク質の相互作用を1分子レベルで観察可能です。

* Z軸方向にも約50nmの超解像度

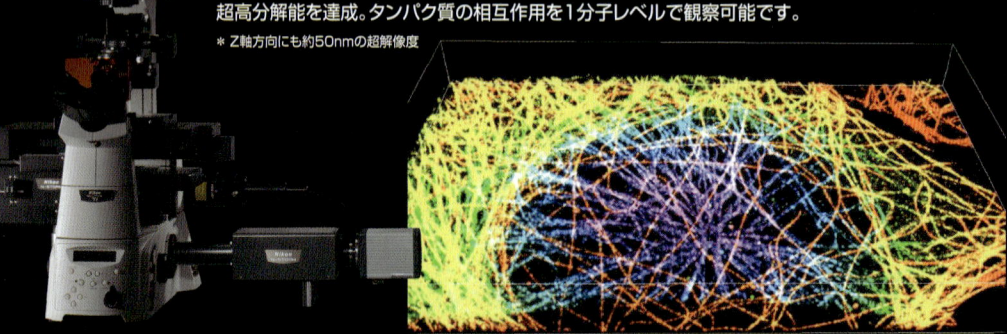

チューブリンをAlexa Fluor® 647で標識したアフリカミドリザル腎細胞（BSC-1）の3DスタックSTORM画像。細胞の底面（赤色）から核上面（紫色）までの、細胞骨格としての局在を表現。画像深さ：約4μm

株式会社ニコン / 販売元 株式会社ニコンインステック

カタログ・パンフレット等のご請求は、（株）ニコンインステック　バイオサイエンス営業本部へ
108-6290　東京都港区港南2-15-3（品川インターシティC棟）電話（03）6433-3988
■ニコンインステックホームページ　www.nikon-instruments.jp/

実践編

第2章 市販の超解像顕微鏡による標準解析〜微小管のイメージングを例に〜

4 オリンパス社製：
SD-OSR
―スピニングディスク共焦点蛍光顕微鏡ベースの超解像顕微鏡

林 真市

解説機種のポイント

SD-OSRは，スピニングディスク共焦点蛍光顕微鏡（SDCM）をベースとした，シングルショット（1回の撮像）で回折限界の約2倍の分解能を得ることができる超解像蛍光顕微鏡である．特別な蛍光染色や顕微鏡操作などを必要とせず，簡単に超解像画像が取得できる．さらに，シリコーン浸対物レンズを用いることで，厚い標本の深部超解像観察も可能である．

はじめに

オリンパス社では，共焦点蛍光顕微鏡（CFM）をベースとしたシングルショットで回折限界の約2倍の分解能を得ることができる超解像蛍光顕微鏡技術を開発[1]し，レーザー走査型共焦点蛍光顕微鏡（LSCM）ベースのFV-OSRとスピニングディスク共焦点蛍光顕微鏡（SDCM）ベースのSD-OSRについて製品展開を行っている．どちらも従来の共焦点蛍光顕微鏡と同様の操作で超解像が得られる利便性に加え，共焦点光学系の特徴である光学セクショニング（光学的に撮像時にボケ成分が除去されること）の効果と，生細胞とほぼ等しい屈折率をもつシリコーンオイルを液浸オイルに用いたシリコーン浸対物レンズ[2]との組合せにより，厚い標本でも数十μmの深部までコントラストのよい超解像画像が得られることも大きな特徴である．本項ではSD-OSRに焦点を絞り，その特徴と使用例について解説する．

SD-OSRの構造と機能

SD-OSRの顕微鏡装置本体は，倒立型顕微鏡と中間変倍ユニットとスピニングディスクユニットから構成されている（図1A）．中間変倍ユニットは中間倍率を1×と3.2×に切り替えることが可能であり，超解像観察時は中間変倍ユニットの中間倍率を3.2×に設定する．中間倍率を1×に設定したときは通常の共焦点観察ができる．システム全体の制御は標準的な画像取得・画像解析ソフトMetaMorph（Molecualr Devices社）を用いて行うため，基本操作は通常の顕微鏡と特に変わりはない．基本的な超解像画像取得機能がMetaMorphのUserProgramとして実装されており，タスクバーから簡単に操作できる．また，MetaMorph

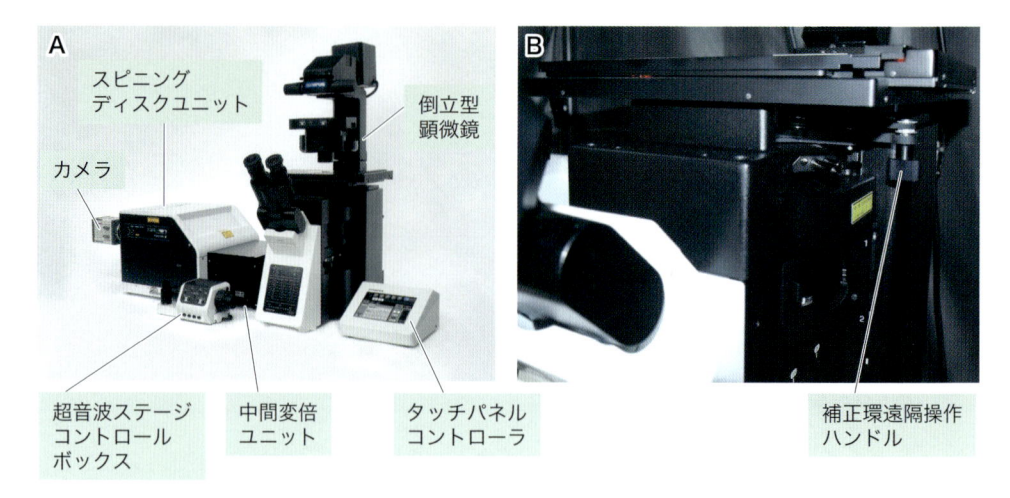

図1 SD-OSRの装置外観
A) 装置外観．オリンパス社のカタログより引用．B) 補正環遠隔操作ハンドル．

のMDA（multi dimensional acquisition）機能を利用することにより，多点・多波長タイムラプス撮像を行うことも容易である．

以下では，SD-OSRを用いてHeLa細胞間期の微小管の超解像画像を取得し，微小管像の線幅を計測する例について，その手順を解説する．

SD-OSRを用いた微小管イメージング

準備

- □ HeLa培養細胞
- □ カバーガラス No. 1S*1 の 35mmガラスベースディッシュ（3971-035, AGCテクノグラス社）

  *1 カバーガラス厚による球面収差発生をできるだけ避けるためには，No. 1S（0.16～0.19mm厚）のものを用いることが好ましい．

- □ 通常の細胞培養用の試薬など
- □ 一次抗体：Anti-Tubulin Antibody, beta, clone KMX-1（MAB3408，メルク社）
- □ 二次抗体：Alexa Fluor™ 488 Goat Anti-Mouse IgG（H+L）Antibody（A11001, Thermo Fisher Scientific社）

染色方法は，通常の免疫染色法を用いればよい．通常の蛍光顕微鏡観察に比べて高倍率で撮像するため，蛍光色素は発光輝度が高く蛍光褪色の少ないものが望ましい．ここではAlexa Fluor™ 488を使用した．35mm径ガラスベースディッシュ内にHeLa細胞を撒き，一晩培養した後に固定，免疫染色を行い，褪色防止のためDABCO® 33-LV（290734，シグマ ア

ルドリッチ社）を2.5％濃度となるように加えたD-PBS（−）（045-29795，和光純薬工業社）で満たした．

プロトコール

1. 装置準備

❶ システムを立ち上げる

　PC，顕微鏡本体のコントロールボックス，スピニングディスクユニット，超音波ステージコントロールボックス，タッチパネルコントローラ，水銀光源，レーザー光源，カメラの順に電源を入れる（図1A）．PC上でMetaMorphを起動させて，超解像ソフトウェアタスクバーが表示されることを確認する（図2A）．

❷ 免疫染色した標本をステージにセットし，目視で観察したい位置を探す

　タッチパネルコントローラの画面上で使用する対物レンズを選択する．このとき対物レンズの先端が汚れていたら清掃する．続いて対物レンズの先端に液浸オイルを一滴垂らし，標本をステージ上にセットする．標本の位置探しは，通常の蛍光顕微鏡の方法と同じである．標本を探している間にもある程度蛍光褪色は進んでしまうため，励起光の強度や照射時間に気をつける．

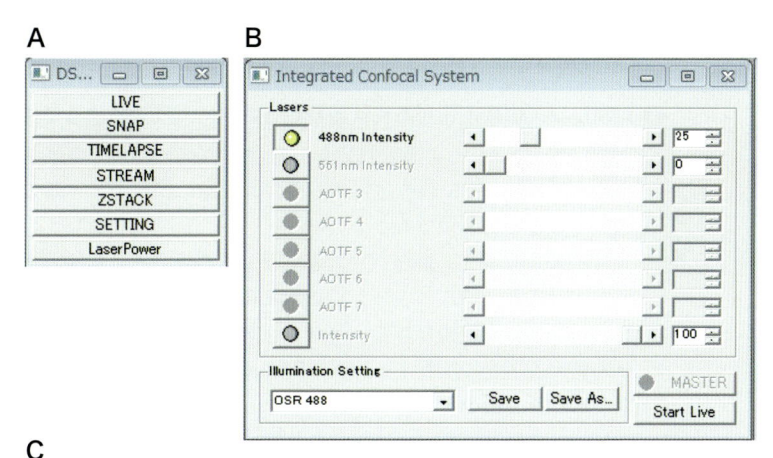

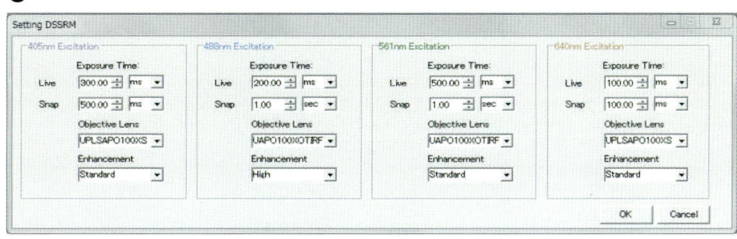

図2　MetaMorphの各種設定ウインドウ

A）超解像ソフトウェアタスクバー．B）レーザー出力設定ウインドウ．各照明設定におけるレーザーの出力を設定することができる．ここでは波長488nm，出力25％に設定．C）パラメータセッティングウインドウ．

107

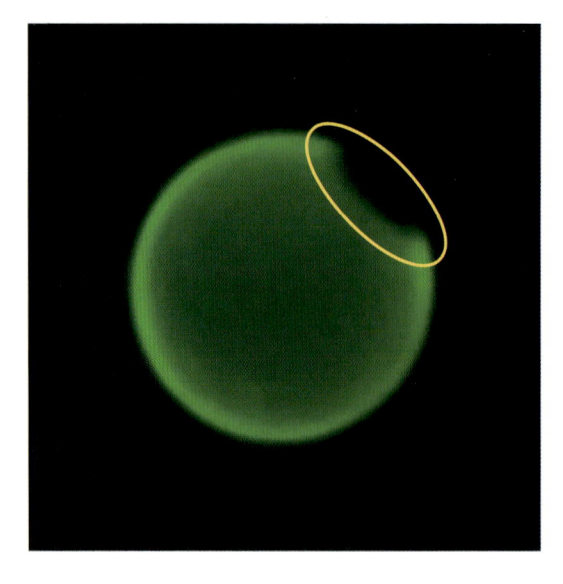

図3 液浸オイル気泡混入時の対物レンズ瞳像
黒く欠けているところ（黄線で囲んだ部分）が気泡の影．

❸ **液浸オイルに気泡の混入がないことを確認する**

　対物レンズとカバーガラスの間の液浸オイル内に気泡が存在すると，解像が大きく損なわれてしまう．気泡の確認方法は，広視野（WF）目視観察モードにおいて標本の焦点を合わせた状態で，接眼レンズの1つを外して瞳を覗き込む．瞳の一部が欠けてみえる場合（図3）は気泡があり，標本をすばやく左右に動かすことにより，気泡を外に追い出すことができる．

❹ **対物レンズに補正環があれば調整し，カバーガラスによって生じる収差を補正する**

　開口数（NA）[※1]が高い対物レンズは，カバーガラスの厚さの違いによる球面収差の影響を強く受ける．特に超解像観察の場合は解像に影響してくるので，実標本を見ながら適切に調整することが必須である[*2, 3]．

　SD-OSRの場合，対物レンズ補正環の調整は，補正環遠隔操作ユニットにより簡便に行うことができる．標本ステージ横にある操作ハンドル（図1B）によって対物レンズの補正環を回転させて肉眼観察あるいはカメラ撮像のライブビュー画面を見ながら標本像がシャッキリと見えるように調整する．具体的には，合焦（焦点の合っている）状態において標本像周囲のにじみを最小とするように調整する．または，標本観察部位近辺に小さな明るい輝点があれば，それを視野中心に移動させて，合焦位置前後のボケ方がだいたい対称となるようにするのがよい．

※1　**開口数（numerical aperture：NA）**

対物レンズに入射して結像に関与する光線のなかで，光軸となす角度の最大値（開口角）を θ，媒質の屈折率を n としたとき，
$NA = n \sin \theta$
の式で与えられる値．同一波長および同一の結像倍率の条件のもとでは，像の明るさはNAの2乗，分解能はNAの逆数，焦点深度はNAの逆数の2乗に比例するため，顕微鏡の結像性能を表す重要なパラメータである．

初めてでもできる！超解像イメージング

*2 補正環にはカバーガラスの厚さの数値が指標として示されているが，この数値は23℃の環境で調整されたものであり，実際の使用環境では適切な位置がこの数値とは異なる場合がある．また，No.1Sのカバーガラスは個々の厚さが0.16〜0.19mmの範囲で分布しているため，数値を0.17に合わせるだけでは不十分であり，実標本を見ながら調整することが好ましい．

*3 厚み公差が0.17±0.05μmという高精度なカバーガラス（No. 1.5H）が市販されており，それを用いると標本を変えるごとに補正環を調整する手間が省けて作業効率が上がる．補正環のない高NA対物レンズを用いる際にもそれを用いるとよい．

2. 撮像

❺ 共焦点観察モードで，標本位置合わせを行う

中間倍率を1×に設定する．超解像ソフトウェアタスクバーのLaserPowerボタン（図2A）を押してレーザー出力設定ウインドウ（図2B）を開き，使用するレーザーの出力を調整する．標本の位置合わせの場合は10〜25％程度に出力を抑える．画像取得・解析ソフトMetaMorphメニューバーからDevices/Focus…メニューを選択し，表示されたFocusウインドウのConfigureタブを開いておく．MetaMorphメニューバーのAcquire/Acquire…メニューを選択し，Acquireウインドウを開く．Exposure Timeに100〜200ms程度の露出時間を設定し，Show Liveボタンを押して開くLiveウインドウを見ながら，撮像したい標本位置を画面の中心に移動させる．位置合わせ完了後はただちにShow Liveボタンから表示が変更されたF2：Stop Liveボタンを押して，励起光の無駄な照射による蛍光褪色の進行を防ぐ．

❻ 超解像撮像する標本の範囲を設定する

中間倍率を3.2×に設定し，❺と同様に標本位置の調整を行う．続いて，焦点位置を合わせる．Zスタック画像を取得する場合は，取得するZ位置の下限と上限それぞれに焦点位置を合わせた状態で，FocusウインドウのConfigureタブにあるSet BottomとSet Topボタンを押して設定する．完了後はただちにF2：Stop Liveボタンを押して，励起光の無駄な照射による蛍光褪色の進行を防ぐ．

❼ 撮像パラメータを設定する

超解像ソフトウェアタスクバーのSETTINGボタン（図2A）を押して，パラメータセッティングウインドウを開く（図2C）．使用する励起波長ごとの，ライブ表示および撮像時の露出時間，対物レンズ，超解像効果のレベル（Enhancement）を設定する．超解像効果のレベルは，Low，Standard，Highの3種類用意されており，その順に超解像効果が高くなると同時にノイズが目立ちやすくなるので，状況に合わせて適切なレベルを設定する（表1）．レーザー出力設定ウインドウで，使用波長に合わせたIllumination Settingを選択する．

表1　超解像効果のレベル一覧

超解像効果のレベル	Low	Standard	High
略称	Low	Std	Hi
分解能の向上	低	中	高
ノイズの増幅	弱	中	強

超解像効果のレベルと，それぞれに対する分解能の向上度合いおよびノイズの増幅具合を示す．標本像のS/Nに合わせて，超解像のレベルを選択するのがよい．

レーザー光の出力強度は，低すぎると超解像画像のS/Nが低くなり，高すぎると蛍光褪色が速く進行することになるので，超解像ソフトウェアタスクバーのSNAPボタンを押して撮像した静止画像を参考に強度調整を行うとよい．

❽ 撮像を開始する

静止画撮像の場合は，超解像ソフトウェアタスクバーのSNAPボタン（図2A）を押すだけでよい．Zスタック画像取得の場合は，超解像ソフトウェアタスクバーのZSTACKボタンを押すと，Acquire Z…ウインドウが開くので，焦点移動のステップ幅を設定し，OKボタンを押すと画像取得が開始され，スタックウインドウに超解像処理後の画像がリアルタイム表示される．

❾ 画像を保存する

保存したい画像のウインドウを選択し，メニューバーのFile/Save AsでSave Asウインドウを開き，MetaMorph以外の画像処理ソフトでも扱えるように，ファイルの種類をTIFF（*.tif）に設定してファイル名を指定し保存する．

3. 計測

❿ 線幅を計測する

MetaMorph上でもメニューバーからMeasure/Line Scanで画像のラインプロファイルを表示できるが，MetaMorphでは線幅の半値全幅（FWHM）[※2]をあまり正確には求めることができないので，オープンソースでフリーの画像処理ソフトImageJ[3]（米国のNIHで開発）を用いて線幅を計測する．❾で保存したTIFFファイルをImageJで開く．メニューバーから，Image/Properties…で開いたウインドウで画像の画素ピッチを入力する．メニューボタンからStraight Lineボタンを選択し，Analyze/Plot Profileで表示されたLine PlotウインドウのListボタンを押してLine Plotの数値画面を表示する．Analyze/Tools/Curve Fitting…で表示されたCurve FilterにLine Plotの数値をコピーして，Fitting関数にGaussianを選択してFitボタンを押すと，ガウス（Gaussian）関数でフィットした結果が表示される．そこに表示された係数のd（標準偏差）の数値に$2\sqrt{2\log_e 2} = 2.355$をかけた値が，Gaussian近似のFWHMとなる．

撮像例

前述したプロトコールにしたがって撮像された，HeLa細胞固定染色標本の画像（図4，関連動画 も参照）と，撮像条件（表2）および線幅計測結果（表3）を示す．

※2 半値全幅（full width at half maximum：FWHM）

単一の極大をもつ分布形状の広がりを表す目安として用いられる値．その分布形状が極大値の半分以上の高さを占める長さを示す．ガウス関数で近似できる分布形状においては，2点分解能（2つの分布形状が分離して見える最短の距離）とほぼ等しい値となるため，その代用として用いられることが多い．

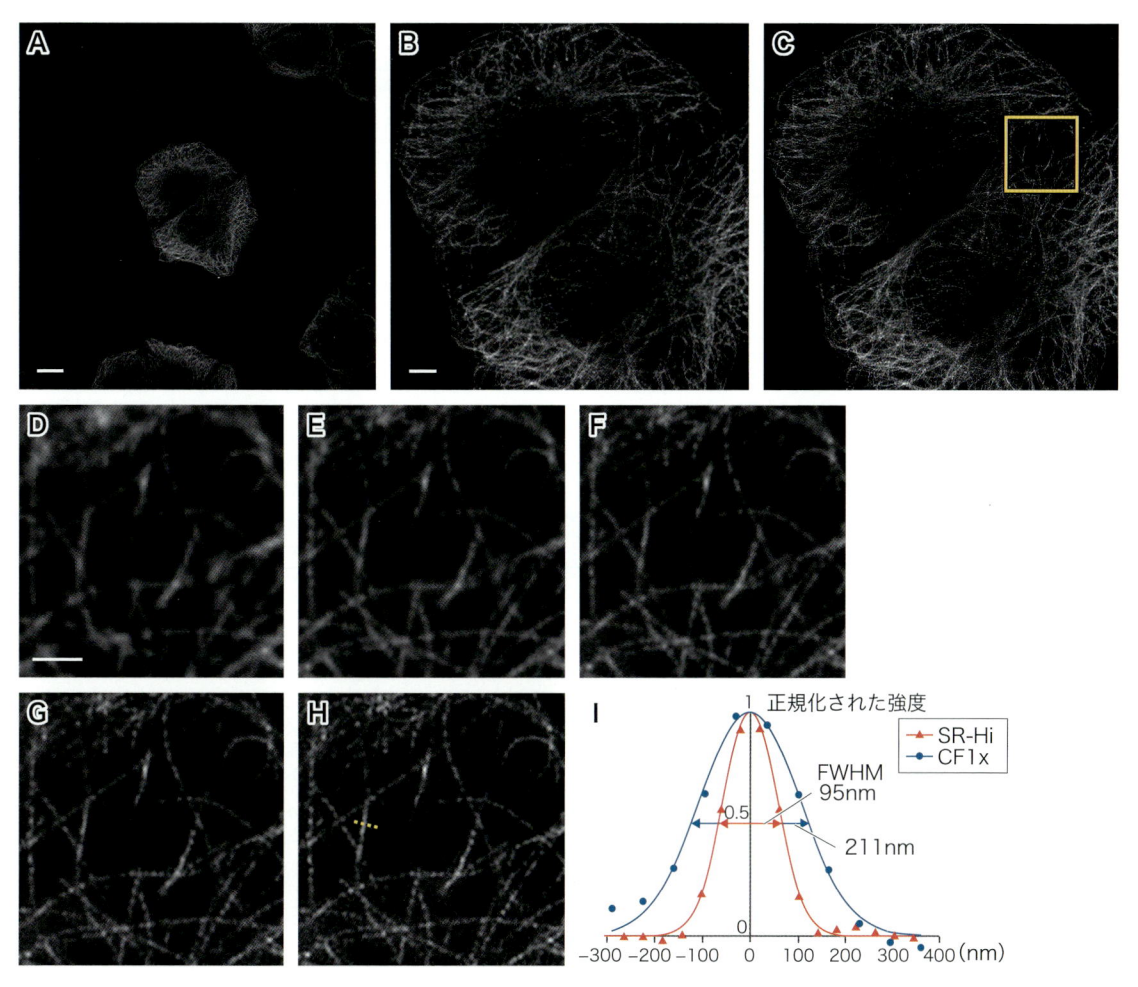

図4　HeLa培養細胞を用いた微小管の超解像イメージング

A)〜C) 中間倍率1×（A）および3.2×（B）の共焦点画像（CF1x, CF3.2x）と超解像効果レベルHighの超解像画像（SR-Hi）（C）. D)〜H) Cの黄線で囲まれた四角部分の拡大像. DとEは中間倍率1×（D）および3.2×（E）の共焦点画像（CF1x, CF3.2x）. F)〜H) 超解像効果のレベルがLow（F）, Standard（G）およびHigh（H）の超解像画像（SR-Low, SR-Std, SR-Hi）. Hの黄破線は表3を参照. I) Hの黄破線上における超解像効果のレベルHighの超解像（SR-Hi）と中間倍率1×の共焦点（CF1x）のラインプロファイルとそれらのガウス近似曲線. FWHMは, ガウス近似された微小管像の線幅を表す. その他の超解像効果のレベルについては, 表3を参照. スケールバー：Aは10μm, Bは5μm, Dは2μm.

表2　撮像条件

画像	CF1x	CF3.2x, SR-Low〜Hi
対物レンズ	UPLSAPO100XS（NA1.35）	
励起波長	488nm	
レーザー出力	25％	100％
露出時間	200ms	1s

標本の位置探しが目的の中間倍率1×の共焦点像（CF1x）においては, 蛍光褪色を極力避けるため, レーザー出力を抑え露出時間を短く設定している.

表3 線幅計測結果

観察モード	CF1x	CF3.2x	SR-Low	SR-Std	SR-Hi
FWHM (nm)	211	164	132	107	95

図4Hの黄破線上の位置での，中間倍率1×および3.2×の共焦点画像（CF1x, CF3.2x）と超解像効果のレベルがLow，StandardおよびHighの超解像画像（SR-Low, SR-Std, SR-Hi）の輝度プロファイルを示した．レベルHighの超解像画像（SR-Hi）は，輪郭強調効果のため，線幅が通常の共焦点画像（CF1x）の半分よりも細くなっている．

トラブル対応

表4に，SD-OSRによる観察で起こりうるトラブルと対応をプロトコールのステップごとに示す．

表4 SD-OSRのトラブルシューティング

プロトコールのステップ	トラブル内容	考えられる原因	対策
❷	対物レンズの焦点位置が標本に届かない	フォーカスリミッターが働いている	フォーカスリミッターを適切な値に設定し直す
		カバーガラスのシール剤が厚すぎて，対物レンズ先端に当たっている	シール剤は厚くなりすぎないように注意する
	焦点を合わせても，全体的にぼやけたように見える	液浸オイルが対物レンズに適合していない	対物レンズ指定の液浸オイルを用いる．特に，通常のイマージョンオイルとシリコーンオイルの混用に注意する
	合焦点前後の輝点のボケが著しく非対称である	液浸オイルに気泡が混入している	気泡をとり除く．❸参照
❹	補正環を回しても球面収差が補正しきれない	カバーガラスの厚さが薄すぎる．または厚すぎる	No.1SまたはNo.1.5Hのカバーガラスを使用する
		オイル浸対物レンズで標本の深いところを観察している	シリコーン浸対物レンズを使用する
❻	ステージのXY移動ダイヤルが敏感すぎる	ダイヤル下の感度設定ボタンがCoarseに設定されている	感度設定ボタンをFineに設定する
	標本位置合わせ中に蛍光褪色が進む	励起光強度が高すぎる	位置合わせ時の励起光強度は極力低くする
		励起光が標本の同じ箇所に長く当たっている	露出時間は極力短くする
❽	超解像画像にノイズが目立ちすぎる	撮像した画像が暗すぎる	励起光強度を上げる
			露出時間を長く設定する
			超解像効果のレベルを調整する
			明るく褪色の少ない蛍光色素で染色する
		背景が明るすぎる	特異性が高くコントラストの高い染色方法があれば試す
	撮像中に蛍光褪色が進む	励起光強度が高い	励起光強度を下げる
		撮像枚数が多く励起光が長く照射されている	撮像枚数を減らす
	焦点の下限，上限の設定位置が，経時的にずれてしまう	周囲の温度変化やその他の原因により，対物レンズと標本との距離が変動している	Zドリフト補正を，フォーカスサーチモードで使用する

FV-OSRについて

　LSCMをベースとした超解像蛍光顕微鏡FV-OSRは，現行のオリンパス社のLSCM（FV-1200）に冷却ガリウム砒素リン光電子増倍管（GaAsP-PMT）と専用ソフトウェアを追加するアドオンで実現しており，従来のLSCMの多彩な機能と組合わせた柔軟なシステムも構築可能である．得られる超解像画像の分解能は，SD-OSRと同等である．ただし，FV-OSRはシングルスポット走査の共焦点顕微鏡ベースのために，必要なS/Nの画像取得に10秒以上の撮像時間が必要なことも多く，主に固定標本用である．

◆ 文献

1）Hayashi S & Okada Y：Mol Biol Cell, 26：1743-1751, 2015
2）Murray JM：Cold Spring Harb Protoc, 2011：1399-1437, 2011
3）ImageJ（http://imagej.nih.gov/ij/）

◆ 参考図書

・「Super-Resolution Microscopy Techniques in the Neurosciences」（Fornasiero EF & Rizzoli SO, eds），Springer, 2014

実践編

第2章　市販の超解像顕微鏡による標準解析～微小管のイメージングを例に～

5 カールツァイスマイクロスコピー社製：ELYRA P.1, ELYRA S.1, Airyscan
—PALM/dSTORM, SIMおよび共焦点レーザースキャン顕微鏡ベースの超解像イメージング

佐藤康彦

解説機種のポイント

カールツァイスマイクロスコピー社では3つの超解像技術を製品化している．1つめはPALMおよびdSTORMを採用しているELYRA P.1，2つめにSIMを採用したELYRA S.1，そして3つめにカールツァイスマイクロスコピー社独自技術のAiryscanである．Airyscanは広く利用される共焦点レーザースキャン顕微鏡（CLSM）の原理を基礎とし，手軽にかつ高品質な超解像撮像を実現する．また，秒数コマの高速ライブセル撮像や透明化試料の深部撮像にも効果を発揮し，高い汎用性をもつバランスのとれたシステムである．

はじめに

　ELYRA P.1はPALMとdSTORMを採用した顕微鏡システムである．全反射照明（TIRF）を利用する2D PALM/dSTORM（原理・応用編第1章2参照），および導層斜光照明（HIRO）を利用し3D PALM撮像も可能である（厚さ約1.4μm）．最大2～3色の多色撮像も可能で，2D PALM/dSTORMではXY方向に20nmおよびZ方向に100nm，3D PALM/dSTORMではZ方向に約50nmまで最大分解能を上げることができる．

　ELYRA S.1は3D SIMを基本原理として最大4色までの蛍光を撮像可能で，最大分解能をXY方向に約100nm，Z方向に約300nmまで表現できる．また，超解像成分を含むモアレ像をつくる構造化照明（原理・応用編第1章3，4参照）を最大5方向の角度で照射し3方向より多くの超解像成分を抽出することができる．また，対物レンズ，レーザー波長に合わせ自動で適切な幅のスリットが挿入されるので，多色撮像時にはどの波長に対しても最大限の分解能を表現することが可能である．自由度の高さと，精度の高いSIM画像をつくれるのが特徴になる．

　Airyscanは，カールツァイスマイクロスコピー社が開発したハニカム状に配置された32個の高感度GaAsP検出器により，ピンホールサイズ1.25 airy unit相当のシグナルパターンをピクセルごとに検出する（図1）．それらの情報からピンホールを0.2 airy unitまで絞っ

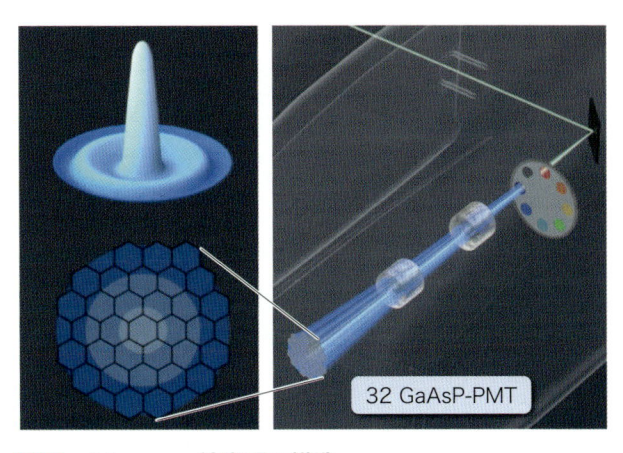

図1　Airyscan検出器の構造
理論上の点像分布関数（PSF）（**左図上**）．ハニカム状に配置された32個のGaAsP検出器で構成されたAiryscan検出器の構造（**左図下**）．Airyscan光学系内部．CLSM本体光学系を通過した蛍光はAiryscanユニットに入り，蛍光フィルター，ズームオプティクスを通った後，Airyscan検出器に到達する（**右図**）．PMT：光電子増倍管．カールツァイスマイクロスコピー社のカタログ．

た効果をシグナル強度を落とさない形で計算する（本来の物理ピンホールは絞らずに）．この原理により，操作方法や試料作製がCLSMと同様になり，誰もが簡単に超解像撮像ができるように工夫されている．最大4色までの多色撮像が可能で，最大分解能はXY方向に約140nm，Z方向に約400nmの表現が可能になる．また，CLSMの特徴を生かした，低光毒性，深部撮像，および秒数コマ程度のタイムラプス撮像など，その多様性はこれまでの超解像顕微鏡にない領域をカバーするバランスの取れた技術である．

ELYRA P.1，ELYRA S.1，Airyscanを用いた微小管イメージング

準備

1. ELYRA P.1（PALM/dSTORM）

　PALMを利用する場合はEOSやPA-GFPなどの光スイッチング蛍光タンパク質を利用する（**実践編第3章2**参照）．dSTORMを利用する場合は各試薬メーカーの出しているプロトコルにしたがい染色を行い，封入する際に専用の還元剤[*1]をスライドガラス側に滴下しておく（気泡が入らないように乗せる）．また，ガラスボトムディッシュの場合は上から直接還元剤を滴下して早めに撮像をはじめる．

□ カバーガラス
　No.1.5クラスの物を使用すること．Zeiss High precision Coner Glasses 18×18mm（474030-9010-000）を推奨する．

□ ガラスボトムディッシュ

MatTek Glass Bottom Dish，またはNunc™ C Lab-Tek™ Chambers（P35G-0-10-C，P35G-0.170-14-C）を推奨する．

□ イマージョンオイル

カールツァイスマイクロスコピー社純製品の518Fイマージョンオイル（444970-9000-000）を使用する．

□ オートフォーカス用ゴールドパーティクル

オートフォーカスを利用する場合はGold Colloid 80nm（GM. GC80）もしくは100nm（GM. GC100）などを使用する．

□ 還元剤[*1]

以下を混合し，水で1mLにメスアップする．

- 100μL PBS 10×（D1408，シグマ アルドリッチ社など）
- 100μL MEA（システアミン塩酸塩）（M6500-25G，シグマ アルドリッチ社など），毒性が強いので注意する．
- 500μL グルコース20%（49163-100ML，シグマ アルドリッチ社など）
- 25μL グルコースオキシダーゼ（24mg/mL GluOx from Aspergillus niger，G0543-50KU，シグマ アルドリッチ社など）
- 5μL カタラーゼ（12.6mg/mL Catalase from Bovine liver，C3155-50MG，シグマ アルドリッチ社など）

[*1] 還元剤は4℃で保存し，できるだけ撮像直前に調製し試料に加えるのが望ましい．5M NaOHあるいは4.5M KOHを用いてpH7.5〜8.5に調製する．

2. ELYRA S.1（SIM）およびAiryscan

スライドガラスを利用した固定標本，および35mmガラスボトムディッシュを利用した培養細胞などの撮像が可能．カバーガラスにはNo. 1.5クラスの物を使用すること．Zeiss High precision Cover Glasses 18×18mm（474030-9010-000）を推奨する．また，デコンボリューションの精度を上げるため，対物レンズに使用しているイマージョンオイルに近い包埋剤を使用することが望ましい．ELYRA S.1およびAiryscanのイマージョンオイルにもカールツァイスマイクロスコピー社純製品の518Fイマージョンオイル（444970-9000-000）を推奨する．

Airyscanには推奨する対物レンズ[*2]があるため，事前に使用する対物レンズの種類を確認する．推奨対物レンズは以下の物になる．

[*2] Airyscan推奨対物レンズ（標準的に使用されるものとして）
- Plan-Apochromat 40×/1.3 Oil DIC M27（420762-9800-799）
- Plan-Apochromat 63×/1.4 Oil DIC M27（420782-9900-799）
- alpha Plan-Apochromat 100×/1.46 Oil DIC M27（420792-9800-720）
- C Plan-Apochromat 63×/1.4 Oil DIC M27（421782-9900-799）

プロトコール

1. システムの起動

【ELYRA P.1, ELYRA S.1 共通】

❶ システムの主電源を入れ[*3] PCを起動しシステム制御用ソフトウェアZENを立ち上げる

> *3 集中電源方式をとっているため主電源を入れると自動で各種ユニットの電源が起動する.

❷ ZEN起動後はEM-CCDカメラまたはsCMOSカメラの冷却温度が一定になるまで数分ほど待つ

❸ AcquisitionメニューよりLaserツールを開き,すべてのレーザーをStandbyにする

【Airyscan】

❶ システムの主電源を入れ[*3] PCを起動しソフトウェアZENを立ち上げる

❷ AcquisitionメニューよりLaserツールを開き,使用するレーザーをONにする

2. 試料の設置

【ELYRA P.1, ELYRA S.1, Airyscan共通】

❶ 顕微鏡には遮光用ボックスが設置されており,開閉できる窓が上部,正面,および背面などにあるので試料設置時はそれらを開いておく

❷ LocateメニューのMicroscope Controlツール内にある対物レンズ切り替えボタンで対物レンズを切り替え,専用のイマージョンオイルを少量滴下する

ELYRA P.1:2D PALM/dSTORMには100×(油浸),3D PALMには63×(油浸)
ELYRA S.1:63×(水浸,および油浸),もしくは100×(油浸)
Airyscan:63×(水浸,および油浸),もしくは100×(油浸)(Airyscan推奨レンズ[*2]があるので確認が必要)

❸ スライドガラス,またはディッシュを専用ホルダに置き,固定用バンドを試料の上から緩まないようにあて試料を固定する

❹ 最後に遮光用ボックス(図2)のすべての扉を完全に閉める

3. 超解像で撮像する場所の決定

【ELYRA P.1, ELYRA S.1, Airyscan共通】

❶ Locateメニューの蛍光観察用ボタン(標準ではマクロボタンが作製されている)を押し,励起光源の点灯および観察用の蛍光フィルターを挿入[*4]し観察をはじめる

> *4 ELYRA P.1およびELYRA S.1では可視帯域のマルチバンドパスフィルターなどの仕様もある.

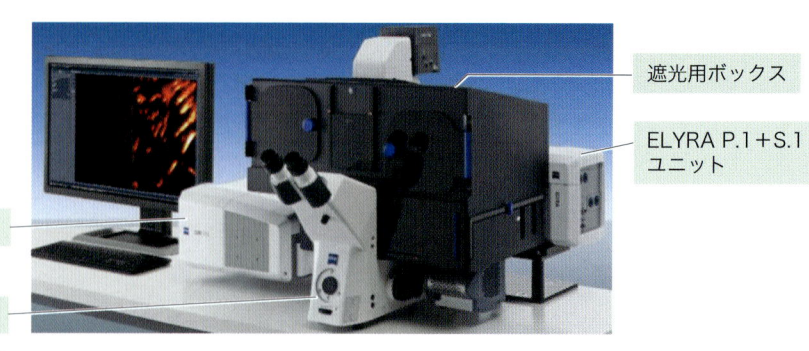

遮光用ボックス
ELYRA P.1＋S.1 ユニット
CLSM ユニット
Axio Observer Z.1

図2　超解像顕微鏡システム
カールツァイスマイクロスコピー社のカタログより引用．

❷ 電動ステージおよびフォーカスノブを使い超解像で撮像する箇所を決めた後，Locateメニュー内のOFFボタンを押して観察を終了する

4．撮像用光路の設定
【ELYRA P.1，ELYRA S.1，Airyscan共通】

Acquisitionメニュー内，Experiment Managerより目的にあった撮像用光路（Track）を読み出す．Trackは最大4つ（4色）まで作製可能で[*5]，各Trackには主に励起用レーザー（PALM/dSTORMの場合は光刺激用レーザーも含む），蛍光用フィルターセット，および種々の設定（レーザーパワー，露光時間および検出器のGainなど）が登録されている．また，Airyscanの場合は最大2色までラインシークエンシャルモード（レーザーのみをON，OFFにて高速切り替えを行う）で撮像することも可能．

[*5] PALM撮像において，EOSやKaedeのように光刺激前後で蛍光波長が変わるものを使用する場合，撮像場所を決めるための光路として，光刺激用レーザーを使用しないTrackもつくっておくと便利（PALM撮像前の光刺激を防ぐため）．

5．解像度の設定
【ELYRA P.1】

Acquisition Modeツールから撮像したい範囲，撮像速度に応じて画素数の設定[*6]を行う

[*6] 高画素数の場合，撮像時間が設定露光時間より長くなることがあるので注意が必要．

【ELYRA S.1】

❶ Acquisition Modeツールから撮像したい範囲，撮像速度に応じて画素数の設定を[*6]行う（最大画素数は仕様により異なる）

❷ 構造化照明の角度を3もしくは5 Rotation[*7]から選択する[*8]

> [*7] 通常は3 Rotationで十分だが,顆粒様構造などを超解像で表現したい場合は5 Rotationを使用するのがお勧め（カールツァイスマイクロスコピー社の独自技術）.
>
> [*8] 構造化照明の位相を1方向につき5段階ずらして照明をするのでRotationの回数により1枚のSIM画像をつくるために最大15枚もしくは25枚の画像が撮像される.

【Airyscan】

❶ Acquisition ModeツールからOptimalボタンを押し画素数を最適化する[*9]

> [*9] 撮像における最適な画素数は,対物レンズ,スキャンズーム率,および蛍光取得波長域によって変わるので,設定を変更した場合はその都度Optimalボタンを押すことが必要.

❷ 必要に応じてAveraging,Scan speedを設定する[*10]

> [*10] 蛍光強度が弱くAiryscan検出器のGainを上げていくと画像にノイズが増える場合がある.その際にはAveragingの回数を増やしたり,Scan Speedを遅めに設定することでノイズを減少させる.

❸ スキャン方式（片方向もしくは双方向）を選択する[*11]

> [*11] 双方向にすることで撮像速度を半分にすることが可能.

6. 撮像条件の設定

【ELYRA P.1】

❶ Continuousボタンより連続撮像を行う

❷ Channelsツール内のIllumination modeよりEpiボタンを押し画面を見ながら改めて撮像領域を微調整した後,TIRFボタン（2D撮像の場合），またはHIROボタン（3D撮像の場合）を押しフォーカス面を決める[*12]

> [*12] 3D PALM/dSTORMを使用する場合は3Dボタンを押し,専用スライダを光路に挿入しておく.

❸ Channelsツールから光刺激用レーザーおよび励起用レーザーを最小値より明滅状態を確認しながら少しずつ上げていく（励起用レーザーは最大100％まで上げることもある）[*13]

> [*13] 褪色効果が低い場合,TIRF-HPやTIRF-uHPレンズ（FOV設定）を挿入することでより強いレーザーパワーで褪色効率を上げることも可能.その場合,有効撮像視野は狭くなるので注意が必要.

❹ EM-CCDのGainを画像にノイズが乗らない程度に,かつ十分なS/Nを確保できる程度に設定しておく（～最大300まで）.Exposure Timeを10～100msに設定しておく

❺ 適切な明滅状態を確認後Stopボタンを押し撮像条件設定のための連続撮像を終了する

❻ Time seriesツールによりCycles[*14]を5,000〜30,000枚程度[*15]に，およびintervalを0と設定する

> [*14] ゴールドパーティクルを利用したオートフォーカス機能を使う場合，Focus Devices and Strategyツール内の，Autofocus ModeメニューよりFiducialsを，また装置によるオートフォーカス機能を使う場合，Definite Focusを選択する．最後にAutofocus every in Timepointにチェックを入れオートフォーカスをかけるタイミングを入力する（Cycles）．設定後，Continuousボタンにより連続撮像を行いながら，画面に表示される四角状のマーカーをゴールドパーティクルを囲うようにドラッグして合わせ，撮像を終了する．
>
> [*15] 明滅度合，および表現したい構造のサイズなどにより異なる．3Dの場合は2Dより多くの枚数を取得する必要がある．

❼ Start Experimentボタンを押し撮像を開始する

【ELYRA S.1】

❶ Continuousボタンより連続撮像を行う

❷ Channelsツールから各トラックごとにレーザーパワーを設定する[*16]

> [*16] 褪色を避けるため通常数%以内が望ましい．

❸ 検出器のExposure Time（100ms程度に設定するのが推奨されている），およびEM-CCDを使用している仕様ではGain（十分なS/Nを確保できる程度に）を設定する

❹ 以上の設定が終了した後，Stopボタンを押し撮像条件設定のための連続撮像を終了する[*17]

> [*17] Z stackやTimeseriesで撮像したい場合はそれらの設定を別途事前に行う．Z stackで3D情報を取得しておくと2D画像のみでSIM計算をするよりバックグラウンドを減らせる場合がある．このためにZ stack設定時は注目する構造の焦点面をセンターとして決め，上下に数枚程度取得しておくのもよい．

❺ Start Experimentボタンを押し撮像を開始する

【Airyscan】

❶ Continuousボタンより連続撮像を行う

❷ Channelsツールから各トラックごとにレーザーパワーを設定する[*16]

❸ Channelsツール内から各トラックごとにAiryscan検出器のGain[*18]を設定する

> [*18] Gainの値は高すぎるとノイズが増える原因となるので注意が必要．サチュレーションしないように注意する．

❹ Stopボタンを押し撮像条件設定のための連続撮像を終了する

❺ Snapボタン，またはStart Experimentボタンを押し撮像をスタートする[*19]

> [*19] Z stackやTimeseriesで撮像したい場合はそれらの設定を別途事前に行う．3Dの分解能を向上させたい場合はZ stack設定時のインターバルはOptimal設定を使う．

7. 画像解析

【ELYRA P.1】

❶ Processing メニューの Method ツールより PALM を開き，PALM を選択する

❷ PALM 計算したい画像を選択して Method Parameters ツール内の Select ボタンを押す

❸ Settings 項目内にて通常は Default 設定を使用し，2D もしくは 3D を選択する．続いて，Peak Finder 内の Peak Mask Size および Peak Intensity to Nois にて1分子のシグナルとして認識させる条件を設定する（通常初期設定値を使用）

❹ Apply を押し計算をスタートする

❺ 計算終了後，View タブから PALM を開き，PALM 画像の編集画面を表示する

❻ View コントローラー内の各種 PALM 画像編集タブから，目的の表現に合った PALM 画像の作製を行う[20]

> [20] 解像度の設定，さまざまな条件指定によるフィルタリング，およびドリフト補正など．

【ELYRA S.1】

＜単色撮像時のプロトコール＞

❶ Processing メニューの Method ツールより，Structured Illumination を開き，Structured Illumination を選択する

❷ SIM 計算したい画像を選択して Method Parameters ツール内の Select ボタンを押す

❸ Processing 項目内にて通常は Automatic[21] 設定を使用し，Z stack 撮像時は Mode より 2D もしくは 3D を選択する．続いて Output 項目より，計算後に取得したい画像を選択する[22, 23]

> [21] Processing 項目にて Manual を選択することで，元画像のフーリエ変換情報より0次〜2次の周波数情報を編集し，分解能やバックグラウンドなどのバランスを変更することも可能．また，デコンボリューションのための計算に通常理論値（Theoretical）の点像分布関数（PSF）情報を用いるが，自作の試料より取得したデータを SIM 計算の際に利用することもできる．
>
> [22] SR-SIM のみ，または Wide Field（広視野）や DCV（デコンボリューション）画像を残すことも可能．
>
> [23] Output 項目にて Wide Field や DCV 画像を残す設定をしておくと，計算された SIM 画像の精度を評価できる．

❹ Apply を押し計算を開始する

＜多色撮像時のプロトコール＞

❶ 単色撮像時のプロトコール❶〜❹を行う

❷ Processing メニューの Method ツールを開き，Channel Alignment を選択する

❸ 計算された画像を選択し，Method Parametersツール内のImput imageよりSelectボタンを押す

❹ Output image項目内のFitのチェックを外し[24]，Loadボタンより補正値を読み出す[25]．続いて，各チャネルに対応する補正値のIDを指定する

*24 補正値取得の際にはチェックを入れる．
*25 補正値はあらかじめ200nmサイズの4色ビーズを撮像し，4色の中心がどの程度ずれているかを計測し補正値としている．

❺ Applyボタンを押し計算を開始する

【Airyscan】

❶ ProcessingメニューのMethodツールを開き，Airyscan Processingを選択する

❷ Airyscan計算したい画像[26]を選択してMethod Parametersツール内のSelectボタンを押す

*26 ビュータブ内のAiryscanを押すことで2D（Z stack撮像時は選択したフォーカス面のみ）のAiryscan画像を一時的に表示できる（図6）．この機能ではAiryscanの計算をする前後の画像を並べて表示することができ，画質の向上を比較することできる．

❸ Output image内にあるAuto設定にチェックを入れ，Z stack撮像時は2Dまたは3Dを選択する

❹ Applyボタンを押し計算を開始する

8. 画像の保存

【ELYRA P.1，ELYRA S.1，Airyscan共通】

元画像，および計算された画像を名前を付けて保存する[27]

*27 元画像を保存しておくことでいつでも超解像の再計算が可能になる．

撮像例

　ELYRA P.1 による 2D PALM，3D PALM の例を図3，図4に示す．図5は ELYRA S.1 によるSIM，図6は Airyscan の例．

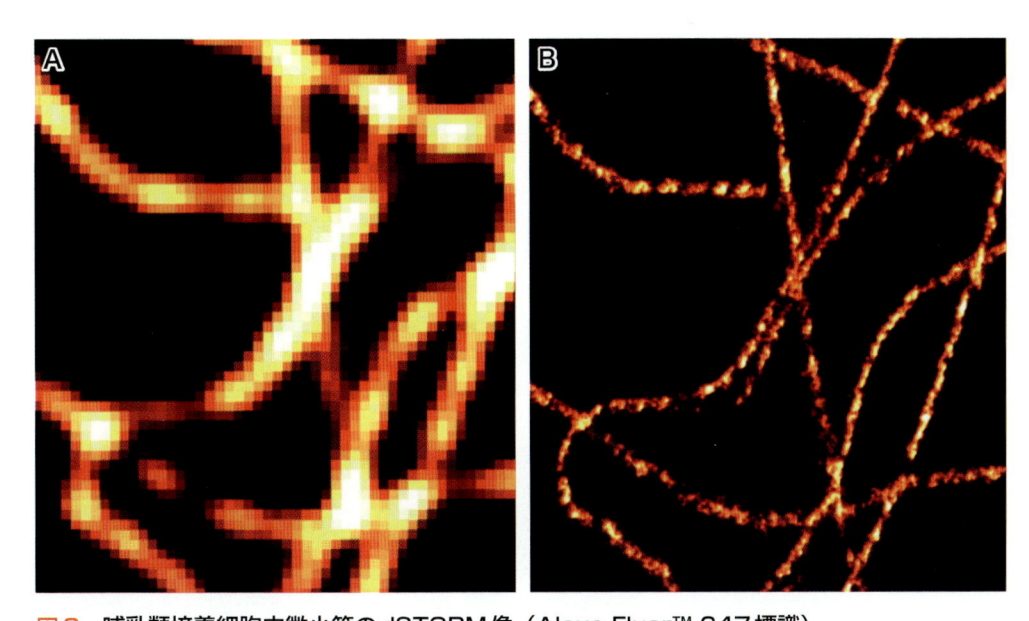

図3　哺乳類培養細胞内微小管の dSTORM 像（Alexa Fluor™ 647 標識）
A）PALM 処理前 TIRF 積算画像，B）PALM 処理画像．画像提供：東京大学の丹羽信介博士，廣川信隆博士．カールツァイスマイクロスコピー社のカタログより引用．

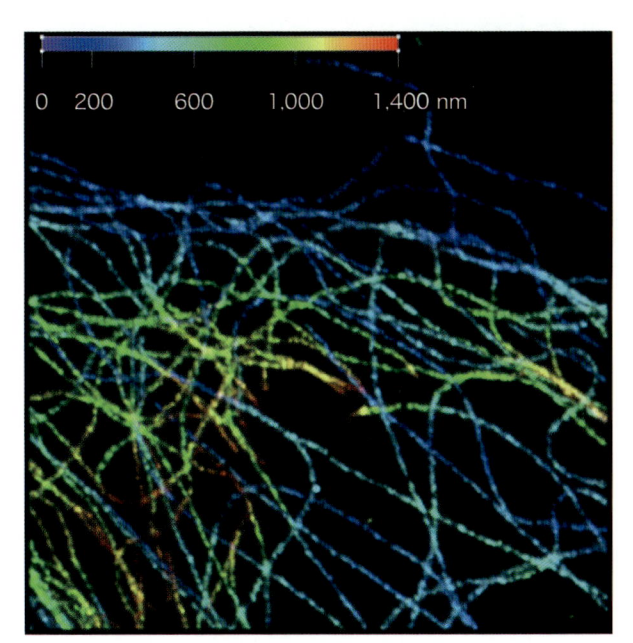

図4　培養細胞における微小管（Alexa Fluor™ 647 標識）
深さをカラーコードで表示した3D PALM画像の例．3D PALM ではPALM画像を三次元の情報として表現することが可能である．

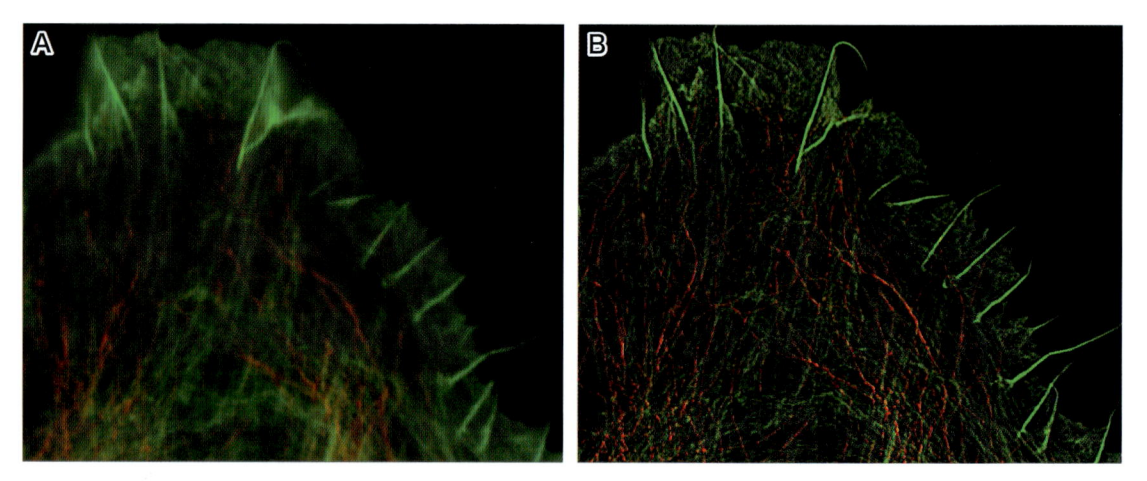

図5　初期のトリ線維芽細胞におけるF-アクチン（緑）と微小管（赤）のWF（広視野）像とSIM像
ProcessingのにSIM計算前のWide Field画像をSIM画像とともに計算し比較すること．試料提供：Karlsruhe大学のMartin Bastmeyer博士．カールツァイスマイクロスコピー社のカタログより引用．

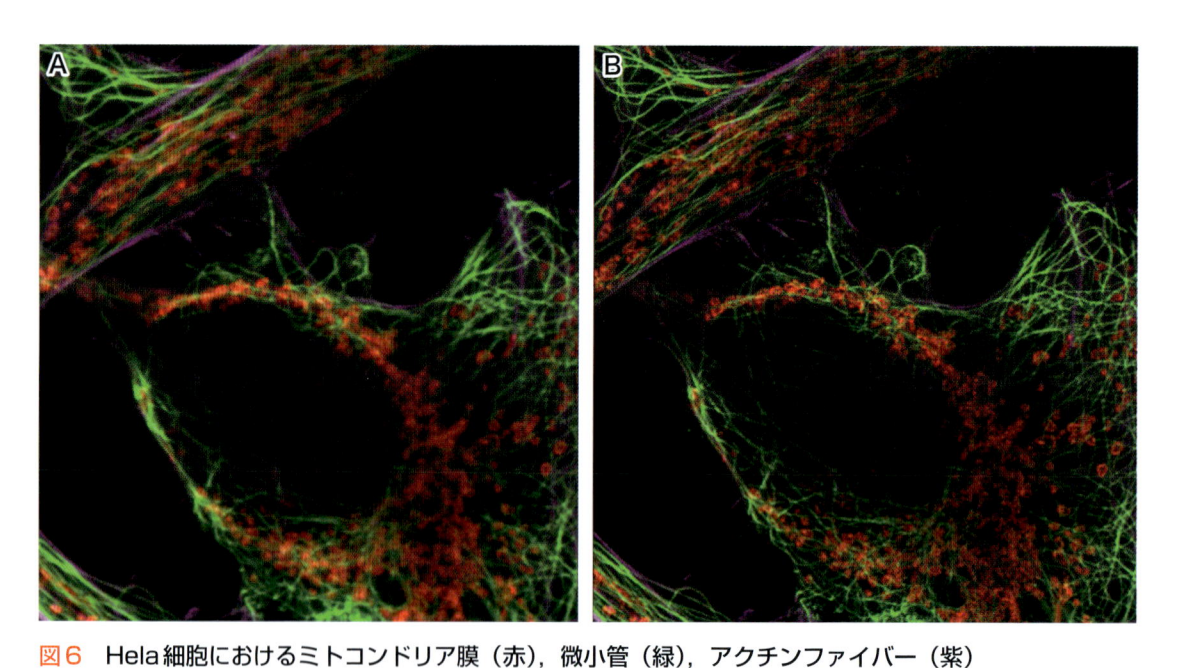

図6　Hela細胞におけるミトコンドリア膜（赤），微小管（緑），アクチンファイバー（紫）
A）CLSMによる観察像．B）Airyscan計算後の観察像．画像提供：スイス連邦工科大学のArne Seitz博士，カールツァイスマイクロスコピー社のカタログより引用．

撮像時の注意点

【ELYRA P.1，ELYRA S.1 共通】

・撮像時に遮光用ボックスの扉が開いているとレーザーセーフティー機能が働き撮像が中断

され，エラーメッセージが表示される．中断された場合はすべての扉を閉める．
- 微分干渉用のプリズムが挿入されている場合は外す．挿入されているとプリズムにスライダーがぶつかりスライダーが外れてしまう．
- PALM/dSTORM使用時は100×対物レンズに付いているリングの位置を動かさないようにする（理想的な全反射照明用に調整がされているため）．
- 試料ホルダを水平にするため専用調整ねじによって調整がされている．これらのねじに試料設置時に触れないようにする．これを動かすことによって試料の水平が保たれず，入射光の適切な角度が取れなくなる．
- PALM/dSTORM撮像では非常に浅い深度で画像をつくるため，どの構造が画像化されたのかわかりづらい場合もある．それゆえ，CLSMやSIMとの複合システムの場合は事前に同じ視野の画像をこれらで撮像し，最終画像のイメージをもっておくことも重要である．

【Airyscan】
- スキャンズームは使用しているシステムにより推奨倍率があり，それ以下で使用すると数値が赤い表示で警告されるので規定値以上に設定をする．規定値以下で使用すると仕様上の最大分解能を出せないので注意が必要．
- 高画素数設定時は画像取得に時間を要するため，精度の高い双方向スキャンモードを使用するのもよい．

おわりに

　現在ELYRA P.1を用いたPALM/dSTORM観察では画像取得時間に分単位の時間を要するが，よりハイパワーのレーザーや，より高速撮像に対応した検出器の開発によりその撮像時間は徐々に短縮しつつある．今後，秒単位での撮像を可能とするPALM/dSTORMが実用レベルの製品として進化していくことを期待したい．

　ELYRA S.1を用いたSIMの分解能は光学顕微鏡での最大理論分解能の約半分になり，これまでCLSMで難しかった細胞内での極小構造の表現に効果を発揮するが，現在はまだ深さ，および時間分解能に制限がある．今後これらの解決のために，2光子励起法の利用や高速撮像可能な光学系の改良などを期待したい．

　AiryscanはCLSMの原理を基礎としたはじめての超解像技術になり，CLSMのもつ汎用性をそのまま活かすことができる．また，正立型，倒立型を問わず，カールツァイスマイクロスコピー社が提供するCLSM（すべてのLSM 8シリーズや一部のLSM 7シリーズ）に搭載が可能なユニットであることも魅力である．Airyscanは，CLSMをベースに用いることでこれまで超解像顕微鏡のなしえなかった分解能，スピード，フレキシビリティーを兼ね備えたバランスを重視した新しい考えの超解像顕微鏡である．今後は現在CLSMを使用するすべてのユーザーにとってのスタンダードになることを期待したい．

◆ 参考図書・URL
- Dempsey GT, et al：Nat Methods, 8：1027-1036, 2011
- van de Linde S, et al：Nat Protoc, 6：991-1009, 2011
- Heilemann M, et al：Angew Chem Int Ed Engl, 48：6903-6908, 2009
- Schubert V & Weisshart K：J Exp Bot, 66：1687-1698, 2015
- 『White paper;ZEISS ELYRA Sample Preparation for Superresolution Microscopy-a Quick Guide』（Sylvia Münter & Yilmaz Niyaz）(http://hcbi.fas.harvard.edu/files/en_41_011_065_elyra_sample-prep-quickguide.pdf), カールツァイスマイクロスコピー社
- Gustafsson MG, et al：Biophys J, 94：4957-4970, 2008
- 『Technology Note;The Basic Principle of Airyscanning』（Klaus Weisshart）(http://confocal-club.ru/upload/article/EN_wp_LSM-880_Basic-Principle-Airyscan.pdf), カールツァイスマイクロスコピー社

実践編

第3章 目的別の超解像イメージング

1 超解像イメージングの注意点

岡田康志

例えば市販されている超解像顕微鏡を用いて撮像すれば，何らかの画像が得られる．では，その結果は真の構造を反映しているのであろうか？ 超解像顕微鏡法には，その手法に応じて特有のアーティファクトが発生しうる．また，分解能の向上に伴うアーティファクトや注意点も存在する．本項では，超解像イメージングの限界やアーティファクトなどについて，生物医学的応用の観点から議論する．

はじめに

超解像顕微鏡を使うと，これまで見えなかったものが見えるようになる．確かにその通りではあるが，普通の蛍光顕微鏡で見ても染まっていない試料は，超解像顕微鏡で見ても意味のある結果は得られない．超解像顕微鏡は魔法の機械ではない．単に分解能が高いだけである．したがって，見えなかった信号が見えるようになるわけではなく，滲んで見えない細部の構造が見えるようになるだけである．

また，どのような実験であっても，その限界やアーティファクトを理解し吟味することが重要であるが，特に超解像顕微鏡においては，経験の蓄積がないので，原理を十分に理解したうえで限界やアーティファクトを注意深く吟味する必要がある．実際，学術誌に発表されている論文のなかにも，超解像顕微鏡のアーティファクトではないかと思われるような像も散見され，今後一層の注意が要求されるものと予想される．本項では，これらの点を踏まえて，すべての超解像顕微鏡法に共通する注意点を中心に議論する．

細部が見えるとアラが見える

テレビ放送にハイビジョンが導入されて分解能が向上したとき，肌のしわ，肌荒れなどが見えるようになるということでハイビジョン用のメイクが開発されたと聞く．これと全く同様に，超解像イメージングで分解能が向上すると，従来の蛍光顕微鏡では隠れていた「アラ」がクッキリと見えて問題となることがある．以下にいくつかの実例を示す．

1. 色収差・色ずれ

図1Aは，2種類のタンパク質の局在を二重染色で見たものである．少しずれた位置に局在しているように見えるが，実は，ミトコンドリアの外膜のタンパク質（mApple標識）とマトリクスのタンパク質（EGFP標識）の二重染色であり，緑色のマトリクスタンパク質をとり囲むように外膜のマゼンタが局在するはずである．図1B, Cに蛍光ビーズの像を示す．図1Bのように従来の蛍光顕微鏡の分解能では緑とマゼンタはほぼ一致して白い輝点となるが，分解能の高い解像度イメージングでは図1Cのように緑の輝点はマゼンタの輝点の右側にずれていることがわかる．これは光学系

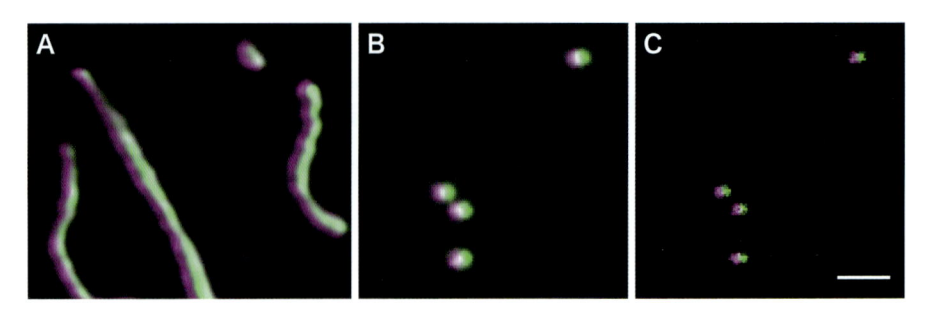

図1 色収差の影響

A) ミトコンドリア外膜タンパク質（mApple標識）とマトリクスタンパク質（EGFP標識）の二重染色超解像イメージ．色収差の影響で色ずれを起こしている例（**実践編第1章2**図3と同一標本）．**B)** 蛍光ビーズの通常蛍光顕微鏡像．**C)** 蛍光ビーズの超解像イメージ．スケールバーは1μm．詳細は本文も参照．

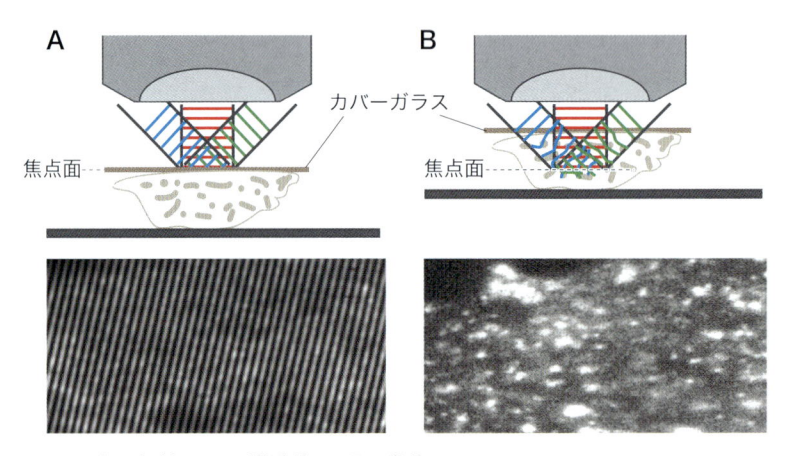

図2 球面収差による構造化照明の劣化

A) カバーガラス直下に焦点面があるときはきれいな縞模様が生じている．**B)** 焦点面がカバーガラスから離れると，球面収差の影響で縞模様のコントラストが著しく低下する．

の色収差による．この例では，GFPの蛍光とmAppleの蛍光で約150nmのずれが生じている．この程度のずれは，従来の蛍光顕微鏡では分解能限界以下なので問題となることは少なかった．しかし，超解像顕微鏡では，分解能が上がったために見えてしまう．この例からもわかるように場合によっては誤った解釈をしかねないので注意が必要である．

2. 球面収差・屈折率の不均一分布

　油浸の対物レンズは，屈折率1.525，厚さ0.17mmのカバーガラスで，試料が屈折率1.518の媒質に包埋されているとき球面収差が最小になるように設計されている．すなわち，これ以外の条件，例えばカバーガラスが0.12mmであるとか，試料が屈折率1.33の水中にある場合には，球面収差が生じる．球面収差が生じると，対物レンズ中央付近を通った光と周辺部分を通った光が焦点で交わらなくなる．このため，構造化照明法（**原理・応用編第1章3**参照）（SIM）では縞模様のパターンが不鮮明になる（図2）．誘導放出制御法（STED）ではドーナツの孔が空かなくなる（**本章6**参照）．このため，いずれの方法でも実質的な分解能は著しく劣化してしまう．

水中の試料を観察するには，水浸の対物レンズが適している．水浸の対物レンズは，カバーガラスの厚さの影響を油浸の対物レンズより大きく受けるため，補正環がついており，用いるカバーガラスに応じて微調整することが重要である．また，脂質膜やタンパク質は水よりも屈折率が高い．水浸の対物レンズを用いても，核周囲など密度の高い部分では局所的に屈折率が高くなり収差が出てしまう．いわゆる透明化試薬の1つの重要な作用は脱脂である．脂質を除いたうえで試料をタンパク質と同じ屈折率の媒質で満たすことで屈折率が一様となり，深部まで収差を抑えた状態で観察することが可能となる．したがって，組織切片やスライス標本など厚めの試料では透明化処理が有効である．

特に培養細胞や組織切片の場合は，TDEを包埋剤として用いることで屈折率の調整，透明化，蛍光色素の褪色防止（ただしAlexa Fluor™ 488など一部の蛍光色素は暗くなる）などの効果が得られるので，非常に有効である（具体的な使い方は**本章6**参照）．

3. 固定のアーティファクト

細胞・組織を免疫染色する際には，通常，固定を行い，細胞膜を可溶化して，抗体で染色する．この過程で目的の構造の形態は維持されているか，目的のタンパク質の局在は変化しないかは，必ずしも自明ではない．例えば，電子顕微鏡で細胞や組織を観察する際には，グルタルアルデヒドを含むカルノフスキー系の固定液がよく用いられる．アルデヒド基を2つもち，固定力が強く微細形態の保持に優れているためである．一方，蛍光抗体など従来の光学顕微鏡観察でよく用いられるホルマリンだけでの固定やメタノール固定は，電子顕微鏡で見ると，形態の維持が不十分であることが多い（図3）．

また，局在化法（**原理・応用編第1章2**参照）などでは，固定によってタンパク質は動かなくなっていると前提して解析することが通常だが，ホルマリン固定だけでは必ずしも十分ではない．ホルマリン単独あるいは0.1％以下のグルタルアルデヒドを添加しても多くの膜タンパク質は固定されず拡散運動を続けており，

固定するためには0.2％以上のグルタルアルデヒドが必要であったと報告されている[1]．

また，固定液が細胞内に浸透して細胞内のタンパク質などと反応するには一定の時間を要する．固定液を加えた瞬間に細胞内のタンパク質の動きが止まるわけではない．したがって，固定反応の経過に伴い細胞内の構造やタンパク質の局在が変化する可能性もある．カルノフスキー系の固定液では，グルタルアルデヒドの浸透力の弱さを補うためにホルムアルデヒドが混合されている．さらに固定を急速にすることによってアーティファクトを防ぐべく，物理的な固定方法として急速凍結法も開発されている．

このように，電子顕微鏡の試料調製の分野では，微細形態を維持するためにさまざまな固定方法が工夫されている．超解像顕微鏡の分解能は，30〜120nmと電子顕微鏡に比べれば劣るものの，従来の光学顕微鏡に比べて高い分解能をもつ．したがって，形態の維持については，電子顕微鏡の試料調製に準じた注意が望ましい．

しかし，一般に強い固定を行うと抗体との反応性が低下してしまうことが少なくない．免疫電子顕微鏡法と同様，抗体の反応性と形態の保持のバランスを取るため，固定条件の検討が重要である．

4. 標識の大きさ

蛍光顕微鏡で検出しているのは蛍光標識の位置である．例えば，通常の間接蛍光抗体法の場合，蛍光標識は二次抗体に結合しているため，厳密には抗原分子と蛍光標識の位置には差がある．抗体分子の大きさは10〜20nm程度であるため，従来の蛍光顕微鏡では，位置の差は問題とならなかったが，蛍光分子局在化法など30nm程度（以上）の精度・分解能で観察する際には，抗体分子の大きさは無視できない．

図4Aに示すとおり，一次抗体・二次抗体を介すると，抗原と蛍光標識の位置は最大で30nm程度離れてしまう．そのため，例えば直径25nmの微小管を観察しても，平均で2倍程度，最大3倍程度の太さに見えてしまう．したがって，このような高分解能での観察を行

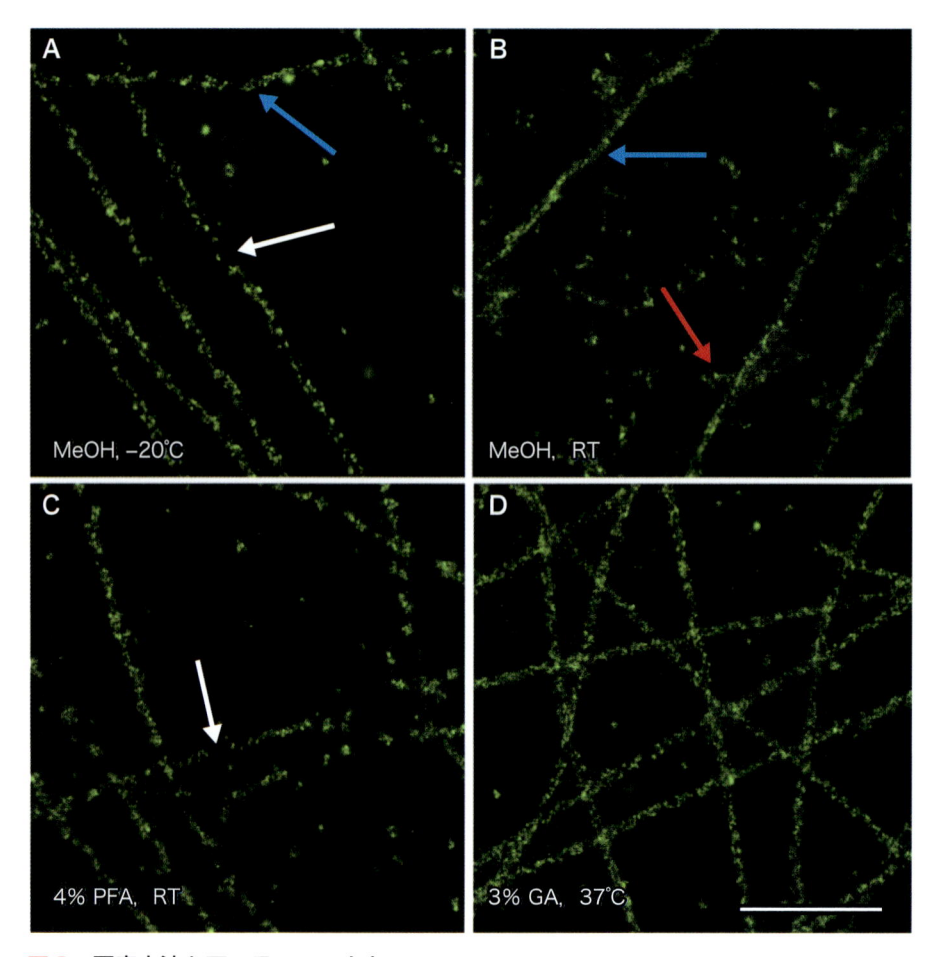

図3 固定方法とアーティファクト
いずれも微小管を抗チューブリン抗体で染色し，局在化法で観察した例である．**A)** メタノール固定（−20℃），**B)** メタノール固定（室温），**C)** 4％パラホルムアルデヒド固定（室温），**D)** 3％グルタルアルデヒド固定（37℃）．**A～C**ではアーティファクト（赤・白・青矢印）が目立つ．スケールバーは1μm．文献2より引用．

う際は，Fab断片を用いるなどの工夫が必要である．近年，ラクダなどの抗体をもとにしたナノボディが開発されている．わずか4nmの大きさであり，固定標本への浸透性も高く，超解像観察用の抗体染色に好適である．

5. 標識密度

4. でも強調したとおり，蛍光顕微鏡で観察されるのは蛍光標識であって，目的の構造そのものではない．極端な話，例えば微小管を観察するとして，微小管に蛍光標識が1個だけ結合しているならば，どれだけ分解能を高くしても1点が見えるだけで微小管の構造は観察されない．図4Bは，位置精度20nmのdSTORM像であるが，微小管としての連続した構造は見えず，不規則な点の集まりにしか見えない．蛍光標識の間隔が20〜30nm程度であるためである．1ピクセルの大きさを30nmにして分解能60nmの画像にすると，図5のように連続した線維構造として微小管がシャープに描出される．

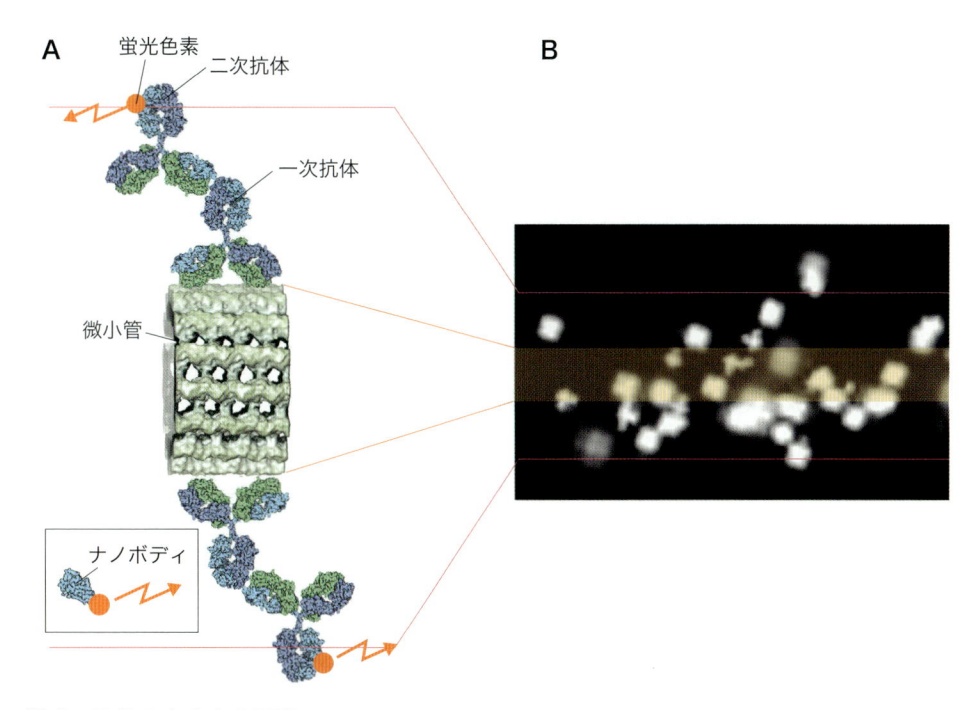

図4 抗体の大きさの影響

A) 微小管および抗体の構造モデル．微小管の直径に対して抗体の大きさが無視できないことがわかる．四角の枠内は，ナノボディの構造モデル．抗体およびナノボディの構造モデルはPDB-101より引用（doi：10.2210/rcsb_pdb/mom_2011_4）[3]．**B)** 一次抗体（抗チューブリン抗体DM1A，シグマ アルドリッチ社），二次抗体（Alexa Fluor™ 647 抗マウス抗体，Thermo Fisher Scientific社）で染色した微小管のdSTORM像の一部を拡大したもの．黄色の帯が微小管の直径に相当する領域．Alexa Fluor™ 647の信号が微小管の直径の約3倍の範囲に広がっていることがわかる．

　一般に，分解能 d nm で構造を描出するためには，蛍光標識の間隔はd/2 nm 以下でなければならない．これをナイキスト条件という．これは，分解能とピクセルサイズの関係とも一致していて，分解能 d nm で構造を描出するためにはピクセルサイズはd/2 nm 以下でなければならない．図5で，ピクセルサイズを30nmとしてプロットしたのは，このためである．

　さて，このように考えると，超解像蛍光顕微鏡での実際の分解能を決めるのは，必ずしも装置の性能だけではないことがわかる（図6）．例えば，蛍光分子局在化法を用いれば，容易に20nmより高い精度で蛍光分子の位置を決定することができる．しかし，分解能20nmで構造を描出するためには，蛍光標識の間隔を10nm以下にする必要がある．抗体分子の大きさが10nm以上あることを考えると，この条件を達成する

図5 微小管のdSTORM像

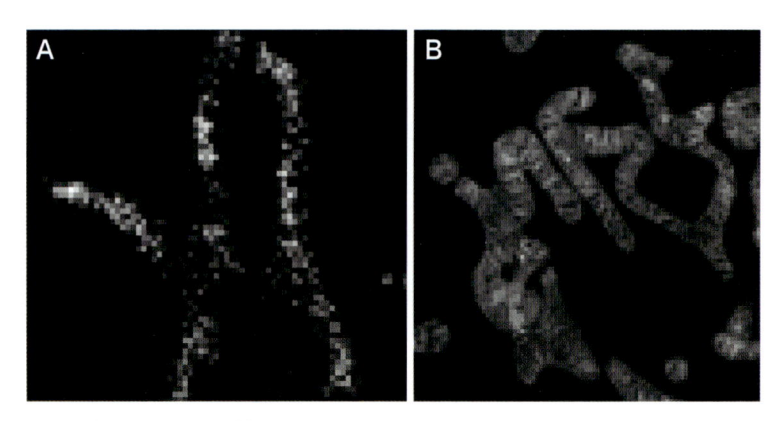

図6 標識密度と画質
A) ミトコンドリアのPALM像．標識密度が低いため，構造は描出されていない．**B)** ミトコンドリアの構造化照明像．装置の分解能は120nmであるが，標識密度が十分高いのでミトコンドリアの内部構造が描出されている．

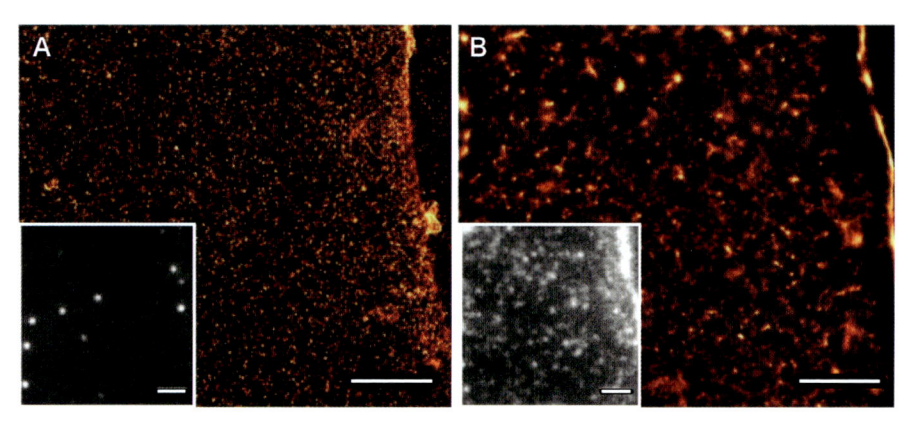

図7 局在化法のアーティファクト
WGA-Alexa Fluor™ 647によるdSTORM像．**A)** 適切な観察条件（7kW/cm²）．元画像では，蛍光分子が1個ずつ十分バラバラに光っている（左下枠内）．**B)** クラスター状のアーティファクトが生じている例．左下枠内の元画像をみると，同時に光る蛍光分子の密度が高すぎることがわかる．レーザー光強度が弱すぎるためである（1kW/cm²）．スケールバーはすべて2μm．文献5より引用．

ことは困難である．立体障害や標識効率のため，標識密度の上限は平均間隔20〜30nm程度がせいぜいである．これは，実質的な分解能の限界が40〜60nm程度であることを意味する．実際，蛍光分子局在化法PALMの創始者であるBetzigらも，非線形構造化照明法による60nm程度の分解能の画像とPALMの画像が実質的に同程度の分解能であると論じている[4]．

なお，標識密度が高い場合に局在化法を正しく行うには，同時に光る蛍光分子の割合を十分に低くして，標識密度が最も高い場所でも蛍光分子の像が1個ずつバラバラに分離される条件に設定する必要がある．さもなければ，一部の蛍光分子のみに偏った位置計測がなされることになり，クラスター状のアーティファクトが生じやすい[5]．この効果は，細胞膜や細胞骨格など一様に染まることが期待される構造を局在化法で観察した際に顕著である（図7）．

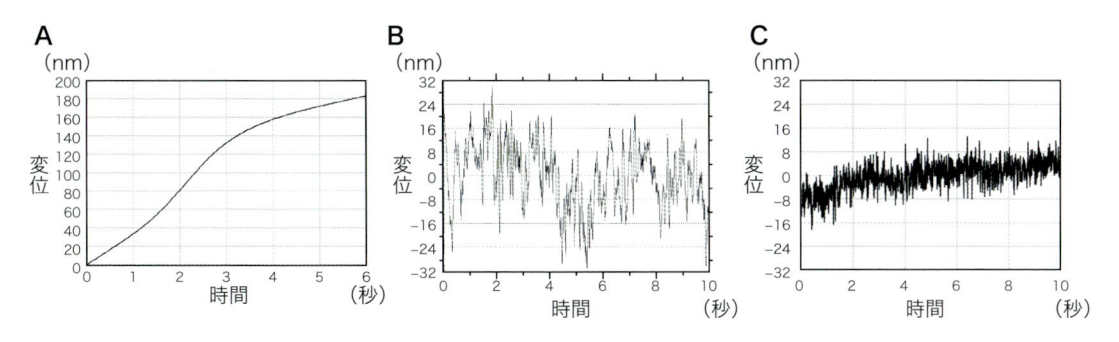

図8 ステージの違いによるドリフトの差
A) 手動ステージ，B) 電動ステージ，C) 高安定ステージ．

6. 振動・ドリフト

　従来の蛍光顕微鏡のように分解能200nm程度で観察する場合は，100nm程度の振動・ドリフトがあっても，その影響は軽微であった．しかし，分解能100nmあるいはそれ以上をめざす場合は，100nmの振動・ドリフトは無視できない．取得画像から振動・ドリフトを推定して計算で補正することも可能であるが限界がある．元画像取得の際に振動・ドリフトを最小にするのが望ましい．除振台を使用する，空調などの風があたらないように風除箱の中に入れる，温度変化を避けるなども重要であるが，顕微鏡の特に試料ステージの影響は大きい．通常のxy手動ステージはドリフト・振動が大きい．電動ステージの方が良好である（図8）．故 木下一彦先生の発明による高安定ステージ（Model KS-O，中興社製作所）を用いると，振動・ドリフトを大幅に軽減することができる．同様の設計をベースに改良されたSuMoステージがライカマイクロシステムズ社のLeica SR GSD 3D（実践編第2章2参照）などでは採用されている．

■ 生細胞観察における問題点

　前述した問題点の一部は，固定標本を蛍光抗体法で染色するために生じるアーティファクトである．細胞を生きたまま観察すれば，固定によるアーティファクトは発生しない．ノックインで標的分子に蛍光タンパク質を結合させれば，100%近い標識率を達成することも可能である．ただし，その場合に，標的分子の局在・機能・動態などに影響が出ないかは別途確認する必要がある．また，標識率が100%であっても，実際に観察されるのは，標的タンパク質の局在であって，それが局在する構造の形態そのものと一致するかは別の問題である．これら蛍光ライブイメージングに共通した注意点も含め，超解像イメージングで特に問題となる点を論じる．

1. 被写体ぶれ

　前述した通り，試料のわずかなドリフトが超解像イメージを劣化させる原因となりうる．たとえステージが完璧に静止していても，生きた細胞の中では，さまざまな構造が動く．したがって，この動きの影響で超解像イメージは劣化してしまう．例えば，図9は，Rab11a-EGFPでエンドソームを染めた細胞を構造化照明法（SIM）で撮像した画像である．約1秒の間に撮像された9枚の元画像のうち5フレーム目と9フレーム目が図9A, Bである．このように，わずか0.5秒ほどの間にエンドソームは大きく動く．この元画像からSIMの超解像復元処理を行うと，図9Cのように縞模様状のアーティファクトが生じる．動く構造を撮像するためには，画像取得時間を短くする必要がある．例えば，速度1μm/sで動く構造を1秒間かけて撮像す

133

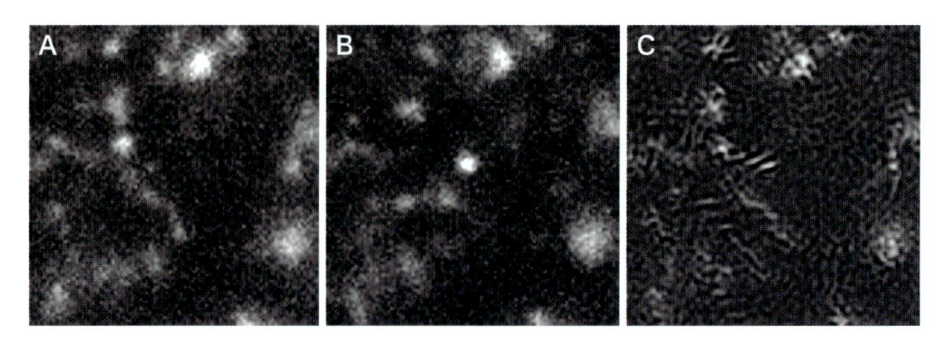

図9　SIM撮像中にエンドソームの動きによってじたアーティファクト
詳細は本文も参照．

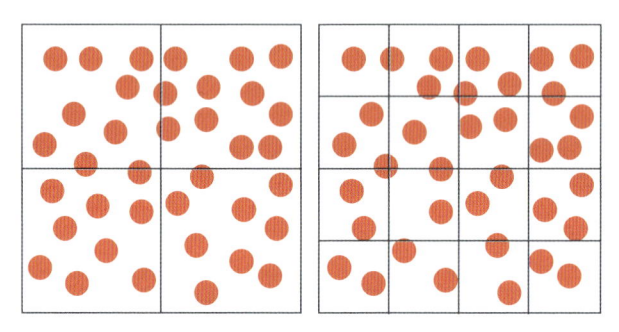

図10　分解能と明るさの関係の模式図
●を蛍光分子，格子を1ピクセルとすると，分解能が2倍になると明るさは1/4になる．詳細は本文も参照．

れば，その間に1μm動いてしまい，超分解イメージングの意味はない．100nmの分解能で観察するためには，0.1秒より十分短い時間で画像取得を行う必要がある．したがって，蛍光分子局在化法のように多数の元画像取得が必要な超解像顕微鏡法で生細胞観察を行うことは困難である．

SIMは，必要な元画像が9〜15枚と少なく0.1〜1秒程度の撮像時間で元画像の取得が可能である．達成できる分解能が120nmであるから，速度100nm/s程度の比較的遅い動きの構造であれば十分に対応できる．われわれはSIMを改良して，さらに高速な試料に対しても対応可能な，元画像取得時間10msの高速超解像顕微鏡法SDSRMを開発している[6]．

STEDは，ピクセル単位に走査して画像を取得するため，広い視野を得ようとすると撮像時間がかかってしまうが，視野を狭くすることで高速撮像が可能である．したがって，STEDで超解像ライブイメージングを行うには，試料に応じて適切な視野のサイズ・撮像時間を設定することが重要である．

2. フォトダメージ

二次元の画像で考えてみよう．分解能がx, y方向それぞれ2倍になるということは，逆にいえばピクセルの大きさがx, y方向にそれぞれ半分になるということである．したがって，1ピクセルあたりの蛍光分子の個数は1/4になる（図10）．三次元の場合は，x, y, z方向に半分になるので，1ボクセルあたりの蛍光分子の個数は1/8となる．つまり，分解能をk倍にすると，1ピクセルあたりの蛍光分子数は$1/k^2$〜$1/k^3$となり，それだけ信号強度が下がる．これは，超解像顕微鏡の手法によらない幾何学的な効果である．

このため，例えばSIMで従来の蛍光顕微鏡と同程度

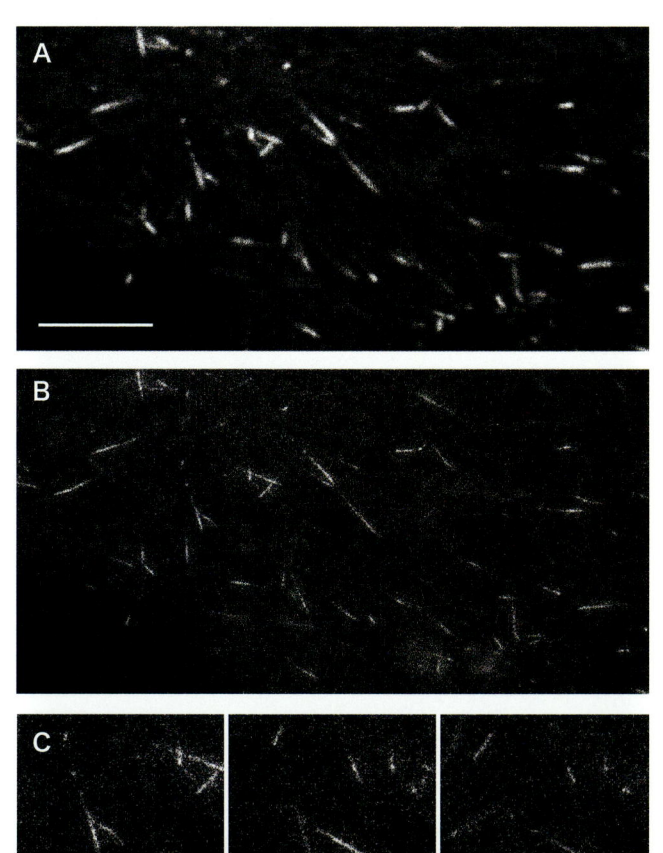

図11 gated STED法によるライブセルイメージングの例

EB1-EYFPで微小管の伸長端を染色している．**A)** 通常共焦点画像．スケールバー：5μm．**B)** Aと同視野のSTED画像．STED光を10kW/cm² 程度まで弱くすることでフォトダメージが軽減され，微小管のダイナミクスへの悪影響はみられない．**C)** Bの一部を拡大した10秒間隔の画像．

のS/Nの画像を得るためには，信号強度を8倍稼ぐ必要がある．前述の通り，超解像イメージングでは標識密度を高くすることが重要であるため，できるだけ強い染色条件で高密度に標識することが望ましい．しかし，それにも限度がある．そのため，励起光強度を強くしたり，露光時間を長くしたりして，信号強度の低下を補う必要がある．固定標本の場合に，褪色防止剤の添加が推奨されるのはこのためである．しかし，生細胞の場合は，有効な褪色防止剤は少なく，褪色やフォトダメージの影響をできるだけ避けてイメージングする条件を試行錯誤する必要がある．

蛍光分子局在化法は，前述のようなピクセル単位の撮像ではなく，蛍光分子の位置計測によって超解像イメージを再構成するため，図10のような幾何学的影響は受けない．しかし，蛍光分子の位置の計測精度は，取得光子数の平方根に比例する．20nm程度の分解能で位置計測を行うには，数フレームで褪色してしまう程度の強い励起光照射（〜10kW/cm²）が必要で，フォトダメージに注意する必要がある[7]．

誘導放出制御法（STED）は，スポット走査式であるため，各スポットに蛍光分子があるかないかがわかれば原理的には画像を構築できる．したがって，幾何学的効果に対向して信号強度を稼ぐ必要は必ずしもない．しかし，誘導放出を起こすためのドーナツ光の強

度は，励起光の1,000倍程度の100〜1,000kW/cm² 程度となるため，これによるフォトダメージが問題となる．対策としては，gated STEDを利用する，STED効率の高い色素を利用するなどの工夫でできるだけ誘導放出光の強度を抑えることが重要である（図11）．

フォトダメージの一般的な評価法はないが，筆者の経験では，細胞骨格系はフォトダメージに敏感である．例えば，微小管系を標識した細胞では，フォトダメージを受けると微小管の伸長速度が著しく低下する．アクチン系を標識した細胞では，葉状仮足（ラメリポディア）にフォトダメージを与えると，仮足が縮退したり細胞が丸まって死んでしまったりする．

3．球面収差・屈折率の非一様分布

前述した問題点であるが，生細胞観察では特に大きな問題である．細胞内の屈折率分布が一様でないことは，SIM照明やSTED照明の劣化や，局在化法での位置計測精度に大きな悪影響を与える．これに対処するための光学系として，天文学の分野で発達した補償光学系があり（原理・応用編第2章2参照），超解像顕微鏡への応用が期待される．

まとめと今後の展望

超解像蛍光顕微鏡法の魅力は，手軽に電子顕微鏡に匹敵する分解能が得られる点にある．しかし，必要な注意を怠ると，十分な画質が得られなかったり，アーティファクトに悩まされたりする危険性がある．常に蛍光ビーズなどの標準試料を用意して，装置の状態を確認することが重要である．

また，像の解釈においては，蛍光顕微鏡では蛍光標識された構造しか見ることができないため，注意が必要である．特に新奇な構造の観察においては，電子顕微鏡での観察を併用することが望ましい．したがって，両者を直接比較する光・電子相関顕微鏡観察CLEM法（原理・応用編第2章5参照）が，今後ますます発達すると期待される．そのためには，電子顕微鏡用の試料作製・観察と超解像蛍光顕微鏡観察をパイプライン化するプラットフォームを構築し，簡単に超解像CLEM法を実施できる環境を整備することが重要であろう．

◆ 文献・URL

1) Tanaka KA, et al：Nat Methods, 7：865-866, 2010
2) Whelan DR & Bell TD：Sci Rep, 5：7924, 2015
3) RCSB PDB-101：Molecule of the Month（http://pdb101.rcsb.org/motm/136）
4) Li et al., Science 349：aab3500, 2015
5) Burgert A, et al：Histochem Cell Biol, 144：123-131, 2015
6) Hayashi S & Okada Y：Mol Biol Cell, 26：1743-1751, 2015
7) Wäldchen S, et al：Sci Rep, 5：15348, 2015

生体組織深部の高感度 *in vivo* イメージングを実現

近赤外ルシフェリンアナログ **TokeOni**(トケオニ)

生体組織透過性が高い近赤外領域で発光するTokeOniは、生体組織深部の標的を高感度に検出する画期的な *in vivo* イメージング材料です。

生物発光イメージングでは、ルシフェラーゼとD-ルシフェリンの発光システムが最も一般的に利用されていますが、D-ルシフェリンの発光波長（λ_{max}=560 nm）は生体組織中のヘモグロビンなどに吸収されやすく、高感度検出にはまだ課題が残されています。この課題を解決に導くのが"TokeOni"です。

TokeOni の特長
- D-ルシフェリンよりも高い発光強度
- 近赤外発光波長 λ_{max} 675 nm
- HCl フリー体よりも 50 倍以上高い溶解性で高濃度投与が可能

TokeOni はシグマアルドリッチからご購入いただけます

CAT. NO.	容量	価格
808350	5mg	¥15,000

図1. TokeOni の構造式

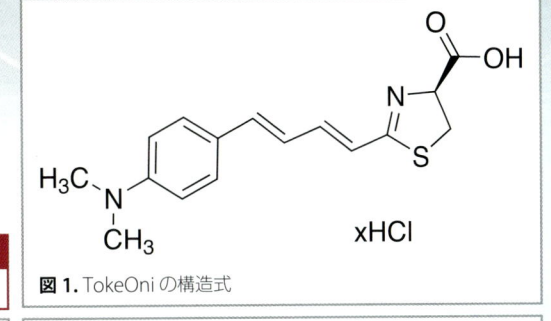

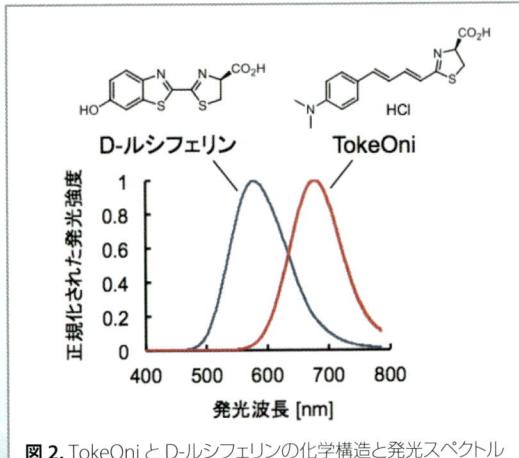

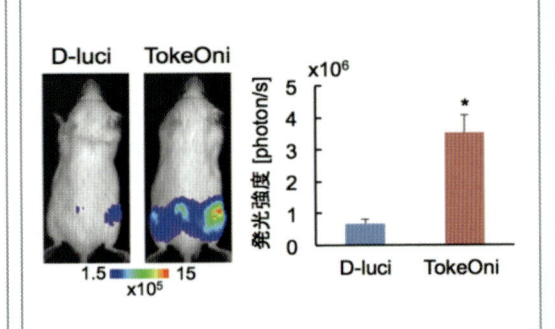

図2. TokeOni と D-ルシフェリンの化学構造と発光スペクトル

図3. TokeOni による骨転移がん細胞の高感度イメージング。D-ルシフェリン（D-luci）と TokeOni を投与して 10 分後に撮像した代表的な発光イメージ（左）と後肢骨転移病巣からの発光強度の定量的な解析結果（右）を示した。n=6、*p<0.05。

データ提供：東京工業大学　生命理工学院　生命理工学系ライフエンジニアリングコース　近藤科江　教授　口丸高弘　助教
参考文献：1) S.Iwano, S.Maki, H.Niwa et al., *Tetrahedron*, 2013, 69, 3847-3856. 2) T.Kuchimaru, S. Maki, S.Kizaka-Kondoh et al., The World Molecular Imaging Congress 2015
特許第 5464311 号，特許第 5550035 号，特開 2014-218456

TokeOni の製品情報はこちら　http://goo.gl/namOsR

シグマ アルドリッチ ジャパン
http://www.sigma-aldrich.com/japan

製品に関するお問い合わせは、弊社テクニカルサポートへ
TEL：03-5796-7330　FAX：03-5796-7335　E-mail：sialjpts@sial.com

SIGMA-ALDRICH®

実践編　第3章　目的別の超解像イメージング

2 超解像イメージングに利用する光スイッチング蛍光タンパク質の種類と特性

松田知己，永井健治

　超解像蛍光顕微鏡技術により光学顕微鏡の空間分解能は光の回折によって規定される理論限界（回折限界）を超え，電子顕微鏡のそれに迫るところにまで達している．この技術の誕生には顕微鏡の光学的な技術の発展とともに"光スイッチング"機能を有する蛍光プローブによる貢献もそれに等しく大きいといえる．特に光スイッチング蛍光タンパク質（PSFP）の開発は凄まじく，続々と新規タンパク質が開発され続けている．本項では，これらPSFPの特性とそれを活かした，PALM，SOFI，RESOLFT，SIMといった超解像イメージングについて解説する．

はじめに

　超解像「蛍光」イメージングを達成するためには，顕微鏡や光源などの装置面でのセットアップが重要なのはもちろんであるが，それと同時に観察すべき「蛍光」を発するプローブも欠かせないものである．超解像で見ようとする構造は多くの場合，タンパク質が集合してつくる構造や一部にタンパク質を含む構造である．したがって，見たい構造の構成要素のタンパク質との融合タンパク質としてタグ化できる蛍光タンパク質は，見たい構造を超解像で可視化するためには有用であろう．超解像イメージングは，本書の随所で紹介されているように，「非」超解像のイメージングとは一線を画した，超解像顕微鏡法ならではの「光スイッチング蛍光タンパク質」の性質を利用した方法の開発が進められている．励起光の照射強度と同程度からそれよりもはるかに弱い強度で起こる光スイッチング現象（後述）は，ライブイメージングで問題となる光毒性の問題を回避することができるという点でも，通常の蛍光タンパク質を超解像イメージングに用いた場合に比べてほとんどの場合に格段に有意になる．本項では，超解像イメージングに焦点を当てて，光スイッチング蛍光タンパク質（photoswitchable fluorescent protein：PSFP）の性質とその応用を解説する．

光スイッチング蛍光タンパク質と超解像

1. 光スイッチング蛍光タンパク質とは？

　蛍光タンパク質イメージングの元祖である緑色蛍光タンパク質（GFP）は，そもそもは光（励起光）照射によって励起されたタンパク質内部の蛍光発色団が基底状態に戻る際に発せられる蛍光を観察するものである．そこから，YFP変異体で光照射により蛍光状態が変化する現象が発見されたのを皮切りに[1]，遺伝子改変による改良やさまざまな生物種からの蛍光タンパク質の単離の努力の過程で同様の現象が多数見出された．

138　初めてでもできる！超解像イメージング

超解像イメージングを含む，さまざまなライブイメージングの場面で用いられている光スイッチング蛍光タンパク質は，この光照射（以下，光刺激とよぶ）によって起こされる蛍光状態の変化，すなわち光スイッチングに照準を合わせた改良が進められた結果得られたものである．

光スイッチングで引き起こされる蛍光状態の変化は大きく2つに分けることができる．一方は観察される蛍光波長が一定で蛍光強度に変化の起こるタイプ，もう一方は蛍光波長がシフトするタイプである．前者は光活性化蛍光タンパク質（photoactivatable fluorescent protein：PAFP）とよばれ，後者は光変換蛍光タンパク質（photoconvertible fluorescent protein：PCFP）とよばれる（図1）．また，反応の可逆性に関しても，2つに分けることができる．一方は一度起こった変化をもとに戻すことのできない不可逆的なPSFP（irreversible PSFP：Ir-PSFP）であり，もう一方は2つの状態を異なる波長の光刺激を使い分けることによって行き来することのできる可逆的なPSFP（reversible PSFP：R-PSFP）である（図1）．R-PSFPは，緑色蛍光タンパク質と赤色のR-PSFPの間のFRETを利用したものが報告されているが，その後の超解像イメージングなどでの応用例はなく，R-PSFPは通常可逆的なPAFPのことをさす．

これらの蛍光タンパク質の光スイッチングは，発色団が受けとった刺激光のエネルギーが光化学反応に利用され，発色団周囲の化学的環境が変化することによって引き起こされる．Ir-PSFPではその反応も不可逆に起こる．例えば，PAFPの1つであるPA-GFPでは発色団近傍のグルタミン酸残基側鎖の脱炭酸反応が，PCFPのKaedeやmEosでは発色団を形成するアミノ酸残基のα炭素原子とアミノ基の窒素原子との間の共有結合の切断が不可逆的に起こる．それに対してR-PSFPではその反応も可逆的である．いずれもR-PSFP/PAFPのON状態からOFF状態への変化の例となるが，Dronpaの場合は*cis*型の発色団アニオンの*trans*型への光異性化，Dreiklangの場合は光刺激に伴う発色団のイミダゾール環の炭素原子の水和によって

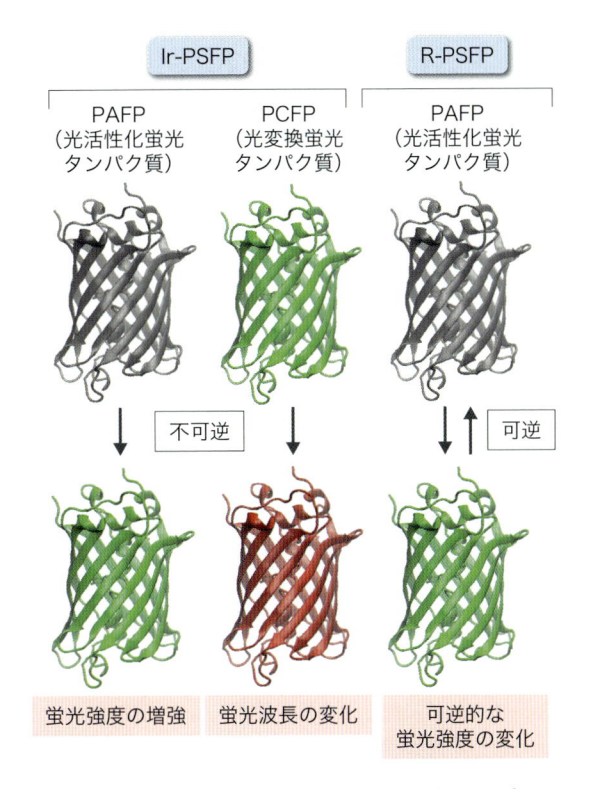

図1 光スイッチング蛍光タンパク質（PSFP）の種類

蛍光状態の変化が引き起こされる．

2. 超解像イメージングへの応用

超解像イメージングをかなり大雑把に分けると，1分子観察をベースにした方法と多数の蛍光分子からなる輝点の集合の領域を狭める方法に二分されるが，PSFPのスイッチング機能はそれらのいずれに対しても貢献することができる．PSFPに共通して望まれる性質には，ON状態とOFF状態の蛍光強度の比，スイッチング反応のスピード，特にR-PSFPに関してはON-OFFスイッチングサイクルでの褪色に対する耐性などがあげられる．その他にも，通常の蛍光タンパク質と同様に高い蛍光量子収率，高いモル吸光係数，光褪色に対する耐性，ホモ複合体の形成が起きないことが望まれている．

PSFPと2つの超解像イメージング法

1. 1分子観察をベースにした方法

1) PALM法の原理

通常の蛍光顕微鏡観察では，広視野観察の際に試料中の蛍光分子の広がりをもった輝点が回折限界内で重なることによって微細構造を捉えることができなくなってしまう．一方，超解像イメージングにおける1分子観察をベースにした方法では，観察対象の蛍光分子のうちの少数のみがまばらに蛍光を発する状態に分離して観測する．その代表であるPALM（photoactivatable localization microscopy）法では，光スイッチングを少数分子のみがまばらに蛍光を発する状態をつくり出すために利用して超解像を達成している[2]．PAFPの場合は蛍光ON状態の分子，PCFPの場合は光変換を受けた分子の数を光刺激の強度によって制御し，少数の輝点を撮像している．いったん少数分子の輝点の撮像を終えると状態をリセットし，一連のサイクルをくり返して重心位置を積算し最終的な超解像イメージを再構築することになるのであるが，Ir-PSFPを用いる場合には光褪色により，R-PSFPでは光刺激によるOFF状態への変換によりリセットする．したがって，Ir-PSFPを用いるとすべての蛍光分子を撮像した後は観察をくり返せないのに対し，R-PSFPでは観察をくり返すことができる．

2) 位置精度の向上

蛍光タンパク質分子から発せられる光子1つの輝点の点像の分布がσで表されるとすると，1分子から合計N個の光子が観測された場合はその分子の位置は$\sigma/\sqrt{n}$の位置精度で決定されるため，1分子から発せられる光子数が多いほどPALM測定の位置精度は向上する．つまり，ON状態（もしくは光変換後の状態）での，吸収断面積，蛍光量子収率，光子放出率の大きなPSFPを用いることが望まれる．蛍光輝度を評価する際，光刺激による活性化がOFF状態とは別の無蛍光状態と競合して起きる場合には，バルクの測定値が1分子の計測によって得られる値に比べて小さくなる．そこで実際の測定に即した評価をするためには1分子での測定値を参考にすることが望ましい．光子数に関しては，褪色するまでに1つの蛍光分子が発する光子の総数（すなわちphoton budget）もまた位置精度に影響を与える要因である．

R-PSFPの1分子観察では，観察のための励起光の影響や自発的な反応によりON状態に遷移して蛍光を発して，褪色や自発的な逆反応によりOFF状態に戻る現象が観測される．このような過程で蛍光を発する頻度が高いため撮像の際に複数の輝点のPSFに重なりが生じる場合にはR-PSFP分子の密度を下げる必要が生じる．したがって，OFF状態に留まる時間に対してON状態の滞在時間の割合（ON-OFF duty cycleまたはON-OFF switching rate ratio）が小さいR-PSFPほど高密度で標的タンパク質をラベルすることができ，ナイキストのサンプリング定理※にもとづいた空間分解能の向上が見込まれる[3]．刺激光によらない1分子蛍光状態の変化が引き起こす問題もある．それはON状態での蛍光のブリンキングにより同一の輝点が複数回に渡って回折限界で分けられない範囲にいる分子として記録されてしまい，画像の位置精度に問題を与える要因になる．

3) PALM以外の方法

PALM以外の1分子観察をベースにした超解像顕微鏡法としては，pcSOFI（photochromic stochastic optical fluctuation imaging）への応用例がある[4]．これはR-PSFPをスイッチングONとOFFのための刺激光の間の波長で励起し，観察中にスイッチONとOFFの反応を競合させることによってON状態の分子の数を確率的に変動させ，1フレームあたりの輝点の数を少数にして観察する方法である．pcSOFIは観察系が

※ **ナイキストのサンプリング定理**

連続的なアナログ信号を一定周期でサンプリングしてデジタル化を行う際に，もとになるアナログ信号の2倍の周波数以上でデータのサンプリングを行えばもとの信号が正しく再現できることを示す定理．本文中においては，もとになるアナログ信号は超解像イメージングの対象となる構造を意味し，サンプリング周期はその構造を標識した光スイッチング蛍光タンパク質分子の間隔を意味する．したがって，この間隔が狭いほど高分解能が達成される．

シンプルでありスイッチングのプロセスを必要としないため高速のデータ取得が可能であるが，使用するR-PSFPの特性（ON rateとOFF rateのバランス）への依存性が高い側面がある．

2. 多数の蛍光分子からなる輝点の集合の領域を狭める方法

1）STEDとRESOLFT

STED（stimulated emission depletion）法では，スキャニング撮像の各位置において，蛍光輝点の分布の外側の領域にSTED光を照射して誘導放出を起こさせて外側の蛍光を打ち消すことにより回折限界以下に狭めて超解像を達成している．それに対して，誘導放出の代わりにR-PSFPのスイッチングOFFを利用するのがRESOLFT（reversible saturable optical fluorescence transition）である[5]．STEDではGW/cm^{2}レベルの強力なSTED光を照射するため，ライブイメージングでは生体試料への影響が避けられない．一方でRESOLFTではSTED光の1/10^{8}の刺激光強度でR-PSFPの輝点の分布を狭めて超解像イメージングを行うことができるため，ライブイメージングにも十分適用可能である．R-PSFPは励起波長とスイッチングOFFの波長が一致しているネガティブスイッチングのものがほとんどである．そのため，これらを用いる場合には1ピクセルごとの検出中に起こる蛍光の減衰を見込んだうえで得られる光子数を考慮して励起光強度を決める必要がある．それに対して，励起波長がスイッチングONの波長と一致しているポジティブスイッチングのR-PSFPは，撮像中にも輝点の分布が広がらないようにするためにスイッチングOFFの刺激光を照射し続ける必要があるが，より弱い照射強度（通常のRESOLFTの1/100〜1/1,000程度）で撮像ができることが示されている[6]．RESOLFTはスイッチングON-OFFをくり返しながらスキャニングを続けてイメージを得る．特に多数のスイッチングON-OFFのサイクルに対して耐性をもち，蛍光強度の減少が小さくなければならない．スイッチングの速いR-PSFP（すなわちスイッチング反応の量子収率のよいもの）は，1回のスイッチングあたりに照射する刺激光のエネルギーが少なくてよいので光スイッチングサイクルに伴う褪色への耐性のためには有利となる．実際の測定では，画質に影響をおよぼす要因となる，蛍光の光子数，ON状態とOFF状態の蛍光強度比そしてスイッチングサイクルのバランスを考慮して，励起光強度，刺激光強度，それらの照射時間を決定する必要がある．

2）PANL-SIM

R-PSFPによる蛍光のスイッチングは，SIM（structured illumination microscopy）で用いられる構造化照明の照明パターンの領域を狭めて超解像を実現するPANL-SIM（patterned activation nonlinear SIM）においても用いられている[7]．この方法は，低エネルギーの光照射で高速に他の超解像顕微鏡法と同程度の分解能のイメージを取得することができるため，光スイッチングサイクルでの褪色耐性のより高いR-PSFPが開発されれば長時間超解像イメージングへのさらなる発展が見込まれる．

■ さまざまな光スイッチング蛍光タンパク質

1. 不可逆的光スイッチング蛍光タンパク質（Ir-PSFP）

1）不可逆的光活性化蛍光タンパク質（Ir-PSFP/PAFP）（表1）

PA-GFP（photo-activatable GFP）は最初に開発された紫外領域付近の刺激光の照射により暗状態から緑色に変化するPSFPで，現在でも唯一の緑色蛍光を発するIr-PSFP/PAFPである．それに対して，後発の暗状態から赤色蛍光を発するように変化するものにはバリエーションがある．最初に赤色蛍光タンパク質DsRedをもとにしてPAmRFP1（photoactivatable monomeric red fluorescence protein-1），それに続いてPAmCherry1が開発された後，TagRFP由来のPATagRFP，mKate由来のPAmKateが開発された．PA-GFPは2色でPALMを行う際に，これらのペアと

表1 不可逆的光スイッチング蛍光タンパク質（Ir-PSFP）/光活性化蛍光タンパク質（PAFP）

	PA-GFP	PAmRFP1	PAmCherry1	PATagRFP	PAmKate
励起極大（nm）	504	578	564	562	586
蛍光極大（nm）	517	605	595	595	628
吸光係数（$M^{-1}cm^{-1}$）	17,400	10,000	18,000	66,000	25,000
オリゴマー状態	単量体	単量体	単量体	単量体	単量体
光スイッチングのための照射光波長（nm）	405	405	405	405	405
蛍光量子収率	0.79	0.08	0.46	0.38	0.18
文献	9)	10)	11)	12)	13)

文献8より引用.

して広く用いられている．PAmCherry1とPATagRFPのON状態とOFF状態の蛍光強度比はきわめて大きく，スイッチング前にはほとんど蛍光が観察されない．これらのなかではPATagRFPがより光子の放出の効率がよく，1フレームあたりの個々の分子の位置を精度よく決定できる．また，1分子レベルの光安定性も高いため，sptPALM（single-particle-tracking PALM）にも適している．

2）不可逆的光変換蛍光タンパク質（Ir-PSFP / PCFP）（表2）

紫外線照射によって緑から赤に蛍光色が変化するKaedeが最初に開発されたのだが，四量体を形成するため超解像には相応しくない．その後，Kaedeと同様に単量体で緑から赤に変換し，輝度やON状態とOFF状態の蛍光強度比が高く，PALMなどの測定に適したmEos2, mEos3.2, mKikGR, Dendra2, mClavGR2, mMapleなどが開発された．

他の波長変異体としてはシアンから黄緑に変化するPS-CFP2や橙から近赤外に変化するPSmOrange，PSmOrange2などが開発されている．

2．可逆的光スイッチング蛍光タンパク質（R-PSFP）/光活性化蛍光タンパク質（PAFP）（表3）

ON状態で緑色蛍光を発するDronpaが最初に開発され，その後継の変異体としてPadron, rsFastLime, bsDronpa, Kohinoorが開発されている．ポジティブスイッチングPSFPのKohinoorは，従来に比べて1/100〜1/1,000の照射強度でのRESOLFTを達成している[6]．オワンクラゲ由来のEGFPを改良してスイッチングON-OFFのサイクルに対して耐性がDronpaの120倍向上したrsEGFPが開発され，さらにスイッチング速度を改良したrsEGFP2が開発された後，最近になって細胞内での発現効率と機能的タンパク質の形成効率の改良されたrsGreenが報告され，pcSOFIとRESOLFTでそれぞれ〜80nm，〜70nmの分解能を達成している．他方，励起波長と異なる波長の光によって蛍光性をON/OFFすることができる（365nmの光でON，405nmの光でOFF，蛍光のEx/Emは515/529nm）Dreiklangも開発された．赤色蛍光タンパク質からは，rsCherry, rsCherryRev, rsTagRFPなどが開発されている．rsCherryとrsCherryRevは光刺激による活性化がOFF状態とは別の無蛍光状態と競合しているがrsTagRFPはそのような競合がない．またrsTagRFPはDronpaと同程度の蛍光輝度とON状態とOFF状態の蛍光強度比をもつため，2色のpcSOFIに利用可能である．Ir-PSFP/PCFP mEosシリーズからも緑色蛍光を示すmGeosシリーズやSkylan-Sが開発されている．Skylan-SではSOFIおよびPANL-SIMでの超解像イメージングが行われている[7]．

表2 不可逆的光スイッチング蛍光タンパク質（Ir-PSFP）/光変換蛍光タンパク質（PCFP）

	Kaede	mEos2	mEos3.2	mKikGR	Dendra2	mClavGR2	mMaple	PSmOrange	PSmOrange2	PS-CFP2
励起極大 (nm)	508 572	506 573	507 572	505 580	490 553	488 566	489 566	548 636	546 619	400 490
蛍光極大 (nm)	518 582	519 584	516 580	515 591	507 573	504 583	505 583	565 662	561 651	468 511
吸光係数 ($M^{-1}cm^{-1}$)	98,800 60,400	56,000 46,000	63,400 32,200	49,000 28,000	45,000 35,000	19,000 32,900	15,000 30,000	113,300 32,700	51,000 18,900	43,000 47,000
オリゴマー状態	四量体	単量体	単量体	単量体	単量体	単量体	単量体	単量体	単量体	単量体
光スイッチングのための照射光波長 (nm)	405	405	405	405	405	405	405	488	488	405
蛍光量子収率	0.80 0.33	0.84 0.66	0.84 0.55	0.69 0.63	0.5 0.55	0.77 0.53	0.74 0.56	0.51 0.28	0.61 0.38	0.20 0.23
文献	14)	15)	16)	17)	18)	19)	20)	21)	22)	23)

文献8より引用.

表3 可逆的光スイッチング蛍光タンパク質（R-PSFP）/光活性化蛍光タンパク質（PAFP）

	Dronpa	Padron	rsFastLime	bsDronpa	Kohinoor	rsEGFP	rsGreen
励起極大 (nm)	503	503	496	460	495	493	485
蛍光極大 (nm)	518	522	518	504	514	510	511
吸光係数($M^{-1}cm^{-1}$)	125,000	43,000	46,000	45,000	62,900	47,000	18,200
オリゴマー状態	単量体	単量体	単量体	単量体	単量体	単量体	単量体
光スイッチングオンのための照射光波長 (nm)	405	488	405	405	488	405	405
光スイッチングオフのための照射光波長 (nm)	488	405	488	488	405	491	485
蛍光量子収率	0.68	0.64	0.6	0.5	0.71	0.36	0.39
文献	24)	25)	26)	25)	6)	27)	28)

	Dreiklang	rsCherry	rsCherryRev	mGeos-X	Skylan-S	rsEGFP2	rsTagRFP
励起極大 (nm)	515	572	572	501〜506	499	478	567
蛍光極大 (nm)	529	610	608	512〜519	511	503	585
吸光係数($M^{-1}cm^{-1}$)	83,000	80,000	84,000	51,609〜69,630	152,408	61,300	36,800
オリゴマー状態	単量体	単量体	単量体	単量体	単量体	単量体	単量体
光スイッチングオンのための照射光波長 (nm)	365	550	450	405	405	405	440
光スイッチングオフのための照射光波長 (nm)	405	450	550	488	488	488	570 567
蛍光量子収率	0.41	0.02	0.005	0.72〜0.85	0.64	0.30	0.11
文献	29)	30)	30)	31)	32)	33)	34)

文献8より引用.

3. 蛍光タンパク質を選ぶ際に考慮すべきポイント

蛍光タンパク質全般に共通する考慮すべきポイントとして，モル吸光係数と蛍光量子収率，発色団の成熟速度，光安定性，環境感受性があげられる．また，多量体の形成がタンパク質の局在に影響を与えることがあるため，生理的濃度において単量体であることが重要となる．以上に加え，光スイッチング蛍光タンパク質に付随する特性として，光スイッチング量子収率や光スイッチング速度，蛍光のON状態とOFF状態の蛍光強度比，スイッチング疲労度，光退色するまでに放出可能な光子数を考慮することが重要なポイントである．

おわりに

超解像観察技術の開発は日々進歩している．今後，生きた生物試料の10ms/10nm程度の時空間分解能での観察を実現させるためには，顕微鏡の光学技術と蛍光タンパク質の物理化学的技術を巧みに融合させた本当の意味での分野の垣根を超えた研究を発想して実現していくことがますます必要となっていくであろう．現状では，超解像を用いたイメージングの結果は，生きた細胞内で電子顕微鏡レベルの細かい構造が可視化できたという事実を報告するに留まっているものがほとんどである．しかし，時空間分解能がよくなるだけで，科学的に新たな発見がなされないようでは科学研究手法としては意味がない．超解像法がラフトやシナプスなどの小さな構造中に存在する特定タンパク質の"数"と生理機能の関係を見出し，また，構造ではなく生理"機能"の観察に用いることができる技術にまで発展し，生命科学の次のブレークスルーが引き起こされることを期待する．

◆ 文献

1) Dickson RM, et al：Nature, 388：355-358, 1997
2) Betzig E, et al：Science, 313：1642-1645, 2006
3) Wang S, et al：Proc Natl Acad Sci U S A, 111：8452-8457, 2014
4) Dedecker P, et al：Proc Natl Acad Sci U S A, 109：10909-10914, 2012
5) Klar TA, et al：Proc Natl Acad Sci U S A, 97：8206-8210, 2000
6) Tiwari DK, et al：Nat Methods, 12：515-518, 2015
7) Li D, et al：Science, 349：aab3500, 2015
8) 松田知己，永井健治：蛍光タンパク質が拓く超解像技術．「1分子ナノバイオ計測」（野地博行/編），pp190-199, 化学同人，2014
9) Patterson GH & Lippincott-Schwartz J：Science, 297：1873-1877, 2002
10) Verkhusha VV & Sorkin A：Chem Biol, 12：279-285, 2005
11) Subach FV, et al：Nat Methods, 6：153-159, 2009
12) Subach FV, et al：J Am Chem Soc, 132：6481-6491, 2010
13) Gunewardene MS, et al：Biophys J, 101：1522-1528, 2011
14) Ando R, et al：Proc Natl Acad Sci U S A, 99：12651-12656, 2002
15) McKinney SA, et al：Nat Methods, 6：131-133, 2009
16) Zhang M, et al：Nat Methods, 9：727-729, 2012
17) Habuchi S, et al：PLoS One, 3：e3944, 2008
18) Chudakov DM, et al：Biotechniques, 42：553-563, 2007
19) Hoi H, et al：J Mol Biol, 401：776-791, 2010
20) McEvoy AL, et al：PLoS One, 7：e51314, 2012
21) Subach OM, et al：Nat Methods, 8：771-777, 2011
22) Subach OM, et al：J Am Chem Soc, 134：14789-14799, 2012
23) Chudakov DM, et al：Nat Biotechnol, 22：1435-1439, 2004
24) Ando R, et al：Science, 306：1370-1373, 2004
25) Andresen M, et al：Nat Biotechnol, 26：1035-1040, 2008
26) Stiel AC, et al：Biochem J, 402：35-42, 2007
27) Grotjohann T, et al：Nature, 478：204-208, 2011
28) Duwé S, et al：ACS Nano, 9：9528-9541, 2015
29) Brakemann T, et al：Nat Biotechnol, 29：942-947, 2011
30) Stiel AC, et al：Biophys J, 95：2989-2997, 2008
31) Chang H, et al：Proc Natl Acad Sci U S A, 109：4455-4460, 2012
32) Zhang X, et al：ACS Nano, 9：2659-2667, 2015
33) Grotjohann T, et al：Elife, 1：e00248, 2012
34) Subach FV, et al：Chem Biol, 17：745-755, 2010

◆ 参考図書

・藤田克昌：生物物理，50：174-179, 2010
・Shcherbakova DM, et al：Annu Rev Biophys, 43：303-329, 2014
・Nienhaus K & Nienhaus GU：Chem Soc Rev, 43：1088-1106, 2014

"シンプル光学系"超解像顕微鏡用
多波長小型半導体レーザーユニット

お手持ちの顕微鏡を超解像顕微鏡にアップグレード！

デモ機貸出可

光スイッチング蛍光タンパク質は、回折限界を超えた空間解像度を得ることができる超解像顕微鏡観察に広く利用されています。その光スイッチング蛍光タンパク質を簡単に効率よくスイッチオン/スイッチオフする小型の多波長半導体レーザー光源を開発いたしました。お手持ちの顕微鏡にアドオンすれば、顕微鏡を超解像顕微鏡にアップグレード可能です。顕微鏡導入までの光学系も含めてご提案可能です。お気軽にご相談ください！

- お手軽、超簡単！
- 低予算で超解像！
- 確かな実績と信頼性！
- 安心のサポート！

製造元　株式会社デルタ光器

特長

- 波長：405nm / 488nm
- 出力：各波長 > 25mW
- 出射：マルチモードファイバー（コア径50 μm / FCコネクタ）　＊SMAコネクタも可
- 小型：300 x 160 x 102 (mm)　（本体寸法）
- 高い出力安定性（2時間）：0.5%（typical）
- 制御：TTLによる強度変調可能（1MHzまで可能）
- ユーザーフレンドリーな2つの発振モード
  ・Stand-alone発振モード：天面の液晶パネルで出力調整、強度変調が可能
  ・PC制御発振モード：専用ソフトウェアで出力調整、強度変調が可能

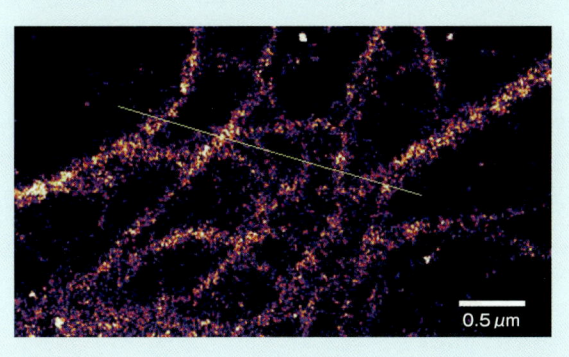

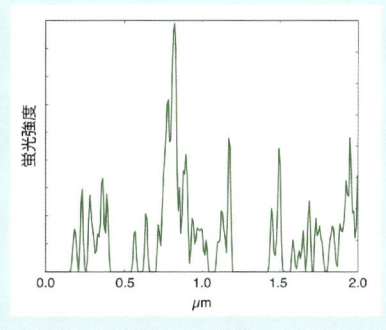

【画像提供：大阪大学産業科学研究所　生体分子機能科学研究分野　永井健治教授／新井由之助教】

販売元　株式会社オプトライン

本　社　〒170-0013 東京都豊島区東池袋1-24-1 ニッセイ池袋ビル14F
TEL: 03-3981-4421　FAX: 03-3989-9608
大阪営業所　〒532-0003 大阪市淀川区宮原5-1-28 新大阪八千代ビル別館3F
TEL: 06-6398-6777　FAX: 06-6398-6778

実践編

第3章　目的別の超解像イメージング

3　3D-SIMによる細胞内構造の超解像イメージング
―アーティファクトの少ないSIM画像の取得

平野泰弘，松田厚志，平岡　泰

撮像のポイント

超解像顕微鏡は近年大きな注目を浴びているが，必要な注意点を守らないために顕微鏡の最高性能を得られていない例が少なくない．対物レンズの収差[※1]はカバーガラス直近に対して補正されており，カバーガラスから離れるにつれて収差が大きくなる．超解像イメージングは収差の影響に敏感なため，細胞深部の構造体をイメージングするには特に注意が必要である．本項では，構造化照明（structured illumination）を用いた超解像顕微鏡SIM（structured illumination microscopy）における画像取得上の注意点・画像の評価法を3D-SIMでの観察を例に概説し，読者がSIMの最高性能を引き出せるようになることを目的とする．

はじめに

SIMは構造化照明（周期的な構造を持った照明）でサンプルを励起することで，約2倍分解能を向上させる（原理・応用編 第1章3参照）[1)〜3)]．SIMは2D-SIM，3D-SIM，TIRF-SIMなどに分類されるが，そのなかでも3D-SIMが生体試料に適している理由は，多色観察が容易なことに加え，Z軸方向（光軸方向）の分解能が向上することにある．細胞核のように蛍光分子が立体的に存在するサンプルを観察する場合，XY軸方向（焦点面）の分解能が向上しても，焦点面上下の蛍光分子による非焦点情報（ボケ）のため，分解能向上の効果が得られにくい．Z軸方向の分解能も向上させる3D-SIMは，ボケを大幅に低減できるため，立体的な構造体の観察にきわめて有効である[4)]．

3D-SIMの三次元分解能を最大限に得るためには，球面収差などサンプルに起因する光学的収差を最小限に留める観察が求められる．再構築パラメータの変更により収差の影響をある程度抑制できるが，パラメータ設定による調整にも限界があるので，撮像の段階で良質な画像が取得できていることが望ましい．本項ではサンプルの光学的な最適化に重点を置いて解説する．

※1　対物レンズの収差

レンズが投影する物体の像は完全に再現されず，色ずれ，ボケ，ゆがみなどが生じる．このずれが収差とよばれ，球面収差・コマ収差・非点収差・像面湾曲収差・歪曲収差・色収差などがある．対物レンズがもつほとんどの収差は設計段階で決まっており，ユーザーはそれを受け入れるしかないが，唯一球面収差は観察条件により導入されるため，ユーザーが補正しなければならない．

準備

1. 撮像装置・機器類

- □ SIM顕微鏡
    ELYRA S.1（カールツァイスマイクロスコピー社，**実践編第2章5参照**）
    DeltaVision OMX SR（GEヘルスケア社，**実践編第2章1参照**）
    N-SIM（ニコン社，**実践編第2章3参照**）など

- □ 高開口数の対物レンズ
    ・開口数[※2]が高くかつ収差の少ない各社推奨のレンズ
    ・固定試料の場合は一般に油浸対物レンズ
    ・生細胞の場合は水浸またはシリコーン浸対物レンズ

- □ 屈折率の異なるイマージョンオイル
    ・レンズに推奨される屈折率（例えば1.518）を基準に－0.004～＋0.004の範囲（例えば1.514～1.522）で0.002刻みの屈折率を揃えられるとよい
    ・Cargille Labs社（http://www.cargille.com）などから購入できる
    ・異なるメーカーのイマージョンオイルを混合すると析出することがあるので注意する

- □ 画像チェック用ソフトウエア
    ・Fiji（http://fiji.sc/Fiji），Image J（http://rsb.info.nih.gov/ij/）でもよい
    ・Priism（http://msg.ucsf.edu/IVE），MacOSおよびLinuxで使用可
    ・SIMcheck（文献5もしくはhttps://github.com/MicronOxford/SIMcheckを参照），SIMデータを評価するFijiのプラグイン
    ・各顕微鏡メーカーの提供するソフトウェア

2. 観察試料

- □ 0.17mm厚のカバーガラス（例えば松浪硝子工業社No.1S（0.16～0.19mm）など）またはガラスボトムカルチャーディッシュ（例えばMatTek社P35G-1.5-14-Cなど）
- □ 細胞：サンプル（細胞）はカバーガラスにできるだけ近いのが望ましい．
    ・培養細胞
        接着性細胞はカバーガラス（もしくはガラスボトムカルチャーディッシュ）上に播種・培養する．浮遊性細胞は，ポリリジン，コラーゲン，またはマトリゲルなどでコーティングしたカバーガラスに接着させるか，Cytospin™ 4 Cytocentrifuge（Thermo Fisher Scientific社）で遠心してカバーガラスに貼り付ける．このように細胞を接着させたカバーガラス上で一般的な間接蛍光抗体法による免疫染色を行う．
    ・組織切片など
        組織切片は，前述と同様にコーティングしたカバーガラスに接着させ，免疫染色する．免疫染色とカバーガラスへの接着は順不同．
- □ 褪色（ブリーチ）しにくい蛍光色素（Alexa Fluor™ 488（Thermo Fisher Scientific社）など）

※2 **開口数（numerical aperture：NA）**
対物レンズの性能を表す．開口数が大きくなると，分解能（近接した2点を2点として解像する能力）は高く，明るさは（倍率が変わらなければ）明るく，焦点深度は浅くなる．NA＝$n \cdot sin\theta$で表される（nは，サンプルと対物レンズの間にある媒質の屈折率，θはサンプルから入射する光と光軸がなす最大角）．

GFPなどの蛍光タンパク質は，封入剤の種類によっては褪色が激しく，そのまま使用することは難しい．蛍光タンパク質を用いる場合は，蛍光タンパク質に対する抗体（抗GFP抗体など）を用いて免疫染色を行う．

☐ 褪色防止剤入り封入剤

ProLong™ DiamondやProLong™ Gold（Thermo Fisher Scientific社，硬化時n＝1.46）などの市販品や，グリセロールに終濃度4%（w/v）のnPG（N-propyl gallate）（29303-92, ナカライテスク社）を溶かしたものなど，使用する対物レンズの液浸の屈折率に近いものを選ぶ．

☐ シーリング剤（ゴムのり，低自家蛍光のマニキュアなど）

固定試料でカバーガラスを使用する場合に使用する．

プロトコール

1. サンプル準備

❶ 前述の方法で0.17mm厚のカバーガラス上に接着させたサンプル（培養細胞や組織切片など）

❷ キムワイプ（日本製紙クレシア社）などでカバーガラスに残った溶液を除去し，サンプルを褪色防止剤入り封入剤で満たす[*1]

*1 油浸対物レンズを用いた観察の場合，サンプルの屈折率とイマージョンオイルの屈折率を近づけるため屈折率の高い封入剤を用いる．厚みのあるサンプル（20μm以上）を観察する場合は，2,2'-Thiodiethanol（TDE）（166782, シグマ アルドリッチ社，97%使用時n＝1.515）を用いてもよいが，サンプルが縮小する可能性があるので注意する[6]．

❸ カバーガラス周囲をシーリング剤でシールする

硬化タイプの封入材の場合はシーリングせず，一晩室温で暗所に放置する

❹ 対物レンズに接するカバーガラス表面を超純水で拭いた後，70%エタノールで拭く

2. 球面収差の最小化

SIMでは構造化照明（市販機では縞模様）でサンプルを励起することが超解像情報を得るために必須である．しかし，照明の縞模様は球面収差によって容易に崩れてしまう．画像取得をはじめる前に必ず球面収差の最小化を行う．

球面収差の量は観察面のカバーガラスからの距離，温度，光の波長[*2]などで変動するので，この操作はサンプルごとに行うことが望ましい．油浸対物レンズの場合，以下に記述するようにイマージョンオイルの屈折率を変更して球面収差を最小化する．生細胞の場合は水浸またはシリコーン浸対物レンズを用いる．これらのレンズはほとんどの場合補正環がついているので，補正環の調節によって球面収差を最小化する[*3]．

*2 最も分解能を必要とする波長があればその波長で，3色観察の場合は中間の波長で球面収差の最小化を行う．

*3 生細胞の場合でも油浸対物レンズを使用することは可能だが，カバーガラス直下に存在する構造（例えばアクチンフィラメントなど）の観察に限られる．

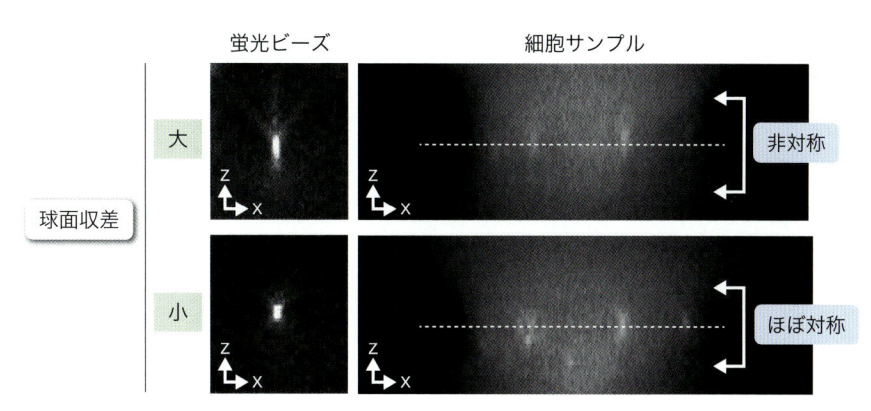

図1 球面収差の最小化

UPlanSApo 100x/1.35 Silicone（シリコーン浸対物レンズ，オリンパス社）の補正環を回しながら球面収差の影響を測定した．球面収差が大きいとPSFは光軸（z軸）方向に上下非対称となる．実際の細胞サンプルでは慣れが必要だが，全体のボケが上下対称となるようにすればよい．

❶ 各社推奨の屈折率のイマージョンオイルを対物レンズに乗せる[*4]

> *4　イマージョンオイルに気泡が入らないようにする．

❷ 通常のイメージングモード（全視野観察），0.25 μm程度の焦点間隔で移動し，観察対象すべてが収まるように三次元画像（zスタック画像）を取得する

❸ 取得した画像をxz表示（orthogonal view）し，蛍光が上下対称に広がっているかどうかを確認する（図1）[*5]

> *5　球面収差の最小化を行ったことのない読者は，はじめにTetraSpeck™ Microspheres，0.2 μm（T7280，Thermo Fisher Scientific社）のような蛍光ビーズを用いて練習を行うことを勧める．この蛍光ビーズは点光源とみなすことができ，点像分布関数（PSF）が観察できる．収差のない光学的理想条件でPSFは光軸方向に上下対称となる．イマージョンオイルの屈折率を変えてPSFが上下対称になった条件が球面収差が最小となる条件である．蛍光ビーズでの操作に慣れてきたら，次はサンプル中にある点のような構造体（小さなゴミのようなものでもよい）を指標にする．それができるようになれば，ほとんどのサンプルで球面収差を最小化できる．

❹ 上下非対称な広がりをしている場合，❶で対物レンズに乗せたイマージョンオイルを拭きとり異なる屈折率のイマージョンオイルに変えてzスタック画像を再取得する[*6, 7]

> *6　カバーガラスから遠ざかる方向にPSFの蛍光が広い角度で拡がっていたら，イマージョンオイルの屈折率を上げる．
>
> *7　イマージョンオイルに目視で気づかないような小さな気泡が入っている場合でも，像の広がり（PSFの形状）が異常になるので，気泡が入っていないかを確認する．

❺ 蛍光の広がりが上下対称になるまで❶〜❹の操作をくり返す

3. SIM原画像の取得および超解像画像の再構築

❶ SIMの原画像（再構築に用いる個々の顕微鏡像）を1枚取得する

❷ 縞模様がはっきり見えるかを確認する[*8]

> [*8] 縞模様が確認できない場合，球面収差が最小化できていない可能性がある．その場合，**2**に戻る．2D-SIMや蛍光分子がまばらに広がっているサンプルの場合は縞模様を確認できないこともある．

❸ 少し時間をおいて画像を再取得し，サンプルが動いていない（ドリフトしていない）ことを確認する[*9]

> [*9] SIM画像（超解像画像）の再構築には多数の原画像が必要（多くの場合数百枚）とされ，そのすべてを撮像するには時間がかかる．その間にサンプルが動くと再構築の際のアーティファクトになるので必ず確認を行う（図2）．

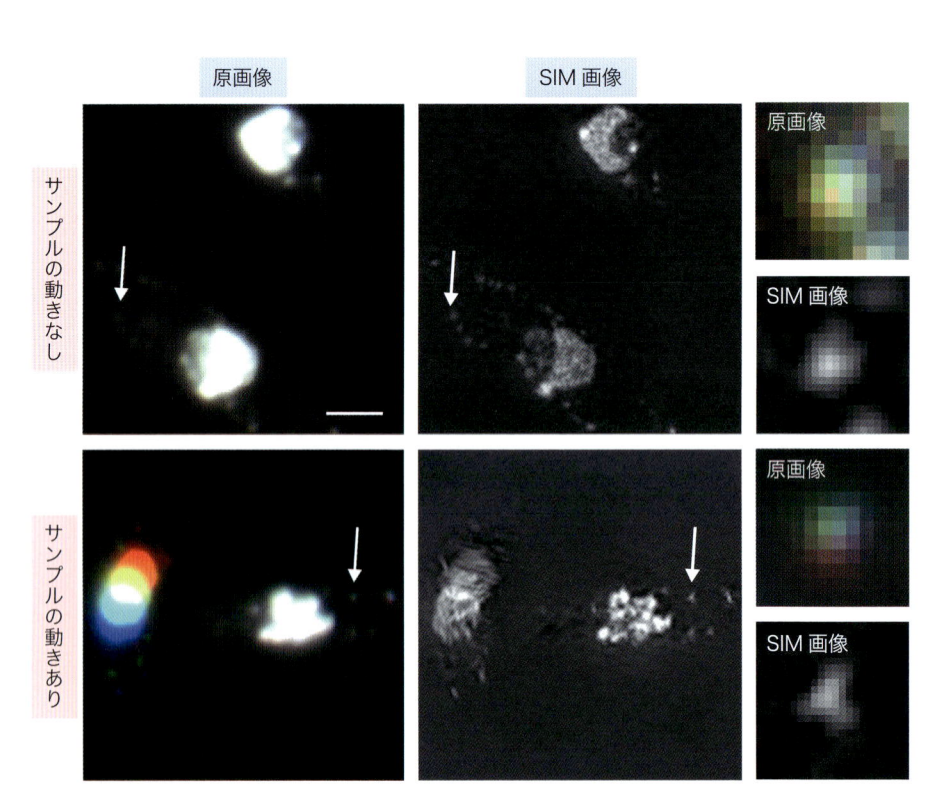

図2　サンプルの動きがSIM画像に与える影響
異なる縞模様の向き（3方向）で撮像した3枚の原画像をそれぞれ擬似カラー（RGB）として重ね合わせた（原画像）．撮像中にサンプルの動きがなければ白く表示される．SIM画像はそれぞれの原画像データから再構築した．右の小さな画像は各画像の矢印部分を拡大したもの．点となるはずの構造が，サンプルの動きによってくさび状に歪んで再構築されている．スケールバー：1 μm．

❹ 再構築後のZ軸分解能（約0.3μm）の半分以下の焦点間隔（0.125μmなど）で，観察対象すべてが収まるようにSIM原画像を取得する[*10]

[*10] ・可能な限りS/Nの高い明るい画像を撮る（カメラの輝度が飽和する上限の半分程度が理想だが，蛍光色素の褪色と全zスタック画像取得にかかる時間との兼ね合いにより決める）
・再構築に影響するため，最初と最後の焦点面やxy画像の端に明るいものを入れない

❺ 各顕微鏡メーカーの提供するソフトウェアの再構築プログラムでSIM画像の再構築を行う．この際，計算過程に出てくる負の値（アーティファクトの情報を含むため，SIM画像の評価に有用）も表示するようにしておく[*11]

[*11] ELYRA S.1では"baseline shifted"にチェックを，DeltaVision OMX SRでは"discard negatives"のチェックを外しておく．N-SIMは最小値を0にシフトして表示しているので，再構築後の表示輝度の最小値が0になっているかを確認する．

4. 再構築画像の評価

再構築の評価は，①原画像（図3A左），②SIM画像（図3A中，右，B），③SIM画像のフーリエ変換像（図4）を見ながら行う．

❶ SIM画像のフーリエ変換は各顕微鏡メーカーの提供するソフトウェアかFiji（もしくはImage J），Priismなどで行う

❷ トラブル対応（後述）にあげた項目を参照しながら，画像取得条件や再構築パラメータを変更し，アーティファクトの少ないSIM画像を得る[*12]

[*12] SIMcheckは初歩的な問題を自動的に発見できるFijiのプラグインであり，トラブル対応にあげた球面収差，原画像のS/N，褪色の評価ができる．

5. 色収差補正

多色サンプルの場合，各顕微鏡メーカーが提供している色収差補正プログラムを用いて色収差補正を行う．

撮像例

撮像例として図5にマウス10T1/2細胞核のDAPI染色像を示す．

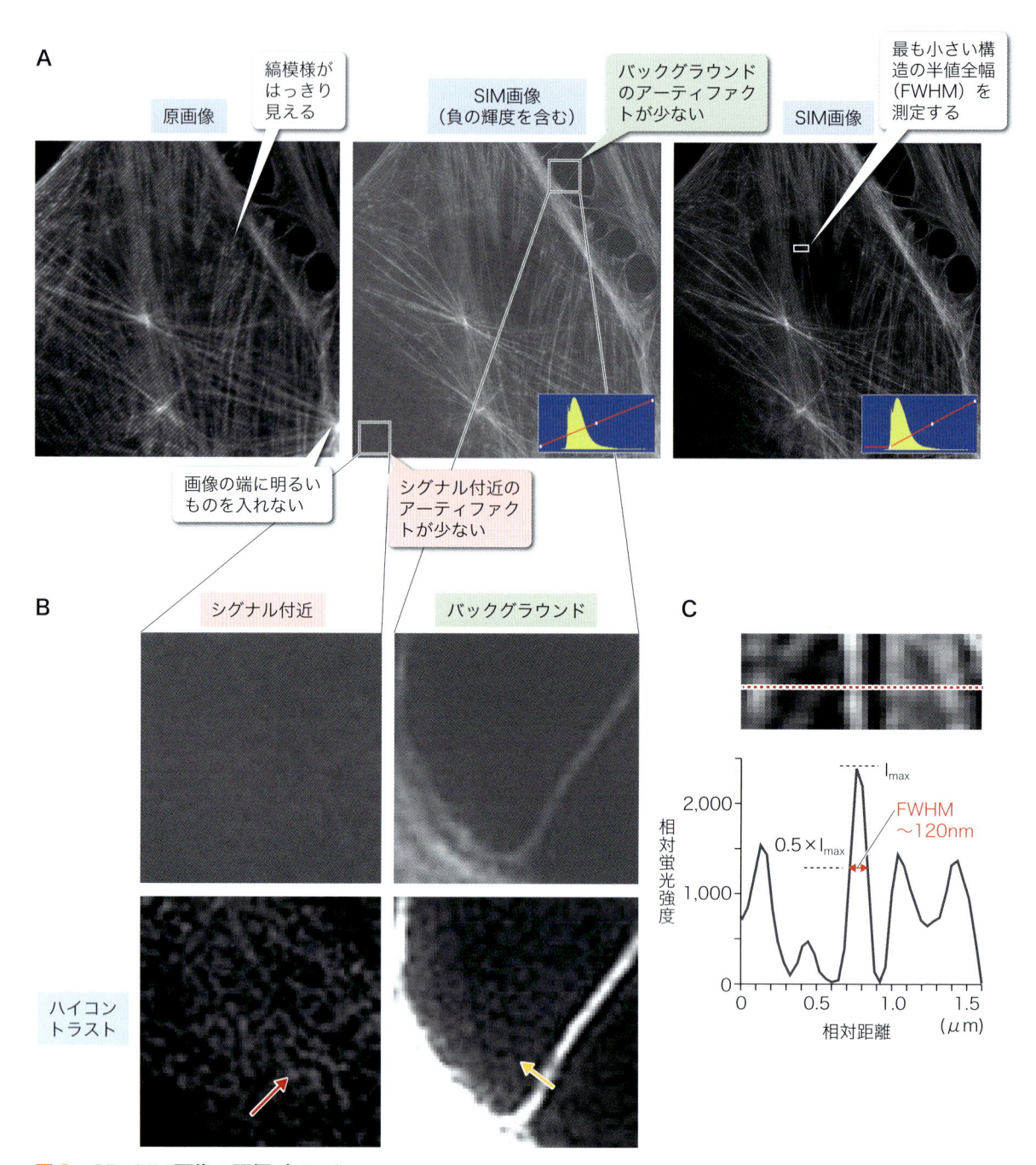

図3 3D-SIM画像の評価ポイント

A) 原画像およびSIM画像の評価ポイント．アーティファクトの評価をするのに，負の輝度値を表示すると便利．SIM画像の右下に輝度のヒストグラム（黄色）と表示範囲（赤）を示した．B) SIM画像でみられるアーティファクト．**A中央**の四角で囲った部分を拡大した．→の部分がノイズに，⇒の部分が球面収差やノイズフィルターなどに起因する六方格子状のアーティファクト．この例ではアーティファクトを強調するために下段にハイコントラストで表示したが，通常のSIM画像（上段）でこれらが目立たなくなるように光学系や再構築のパラメータを調節する．C) 半値全幅（FWHM）の測定による分解能の評価．**A右**の四角部分を拡大した（**C上**）．赤点線の相対蛍光強度を相対距離に対しプロットした（**C下**）．FWHM（↔）を計測し，メーカーが保証する分解能に近い値が出ているかを確認する．

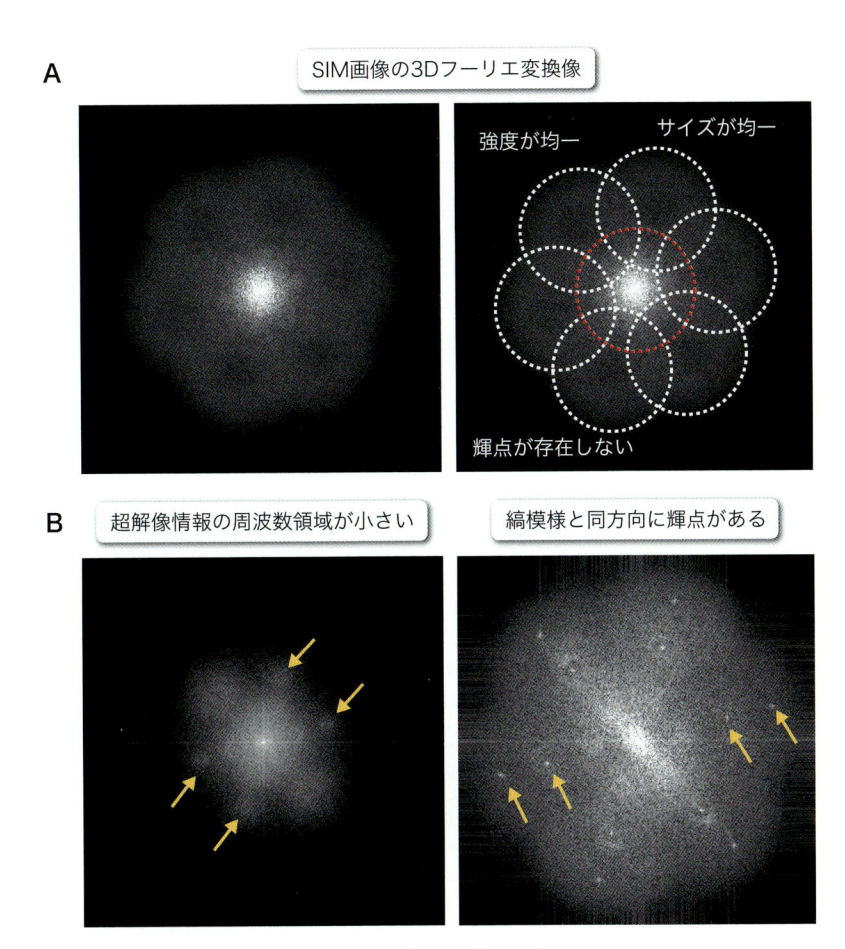

図4 フーリエ変換を用いた3D-SIM画像の評価のポイント

A) 3D-SIM画像の3Dフーリエ変換像．左右の画像は同じものを示す．右画像上の赤の点線は全視野顕微鏡で観察される周波数領域．白の点線が超解像情報の周波数領域．このように丸のサイズや強度が均一で，かつ輝点がないものが理想．**B)** フーリエ変換でわかるトラブルの例（⇨）．**左**：超解像情報が極端に少ない例．**右**：超解像情報の分離に失敗した例．

トラブル対応

主なトラブルとして，**1．分解能が出ない**，**2．アーティファクトが出る**，の2つがあげられる．SIM画像，フーリエ変換像について以下の点についてチェック，改善を行う．

1．分解能が出ない

【評価方法】

・直径100nmの蛍光ビーズのようなテストサンプルの半値全幅（FWHM：full width at half maximum）[※3]を測定し，メーカー保証の分解能が出ているか確認する．

※3 **半値全幅**（full width at half maximum：FWHM）
小さな構造の蛍光強度を位置に対してプロットすると図3Cのように正規分布に似た形になるが，その最大強度（I_{max}）の2分の1（0.5× I_{max}）となるときの幅のことをさす．顕微鏡の分解能を評価する指標として多用される．

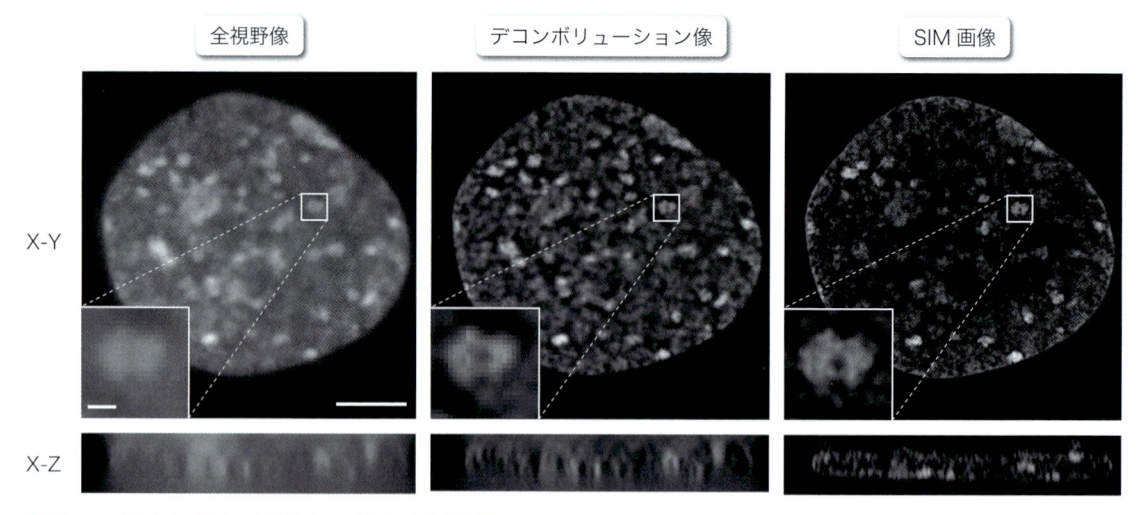

図5　マウス10T1/2細胞核の3D-SIM画像

マウス10T1/2細胞を化学固定後，DAPI染色した．97% 2,2'-Thiodiethanol（TDE）に封入し，UPlanSApo 100x/1.4 oil（オリンパス社）を装備したDeltaVision OMX V3で観察した．デコンボリューション像およびSIM画像の再構築は本機種付属のソフトウエア（softWoRx）を用いて行った．SIM画像の再構築に用いた光学的伝達関数（OTF）は，直径0.1 μmの青色蛍光ビーズを用いて実測したものを用いた．四角で囲った部分の拡大図を左下に示した．スケールバーは5 μm（拡大図は0.5 μm）．

・フーリエ変換像で超解像情報がすべての角度で均一になっているかを確認する（図4A）

【考えられる原因】

　気泡，球面収差の残存，原画像のS/Nが低い，褪色，ノイズフィルターのかけすぎ，顕微鏡光学系の調整不良．

【解決手順】

① プロトコールにしたがって，気泡の除去，球面収差の最小化を行い，なるべくS/Nが高く褪色の少ない原画像を撮る．
② 再構築の際のノイズフィルター（ELYRA S.1：Auto Noise filter, DeltaVision OMX SR：Wiener Filter Constant, N-SIM：High Resolution Noise Suppression）の値を下げる．
③ ノイズフィルターの値を下げてもフーリエ変換像の超解像情報の周波数領域（図4A白点線の円）が小さい（図4B）ままであれば，光学系の調整不良の可能性がある．特定の角度だけ広がりが小さい場合も同様．

2. アーティファクトが出る （図3B）

1）六方格子状の模様（honey comb）が出る

【評価方法】

　SIM画像に六方格子状の模様が目立つようならアーティファクトが出ている．

【考えられる原因】

　球面収差の残存，ノイズフィルターのかけすぎ[*13]，光学的伝達関数（OTF）の不一致，顕微鏡光学系の調整不良．

【解決手順】

① プロトコールにしたがって，球面収差の最小化を行う．

② ノイズフィルターの値を模様が目立たなくなるまで下げる．
③ 再構築の際に理論的なOTFを用いていた場合は，実測したOTFに替える．
④ 実測のOTFでも結果が変わらない場合，OTFをつくり直す．
⑤ フーリエ変換像で，すべての角度で縞模様と同角度に輝点があれば，超解像情報の分離に失敗している（図4B）．顕微鏡光学系の調整不良や不調の可能性があり，自分での対応は難しいのでメーカーに問い合わせる．
⑥ フーリエ変換像で，すべての角度で縞模様とは異なる角度に輝点があれば，不必要な照明の漏れこみなどが考えられる．顕微鏡光学系の調整不良や不調の可能性があり，自分での対応は難しいのでメーカーに問い合わせる．

2）不規則な模様が見られる

【評価方法】

SIM画像のバックグラウンドや均一に染まっている領域（例えばGFP単体を発現させた細胞）に特定のパターンをもたない不規則な模様が見える．

【考えられる原因】

S/Nが低い，球面収差の残存，ノイズフィルターが弱すぎる[*13]．

【解決手順】

サンプル調製の最適化，球面収差の最小化，撮像条件の最適化によって可能な限りS/Nを高くし，ノイズフィルターの値を上げることで低減できる．しかし，SIMの再構築では構造が存在しない領域でもノイズに起因する模様が生じてしまうため，完全に除くことは難しい．

[*13] ノイズフィルターの効果は，1），2）で逆になるので，両方のアーティファクトが最小になるような値を探すことが重要である．

おわりに

本項では球面収差の最小化を中心に，アーティファクトの少ないSIM画像の取得法を紹介した．しかし，膜構造と細胞質の境界など細胞がもつ局所的な屈折率変化は補正できず，生体深部観察ではアーティファクトを除くことは難しい．これを補正する手法として補償光学（adaptive optics：AO）[7]が検討されている（原理・応用編第2章2参照）．AOを用いればSIMでの深部観察も可能になると考えられ，今後の発展が期待されている．また，本項でも紹介したSIMcheckのように，SIM画像を定量的に評価・再構築する試みもなされており，ユーザーに依存しない再構築が可能になると予想される．

◆ 文献
1) Gustafsson MG, et al：Biophys J, 94：4957-4970, 2008
2) Carlton PM：Chromosome Res, 16：351-365, 2008
3) Hirano Y, et al：Microscopy, 64：237-249, 2015
4) Matsuda A, et al：Nat Commun, 6：7753, 2015
5) Ball G, et al：Sci Rep, 5：15915, 2015
6) Staudt T, et al：Microsc Res Tech, 70：1-9, 2007
7) Wang K, et al：Nat Methods, 11：625-628, 2014

コーンズ テクノロジー株式会社

コンパクト超解像度顕微鏡（SIM）

DeltaVision OMX SR システム **NEW**

細胞内構造物や神経突起などのより微細な構造物の解析に適した3D-SIM超解像度顕微鏡

GE Healthcare社 DeltaVision OMX-SRシステムは3D structured illumination（3D-SIM）技法を用いた超解像度イメージングシステムです。従来の顕微鏡の光学的分解能限界を超えて 488nmの励起光源使用時に最高でXY軸方向分解能 120nm、Z軸方向 340nmの分解能を実現しました。これにより、細胞内構造物や神経突起などの微細構造物を画像化し、より詳細な解析が可能です。

高解像度 3D ライブセル光学顕微鏡

DeltaVision Elite

励起光源にレーザーを使用しない高解像度顕微鏡

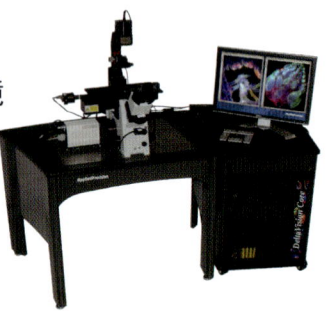

東京・大阪でのサンプル測定デモ受付開始！！
お問い合わせ先：コーンズテクノロジー株式会社　理化学機器営業部
E-mail:ctl-science@cornes.jp TEL:03-5427-7568

コーンズテクノロジー株式会社はGE Healthcare社DeltaVIsion製品の正規販売代理店です。

実践編 第3章 目的別の超解像イメージング

4 SIMによる超解像ライブイメージング
―生細胞中の対象分子の時空間動態の解析

増井 修

撮像のポイント

超解像顕微鏡を用いた解析は，生細胞を対象とした「超解像ライブイメージング」への応用が求められている．現在，生細胞中の対象分子の1分子レベルでの時空間動態の解析が可能となりつつある．本項ではわれわれが行っているXistノンコーディングRNA（Xist ncRNA）とhnRNPUに関する解析を例として，市販の構造化照明顕微鏡（SIM）を用いた超解像ライブイメージングについて解説する．

はじめに

1. 超解像顕微鏡とSIM

現在利用が可能な市販の超解像蛍光顕微鏡は，SIM，STED，PALM/STORMの3つの原理にもとづくものに分類することができ，これらは化学固定したサンプルに対してはそれぞれが相応の空間分解能を示す（表1，原理・応用編第1章1〜4参照）．一般的にイメージングによる解析では，固定細胞を用いた3D解析だけでなく，生細胞を用いて時間軸を加味した4Dによるライブイメージングを行うことで，時間軸上での同一の細胞や分子の挙動に関するより多くの情報を得ることができ，これらの詳細な時空間動態を明らかにすることが可能となる．このことは超解像顕微鏡を用いた解析にも当てはまり，その空間分解能の高さゆえに，例えば対象とする分子の時空間的動態を1分子レベルで解析することも可能となる．

表1 市販されている超解像顕微鏡の比較

	空間分解能（2D：xy）(nm)	照射レーザー強度（W/cm^2）	時間分解能（2D：s/frame）
SIM	100	$10 \sim 10^2$	〜1
STED	20	$10^4 \sim 10^9$	>60
PALM/STORM	20	$10^3 \sim 10^4$	>20

文献1をもとに作成．

表2　RNAを可視化する方法の比較

	ライブイメージング	S/N比	検出効率	適用
RNA FISH	×	高い	ハイブリダイゼーション効率に依存	固定した細胞や組織でのRNA検出に適する
点灯型オリゴ核酸プローブ	○	高い	ハイブリダイゼーション効率に依存	生きた培養細胞での短時間のライブイメージングに適する
RNAアプタマー	○	中程度	ほぼ100%	生きた培養細胞や生物個体での長時間のライブイメージングに適する

前述の3種類の超解像顕微鏡において，これまでに生細胞を対象とした「超解像ライブイメージング」への応用が試みられてきたが，現在のところ，SIMが最も超解像ライブイメージングでの成功を収めているといえる（SIMの原理は原理・応用編第1章3，4を参照）．超解像ライブイメージングを行う際のポイントとしては，できるだけ少ない励起光で強いシグナルと高いS/N比を得ること，できるだけ短い時間で画像を取得することの2つがあげられる．SIMはSTED，PALM/STORMに比べた場合，空間分解能では劣るが，これらの点に優れており，ライブイメージングを行うために適した特性を備えている（表1）[1]．本項ではこのSIMを用いてわれわれが行っている超解像ライブイメージングを実例として紹介する．

2. Xist ncRNAのライブイメージング

X染色体不活性化は，哺乳類のメスの細胞で2本のX染色体のうちの1本からの遺伝子転写を染色体全体にわたり遮断して不活性化する現象である[2]．この現象はX染色体上にコードされる*Xist*遺伝子座から転写されるncRNAであるXist ncRNAにより行われる[2]．われわれはこのXist ncRNAがX染色体不活性化を行うその詳細なメカニズムを明らかにすることを目標として研究を進めており，その手法の1つとしてイメージングにもとづいた解析を行っている．

RNAをイメージング解析するためには，対象RNA分子を蛍光などの光学的なシグナルとして検出する実験系が必要である．蛍光は光学的シグナルとして現在最も簡便，高感度，かつ汎用性が高く，実際に超解像顕微鏡を含む多くの光学顕微鏡が蛍光シグナルを利用している．その蛍光を用いてRNAを検出する方法は，RNA FISH（本章7参照），点灯型オリゴ核酸プローブ，RNAアプタマー[※1]の3つに大別できる（表2）．それぞれの長所短所を比較検討した結果，われわれはRNAアプタマーを選択した．RNAアプタマーの長所としては，ライブイメージングを行うことができ，理論上の検出効率が100％であり，かつ将来的にマウス個体への応用が可能であることなどがあげられる．その一方で，可視化システムの作製に時間がかかることや，S/N比で他の2つの方法に劣ることが短所としてあげられる．われわ

※1　RNAアプタマー

特定の分子に特異的に結合するRNA配列をRNAアプタマーとよぶ．本項で使用したMS2のように自然界に存在する結合を利用する例の他，標的分子に結合するRNA分子を人為的に選別して用いる例がある．性質の異なるさまざまな分子に結合するRNAアプタマーがこれまでに報告されている．

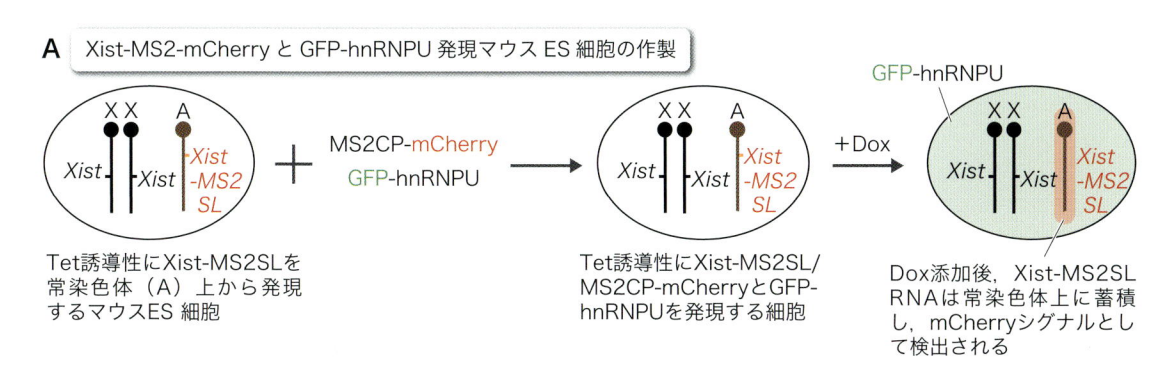

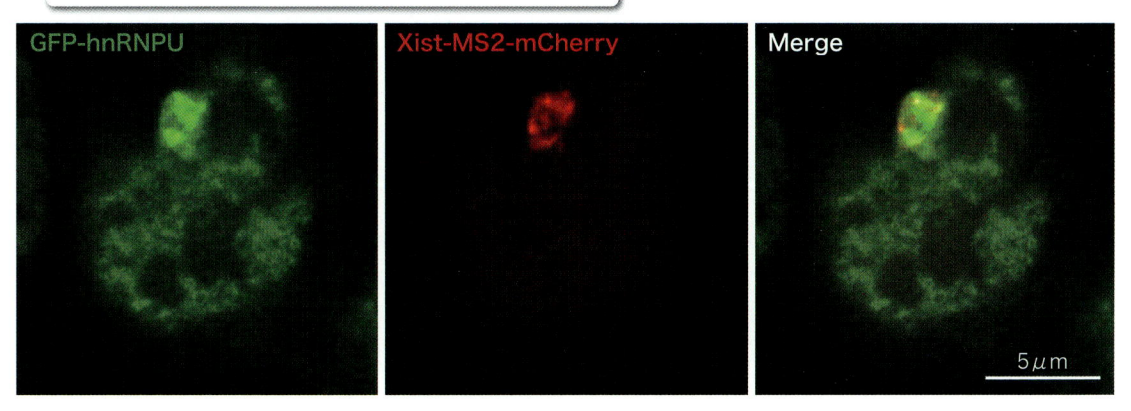

A Xist-MS2-mCherry と GFP-hnRNPU 発現マウス ES 細胞の作製

Tet誘導性にXist-MS2SLを常染色体（A）上から発現するマウスES細胞 ＋ MS2CP-mCherry / GFP-hnRNPU → Tet誘導性にXist-MS2SL/MS2CP-mCherryとGFP-hnRNPUを発現する細胞 ＋Dox → Dox添加後，Xist-MS2SL RNAは常染色体上に蓄積し，mCherryシグナルとして検出される

B Dox 添加後 24 時間後の細胞を通常の蛍光顕微鏡で撮像した

GFP-hnRNPU ／ Xist-MS2-mCherry ／ Merge （5μm）

図1　Xist-MS2-mCherry と GFP-hnRNPU を発現するマウス ES 細胞
詳細は本文参照．

れはRNAアプタマーの1つであるMS2システム[3] ※2を用いて，Xist ncRNAをGFPやmCherryなどの蛍光タンパク質のシグナルとして検出できるマウス胚性幹細胞（ES細胞）を作製し（図1A），この細胞を超解像ライブイメージングで解析してXist ncRNA分子の解析を行っている．

3. Xist ncRNA 結合候補タンパク質の解析

これまでに多くのタンパク質分子がXist ncRNAと結合する分子の候補として報告されている[2]．もしこれらのタンパク質分子がXist ncRNAと直接結合するならば，イメージング解析においても両者は重複するもしくは非常に近接した位置関係を示すと考えられる．さらにこれらの重複または非常に近接した関係はタイムラプスイメージングにおいても，前後する時間軸で維持されることが予想される．われわれはこれらの候補タンパク質とXist ncRNA

※2　MS2システム

RNAアプタマーの1種で，MS2ファージのゲノムRNAのステムループ部分（MS2 stem loop：MS2SL）が，MS2ファージカプシドを構成するコートタンパク質（MS2 coat protein：MS2CP）と高い親和性で結合することを利用して標的RNAにタグを導入するシステムをさす．すなわち，標的RNAにMS2SLを挿入しておくことで，MS2CPを介してGFPなどの任意のタンパク質を結合させることができる．

159

がどのような時空間的相関関係を示すのかを明らかにすることで,「Xist ncRNAはどのようにして標的遺伝子群の転写を不活性化しているのであろうか？」という最もシンプルかつ大きな疑問を解く手がかりを得られるのではないかと考え,超解像ライブイメージングを用いた解析系の構築を進めている.Xist ncRNAへ結合する候補タンパク質のうち,UVクロスリンキングを用いた生化学実験によりXist ncRNAとの直接の結合が示されているhnRNPU (SAF-A) タンパク質[4] に着目して,Xist ncRNAと同時にライブイメージングする実験系を作製した.本項ではその解析を例として超解像ライブイメージングの手順を解説する.

準備

1. 超解像顕微鏡

SIMは顕微鏡メーカー各社（カールツァイスマイクロスコピー社,GEヘルスケア社,ニコン社）から発売されている.われわれはニコン社のN-SIMを使用している（**実践編第2章3参照**）.超解像ライブイメージングを行う場合には,固定細胞の解析を主目的としたSIMの基本構成パッケージ以外にも,温度およびCO_2制御機能を備えた培養ステージ,焦点維持装置,高精度電動ステージ,風防チャンバーなどの装置が必要となる.さらに,2色以上の蛍光を同時に解析する場合には,撮像する蛍光の数と同数の撮像カメラを備えたマルチカメラのシステムが必要となる.必要とされる各装置と,その理由を表3にまとめた.

2. 試薬・消耗品

☐ ES細胞培養用培地（DMEM + 15% FCS + 10^3U/mL LIF + 100μM 2ME + 1 × P/S）
・DMEM（044-29765,和光純薬工業社）
・FCS：ES細胞用にロットチェックを行ったものを使用する.
・LIF（ESGRO® Leukemia Inhibitory Factor 10^7U/mL,ESG1107,メルク社）
　：10^4倍に希釈して使用する.

表3 超解像ライブイメージングに必要な顕微鏡側の装置

装置名	機能	必要な理由
培養ステージ	ステージ内の温度とCO_2濃度を一定に保つ	細胞を健康な状態に保つため
レンズヒーター	対物レンズの温度を37℃に保つ	対物レンズの焦点のずれ,サンプル温度の変化を防ぐため
焦点維持装置	培養ディッシュと対物レンズの距離を一定に保つ	対物レンズの焦点がずれることを防ぐため
高精度電動ステージ	XYZ各方向の移動を電動化する	XYZ各方向の繊細な動きを可能にするため
風防チャンバー	風や温度などの外部環境の変化から顕微鏡を保護する	外部環境の変化により,ステージがずれたり細胞に悪影響を与えたりすることを防ぐため
マルチカメラ	多色蛍光の同時検出を可能にする	2色以上の同時撮像に必要なため

・2ME（β-mercaptoethanol，M3148，シグマ アルドリッチ社）
　：PBSで50mMに調製したものを500倍に希釈して使用する．
・P/S（Penisillin-Streptomycin，15070063，Thermo Fisher Scientific社）
　：200倍に希釈して使用する．
・トリプシン-EDTA（0.05％，25300054，Thermo Fisher Scientific社）

☐ ガラスボトムディッシュ用コーティング剤（iMatrix-511溶液0.5mg/mL，385-07361，和光純薬工業社）
　表面を覆うようにガラスボトムディッシュのガラス面に加えて，37℃で一晩インキュベートした後に細胞を播種する．

☐ プラスチックディッシュ用コーティング剤（Gelatin from porcine skin，G1890，シグマ アルドリッチ社）
　PBSに0.1％の濃度で溶解してオートクレーブ滅菌する．表面を覆うように培養用プラスチックディッシュ上に加えて37℃で30分以上インキュベートした後に細胞を播種する．

☐ 35mm ガラスボトムディッシュ（35mm ガラスベースディッシュ No.1S，3970-035，AGCテクノグラス社）
　他社製の同等品でも代用可能．

☐ 100nm 蛍光ビーズ[※3]（TetraSpeck™ Microspheres 0.1μm，fluorescent，T7279，Thermo Fisher Scientific社）

☐ Doxycycline[※4]（631311，タカラバイオ社）
　PBSに1mg/mLの濃度で溶解したものを小分けして−20℃で保存する．用事に融解して，1,000倍に希釈して終濃度1μg/mLで使用する．

3. 細胞の作製

　われわれはXist cDNAの最も3'側のエキソン7にMS2ステムループ（SL）[※5]を挿入したTet-誘導性Xist発現プラスミドを構築し，これをマウスES細胞の染色体上にランダムに挿入した（図1A左）．さらにこの細胞にMS2CP（coat protein）-mCherryを安定に発現させることにより，Doxycycline（Dox）存在下で外来性Xist ncRNAをXist-MS2SL/MS2CP-mCherryの複合体の形でmCherryシグナルとして可視化できる細胞を構築した．この細胞にTet誘導性GFP-hnRNPU発現プラスミドをさらに導入して（図1A中央），Xist ncRNA（mCherry）とhnRNPU（GFP）を同時に発現誘導させて可視化できる細胞を作製した（図1A右）．この細胞にDox（1μg/mL）を添加し，24時間後に落射蛍光顕微鏡で撮像し，さらにデコンボリューション処理した蛍光像を図1Bに示した．

[※3] **100nm蛍光ビーズ**
均一な100nmの直径を有し4種類の蛍光を発することから，SIMのXY方向の空間分解能（～100nm）の検定と，蛍光シグナル各色の検出ずれの検定に使用する．

[※4] **Doxycycline**
Tet-ON，Tet-OFFシステムにおいて，TRE（tetracycline response element）の下流につないだ遺伝子の転写をDoxycyclineの有無で制御するのに用いる．

[※5] **MS2ステムループ**
MS2ファージのゲノムRNAに由来する19塩基からなるRNAの配列をさす．分子内ステムループ構造を取り，MS2CPが高い親和性で特異的に結合する．現在ではもともとのMS2ファージゲノムの配列を改変した高親和性のMS2ステムループが主流である．

プロトコール

以下にマルチカメラ（2カメラ）でGFPとmCherryの2色同時超解像ライブイメージングを3D-SIMモードで行うためのプロトコールを記す．

1. 細胞の準備 （図2）

❶ 実験の6〜7日前：超解像ライブイメージング観察を行う日から起算して6〜7日前に，凍結保存してあるマウスES細胞を解凍して培養を開始する[*1]．われわれはES細胞の培養をゼラチンコートした培養用のプラスチックディッシュ上でフィーダー細胞非依存的に行っている[5)][*2]．細胞がコンフルエントになったら1/6程度に希釈して継代を行う

> [*1] 凍結状態から培養を開始すると，ES細胞は培養中に分化してしまう場合があるので，われわれは超解像ライブイメージング観察を行う日から起算して6〜7日前に培養系に移すようにしている．もし分化した細胞が生じても，それらは増殖能力が著しく低下するのでこの培養期間中に排除される．
>
> [*2] フィーダー細胞上でES細胞を維持・培養することも可能であるが，フィーダー細胞の混入はイメージングの妨げになるので，ガラスボトムディッシュ上に播種するときには除去する必要がある．

❷ 実験3日前：ガラスボトムディッシュは細胞を播種する前日からガラスボトムディッシュ用コーティング剤によるコーティングを行っておく[*3]

> [*3] iMatrix-511を用いることでES細胞は強固にガラス面に接着することができ，イメージング時の細胞のドリフトを抑制する．

❸ 実験前々日：プラスチックディッシュ上の細胞をトリプシン/EDTAで剥がして[*4]，細胞数を計測する．計測値をもとにして，ES細胞の場合は$1.5〜3.0 \times 10^5$細胞/ディッシュの密度になるように，35mmガラスボトムディッシュ上に播種する[*5]．

> [*4] 細胞塊が残っていると，胚様体（embryoid body）などへの分化が誘導されることがあるので，トリプシン処理時にはES細胞を単一細胞単位にまでバラバラにしておく必要がある．
>
> [*5] iMatrix-511を用いた場合には，ES細胞は迅速かつ強固にガラス面に接着するので，細胞を播種するときにはあらかじめ均一に懸濁した後，すみやかに播種を行う．

❹ 実験前日：Dox（1μg/mL）を含む培地で培地交換する．

6〜7日前	3日前	前々日	前日	実験当日
凍結保存してあるマウスES細胞を解凍して培養を開始する．	ガラスボトムディッシュのコーティングを行う．	ガラスボトムディッシュ上に細胞を播種する．	Dox（1μg/mL）を含む培地で培地交換する．	培地を交換し，その2〜3時間後に撮像を開始する．

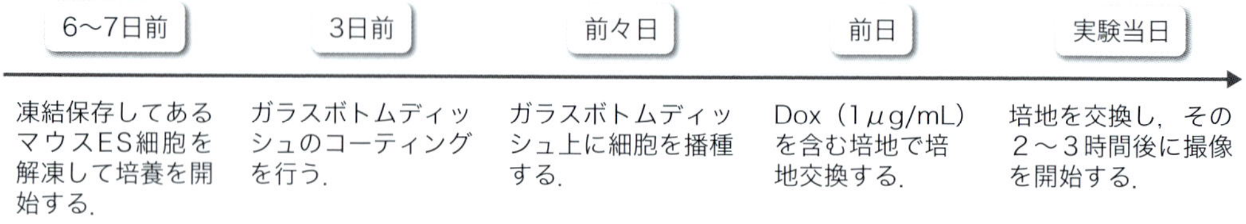

図2 超解像ライブイメージングに用いる細胞培養の流れ

❺ 実験当日：撮像を開始する２〜３時間前に培地を交換する[*6]

[*6] これによりES細胞が撮像中もより健康な状態に保たれると考えられている．

2. 超解像顕微鏡（SIM）の準備

　SIMの操作は，メーカーのマニュアルにしたがって行う．ニコン社のSIMにはXY方向のみに超解像解析を行う2D-SIMモードと，XYに加えてZ方向にも超解像解析を行う3D-SIMモードの２つのSIM撮像モードが存在しているが，ここでは3D-SIMを用いた解析方法について記述する．超解像解析では数十nm単位の精細な解析を行うので，わずかな測定のずれも結果の解釈に大きな影響を与えることになる．この点を十分に留意したうえで実験操作を進める必要がある．

❶ SIM本体，培養ステージ，レンズヒーターは，撮像をはじめる１時間前には電源を入れ，培養ステージは37℃，5%CO_2の状態で安定させておく[*7]

[*7] 超解像解析のように精密な解析を行う場合は，温度変化による顕微鏡各部の微細な膨張や伸縮が撮像結果に大きく影響をおよぼすので，あらかじめシステム全体を稼働させて温度環境の安定を図る必要がある．

❷ 細胞の撮像をはじめる前に，蛍光ビーズを用いてSIMによる超解像撮像の検定を毎回行う．直径100nmの蛍光ビーズを，撮像サンプルと同じES細胞培地中に封入したものを使用する．検定作業の手順はメーカーのマニュアルにしたがって行うが，対物レンズの補正環の調整[*8]と色ずれの補正[*9]を行い，100nmの蛍光ビーズが正しく超解像撮像でき，各色の間で位置のずれが生じないことを確認してから，サンプルの撮像をはじめる

[*8] 主に球面収差の補正を行う．
[*9] 色収差と，微細な光軸のずれの補正を行う．

3. 撮像

❶ 細胞を播種したガラスボトムディッシュを，培養ステージに載せて位置を固定する

❷ 培地中に少量の100nm蛍光ビーズを加える[*10]

[*10] この工程はオプションで行う．10分程度で蛍光ビーズはガラス面まで沈降する．撮像時にこれらの蛍光ビーズを細胞とともに映り込ませることで内部標準とする．もし蛍光ビーズから得られるGFPチャネルとmCherryチャネルのシグナル位置にずれがある場合には，それをもとにして画像全体のずれ補正を行う．大切なデータを取るときなどにはこの操作を行うことを推奨する．

❸ 対物レンズの焦点を細胞に合わせ，この状態で30分程度放置した後に，XYZ各方向へのずれが生じていないことを確かめる[*11]

[*11] 培養ステージ上でガラスボトムディッシュ内の細胞を安定させるために行う．より正確な測定を行うために，できるだけよい環境で細胞を保持することと，ガラスボトムディッシュの温度変化によるひずみの発生を防ぐという意味がある．もし位置のずれが生じている場合は，さらに10分ほど待ってみてから同様の確認作業を行う．

❹ 撮像する細胞を選択し，GFPチャネルとmCherryチャネルの，露光時間，レーザー強度，EM-CCDカメラの感度をSIM撮像に適した値に設定する*12

*12 ニコン社のSIMの2カメラモードの場合は，EM-CCDカメラのGainはモードを10MHz 14 bitに固定して，レーザー強度，露光時間とEM Gain Multiplierの値を変えて，GFPとmCherryのそれぞれの蛍光強度（相対値）が3,000〜4,000くらいになるように調節する．

❺ Z方向にも撮像を行う場合は，Zスタックのステップ数とステップ幅の設定を行う*13

*13 ニコン社の3D-SIMの場合は0.12μmの倍数を単位とするステップ幅で7枚以上のステップ数を設定する必要がある．3D-SIMにおけるZ軸方向の空間分解能が300nm程度であることから，ステップ幅は0.12または0.24μmに設定しなければならない．

❻ タイムラプス撮像を行う場合には，撮像間隔と撮像時間の長さの設定を行う*14

*14 Zスタックを取らずに撮像を行う場合には1秒前後の撮像間隔が設定可能である．Zスタックを取る場合には露光時間に加えて，焦点面が各Zスタック間を移動する時間も必要になり，撮像時間は露光時間の総和よりも長くなる．

❼ 撮像を実施する

❽ 撮像後に明視野で細胞を観察して，細胞にダメージがないことを確かめる*15

*15 もし細胞の形態に異常を認めた場合には光毒性が疑われるので，その細胞は解析に使用せずに，光毒性がみられない程度まで励起光を弱めるなどしてもう一度撮像をやり直す．

撮像例

ここでは，われわれが行った撮像を実例として解説する．

材料：Doxycycline（1μg/mL）存在下で24時間培養を行い，Xist-MS2-mCherryとGFP-hnRNPUの発現を誘導したマウスES細胞を用いた．

撮像条件：使用顕微鏡 ニコン社のN-SIM EM-CCD 2カメラモード，対物レンズ 60倍水浸レンズ，露光時間 100ms，Camera gain 300，レーザー強度 20%，タイムラプス条件 2.25秒おきに50回，Zスタック なし

図3は撮像した時点（T＝0秒）での細胞の全体像を示している．白い四角で囲んだ部分のタイムラプス画像を抜粋して，図4として表示した．タイムラプス画像全体を通じて，Xist-MS2-mCherryシグナル上のGFP-hnRNPUシグナルが安定に保持されることがわかる．このことから，両者が直接結合するか，もしくは非常に近接した空間配置を取ることが強く示唆された．

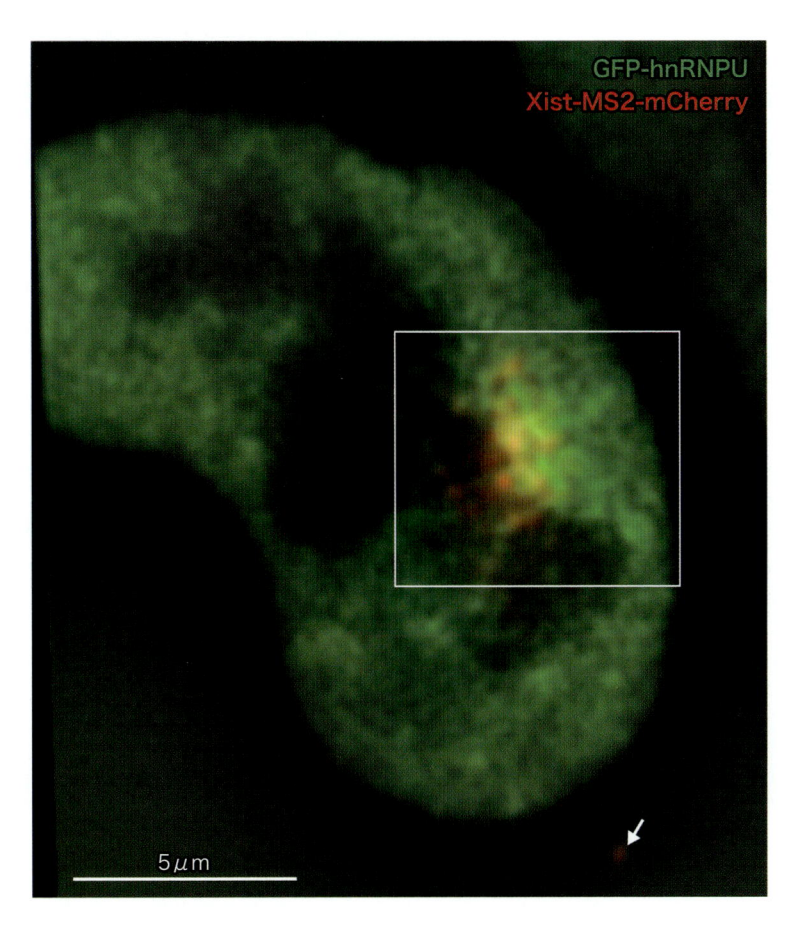

図3　超解像ライブイメージングの撮像例

GFP-hnRNPUとXist-MS2-mCherryを同時に発現する細胞に対して，2カメラシステムを搭載したSIMを用いてGFPとmCherryの両方のチャネルを同時に超解像撮像した．⇨は培地中の100nm蛍光ビーズを表す．このビーズの位置情報をもとにして，GFPチャネルとmCherryチャネルの位置のずれを補正した．この細胞のタイムラプスイメージングを図4に表示した．

撮像の注意とポイント

1. 空間分解能の維持

　　　超解像顕微鏡を使った解析を行う場合に最も留意しなければならないのは，超解像による空間分解能がしっかりと発揮されているかどうかを常に確認するべきだということである．数十nmの単位で微細な構造を解析するような場合には，測定の正確さに万全を期する必要があるといえる．このため，われわれは撮像前，撮像中，撮像後，の3つの時点で100nm蛍光ビーズを用いて検定を行い，超解像が維持されており，色のずれ（収差など）がないことを確かめるようにしている．

2. 時間分解能

　　　市販の超解像顕微鏡を使って超解像ライブイメージングを行う場合には，1つのZスタックを撮像するのに，少なくとも1秒間ほどの時間を要する．解析対象とする分子の移動速度が速いような場合には，より高い時間分解能（＝短い撮像間隔）が必要になる．そのような場合には，本書で紹介されているような各研究グループが独自に開発した時間分解能の高い

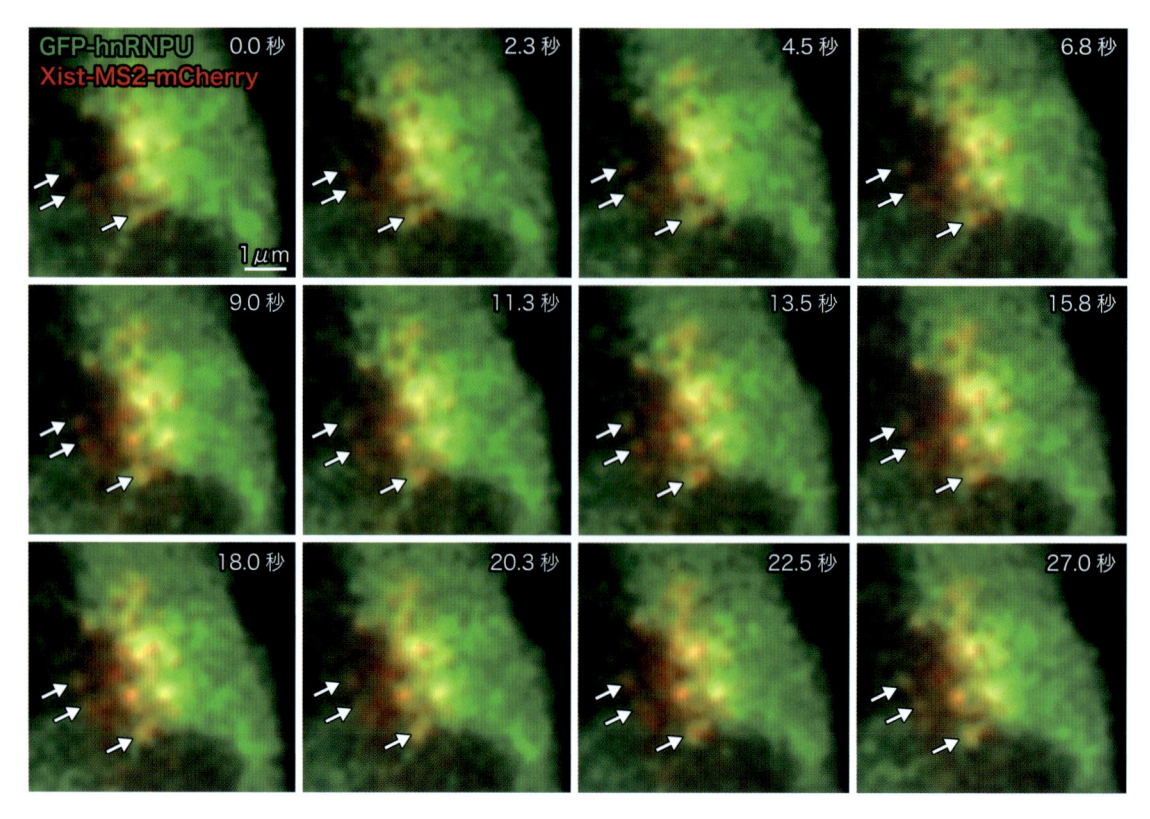

図4 超解像ライブイメージングを用いたタイムラプス解析
図3の白い四角で囲んだ部分のタイムラプス超解像画像を表示した．独立したシグナルとして存在し，識別が容易であるXist-MS2-mCherryのシグナル（⇒）を解析の対象とした．それらのXist-MS2-mCherryのシグナル近傍には常にGFP-hnRNPUのシグナルが存在することが明らかになり，両者が直接の結合または非常に近接した位置関係にあることが示唆された．

超解像顕微鏡の使用も考慮に入れるべきであろう（**実践編第3章6，原理・応用編第2章1**を参照）．

3. 光毒性

　ライブイメージングを行ううえで，光毒性は常に問題となる．SIMの性能が今後急激に向上するとは考えにくく，サンプル側に工夫を施すことで対応するしかないと考えられる．具体的には，より明るい蛍光タンパク質を使用すること，培地中に退色防止剤や抗酸化剤を添加することなどがあげられるが，統一的な見解は存在しておらず，それぞれのケースごとに試行錯誤して対応しなければならないのが現状である．

おわりに

　超解像顕微鏡を用いた解析は今後ますますライブイメージングへの応用を求められていくであろう．そのためには，① ハードウェアである超解像顕微鏡や対物レンズの改良，② 検出方法やプローブの改良，③ デコンボリューションやノイズ除去アルゴリズムなどソフトウェア面での改良が必要である．これらが改善されていくことで，空間分解能と時間分解能に優れ，光毒性が少なく，作動距離の長い，ライブイメージングに理想的な超解像顕微鏡が出現する日もそう遠くないのかもしれない．

謝辞
　本項を執筆するにあたり，ニコンインステック社の徳永和明博士に貴重なコメントをいただいた．この場をお借りして感謝いたします．

◆ 文献

1) Liu Z, et al：Mol Cell, 58：644-659, 2015
2) Galupa R & Heard E：Curr Opin Genet Dev, 31：57-66, 2015
3) 増井 修：実験医学, 33：216-222, 2015
4) Hasegawa Y, et al：Dev Cell, 19：469-476, 2010
5) Masui O, et al：Cell, 145：447-458, 2011

eppendorf

操作性を実感してください！
無料サンプルは info@eppendorf.jp まで

Eppendorf Cell Imaging Consumables

セルイメージング用ディッシュ、カバーガラスチャンバー

Eppendorf のセルイメージング用製品群は、厳密な品質基準と卓越した成型技術により、クリアで見やすく、顕微鏡観察に最適です。先進的な研究における高い要求に応えられる、世界最先端の製品を是非お試しください。

このようなお客様にお薦めです：
> STED や STORM などの超解像顕微鏡で観察したい
> 長時間のタイムラプス観察を行いたい
> 細胞の付着状態を改善したい
> 接着剤による影響を失くしたい

2016 年 4 月 1 日～6 月 30 日
30% OFF キャンペーン実施中
詳しくは弊社ホームページをご覧ください

Cell Imaging Dishes
> 持ちやすいグリッピングリング
> 方位マークによって、顕微鏡下から一旦移動させた後でも簡単に元通りに置けます
> 付着細胞培養用処理を施しており、通常のガラスに比べ細胞の付着が促進されます

Cell Imaging Coverglasses
> 観察後にチャンバーを外して保存可能
> チャンバーの材質に、アセトン耐性のある環状オレフィンコポリマー（COC）を採用
> 付着細胞培養用処理を施しており、通常のガラスに比べ細胞の付着が促進されます
> 取り扱いやすい個別包装

セルイメージングプレート、セルイメージングスライドもご用意しています。

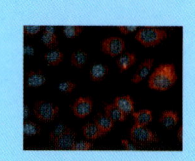

Official YouTube

www.eppendorf.com/cic
エッペンドルフ株式会社 101-0031 東京都千代田区東神田 2-4-5 Tel: 03-5825-2361 Fax: 03-5825-2365 Email: info@eppendorf.jp
Eppendorf® and the Eppendorf logo are registered trademarks of Eppendorf AG, Germany.
All rights reserved, including images and graphics. Copyright © 2016 by Eppendorf AG.

実践編 5

第3章 目的別の超解像イメージング

SIM, STEDによるアクチン系細胞骨格のイメージング

加藤 薫

撮像のポイント

超解像光学顕微鏡は徐々に普及が進み，あちこちの研究機関でみられるようになった．われわれは，超解像顕微鏡が普及するよりも前から神経成長円錐のアクチン系細胞骨格（アクチンの網目）を観察してきた．サンプルは，従来の顕微鏡用の固定標本と基本は同じである．顕微鏡メーカー各社のショールームで，はじめて超解像顕微鏡でサンプルを観察したときから今日まで，ずっと高分解能の画像を観察している．本項では，SIMとSTEDを用いたアクチン系細胞骨格のイメージングについて記載する．

■ SIMによるアクチン系細胞骨格のイメージング

SIM（原理・応用編第1章3，4参照）は数社から出ているが，どれも同程度の分解能が出ている．ニコン社およびカールツァイスマイクロスコピー社の使用経験をもとにSIMによるアクチン系細胞骨格のイメージングについて記載する．

■ 準備

- □ アクチンをAlexa Fluor™ 488ファロイジン（Thermo Fisher Scientific社）で標識して固定染色した細胞標本
- □ 対物レンズ（超解像用のたわみのないもの）
- □ 蛍光ビーズ（直径100nm）
  適切な蛍光ビーズを使って補正環の調整を行う．
- □ 超解像顕微鏡（SIM）
  使用前にスイッチを入れて十分暖気を済ませておく．
- □ 部屋の温度が一定の環境
  超解像顕微鏡は，メーカーの推奨する室温で安定した環境で使用する．室温の変動は，超解像の画像取得に影響する．超解像顕微鏡の導入のタイミングに合わせて室温調節用の空調機を入れるとよい．湿度が高い場合は，除湿器を入れる．われわれは工業用の除湿機（15万円程度）を使用し除湿している．蒸し暑い夏でも，エアコンと除湿器で湿度を55％程度まで下げている．

プロトコール

❶ 補正環の調整

　直径100 nmの488 nm励起の蛍光ビーズを用意し，100 nmのステップサイズで，z軸方向に6μm動かしzスタックを作製する．このzスタックを使って，x-z平面でのビーズの像〔点像分布関数（PSF）〕を得る（図1A）．このPSFとテンプレート（図1C）とを比較しながら，補正環（図1B）を適正な位置に調節する[*1]．補正環の調整は高分解能の超解像イメージを得るために重要である．

[*1] 補正環には数値が書かれているが，単なる目安で，数値にしたがって合わせても適正値にはならないことが多い．

❷ 試料の準備と撮像

　蛍光顕微鏡モードにし，サンプル中の観察箇所を探す．観察する場所が決まったら，光路を切り替え，SIMの設定に移る．カメラ，レーザー強度を設定する．SIMにはEM-CCDタイプと，CMOSのイメージセンサのタイプ（こちらの方が新しい）がある（**実践編第1章 Column 3**参照）．ここでは，われわれが使用しているEM-CCDでの例を記載する．

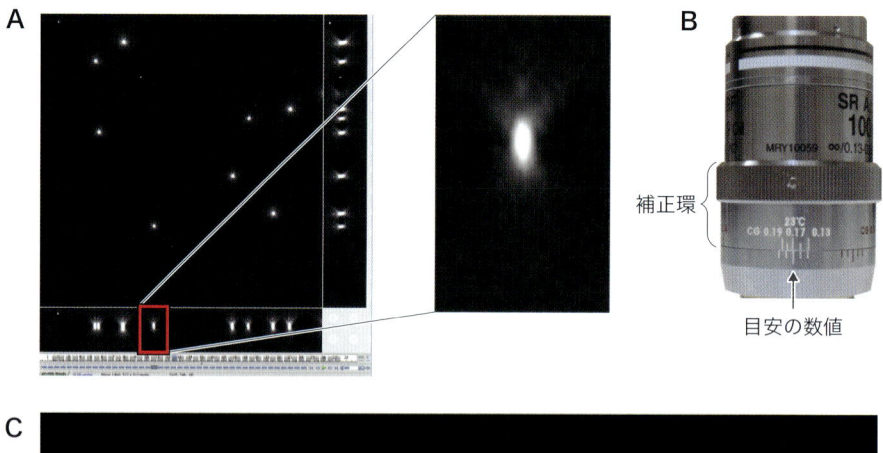

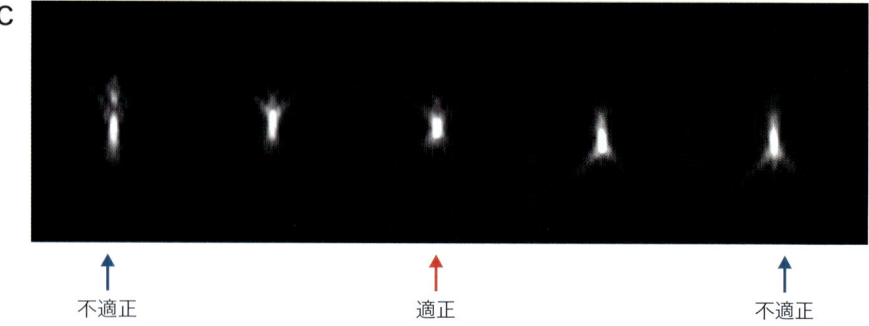

図1　補正環による補正の例

A) 蛍光ビーズのzスタック．下段にx-z平面の画像（PSF）が表示される．右に赤枠部分を拡大した．
B) 対物レンズと補正環．**C)** 補正環の位置によるx-z平面のビーズ画像の違い．適正な画像になるように補正環を調節する．写真提供：ニコン社．

十分に明るい固定試料の場合は，16bit（最大で約65,000階調），それ以外の場合は14bit（最大で約16,000階調）で撮像する．試料の明るさと，EMCCDの画像の輝度の線形性が担保される範囲（16bit画像では最大輝度値12,000〜14,000，14bit画像では最大輝度値4,000〜6,000）になるように調節する．画像の輝度値のヒストグラムを見ながら，レーザーの強度，exposure time，EMgain，カメラGainを決める[*2]．

ニコン社のSIMの場合，2D-SIMでは9枚（図2A），3D-SIMでは15枚の画像（図3A）を取得する．

*2 SIMの取得画像の演算には一定の輝度値が必要である．原画像の取得段階で，画像のヒストグラムが一定以上の輝度値にならなければ，演算でよい結果を得ることは困難である．

❸ 画像の演算

取得画像に対し，演算を行い超解像画像を得る．メーカー各社はSIMのソフトウェアのオートモードでの演算を推奨しているが，限界まで情報を引き出すには，マニュアルモードで計算する必要がある．各社でパラメータの振り方は異なるので，基本的な考え方を記載する．

はじめに適当なパラメータを入れて，あるいはオートモードで，SIM画像を計算する（図2B，図3B）．次に得られた超解像画像を，高速フーリエ変換（FFT）し（図2C，図3C）超解像成分が含まれる画像かをチェックする（必要に応じてLine Profileもとる）．観察したい微細構造の空間周波数成分に対応する部分を強調するようにパラメータを入力し再計算する．パラメータ設定→SIM画像の演算→FFT画像での評価→パラメータ設定…をくり返し，超解像画像でターゲットとなる構造が最もよく観察できる条件を決定する．うまく計算できると，図2Cおよび，図3CのようなパターンのFFT画像となる．

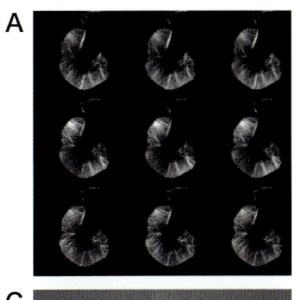

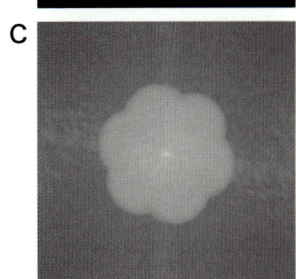

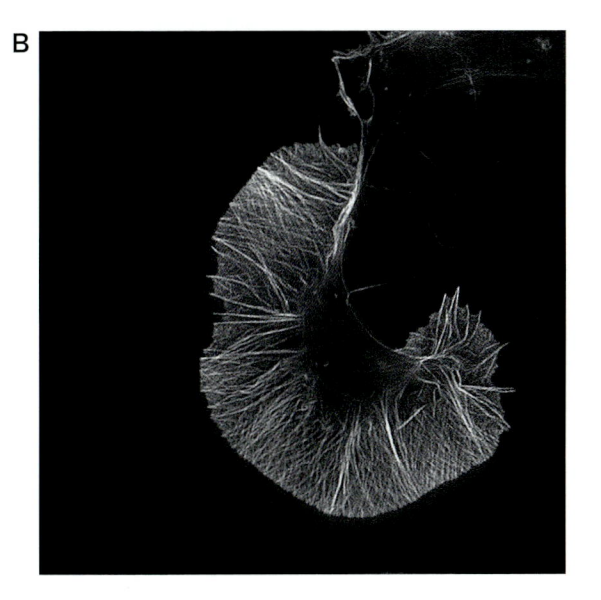

図2 2D-SIMで観察したNG108-15細胞の成長円錐

A) 9枚一組のモアレ像（取得した原画像）．B) 2D-SIMの画像（計算結果）．C) Bを高速フーリエ変換（FFT）した画像．空間周波数を示す．花のような形になり，径が原画像の2倍弱になる．大きな構造に由来する低周波成分は中央に，細かい構造に由来する高周波成分は周辺部にくる．対物レンズ：CFI SR Apo TIRF 100X/1.49 Oil．

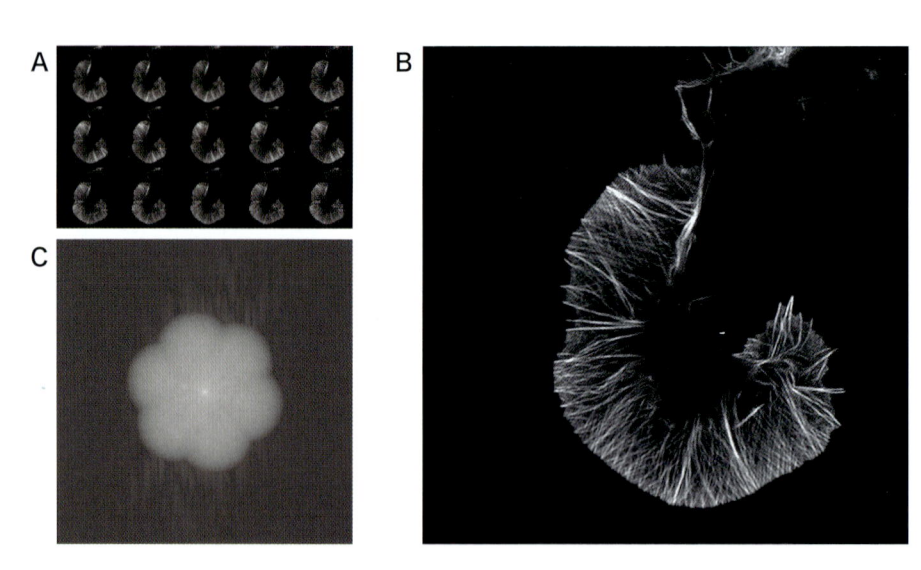

図3　3D-SIMで観察したNG108-15細胞の成長円錐
A）15枚一組のモアレ像（取得した原画像）．B）3D-SIMの画像（計算結果）．C）Bを高速フーリエ変換（FFT）した画像．成長円錐中央部が黒く抜け，光学切片像だとわかる．

1. 撮像例

NG108-15細胞の成長円錐を固定染色し，2D-SIMと3D-SIMで観察した（図2, 3）．3D-SIMでは，光学的切片像となっていることがわかる．関連動画①②

関連動画①　関連動画②

2. 撮像のポイント・注意点

1）室温

前述のように急な温度変化は画像に影響をおよぼすので注意する．光学条件は温度で変わるので，室温には気遣いが必要．狭い個室に設置するケースも多いが，実習などで多人数が部屋に入ると体温で室温が上がったり，扉の開閉で温度が変わったりする．

2）カバーガラス

カバーガラスはNo.1S（アメリカの表記ではNo.1$\frac{1}{2}$）の厚さを用いている．カバーガラスの表面には，ガラス同士の接着を防ぐために何かが塗布されており，洗浄が必要である．細胞が生えればよい最低限の処理方法を紹介する．ビーカーに超純水を入れ，そのなかにカバーガラスを入れ，アルミ箔でふたをし，オートクレーブする．終わったら超純水を3回置換しもう1回オートクレーブをする．カバーガラスをピンセットで取り出して風乾しUV滅菌後，ポリLリジン（PLL）やコラーゲンなどでコートし，細胞を培養する．ガラスの自家蛍光は残るので，われわれは，洗剤や強酸，強アルカリで，徹底的に洗浄している．

3）対物レンズ

ニコン社のSIM用の対物レンズは安全装置がついていない．内部のレンズは，一番近いものだと1mm以下の距離に置かれている．対物レンズの先端を指で押したり，ぶつけると，

たわみが出て性能が出なくなることが多い．対物レンズは新車なみの価格の精密機器であり，ねじのように乱暴に扱ってはならない．

4）さまざまな設定値について

十分に明るい試料の静止画を撮像する場合は，S/Nを上げることを重視し，EMgainは100程度，カメラgainは1倍とし，カメラのexposure timeとレーザー強度で取得画像の輝度値を調節する．逆に，比較的暗めのサンプルの場合は，褪色を抑えることを優先し，SIMの演算が可能な適正な輝度値となるようにする．EMgainや，カメラgainは，カメラのexposure timeを大きめに設定し，レーザー強度は可能な限り抑える．ライブセルを撮像する場合は，対象の動きと画像の取得時間を考えて，exposure timeを短めに設定するとよい．

STEDによるアクチン系細胞骨格のイメージング

ライカマイクロシステムズ社のSTEDを本社ショールームおよび京都大学物質−細胞統合システム拠点（iCeMS）で使用した経験をもとに記載する．

準備

- □ アクチンをテトラメチルローダミンファロイジン（シグマ アルドリッチ社）で，微小管をAlexa Fluor™ 488（Thermo Fisher Scientific社）で染色した細胞の固定標本
- □ 超解像顕微鏡（STED）
  使用前にスイッチを入れて十分暖気を済ませておく．
- □ 部屋の温度が一定，かつ可能な限り振動が少ない静環境
  超解像顕微鏡は，メーカーの推奨する室温で使用する．温度が変動すると，超解像の画像取得に影響する．STEDの方が，SIMよりも厳しい温度管理が必要な印象がある．部屋の湿度が高い場合は除湿器を入れる．床の振動がない静環境に位置する．
- □ 対物レンズ
  STED用の対物レンズを使用する．この対物レンズは，軸上色収差の補正が厳密にされており，STEDでの使用波長の範囲であれば，どんな色の光でも同じ場所に焦点を結ぶ．STED用の対物レンズにはいくつかの型番があるが，最近にリリースされたものほど収差補正がよくなされている．

プロトコール

❶ 対物レンズの光路の調整

機器を立ち上げたあと，光路の調整を行う．光路の調整はワンボタンで行えるように自動化されている．

❷ 共焦点画像の取得

試料中の観察する細胞が決まったら，100×油浸の対物レンズを用いてzoom倍率1倍で，

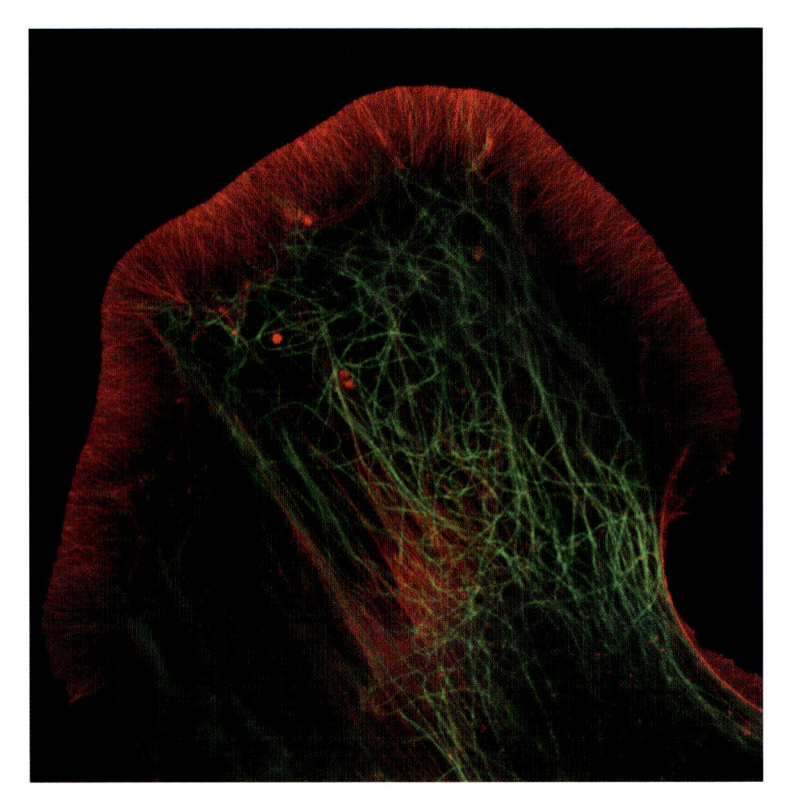

図4　STEDで撮像したNG108-15細胞の成長円錐
赤：アクチン（テトラメチルローダミンファロイジン），緑：微小管（一次抗体：抗-αチューブリン抗体，二次抗体：Alexa Fluor™ 488），対物レンズ：HC PL APO 100X/1.40 OIL STED WHITE，機種名：STED 3X．

1024×1024ピクセルの視野で画像を取得する．褪色を抑えることを優先し，レーザーの出力を下げて，素早いスキャンで視野全体をモニター上に表示させる．視野のどの部分を切り出して，超解像画像観察するのか決定し，拡大表示させる．画像取得には高感度ディテクター（HyD，ライカマイクロシステムズ社）の使用が望ましい．HyDは，フォトンカウンティングモードで使用するとS/Nがよくなり，結果として高解像度が得られる設定が可能となる．

❸ **画像の画素数，画素サイズの調整**

画像の画素サイズをサンプリング定理（後述）を参考に決定する．（50nm程度の分解能をめざすなら画素サイズは25nm以下に設定）．画素サイズを決定したら，観察したい領域がすべて含まれるように画素数を設定する．

❹ **ピント合わせ**

超解像観察の前に，共焦点画像でピント合わせを行う．細胞のエッジなど，ピントを合わせやすい部分を目安にして合わせるとよい．ピントを合わせたら，オートフォーカスのスイッチを入れる．あらかじめ，gating time，計測する蛍光波長帯域，積算枚数，励起用レーザー強度，STEDレーザー強度などは設定しておく（後述）．

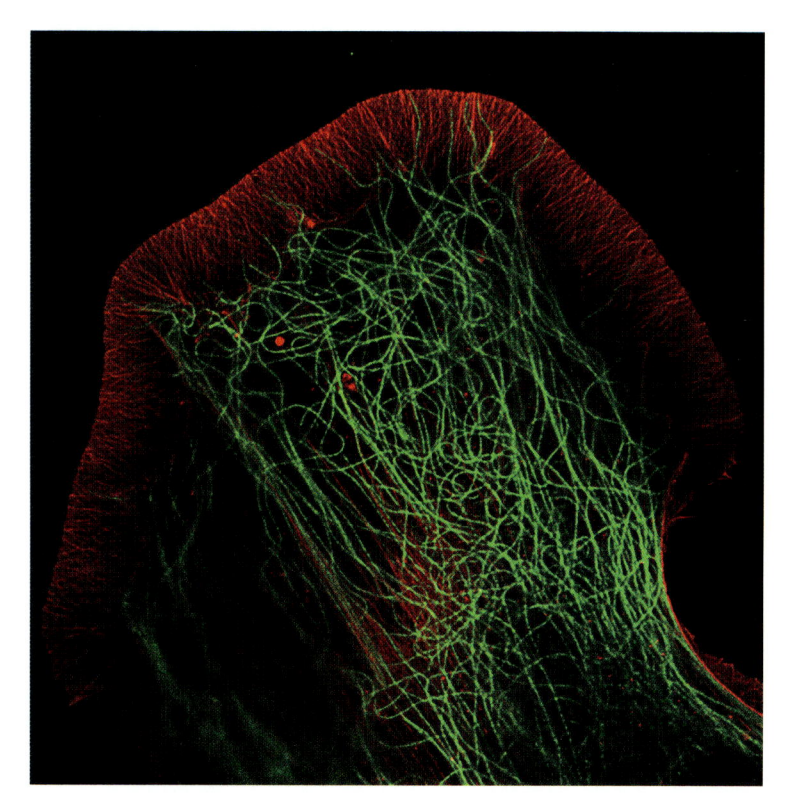

図5 STEDで撮像したデコンボリューション後のNG108-15細胞の成長円錐
図4に対してデコンボリューションをかけた画像.

❺ STEDの画像取得

STED用のレーザーをONにし，STED画像を取得する．可能な限り画像のS/Nがよくなるように，積算回数とスキャンスピードを設定し，画像を取得する（図4）．3D STED機能のある機種で3Dスタックを取得する場合は，明るく染めた標本を用意し，5〜10枚以上のzスタック画像を取得する．関連動画③

❻ デコンボリューション

得られた画像に対しデコンボリューションをかける．デコンボリューションには，TCS SP8 STED 3Xに付属するHuygens professional（Scientific Volume Imaging社）を用いる．オートモードでも一定の改善がみられるが，マニュアルモードでの使用を勧める．取得画像のノイズレベルなどを計測し，適切な数値を入力する．デコンボリューション後の画像を図5に示す．

1. 撮像例

NG108-15細胞を固定・蛍光染色し，成長円錐をSTEDで撮像した（図4，5）．アクチンをテトラメチルローダミンファロイジンで赤く，微小管をAlexa Fluor™ 488で緑に標識している．

2. 撮像のポイント・注意点

1）室温

SIMと同様，室温の変化に十分注意する．前述したようにSTEDの方がSIMよりも温度変化に敏感である．

2）画素サイズの設定とサンプリング定理[※1]

STEDで50nmの分解能で観察するなら，画素サイズは25nm以下に設定する必要がある．さらに，画素を細かくすると，微細な構造まで表現しうるが，1画素あたりの光量が減り光量不足になることが多い．観察対象の構造を記録するために，必要かつ十分な画素サイズに設定する．

必要十分な画素サイズを設定する際の定理を理解するために，周期50nmの一次元のサイン波をデジタル化することを考えてみよう．サイン波の山は50nmごとに出現するが（図6A），50nmの周期でデータを記録しても，このサイン波の山は表現できない（図6B）．山を表現するには山と山の間の谷も記録する必要があり，周期50nmのサイン波を表現するには，25nmごとに，データを記録する必要がある（図6C）．このような考え方をサンプリング定理という〔この場合25nmがナイキスト周期（ナイキスト周波数の逆数）に相当する〕．なお，25nmの周期のサンプリングでは，50nm周期のサイン波の山と谷の周期しか表現できない．サイン波の形まで表現するには，さらに細かいサンプリングが必要となる（図6D）．

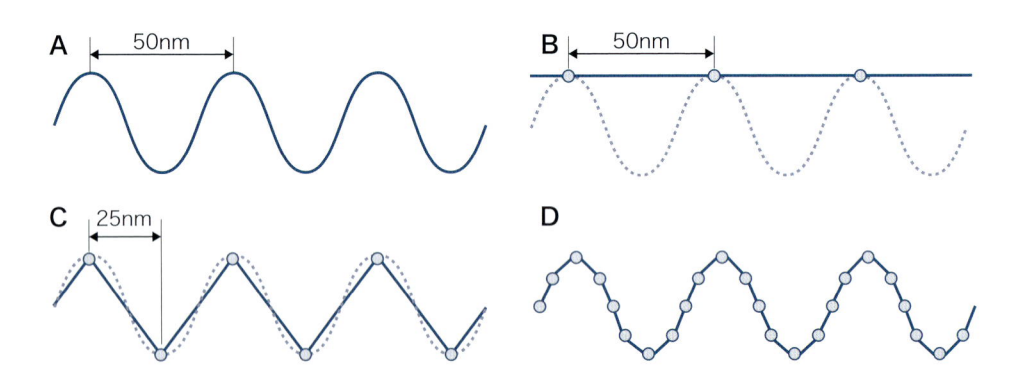

図6　サンプリング定理の例
周期50nmのサイン波の山と谷を記録するには，サンプリング周期を25nm以下にする必要がある．○は記録される点．○が多いほど，サイン波の形を細部まで表現できる．**A)** 周期50nmのサイン波，**B)** サンプリング周期50nm，**C)** サンプリング周期25nm（ナイキスト周期に相当），**D)** サンプリング周期6.25nm．

※1　サンプリング定理

波形信号をアナログからデジタルに変換（AD変換）するとき，どのような頻度でデータを記録（サンプリング）すべきかを示す定理．アナログ波形に含まれる最大の周波数成分がfならば，2f（ナイキスト周波数）以上の周波数でサンプリングすれば，情報を記録できる．ナイキスト周波数以下ではエリアシングノイズが生じる．

3）gating time，計測する蛍光波長帯域，積算枚数，励起用レーザー強度，STEDレーザー強度の設定

これらのパラメータは，事前に最適値を決定しておく．gating timeは色素に相応しい値を設定する．蛍光色素の蛍光寿命を参考に，gating timeの初期値を入れ，画像取得し，染色条件や修飾による蛍光寿命の変化も勘案し時間を決める．gating timeをかけると分解能は上がるが，暗いサンプルでは光量（フォトン数）が足りなくなる．分解能よりも光量を優先し設定する．光量はgating timeだけでなく画像の積算回数，励起用レーザーの強度，取得する蛍光波長帯域の範囲を調整し，最も明るくなるように設定する．われわれは，高分解能を得るためにSTEDレーザー強度は80〜90％以上で使用している．染色が不十分で，サンプルへのダメージが大きい場合は，明るさ優先でSTEDレーザーの強度を落として撮像するが，高解像度は期待できない．

4）色素の選択

STEDでは，誘導放出[※2]を示す蛍光色素を用いる必要がある．誘導放出はレーザーの発振に応用されている現象である．レーザー色素の誘導体の，バイオ用の色素であれば，波長，蛍光寿命が合えば，使用できる可能性が高い．レーザー色素には①キサンチン系（フルオロセイン，ローダミン，Alexa Fluor™など），②シアニン系（Cy3，Cy5など），③ピロメタン系（Bodipyなど）などがある．これらのなかから選択すれば，使用できる色素は多い．1つの目安としていただきたい．なお，色素のなかには，もとの蛍光色素よりも修飾基の影響の方が大きいケースや，もともと蛍光寿命が短いが，抗体と結合すると蛍光寿命が長くなりSTEDに最適の色素になるものもある．この点は注意が必要である．蛍光タンパク質も一部だが使用できる．

おわりに

超解像顕微鏡は筆者のあこがれだった．2000年ごろ，超解像イメージングの初期の論文を読んで非常に感銘を覚えた．2002年に二次元検出器を共焦点顕微鏡の光電子増倍管の部分に設置し，画素ごとに二次元の画像を取得し，演算を行い解像度を上げ，超解像画像を得るという特許を出願し2006年に取得した（図7）[1]．この特許の方式はデータ量が膨大で，当時は夢物語のように扱われ取り合ってもらえなかった．苦い経験である．

それから10年が過ぎ，超解像顕微鏡は市販され，バイオ分野で使われはじめた．超解像顕微鏡を用いたバイオ分野の研究に心を躍らせ，自らの手で研究に取り組めるようになったことを嬉しく思っている．

※2　誘導放出

励起状態にある原子や分子に外部から光が照射されると，照射光と同波長の光としてエネルギーを放出し基底状態に戻る現象．アインシュタインによりはじめて認識され，後の時代になってレーザーの発振に応用された．

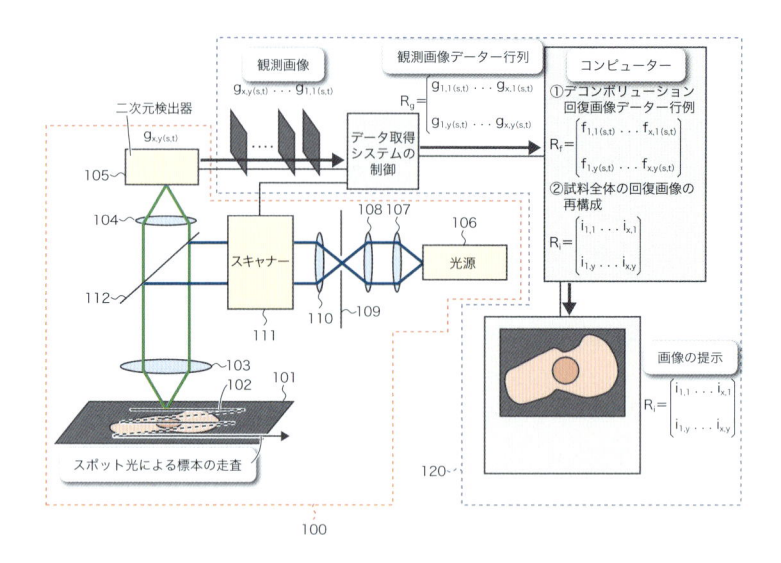

図7 二次元検出器を用いた共焦点顕微鏡ベースの超解像顕微鏡システム
赤い点線で囲まれた部分は光学系．青い点線で囲まれた部分は画像処理システム．文献1より引用．2002年出願，2006年特許取得．

謝辞

ニコン社の鶴旨篤司氏，大川潤也氏，佐瀬一郎氏からは，SIMについてアドバイスをいただいた．ライカマイクロシステムズ社の加藤寛子氏，田中晋太郎氏，および京都大学物質−細胞統合システム拠点（iCeMS）の原田慶恵先生，藤原敬宏先生には，STEDを使用する機会を与えていただいた．ここに深く感謝いたします．

◆ 文献
1) 小椋俊彦, 加藤 薫, 山田 亨, 山田雅弘：光イメージングシステム及び光イメージのデータ処理方法. 特許第3837495号, 2002年出願, 2006年登録

◆ 参考図書
- 「科学計測のための画像データ処理」（河田 聡, 南 茂夫/編著）, CQ出版社, 1994
- 「ビデオ顕微鏡−その基礎と活用法−」（Inoué S, Spring KR/著, 寺川 進, 他/訳）, 共立出版, 2001

実践編

第3章　目的別の超解像イメージング

6　STEDを用いた細胞内小器官などの微細構造の観察

岡田康志

> **撮像のポイント**
>
> 　誘導放出制御（STED）顕微鏡は，レーザー走査型共焦点顕微鏡（CLSM）の発展型である．他の超解像顕微鏡法とは異なり，①超解像イメージが直接得られる，②従来のCLSMと同様の操作感で使用できる，③CLSMとシームレスに運用できる，④試料に応じて超解像の程度を調整できる，などの特徴がある．本項では，細胞内小器官の観察という具体例を通じて，STEDを用いた超解像イメージングの実際を解説する．

はじめに

　原理・応用編第1章1で詳述されている通り，誘導放出制御（STED）顕微鏡はレーザー走査型共焦点顕微鏡（CLSM）の発展型である．比較的高価な顕微鏡システムであるCLSMのさらに発展型ということで，価格も「発展型」である．光学系などのシステムも複雑で，自作は容易ではない．しかし，STEDには，他の超解像顕微鏡法とは異なるメリットがある．

　まず，STEDは原理的には画像処理を必要としない．したがって，画像処理のアーティファクトの影響を受けず，直接に超解像イメージを得ることができる．ただし，後述の通り，実際にはデコンボリューションなどの画像処理が実用上は必須である．

　実用面で重要なのは，STEDがCLSMの発展型であるということそのものである．すなわち，設定項目は多少増えるが，操作自体はCLSMとほとんど同様である．したがって，ある程度習熟すれば，CLSMと同様に使いこなすことができる．STEDはSTED光をOFFにすればCLSMそのものであり，CLSMとシームレスに運用ができる．そして，試料に応じてSTED光の強度を調節することで，分解能やS/N，フォトブリーチ（褪色）回避などの調整も行いやすい．このため，STEDを装備したCLSMは，日常的な顕微鏡観察においても使用しやすい．CLSMを日常的に頻用している研究室では，STEDを導入しても宝のもち腐れになりにくいだろう．

　しかし，STEDを効果的に利用するためには，いくつか留意すべき点がある．本項では，細胞内小器官の観察という具体例を通じて，そのあたりを詳述する．

簡単な原理―特に収差の影響について―

　ここでは，STEDの実使用に関連する点を中心に，**準備**以降で説明される注意事項の背景

の原理を説明する．少し細かい議論も含まれるので，初学者はここを飛ばして**準備**に進むとよい．ある程度実践を経験したところで，ここを読み返すと理解しやすいだろう．

1. CLSMの分解能

CLSMでは，レーザー光を対物レンズで集光して試料の一点を励起する．しかし，回折によりレーザー光は波長の半分程度の円盤状の領域までしか集光できない．また，試料の一点から出た蛍光は，ピンホールを通して検出器に入る．このとき，ピンホールを通った光を逆に追跡すると，やはり回折の影響で，試料の一点からではなく波長の半分程度の円盤状の領域からの蛍光がピンホールを通過することになる．この励起側で集光する効果とピンホールを通して検出する効果は相乗的に効くため，CLSMの分解能は通常の蛍光顕微鏡の$\sqrt{2}$倍になることが知られており，**実践編第1章2**ではこの効果を利用して超解像イメージングを行っている．

2. STEDのドーナツ光

CLSMの分解能をさらに向上させるためには，レーザー光で励起され蛍光を発する「点」の大きさを小さくすることが有効である．STEDでは，励起光に加えてドーナツ状の誘導放出制御光（STED光）を照射することで，これを実現する．すなわち，励起光と同軸にドーナツ状に成形したSTED光を照射することで，ドーナツの孔の部分の蛍光だけを残し，周囲の蛍光を消す．これにより，蛍光の出る「点」の大きさが小さくなり，その分だけ分解能が向上する．

三次元でも同様で，焦点面の前後にSTED光を照射することで，焦点面の蛍光だけを残し，前後の面の蛍光を消すことで，深さ方向の分解能も向上させることができる．この場合のSTED光の形状はドーナツ型ではないが，本項ではこちらをzドーナツとよび，前述の円筒状のドーナツ型をxyドーナツとよぶことにする．この原理通りの状態を実現することがSTED観察では重要である．すなわち，①ドーナツが正しい形にできている，②ドーナツの中心が励起光の中心と一致している，の2点である．もちろん，機器設置時に，メーカーの技術者が確認調整済のはずであるが，経年変化するだけでなく，試料に依存する部分もあるので，ユーザーレベルでも意識する必要がある．

特に大事なのが，カバーガラスの厚さ・傾きと屈折率のミスマッチである．これは，ドーナツの形に影響する．ここで大事なのは，孔が空いていることである．孔が空いているからこそ，励起光のスポットの中心や焦点面の蛍光のみが残り，周囲が消えて分解能が向上する．孔がなくなれば単に蛍光を消しているだけになって意味がない．では，どうやってドーナツの孔を空けているのか．

3. ドーナツ光形成の原理

ドーナツ光の形成には波の性質である干渉を利用している．高校の物理で習ったかもしれないが，波は反対位相の波と重ねると消える．ヘッドフォンなどのノイズキャンセラーの原理である．同様に，対物レンズの中央付近を通る光と，周辺部分を通る光の位相を反転すると，焦点では両者の光が交わる．すなわち，焦点では光が消える．これがzドーナツの原理である．具体的には，トップハット型といって，中央部が半波長分厚くなった位相板を挿入することで，中央部分と周辺部分の位相を反転することでzドーナツを形成する（図1A）．

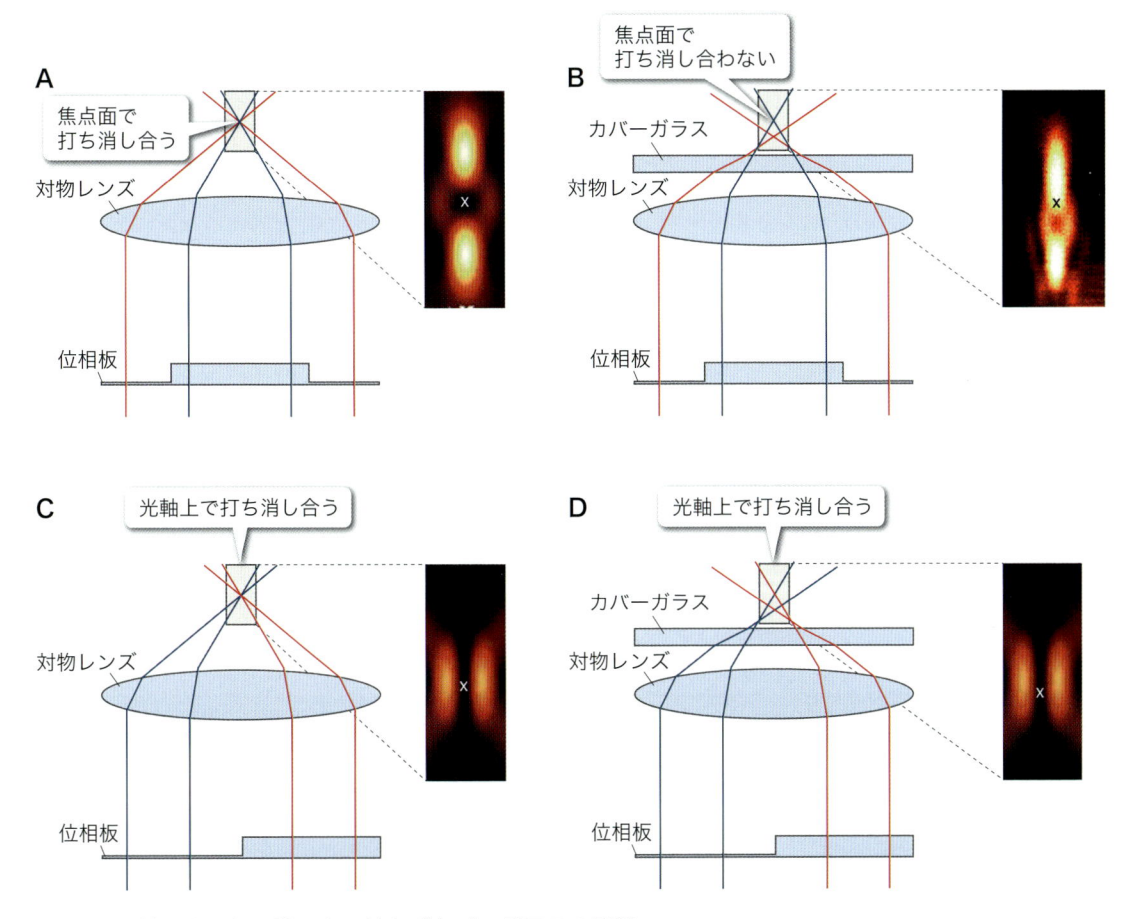

図1　xyドーナツとzドーナツおよびカバーガラスの影響

右側の画像はいずれも焦点付近（黒い四角枠部分）での実際の光の強度分布を示す．Xは焦点位置．**A)** zドーナツの原理．光軸周辺の光線と辺縁の光線が逆位相であるため，焦点面で打ち消し合う．理解しやすくするためカバーガラスがないときに球面収差が出ないものとして図示した．**B)** カバーガラスによる球面収差の影響．不適切な厚さのカバーガラスを用いると球面収差が生じて，光軸からの距離に応じて焦点位置がずれるため焦点面で打ち消し合わなくなる．**C)** xyドーナツの原理．光軸を挟んで両側で逆位相であるため，光軸上で打ち消し合う．**D)** カバーガラスによる球面収差の影響．zドーナツとは異なり，xyドーナツは球面収差の影響を受けにくい．詳細は本文も参照．

　では，もし対物レンズに球面収差があるとどうなるだろう？　球面収差は，対物レンズの中央付近を通る光と，周辺部分を通る光の焦点位置が異なるために生じる収差である．通常，対物レンズは，屈折率1.525，厚さ0.17mmのカバーガラスで，試料が浸液（油浸の場合は屈折率1.518，水浸の場合は屈折率1.33）で球面収差が最小になるように設計されている．したがって，カバーガラスの厚さや試料の屈折率が設計値と異なると球面収差が生じる[*1]．すなわち，対物レンズ中央付近を通った光と周辺部分を通った光が焦点で交わらなくなり，zドーナツ光が焦点で消えない．つまり，ドーナツの孔が空かない（図1B）．したがって，カバーガラスの厚さを0.17mmにし，試料のマウント剤の屈折率を1.518にすることが重要である．
　xyドーナツも同様であるが少し複雑である．対物レンズの右側を通った光と左側を通った

光の位相が逆になっていると，両者が交わる焦点では光が消える．これを光軸の周りにぐるりと回して，らせん階段のような状況をつくる．つまり，対物レンズのある点を通った光と，その点と対物レンズの中心に関して点対称な点を通った光が逆位相になるようにする（図1C）．具体的にはボルテックスフィルターとよばれているが，らせん状に厚さが変化する位相板が使用されている．

このため，xyドーナツは球面収差には比較的強い（図1D）．しかし，カバーガラスが傾いていると，その傾き方向に収差が出るためにドーナツが潰れてしまう．平らなカバーガラスをまっすぐにマウントすることが重要である．

*1 特に水浸対物レンズの場合，カバーガラスの屈折率と水の屈折率の差が大きいため，カバーガラスの厚さは大きく影響する．そのため，多くの水浸対物レンズには補正環が付いていて，カバーガラスの厚さの違いを補正することができる．油浸対物レンズの場合，浸液とカバーガラスの屈折率差は小さくカバーガラスの厚さの影響は小さいので，通常の観察ではカバーガラスの厚さの影響を考える必要はない．しかし，No.1（0.120〜0.170mm）のカバーガラスを用いた場合，最大50μmの厚さの違いが生じる．これは，光学的な長さの違い（光路差）に直すと350nm程度と波長の半分以上で無視できない（位相を反転させるために必要な光路差は半波長で，592nmのSTED光の場合，約300nm）．

準備

□ カバーガラス

前述した通り，特に3D-STEDの場合は球面収差を最小にするために0.17mmのカバーガラスを用いることが望ましい．油浸対物レンズの場合，JIS規格のNo.1S（0.16〜0.19mm）を用いるとよい．No.1は，厚さ0.12〜0.17mmなので薄すぎるものがときどき混じっている．われわれは，ドイツKarl Hecht社のカバーガラス（厚さ0.17±0.01mm，型番1014/18）を用いている．ドイツMarienfeld社は厚さ0.170±0.005mmのカバーガラスを販売しており（型番0117580など），これを用いたガラスボトムディッシュもMatTek社から市販されている（型番P35G-0.170-14-C）．

□ 蛍光色素・蛍光タンパク質

STEDでは，蛍光色素・蛍光タンパク質を励起するための励起光と，誘導放出を起こすためのSTED光の2種類の光を用いる．STED光は，通常の励起光の100倍以上強力なので，STED光で蛍光色素がわずかでも励起されてしまうと，観察の妨げとなる程度の蛍光が出たり，蛍光色素が褪色したりするなどの不具合が生じる．したがって，使用するSTED光が蛍光スペクトルの長波長端にかかり，励起スペクトルと重なりがないような蛍光色素を選択する．

例えば，592nmのSTED光を用いる場合，DAPIが励起されてしまうのでDAPI入りのマウント剤の使用は避ける．Alexa Fluor™ 594は660nmのSTED光で励起される[*2]ので，撮像条件に工夫が必要である．

また，蛍光スペクトルが同じでも，誘導放出の起こりやすさやSTED光照射による褪色は，色素によって異なる．表1に，筆者自身が試用してSTEDで良好な結果を得ている蛍光色素をまとめた．RFPなど赤系蛍光タンパク質では，あまりよい結果が得られていない．Halo Tag®を利用してTetramethylrhodamine（TMR-Halo, G8251，プロメガ社など）やStella Fluor™ 650-Halo（A308-01, 五稜化薬社）でよい結果を得ている．

表1　STEDで良好な結果が得られている蛍光色素・蛍光タンパク質

名称	メーカー	励起波長 (nm)	STED波長 (nm)	備考
BD Horizon™ V500	BD Biosciences社	458	592	
STAR 440SX	Abberior社	458	592	
Alexa Fluor™ 488	Thermo Fisher Scientific社	488	592	筆者推奨
ATTO 488	シグマ アルドリッチ社	488	592	
STAR 488	Abberior社	488	592	
Chromeo™ 488	アクティブ・モティフ社	488	592	
DyLight 488	Thermo Fisher Scientific社	488	592	筆者推奨
Oregon Green® 488	Thermo Fisher Scientific社	488/514	592	
Chromeo™ 505	アクティブ・モティフ社	488/514	592	
Alexa Fluor™ 514	Thermo Fisher Scientific社	514	592/660	筆者推奨
Alexa Fluor™ 532	Thermo Fisher Scientific社	532	660	
Alexa Fluor™ 546	Thermo Fisher Scientific社	546	660	
Tetramethylrhodamine	各社	550	660	筆者推奨
Cy3	Thermo Fisher Scientific社	550	660	筆者推奨
Alexa Fluor™ 555	Thermo Fisher Scientific社	555	660	筆者推奨
Alexa Fluor™ 568	Thermo Fisher Scientific社	568	660	
Alexa Fluor™ 594	Thermo Fisher Scientific社	594	660/775	アンチストークス蛍光が出やすい
STAR 635P	Abberior社	635	775	筆者推奨
Alexa Fluor™ 647	Thermo Fisher Scientific社	647	775	
STELLA Fluor™ 650	五稜化薬社	650	775	筆者推奨
ATTO™ 647N	シグマ アルドリッチ社	647	775	
EGFP		488	592	
Emerald		488	592	筆者推奨
mNeonGreen		505	592	筆者推奨
EYFP		514	592/660	筆者推奨
Venus		514	592/660	筆者推奨
Citrine		514	592/660	筆者推奨

＊2　通常，蛍光の波長は励起光波長より長い（ストークスの法則）．この場合のように，蛍光より励起光の波長が長い場合をアンチストークス蛍光とよぶ．

□ 封入剤・褪色防止剤

　　固定標本の場合，封入剤・褪色防止剤を用いることを強く推奨する．単層培養細胞など試料の厚さが10μm程度であれば，ProLong™ GoldまたはDiamond（DAPI不含，Thermo

Fisher Scientific社）が推奨である．固化することで屈折率が上昇するので，一晩以上放置して十分固化させてから用いるとよい．

組織切片などの場合は，TDE（Thiodiethanol，T0202，東京化成工業社）を用いるとよい．透明化効果・褪色防止効果もあり，良好な結果が得られる．褪色防止効果を高めるためには，DABCO（290734，シグマ アルドリッチ社）を添加する[*3]．ただし，ファロイジンやDAPIなどは，アクチン線維やDNAから解離してしまうので，これらの試料には適さない．また，Alexa Fluor™ 488など一部の蛍光色素はTDE中で暗くなることが知られている．

> [*3] TDE-DABCO封入剤の調製方法：11.5gのTDEに250μLのDABCO溶液と150μLの1M Tris-HCl（pH 8.0）を加えてよく混ぜる．これをPBSで2倍，5倍，10倍に希釈したものを順に50%，20%，10%溶液として使用する．なお，TDEは，ロットにより酸性の不純物を含むことがあるので，中和を兼ねて1M Tris-HClを添加している．また，TDEは粘調なため重量で秤量し，DABCOも溶液状態のものを添加している．TDEの比重は1.18（20℃）であるため，この混合比で混ぜると97% TDE溶液が10mL作製できる．

プロトコール

以下，具体例として，培養細胞を微小管および微小管結合タンパク質で二重染色し，Leica TCS SP8 STED 3Xを用いて観察するプロトコールを示す．固定および染色の条件は，使用する抗体や試料によって異なるので，適宜至適化する必要がある．

1．観察試料の準備

❶ 前日までに，カバーガラスに細胞を撒き，パラホルムアルデヒド 4%，グルタルアルデヒド 0.1%，パクリタキセル 10μM，Pipes 100mM，MgCl$_2$ 1mM，EGTA 1mM pH 6.9で37℃10分固定する

❷ 固定後，1% Triton X-100添加PBSで室温10分間処理して細胞膜を可溶化する．

❸ 50mM グリシン添加PBSで室温10分間処理して過剰なアルデヒド基をクエンチする

❹ PBSでリンスし，BSA添加PBSで室温30分間ブロッキングを行う[*4]

> [*4] この間に，一次抗体を用意する．本項の撮像例では，抗チューブリン抗体（DM1A，T9026，シグマ アルドリッチ社）および抗MAP4抗体（ab89650，アブカム社）をそれぞれ10μg/mLに希釈して用いた．一次抗体は希釈後，15,000rpmで30分間遠心し，上清を利用する．

❺ 一次抗体染色後，PBSで3回以上洗浄し，再びBSA添加PBSでブロッキングを行う[*5]

> [*5] この間に二次抗体を希釈し遠心する．本項の撮像例では，STAR 440SX anti-mouse抗体（Abberior社）とAlexa Fluor™ 514 anti-rabbit抗体（Thermo Fisher Scientific社）を10μg/mLに希釈して用いた．

❻ 二次抗体染色後，PBSで3回以上洗浄し，ProLong™ GoldまたはTDEでマウントする[*6]

> *6 TDEを用いる際は，10％，20％，50％，97％（3回）と順に5〜15分ずつ，インキュベートして十分に浸透させる．いずれもマウント後，カバーガラスの周囲をマニキュアで封じて乾燥を防ぐと室温で2週間以上保存可能である．

❼ カバーガラス表面を蒸留水で十分に洗浄し，きれいに拭きとり，顕微鏡にセットする

2. 観察

❶ 励起波長，STED光の波長，検出波長を決める

単染色の場合は，以下のように考えるとよい．①蛍光スペクトルからSTED光の波長を選択する．②STED光の漏れ込みを避けて，検出波長の長波長端をSTED光波長から5nmずらす．③検出の短波長側は，蛍光スペクトルの短波長端まで伸ばす．④励起光は漏れ込みを避けて，さらに5nmずらす．例えば，Alexa Fluor™ 514の単染色の場合，①STED光592nmとする．②検出波長は，587nmまで．③検出の短波長側は515nmから．④励起波長は510nmとなる（図2A）．この場合，励起効率はピーク波長に対して約90％，蛍光の約80％を検出できる計算となる．

二重染色，三重染色の場合は，少し難しい．蛍光のピークがSTED光の波長から離れるほど，誘導放出の効率が落ちるので分解能が下がる．そのため，STED光の波長に近いところに2色，3色と蛍光のピークを重ねる必要があり，分離が困難になるからである．

本項の撮像例では，STAR 440SXを470nmで励起し，475〜529nmで検出し，Alexa Fluor™ 514を530nmで励起し，535〜587nmで検出した（図2B）．STAR 440SXの励起ピークは440nmであり，440nmではAlexa Fluor™ 514もほとんど励起されないので望ましいが，使用機材の最短波長が470nmであったため，470nmとした．この場合，両方の色素が同じ濃度で存在する場合，各チャネルへの信号の漏れ込みは表2のように計算される．いずれのチャネルでも10倍以上の信号強度比が達成されている．これ以外の二重染色で良好な結果を得ている組合せを表3に示す．

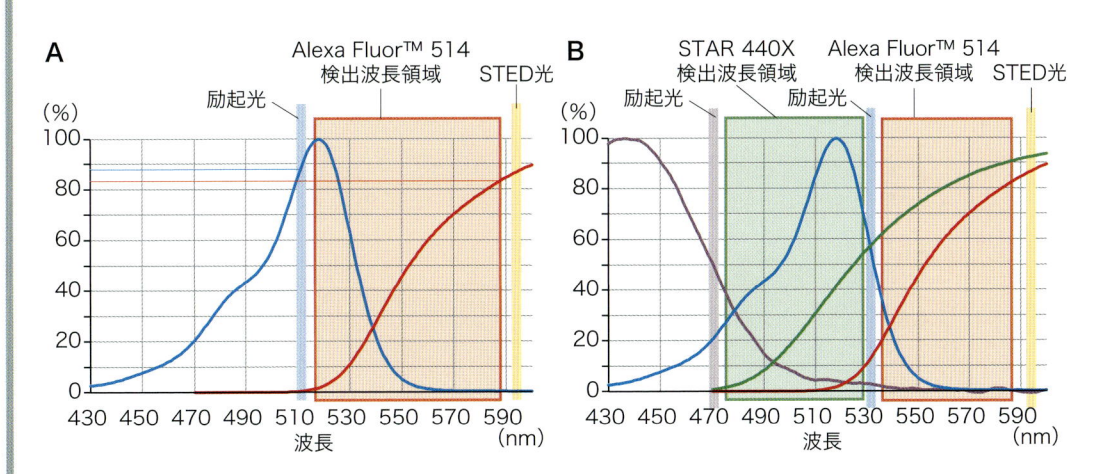

図2 観察のための波長設定
励起効率および検出効率を直読できるように，励起スペクトルはそのまま，蛍光スペクトルは積算値で表示している．
A) Alexa Fluor™ 514単染色の場合．**B)** STAR 440SXとAlexa Fluor™ 514の二重染色の場合．詳細は本文参照．

❷ **gated STEDを行うためのゲート条件を設定する**

　STED光はOFFにして，ゲート時間を0〜6ns，1〜6ns，2〜6ns，3〜6nsと変化させて撮像する．信号強度が約半減するところが，およその蛍光寿命となる（図3）．蛍光寿命を目安に，暗めの試料では少し早めに，明るめの試料では少し遅めに，ゲートを開ける時間を設定する[*7]．STAR 440SX，Alexa Fluor™ 488，Alexa Fluor™ 514などの蛍光寿命は1.5ns前後なので，暗めの試料では1〜6ns，明るめの試料では1.5〜6nsあるいは2〜6nsと設定する．

表2　信号の漏れ込みの見積もり

チャネル	色素	励起効率（%）	検出効率（%）	信号強度（%）
STAR 440を検出するチャネル	STAR 440	50	50	25
	AF514	20	10	2
AF514を検出するチャネル	STAR 440	3	30	1
	AF514	64	60	37

AF：Alexa Fluorの略．

表3　二重染色の条件例

STED光	色素1	励起波長(nm)	検出波長(nm)	色素2	励起波長(nm)	検出波長(nm)
592nm	STAR 440SX	470	475〜529	AF514	530	535〜587
592nm	AF488	470	475〜525	AF532	540	545〜587
660nm	AF532	510	515〜565	AF568	580	585〜650
660nm	AF514	500	505〜565	AF568	580	585〜650
775nm	AF594	590	600〜630	AF647	650	655〜750

AF：Alexa Fluorの略．

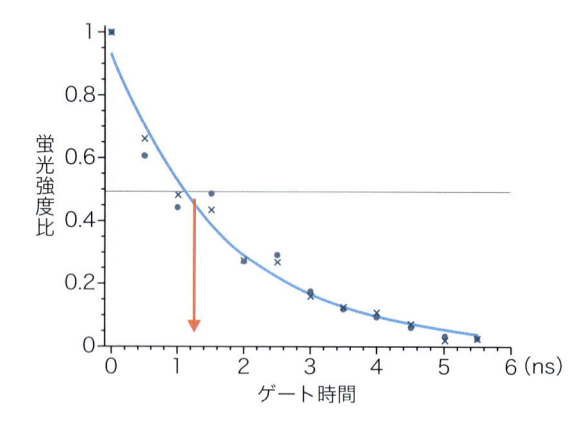

図3　ゲート時間の設定
ゲートの開始時間を0，1，2，3nsと変化させて撮像すると，信号強度の変化から蛍光寿命が測定できる．ゲート時間の設定としては，蛍光寿命程度すなわち信号強度が半減する程度（→）が目安となる．●×は実測値．文献1より引用．

> *7 蛍光寿命をτとすると，ゲートを閉じる時間は3〜4τとするのがよい．蛍光強度は指数関数的に減少するので，3τまでに95%の蛍光が，4τまでに98%の蛍光が出る．したがって，それ以上検出時間を伸ばしても信号強度は増えずにノイズが増えるばかりである．ゲートを開ける時間は，τ程度にするのがよいが，約6割の信号を捨ててしまうことになる．0.5τにすると，約6割の信号を取得することができる．信号強度が半減する程度という目安は0.7τに相当する．

❸ ピンホールを0.5〜0.7Airy Unitになるように閉じる*8

ピクセルサイズが目標分解能の1/2〜1/4程度になるようズーム倍率を設定する*9．この条件でSTED光はOFFのまま，CLSMとしてきれいな画像が撮れるように励起光強度，スキャンスピード，検出器のゲイン，平均化回数などを設定する．

> *8 回折によって1点の像が滲む．滲み方は単純な楕円型ではなく，楕円型に尾ヒレがついたような形になる（図4A）．xyドーナツ（図4B）やzドーナツ（図4C）では，この「尾ヒレ」の部分が消しきれないで残ってしまい画質を劣化させる．そこで，ピンホールを小さくして「尾ヒレ」を小さくする．
>
> *9 ナイキスト条件を満たすためには目標分解能の半分のピクセルサイズにすれば十分であるが，デコンボリューション処理のためにはさらに1.5〜2倍小さなピクセルサイズにした方がよい結果が得られる（オーバーサンプリング）．例えば，50nmの分解能をめざす場合は12〜20nm程度，80nmの分解能をめざす場合は20〜30nmのピクセルサイズに設定している．

❹ STED光をONにし，励起光強度を2〜5倍に上げて*10 STED像を撮像する

> *10 xyドーナツで分解能が200nmから50nmと4倍に向上すると，信号が出るスポットの大きさが1/16になるので，単純計算で信号強度は1/16（本章1も参照）となる．これを補うために褪色などの悪影響のない範囲でできるだけ励起光強度を上げる．

理想的なSTEDでは，ドーナツの孔の部分の蛍光だけが残って，その周囲の蛍光は完全に消えるはずである．しかし，用いる蛍光色素によっては，誘導放出の効率が悪く，一部の蛍光が残ってしまう（immune fraction）．特に，gated STEDでは，ドーナツの孔の部分と周囲での蛍光寿命の違いを見ているだけなので，周囲の蛍光が完全に消えるわけではない．これらの影響により，得られる生画像は，STED本来の高分解能の画像に通常のCLSMによる低分解能画像を重ねたような画像となってしまう（図5）．また，*8で述べた「尾ヒレ」（図4）も画質を低下させる．これらの影響は，デコンボリューション処理で除くことができる（図6）．Leica TCS SP8 STED 3Xシステムの場合は，同梱されているHuygensというソフトウェアを用いるのが簡便である．

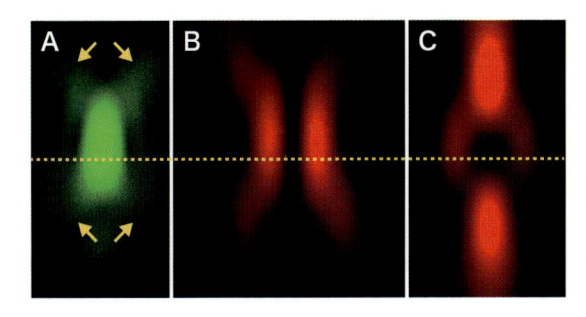

図4 0.2μmビーズの像とxyドーナツ，zドーナツ

A) 回折による滲み．B) xyドーナツ．C) zドーナツ．詳細は本文も参照．文献1より引用．

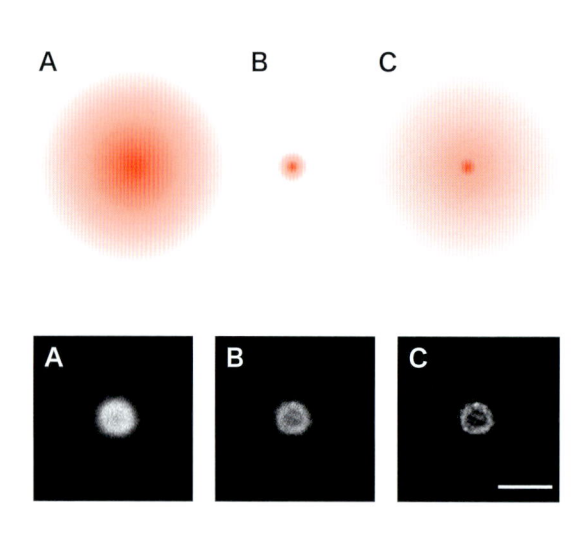

図5　immune fractionなどの影響
理想的なSTEDでは，ドーナツによって周囲の蛍光が完全に消えて**A**が**B**のようになると期待されるが，実際には完全には消えきらないで**C**のように周囲に暈（かさ）のような成分が残る．

図6　デコンボリューションの効果
画像は，核内微細構造の一種であるPML体を抗PML抗体で染めたもの．**A)** CLSM像．**B)** STEDの原画像．図5の「暈」に相当する成分のために中心部に信号が残っている．**C)** デコンボリューション後のSTED像．中心部の「暈」がキレイに除かれている．スケールバーは1 μm．文献1より引用．

撮像例

本項のプロトコールを使って撮像した細胞内小器官と微細構造を図7～10に示す．

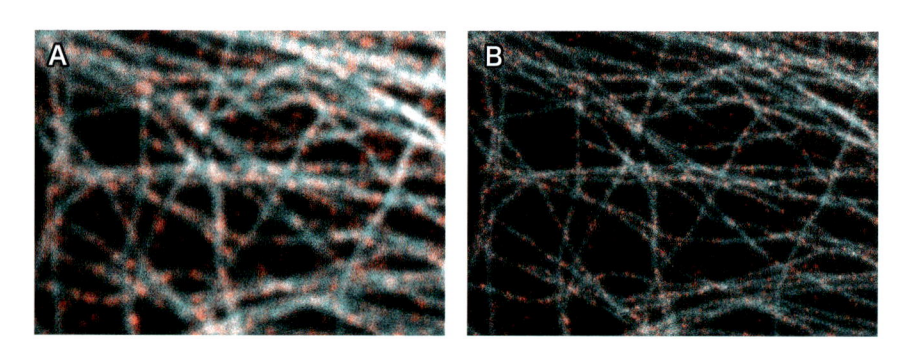

図7　撮像した微小管（シアン）と微小管結合タンパク質MAP4（赤）
A) CLSM像．B) STED像．

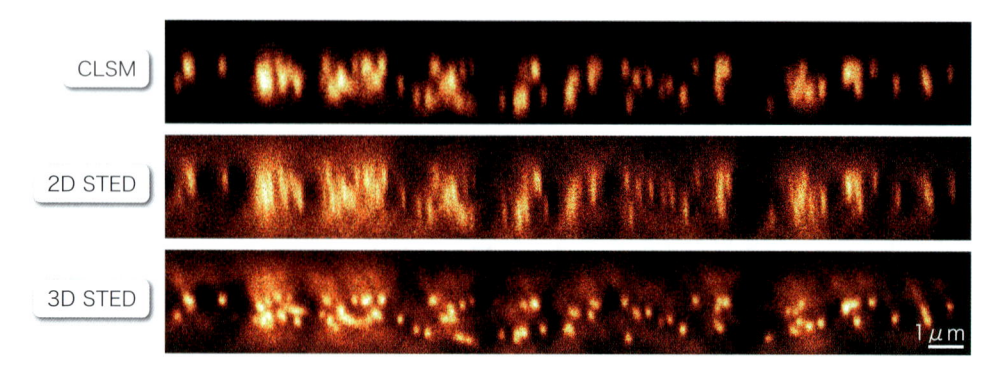

図8　微小管の横断像（zxスキャン）
xyドーナツだけでは，x軸方向の分解能のみが向上し，z軸方向はCLSMと変わらない（2D STED）が，zドーナツと併用すると三次元的に分解能が向上する（3D STED）．この画像はデコンボリューション処理を行っていない原画像なので，immune fractionや「尾ヒレ」などの影響で，明るい高分解能のスポットの周囲に低分解能の暗い暈が被っている．

188　初めてでもできる！超解像イメージング

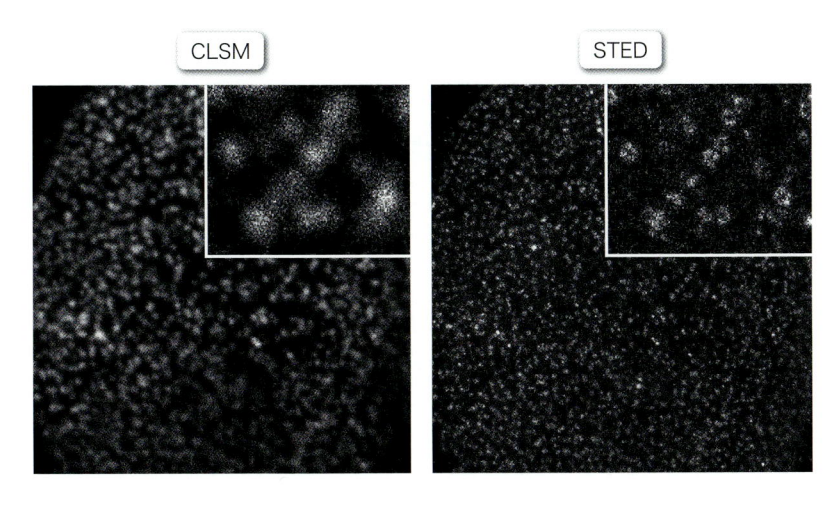

図9 核膜孔
約100nm径の核膜孔は，回折限界以下の構造であるためCLSMでは観察されないが，STEDでは「孔」であることが明瞭に示される．抗Nup153抗体を用いて染色．

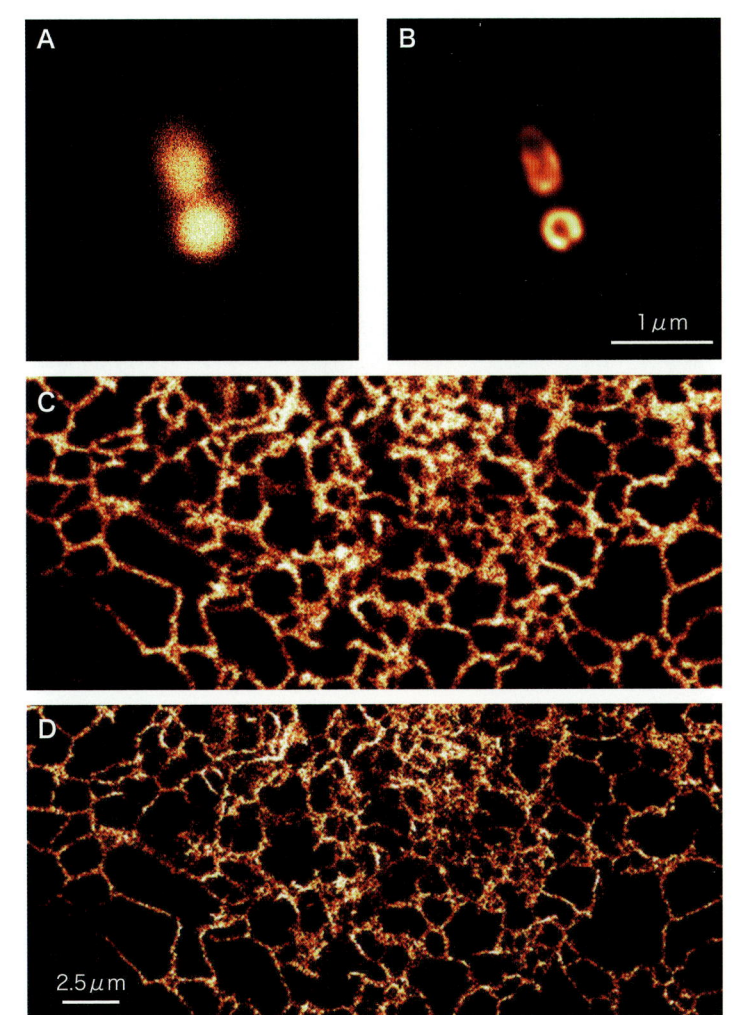

図10 生細胞での撮像例
本項のプロトコールと基本的に同様にして生細胞のGFPあるいはYFP像を取得することができる．**A) B)** 中心体．PACTL-EGFP（理化学研究所多細胞システム形成研究センター 松崎文雄博士より分与）を用いて染色．**C) D)** ER．pEYFP-ER（タカラバイオ社）を用いて染色．**A**, **C** がCLSM画像で，**B**, **D** がSTEDによる超解像イメージ．

トラブル対応

1. STED光をONにしても暗くなるだけで分解能が上がらない

　　金コロイドか蛍光ビーズを用いて，ドーナツが正しくできていて励起光と同軸になっているかを確認する．装置自体の問題と試料の問題を切り分けるために，メーカーが調整用に用意した試料ではなく，自分が使っているカバーガラス，マウント剤を用いて0.2 μm蛍光ビーズ（FluoSpheres® Size Kit #2, F8888, Thermo Fisher Scientific社がさまざまなサイズが入っていて使いやすい）をマウントして観察するとよい．通常のCLSMで蛍光ビーズ像が出る状態にして励起光を0%にし，STED光をONにしてできるだけ弱く設定する．この状態で画像を取得すると，STED光がどのような形のドーナツをつくっているかが観察できる．図4B，Cは，このようにして取得した画像である

2. STED光をONにしても分解能が上がらない

　　装置自体の問題と試料の問題を切り分けるため，メーカーなどが用意している微小管や蛍光ビーズなど標準試料を用いて分解能を計測する．装置側の問題で多いのは，ドーナツが正しくできていないか，STED光のレーザー強度の低下である．前者は，蛍光ビーズを用いてドーナツを直接観察することで確認できる．後者はレーザーパワーメーターで測定して確認する．

3. 画像が暗くてS/Nが悪い

　　超解像顕微鏡では，分解能の向上により必然的に信号強度が低下する．これを補うために，できるだけ強く染色し励起光も強くする．また，撮像後にデコンボリューションやデノイズ処理を行ってS/Nを改善することも有効である．特に生細胞観察などでは，強く染色したり励起光を強くしたりすることが困難なので，STED光を弱くして分解能を下げてS/Nと分解能をトレードオフすることが必要になる（図11）．逆に，試料に応じて分解能とS/NのトレードオフができることはSTEDの特徴でもある．

4. すぐに褪色してしまってzスタックあるいはタイムラプス像が取得できない

　　STEDは，励起状態の蛍光分子に強力なSTED光を照射するため，通常の蛍光観察に比べて蛍光分子が三重項状態に遷移しやすく，褪色が起こりやすい．これを防ぐには，三重項状態を解消するために褪色防止剤を加えることが有効である．また，スキャンレートを上げて同一点を連続的に照射する時間（pixel dwell time）を減らすことも有効である．例えば100Hzで1回スキャンするより，8kHz（ガルバノスキャナ）で80回積算する方が褪色しにくい．

| 500mW | 200mW | 100mW |

| 50mW | 0mW |

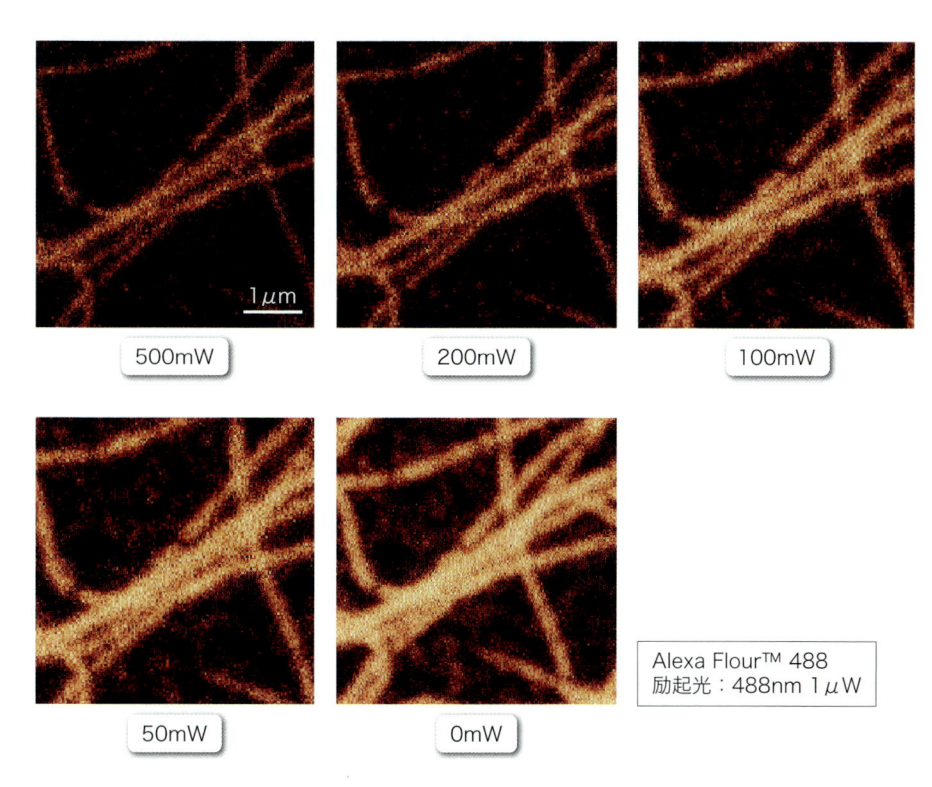

Alexa Flour™ 488
励起光：488nm 1μW

図11　分解能と信号強度のトレードオフ
試料は微小管．励起光強度と検出器のゲインは一定にして，STED光強度を0〜500mWまで変化させて撮像した．STED光強度を上げると分解能は上がるが信号強度は低下する．50〜500mWの画像は文献2より引用．

おわりに

　STEDは複雑な光学系が必要で扱いにくいところもあったが，市販機が登場して3世代が経過し，従来のCLSMと同等の使い勝手で使用できるレベルまでユーザーインターフェースが洗練されている．筆者自身，STEDを使用して5年以上になるが，かつてCLSMを使用していたのと同様に日常のルーチーンな顕微鏡観察に使用しており，稼働率は所有している超解像顕微鏡のなかで最も高い．しかし，高価なこともあって，敷居の高い装置として敬遠されているきらいがあり残念である．本項を契機に，ぜひSTEDを試しに使ってみて欲しい．

◆ 文献
1) Okada Y & Nakagawa S：Super-Resolution Imaging of Nuclear Bodies by STED Microscopy.「Nuclear Bodies and Noncoding RNAs：Methods and Protocols, Methods in Molecular Biology」(Hirose T & Nakagawa S, eds)，1262：21-35, Springer, 2015
2) 岡田康志：超解像顕微鏡法．「1分子生物学」(原田慶恵，石渡信一/編)，pp252-262，化学同人，2014

実践編　第3章　目的別の超解像イメージング

7 SIMを用いた核内構造体パラスペックルlncRNAの超解像FISH

中川真一

撮像のポイント

細胞の核内にはRNA成分を含むサブμmスケールの核内構造体が多数存在しており，超解像顕微鏡はそれらの内部微細構造の観察に威力を発揮する．本項では，FISHによってRNAの一部分の領域を可視化することで核内構造体の内部構造を調べる手法を述べる．

はじめに

1. 細胞内構造体

高等真核生物の細胞，特に核内には，電子顕微鏡によって電子密度の高い構造として観察される各種「細胞内構造体」が多数存在していることが知られている[1]．これらの細胞内構造体は膜で囲まれたオルガネラとは異なるものの，特定のタンパク質や核酸成分を含んでおり，何らかの細胞内プロセスを効率よく進めるために必要な区画を形成していると考えられている．核内における構造体は特に核内構造体，もしくは核内ボディとよばれており，最も古くから知られている核内構造体としてはリボソームの合成や修飾にかかわる核小体があげられるが，その他にもスプライシング因子の貯蔵庫と考えられている核スペックル（クロマチン間顆粒クラスターともよばれる），UsnRNPのアセンブリーにかかわるカハール体，エピジェネティックな遺伝子発現制御にかかわると考えられているポリコーム体，転写制御にかかわるPML体，そして，特定のRNA結合タンパク質が集積するパラスペックル（クロマチン間顆粒クラスター関連領域ともよばれる）などが知られている．核小体のような例外を除いてこれらの核内構造体のサイズは1μm以下であることが多く，さまざまな構成成分がそこに共局在していることは光学顕微鏡においても十分に観察できるものの，その内部構造は可視光の回折限界以下となるため，電子顕微鏡を用いた観察に依存せざるをえなかった．しかしながら，近年登場した超解像顕微鏡を利用した観察によって100nm以下の解像度での解析が可能となり，核内構造体の内部微細構造の解析を簡便に行える時代が到来している．

2. lncRNAを標的とする細胞内構造体の解析

前述の核内構造体には，特定のタンパク質をコードしない長鎖ノンコーディングRNA（long

noncoding RNA：lncRNA）が存在していることが知られている．その代表例が長さ20kbを超える巨大なNeat1であり，パラスペックルの構造を維持するための骨格成分として機能している．興味深いことに，Neat1はパラスペックル内で規則正しく配置されており，5′末端および3′末端がパラスペックルの外側に，中心部分がパラスペックルの内部に分布していることが電子顕微鏡を用いた*in situ*ハイブリダイゼーションにより明らかにされている[2]．それぞれの核内構造体や細胞内構造体には特定のlncRNAが局在していることから，構造体内に含まれるlncRNAの各領域の配置パターンを高解像度で詳細に解析することができれば，その構造体の微細構造に関して重要な情報を得ることができることを示している．lncRNAの各領域の分布は，それぞれの領域と相補的な配列をもつプローブを用いた*in situ*ハイブリダイゼーションによって容易に可視化することができる．構造体内部のlncRNAの局在を*in situ*ハイブリダイゼーションによって可視化することで，これまで知られていなかったような細胞内構造体の内部構造を明らかにすることができると期待される．

　本項では，FISH（蛍光*in situ*ハイブリダイゼーション）で可視化した細胞内構造体の微細構造をSIM（原理・応用編第1章3，4参照）を用いて観察する場合の諸注意について解説する．なお，SIM用に調製したサンプルはSTED（原理・応用編第1章1参照）を用いて観察することも可能である．

FISHの超解像観察の準備における注意点

1. プローブの選択

　現在，FISH（蛍光*in situ*ハイブリダイゼーション）で広く使われているプローブとして，*in vitro*転写によって作製したRNAプローブと，ニックトランスレーションによって作製したDNAプローブがあげられる（表1）．それぞれキットが市販されているので，製品の説明書にしたがって作製すれば，はじめてでも失敗することはないであろう．ニックトランスレーションで作製したDNAプローブではセンス鎖とアンチセンス鎖を見分けることができないので，同一領域から逆方向に転写されている転写産物を区別する際にはRNAプローブを使用しなければならない．また，一般論として，RNAプローブの方が高いTm値をもつため，より強いシグナルを得ることができる．さらに，RNAプローブを用いた場合，非特異的に結合したプローブをRNaseA処理によって分解することができるため，よりS/N比の高い

表1　*in situ*ハイブリダイゼーションに使われるプローブの種類

プローブの種類	プローブの作製法	鎖特異性	Tm	RNaseAによる非特異シグナル除去	コスト
DNAプローブ	ニックトランスレーション	なし	低い	不可	低
RNAプローブ	*in vitro*転写	あり	高い	可能	低
LNAオリゴ核酸	化学合成	あり	高い	不可	高

われわれはRNAプローブを好んで用いている（理由は本文参照）．

シグナルが得られやすい．これらの理由により，われわれの研究室ではRNAプローブを主として用いている．ただしmiRNAやその前駆体であるpre-miRNAのような短い配列を検出する場合は，従来のRNAプローブでは十分な検出感度を得ることができない場合がある．そのようなときは，より高いTm値をもつLNAオリゴ核酸を用いると劇的に感度が改善される場合がある．また，ごく最近になって，Stellaris®（LGC Biosearch Technologies社）という市販のプローブがよく使われるようになってきている．このプローブの詳細は明らかにされてはいないが，基本的には特定の領域をタイリングする複数のアンチセンスオリゴ核酸をデザインし，それらを直接ラベルして混合させたものである．コスト的にはかなり高くなるが，RNAプローブと比較して遜色ない感度が得られるうえに簡便な染色プロトコールを使うことができるため，特にはじめてFISHを導入する際には有力な選択肢になるであろう．自前で同様のタイリングアンチセンスオリゴ核酸を作製するプロトコールも公開されているので，参考にされたい[3]．

2．ラベルの選択

1）直接ラベルと間接ラベル

プローブのラベル法には，蛍光色素でラベルした核酸をRNAもしくはDNAポリメラーゼによって取り込ませる（もしくはアンチセンスオリゴの場合は合成時に末端に蛍光ラベルをつける）直接ラベルと，取り込ませたラベルを免疫染色によって検出する間接ラベルとがある．間接ラベルの方が一次抗体ならびに二次抗体による増幅がかかる分，直接ラベルよりも検出感度が高いが，一次抗体および二次抗体が形成する蛍光複合体のサイズは数十nmに達するため，より高い解像度をめざす場合には，理論上は直接ラベルの方が優れているはずである．しかしながら，直接ラベルで十分なシグナル強度が得られない場合，検出器の感度を上げることによって生じるノイズ，あるいは露光時間を長くすることによる褪色などの問題が生じるため，一概に直接ラベルの方がよいとはいえないのが実情である．予想される微細構造がどれぐらいの大きさなのか，それが顕微鏡の解像度と比較してどうなのか，検出するRNAの存在量はどれぐらいなのか，ということを総合的に判断してラベルの手法を選択することになる．細胞内構造体の解析についてわれわれは主として間接ラベルを用いている．

2）間接ラベルの核酸アナログ

間接ラベルをする際の核酸アナログとしては，DIG（ジゴキシゲニン），FITC（フルオレセインイソチオシアネート），ビオチンなどがよく使用される．検出感度は一次抗体の性能に著しく依存するため，一概に評価することは困難であるが，経験上，表2のようになる．FISHとタンパク質の抗体染色を同時に行う場合には，DIGもしくはFITCを検出する際に別の種由来の一次抗体を使用すればよい．ビオチンでラベルしたプローブは蛍光ラベルされたストレプトアビジンで直接検出するため，蛍光複合体の大きさは小さくなり，理論上は最も高い解像度が得られるはずである．しかしシグナルが弱いこともあり，実践的にはDIGやFITCを抗体染色で検出した場合とほとんど差はない．なお，FITCはそれ自身が蛍光を有するため，蛍光時二次抗体には緑色の色素を用いるのが無難である（実際には抗FITC抗体による消光効果やFITCの蛍光強度自体がそれほど高くないこともあり，赤色の色素を用いても問題にならないことが多い）．

表2　プローブに取り込ませるラベルと検出法の組合わせと検出感度

感度	ラベル	一次抗体	二次抗体
S	DIG	抗DIGマウスモノクローナル抗体：#ab420（Abcam社），#11333062910（ロシュ・ダイアグノスティックス社）など	蛍光ラベル抗マウス抗体
S	DIG	抗DIGヤギポリクローナル抗体：#ab76907（Abcam社）など	蛍光ラベル抗ヤギ抗体
S	FITC	抗FITCマウスモノクローナル抗体：#11426320001（ロシュ・ダイアグノスティックス社）など	蛍光ラベル抗マウス抗体
A	FITC	抗FITCウサギポリクローナル抗体：#ab19491（Abcam社），#A-889，#71-1900（Thermo Fisher Scientific社）など	蛍光ラベル抗ウサギ抗体
B	ビオチン	蛍光ラベルストレプトアビジン：S6402（シグマ アルドリッチ社）	—

S：非常に強いシグナルが得られる．A：中程度の感度．B：あまり感度はよくない．

3. マウント剤と蛍光色素の選択

　SIMやSTEDなどの超解像顕微鏡では，マウント剤には油浸用レンズのオイルの屈折率（1.52）に近い屈折率をもつものを用いるのが望ましい．ProLong™ Gold（褪色防止用封入剤，Thermo Fisher Scientific社）をはじめとする一部のマウント剤は数日間固化させると屈折率が1.46程度まで上昇するので，超解像観察に使用することができる．しかしながら，固化の状態をコントロールすることが難しい，コストが比較的高い，オイルの屈折率と完全に一致するわけではないといった欠点があり，われわれはより安価で安定した結果の得られる97% 2,2'-TDE（Thiodiethanol）（#166782，シグマ アルドリッチ社）[4]をマウント剤に用いている．ただし，TDEを用いた場合，EGFPなどの蛍光色素が使えない，Alexa Fluor™ 488（Thermo Fisher Scientific社）をはじめとした一部の蛍光色素の強度が著しく減少する，DAPI染色が抜けてしまうためマウント剤にDAPIを入れなければならない，といった点に留意する必要がある．Cy3やCy2などの蛍光色素はTDE中でむしろ蛍光強度が増加するうえ褪色にも強く，超解像観察と非常に相性がよい．

　顕微鏡の分解能は波長に依存するので，理論上はより短波長，すなわち紫外線励起の蛍光色素を用いたときに最も解像度が高くなるが，現状では十分な蛍光強度をもつ紫外線励起の青色蛍光色素は市販されておらず，緑色蛍光色素，赤色蛍光色素，遠赤外蛍光色素を用いることになる．Cy2のような緑色蛍光色素とCy5のような遠赤外蛍光色素では解像度はかなり異なってくるので，多重染色を行う場合は，最も観察したい対象を緑色蛍光色素で検出することになるだろう．

4. プロトコールの選択

　慣習的に，DNAプローブを用いたFISHと，RNAプローブを用いたFISHでは，大きく異なるプロトコールが用いられてきた（表3）．すなわち，前者では弱い固定と非イオン性界面活性剤によるマイルドな浸透処理をした後すぐにプローブを加えるのに対し，後者では強い固定の後にProteinase K（ProK）処理を含めた強い浸透処理をしてからハイブリダイゼー

表3　主なFISHのプロトコール

前処理	ProK処理	抗原性保存	タンパク質結合RNA領域検出感度	Tm	組織切片
DNA-FISH型	有	高	低	低	不可
RNA-FISH型	無	低	高	高	可
混合型	無	高	低	高	不可

Pro Kを用いるプロトコールはRNAの検出には向くがタンパク質を抗体で同時に検出する際に抗原性が失われる可能性が高い．Pro Kを用いない場合はタンパク質で強く覆われた領域のシグナルを検出しにくい．

ションに入る．組織切片を用いた in situ ハイブリダイゼーションの場合は強い固定を必要とするため，必然的にProKを使用するRNA-FISH型のプロトコールを使用することになる．RNA-FISH型のプロトコールは培養細胞にも用いることができ非常に汎用性が高いが，タンパク質が部分分解されるため，特定のタンパク質を抗体で同時に検出する際，抗原性が失われてしまう可能性がある．一方，ProKを用いないDNA-FISH型のプロトコールでは抗体染色によるタンパク質のシグナルは飛躍的に改善するものの，タンパク質で強く覆われた領域のRNAを検出することができないうえ，組織切片には使用できない．これらの利点と欠点を鑑みてプロトコールを選択する必要がある．

　最近になって，DNA-FISHで用いられる前処理をした後に，RNAプローブを用いてFISHを行う手法も報告されている[5]．この混合型のプロトコールではRNAプローブがもつ高いTm，RNaseAによるバックグラウンドノイズの除去という利点とタンパク質の抗原性の保持という利点を併せもち，培養細胞を用いたFISHの場合はこの手法を第一に試すのがよいだろう．

準備

- □ SIM観察のできる超解像顕微鏡（ELYRA S.1，カールツァイスマイクロスコピー社）
- □ 各種培養細胞
- □ 丸型カバーガラス（18mm直径，#141292，Karl Hecht社）
- □ スライドガラス（#S2441，松浪硝子工業社）
- □ カバーガラス専用ラック（磁製染色器，803-131-11，池本理化工業社）
- □ プレハイブリダイゼーション液
　　50％ホルムアミド，2×SSC，1×デンハルト液，10mM EDTA（pH＝8.0），100 μg/mL tRNA from baker's yeast，5％デキストラン硫酸，0.01％ Tween-20（すべて終濃度を示す）
- □ ハイブリダイゼーション液
　　プレハイブリダイゼーション液に5％デキストラン硫酸（終濃度）を加える．
- □ 97％TDEマウント剤
　　10 μL PBS，10 μL DABCO 33-LV，20 μL 蒸留水，970 μL TDE
- □ プローブ

FITCでラベルしたNeat1の中心領域のRNAプローブ，DIGでラベルしたNeat1の5′領域と3′領域のRNAプローブ

プロトコール

ここでは超解像顕微鏡に最適化した混合型の詳細なプロトコールを述べる．基本的に一般的なFISHと同じであるが，シグナルを飽和させて強いシグナルを得た方が良好な画像が得られるため，プローブや一次抗体，二次抗体は通常よりも数倍濃い濃度を用いるとよい．プロトコールの詳細は文献6〜8などさまざまなところに紹介しているので，本項だけでなく，そちらも参考されたい．

以下の操作は，特に記載がない限りすべて室温で行う．

❶ #1.5カバーガラス（厚さ0.17mm）を超音波洗浄器などで洗浄し（図1A），PLL（ポリLリジン）でコートする（図1B）[*1]

*1 ビーカーで激しく震盪する洗浄法はガラス表面に傷がつくので勧められない．

❷ カバーガラス上に細胞を培養する

❸ 使用当日に用意した4%パラホルムアルデヒドで10分間固定する（室温）

❹ カバーガラスをラックに移動し，洗ビンに入れたPBSの中にラックごと沈めて5分間洗浄（図1C〜E）

❺ 洗ビン中にてPBS/0.5% Triton X-100で10分間処理

❻ 洗ビン中にてPBSで5分間洗浄

❼ トレイにパラフィルムを敷き，その上にプレハイブリダイゼーション液を乗せ，細胞の乗っている面（サンプル面）を下にしてカバーガラスをかぶせる（図1F）．蒸発を防ぐため，トレイのフタには2×SSC/50%ホルムアミドで湿らせたペーパータオルを貼り付ける（図1G）．トレイのフタをしてラップでくるみ，ハイブリダイゼーションオーブンに移す（図1H）．55℃で2時間インキュベーション

❽ パラフィルムを敷いたトレイをあらかじめ55℃に温めておき，希釈したプローブ[*2]を乗せ，プレハイブリダイゼーションが終了したカバーガラスをかぶせる．ハイブリダイゼーションオーブンに移し，55℃で一晩ハイブリダイゼーション

*2 強いシグナルを得るために通常（1 μg/mL）よりも濃いプローブ濃度（5〜10 μg/mL）を用いると良好な結果が得られる．

❾ 以下の処理（❿〜⓮）は洗ビンに入れたラックに移して行う．55℃の水槽中で洗ビンごとあらかじめ温めておいた50%ホルムアルデヒド/2×SSC/0.1% Tween 20で30分2回洗浄

❿ 10 mM Tris（pH = 8.0）/1mM EDTA（pH = 8.0）/0.5M NaCl/0.1% Tween 20で洗浄

⓫ ❾と同じ組成のバッファーに1μg/mL RNaseAを加えたもので1時間37℃でインキュベーション

⓬ 水槽中で温めた2×SSC/0.1% Tween 20で30分間55℃で洗浄

⓭ 水槽中で温めた0.2×SSC/0.1% Tween 20で30分間55℃で洗浄

⓮ TBST（TBS/0.1% Tween 20）で洗浄

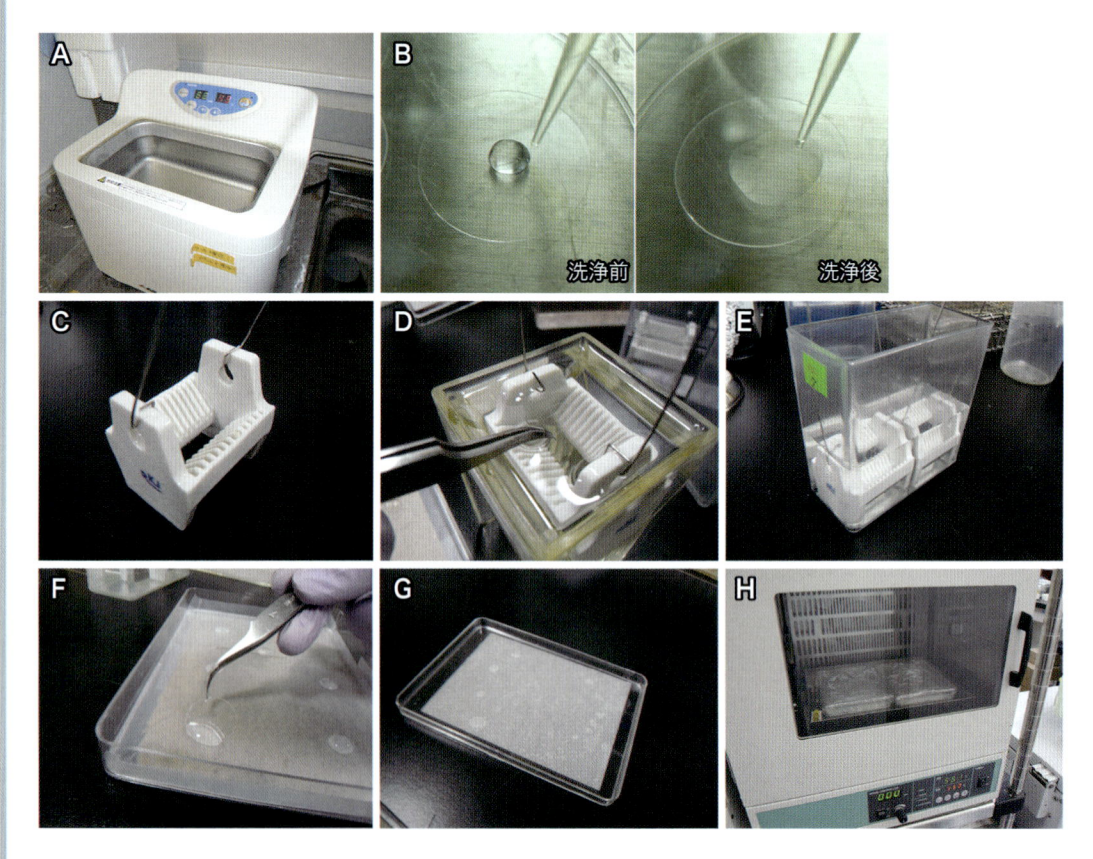

図1 　FISHの作業

A) カバーガラスの洗浄に用いる超音波洗浄機．洗剤を入れ，金属の浴槽に直接カバーガラスを入れればよい．**B)** PLLによるカバーガラスのコート．洗浄が十分であれば薄く広がる．**C)** カバーガラスを入れるラック．**D)** カバーガラスのラックへの移動．浅めの容器に入れるとやりやすい．**E)** 洗ビンに入れたラック．37℃および55℃の処理のときは洗ビンをウォーターバスに入れる．**F)** プローブとのハイブリダイゼーションおよび抗体処理．カバーガラスのサンプル面を下にして，プレハイブリダイゼーション溶液の上にかぶせる．**G)** 蒸発を防ぐため，適当な溶液で湿らせたペーパータオルをフタに貼り付ける．**H)** ラップでトレイを包んでハイブリダイゼーションオーブンに入れる．B〜Fは文献7より引用．

⓯ パラフィルム上に市販のブロッキング剤やスキムミルクを乗せ，15分室温でブロッキング

⓰ パラフィルム上に乗せた一次抗体で1時間インキュベーション[*3]

⓱ ラックに移し，TBSTにて3回洗浄

⓲ パラフィルム上に乗せた二次抗体で30分間インキュベーション[*3]

> [*3] シグナルを飽和させるため，通常よりも数倍程度濃い濃度を用いると良好な結果が得られる．

⓳ TBSTにて3回洗浄

⓴ パラフィルム上に乗せた10％/25％/50％/97％TDEの上にそれぞれ5分間ずつカバーガラスを乗せ換えていき，濃い溶液に少しずつ置換する．置換が終了したら97％ TDEマウント剤でスライドグラス上にマウント．余分なマウント剤は濾紙で吸いとり，マニキュアでシールして検鏡（SIMを用いた観察の方法は実践編第2章1，3，4ならびに第3章3〜5を参照）

撮像例

　パラスペックルの骨格成分であるNeat1の5'および3'領域をFITCで，中心領域をDIGでラベルしたプローブで検出した結果を図2に示す．通常の共焦点顕微鏡では両者のシグナルはほとんど重なってしまうが，SIM観察を行うと明確な核–殻構造を確認することができる．なお，多重染色をする場合は波長ごとに微妙なずれが生じるため，TetraSpeck™ Microspheres, 0.2μm, fluorescent（T7279, Thermo Fisher Scientific社）などの蛍光ビーズを異なる波長で撮像し，それらをアラインメントすることでずれを補正しなければならない．

SIM画像取得の注意点

　SIM画像を取得するときに留意しなければならないのは，画像はすべてシグナルが理論的な振る舞いをしていることを前提として再構築されていることである．したがって，シグナルが想定外の振る舞いを示すような操作は極力避けなければならない．例えば，共焦点顕微鏡で良質な画像を撮るためには複数の画像を取得して平均化するのが常套手段であるが，SIM画像を再構築するための画像をこの手法で取得すると褪色が激しくなり，再構築前の画像は一見美しく見えるものの，再構築後の画像ではモアレ像のノイズが顕著に見られるようになる．例えばカールツァイスマイクロスコピー社のELYRA S.1を用いた場合，100ms以上の露光時間は避けるべきである．シグナルが弱いときはGainを上げてやればよい．多少ノイズが多いぐらいの方が，むしろよいSIM画像が再構築される．レーザーの出力も極力下げてやるのがよい．通常よりも強めの染色をすることによって，露光時間やレーザー出力を最小に抑えることができ，結果として美しいSIM画像を再構築することができる．

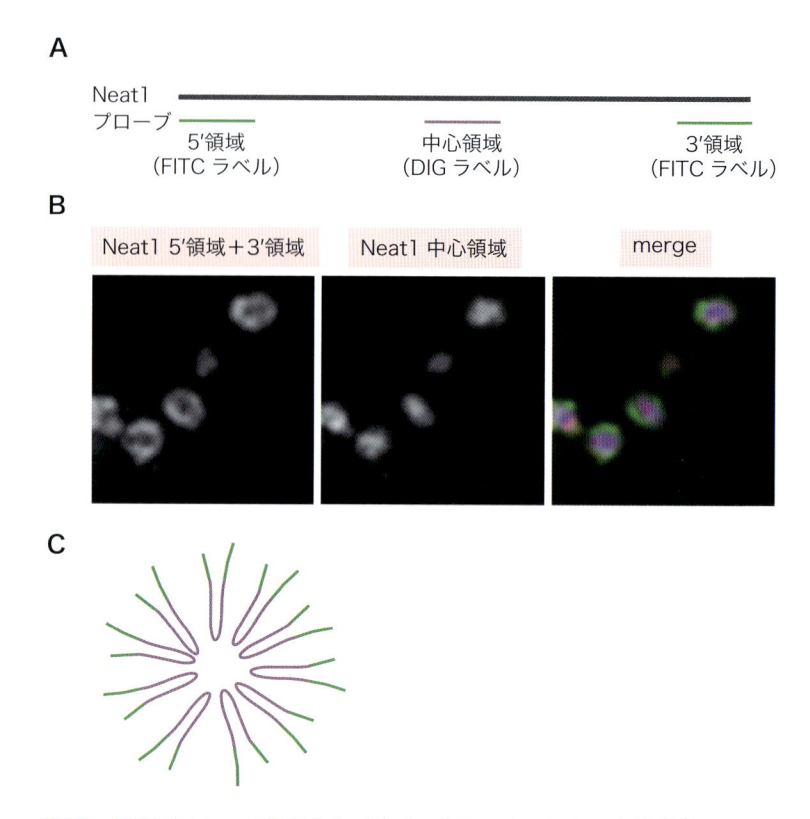

図2 FISHによって明らかにされたパラスペックルの内部構造
A) FISHに用いたプローブの位置.**B)** 黄体細胞のパラスペックルを**A**に示したプローブを用いてFISHしたもの.Neat1の両端がパラスペックルの外側に,中心部分が内側にきていることがわかる.**C)** パラスペックルの構造モデル.

おわりに

　　SIMやSTEDなどの超解像顕微鏡によって得られる解像度はせいぜいが50〜100nmであり,平均的なタンパク質分子の直径が数nmであることを考えると,1分子あたりの解像度を実現したものではないことは自明である.しかしながら,lncRNAが局在している細胞内構造体の多くが1μm前後の直径をもっていること,lncRNAはそういった構造体のなかでランダムな凝集体をつくっているのではなく,その内部構造を反映した特異的な局在を示す例があることを考えると,FISHによるlncRNAを含む超分子複合体の解析と超解像顕微鏡観察の相性はとても優れているといえよう.手元にあるFISHサンプルを超解像顕微鏡でみたらどうなるのだろう,解析中の構造体にlncRNAが含まれているがそれらはどんな分布をしているのだろう,という興味をもたれた際には,ぜひ気軽に超解像顕微鏡メーカーのショールームを訪問していただきたい(もしくは筆者まで連絡を).レンズの向こうには思いもよらない世界が開けているかもしれないのである.

◆ 文献

1) Spector DL：Cell, 127：1071, 2006
2) Souquere S, et al：Mol Biol Cell, 21：4020-4027, 2010
3) Yue M, et al：J Vis Exp, 93：e52053, 2014
4) Staudt T, et al：Microsc Res Tech, 70：1-9, 2007
5) Kawaguchi T, et al：Proc Natl Acad Sci U S A, 112：4304-4309, 2015
6) Nakagawa S：Methods Mol Biol, 1206：107-122, 2015
7) Mito M, et al：Methods, 98：158-165, 2016
8) 水戸麻理，中川真一：実験医学，33：206-210, 2015

Introduction of Duolink® PLA Technology (PLA: Proximity ligation assay)

1分子レベルの *in situ* 超高感度検出を1日で実施

■ 高感度検出を可能にする Duolink とは

Duolinkはタンパク質およびタンパク質相互作用の検出に新たなアプローチ法をもたらします。個々のタンパク質や相互作用、修飾について、細胞や組織内で正確かつ客観的な定量を行うことができます。数個の細胞やわずかな細胞内の現象であっても *in situ* で識別可能です。従来の共免疫沈降と共局在化による手法を数時間の作業で実施することができます。

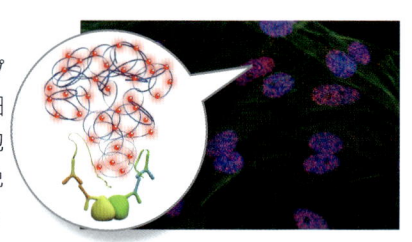

■ 1日で結果が出る Duolink によるタンパク質相互作用の検出手順

抗体を反応させた後、検出反応を行ってから顕微鏡で観察、画像解析を行います。

■ 抗体反応

1. 細胞または組織をスライドガラスまたはマイクロプレート上で固定。固定した細胞を洗浄し、目的の2種類の一次抗体を添加。(**Fig.1**)
   ※一次抗体は異なる種から産生されたものを必ず使用。
2. 洗浄し、Duolink の PLUS プローブと MINUS プローブを添加。(**Fig.2**)
   ※これらのプローブは二次抗体として一次抗体に結合します。各プローブは特殊なオリゴヌクレオチドが標識されています。

■ 検出反応

3. 洗浄し、ライゲーション溶液を添加。(**Fig.3**)
   ※2つのプローブが近接(<40 nm)している場合にライゲーション溶液によってプローブ間に閉じた環状の構造が形成されます。
4. 洗浄し、増幅溶液を添加。(**Fig.4**)
   ※環状構造を鋳型にした伸長反応により生じた一本鎖DNAと溶液中の標識がハイブリダイズして増強したシグナルが得られます。

■ 観察・画像解析

5. スライドを封入して顕微鏡で観察、画像解析を行います。

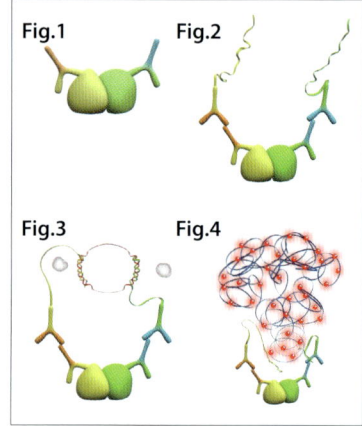

Duolink の利点

超高感度
1分子レベルのタンパク質相互作用や翻訳後修飾を検出可能

免疫沈降ではなく *in situ* で検出
免疫沈降とは異なり細胞内/組織内の内在性タンパク質を免疫染色で検出可能

FRET よりも手軽に素早く
抗体と通常の蛍光顕微鏡を用いて数時間の作業で観察可能

Duolink の実験に必要なコンポーネントが全て揃ったスターターキットはこちら

http://goo.gl/dHmXCU

アプリケーションや動画解説もご覧いただけます。

シグマ アルドリッチ ジャパン　http://www.sigma-aldrich.com/japan
製品に関するお問い合わせは、弊社テクニカルサポートへ
TEL：03-5796-7330　FAX：03-5796-7335　E-mail：sialjpts@sial.com

SIGMA-ALDRICH®

原理・応用編

~超解像イメージングの可能性を学ぼう！

原理・応用編

第1章 超解像イメージングの原理

1 結像特性と非線形な蛍光応答を利用した超解像法
―レーザー走査型蛍光顕微鏡を用いた超解像

山中真仁,藤田克昌

> 光は波としての性質をもつためレンズを用いて集光しても集光スポットの大きさを波長の半分以下に絞り込むことはできない（光の回折限界）．1873年にドイツのErnst Abbeによって示されて以来この回折限界によって決まる光の集光スポットサイズが光学顕微鏡の空間分解能の限界であることが定説とされてきた．しかし，他項ですでに紹介している通り，蛍光顕微鏡において回折限界を超えた空間分解能を実現する超解像顕微鏡が開発され，生命科学研究の分野で利用されている．本項では，蛍光顕微鏡による蛍光像の結像，回折限界による空間分解能の制限，そしてレーザー走査型顕微鏡において光学応答の非線形性を利用し超解像を実現した技術について概説する．

はじめに

従来の蛍光顕微鏡を含む光学顕微鏡の空間分解能は，光の波としての性質によって波長の半分程度に制限されてきた．これは，光をレンズで集光しても，その波長の半分以下に絞り込めない（回折限界）ことが理由である．この光の波動性によって集光位置ではスポット状の光強度分布が形成され，その集光スポットのサイズは光の波長とレンズの開口数（NA）で決まる（図1）．このため，例えば，可視光を用いた場合，可視光の波長が400〜700nm程度であるので，観察できるのは200〜350nmまでの構造である．生体内には細胞内小器官などといった200nm以下の構造をもつものが数多くあり，従来の光学顕微鏡ではそれらを解像して観察することはできなかった．しかし，他項ですでに紹介しているように，近年，蛍光分子と光の相互作用を巧みに利用した超解像蛍光顕微鏡技術が発明され，従来の光の波長による空間分解能の限界を超えられることが実証されている[1)〜4)]．

1873年にドイツのErnst Abbeによって空間分解能が光の波長によって制限されることが示されて以来，

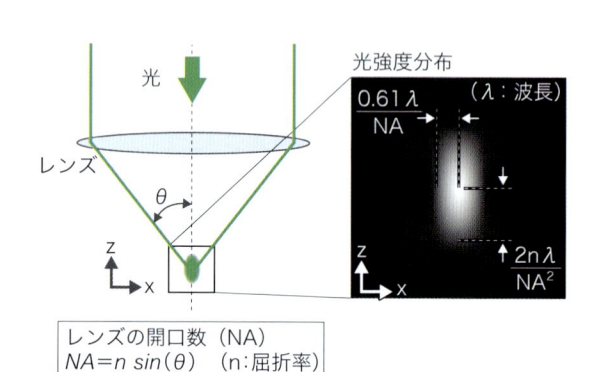

図1 レーザー光などの点光源をレンズで集光した際の集光スポットの光強度分布

光の波動性によって集光スポットがボケる．集光スポットサイズは波長とNAで決まる．

100年以上にわたりこの制限を越えることができなかった．これを可能にした鍵は何であったのであろうか．いくつかの重要なキーワードがあるが，そのなかの1つが光学応答の"非線形性"である．従来の光学顕微鏡の空間分解能の制限は，物質が光に対し線形に応答するという仮定のもとに成り立っている．この応答が"非線形"になったとき，その非線形性を上手く利用すれば，従来の壁であった物理法則にはもはや縛られない空間分解能を実現できる．

本項では，蛍光顕微鏡において蛍光像がどのように結像され，従来の蛍光顕微鏡の空間分解能がなぜ光の波動性によって制限されていたのかについて概説する．また，レーザー走査型蛍光顕微鏡において非線形な応答を利用することで，空間分解能を向上させた超解像顕微鏡技術の原理についても紹介する．

蛍光像の結像と光の波動性による空間分解能の制限

蛍光顕微鏡による試料観察では，試料に光を照射し，試料中の蛍光分子や蛍光タンパク質を発光させ，その蛍光発光を検出することで蛍光像を得る．このため，蛍光発光の強度は試料中の蛍光分子の濃度が高い場所ほど強く，濃度が低い場所では弱い．蛍光顕微鏡では，試料を標識した蛍光分子や蛍光タンパク質などの濃度分布を観察している．

蛍光顕微鏡では，どのように蛍光像が結像されるのであろうか．蛍光顕微鏡は大きく別けて広視野蛍光顕微鏡とレーザー走査型蛍光顕微鏡に大別される．

1. 広視野蛍光顕微鏡

広視野蛍光顕微鏡では，図2Aに示すように，観察する領域全域に一様に励起光を照射し，試料中の各点からの蛍光信号をレンズで二次元検出器上に結像することで，試料の蛍光像を得る．ここで，試料中の発光箇所がたとえ1分子（微小点）であったとしても，光の波動性のために，二次元検出器上には広がりをもったスポットとして結像される．このため，2つの発光点間の距離が小さく，集光スポット間の距離が0.61λ/NA以下になると2つの発光点を蛍光像上で区別できなくなる．このように，広視野蛍光顕微鏡の空間分

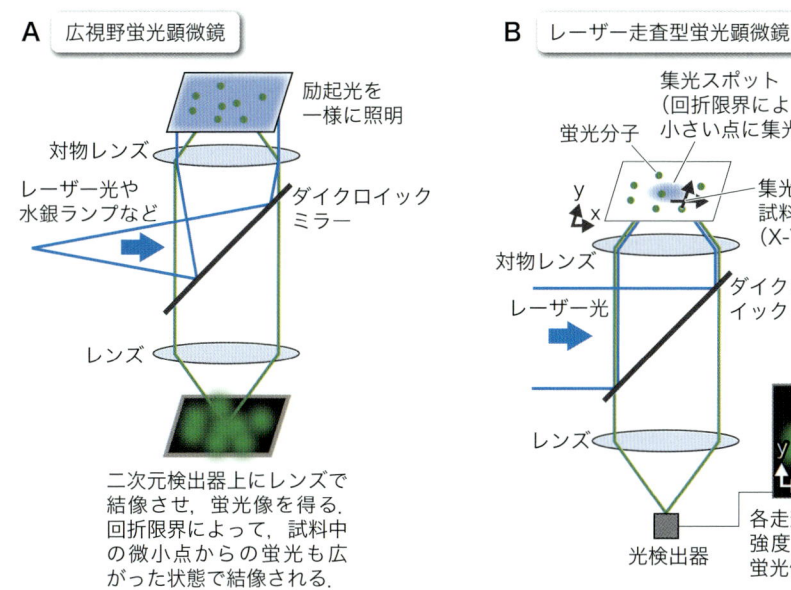

図2　広視野蛍光顕微鏡（A）とレーザー走査型蛍光顕微鏡（B）による蛍光像の結像

解能は，光の波動性による制限を受ける．PALM[2]，STORM[3]，SIM[4]，SOFI[5] などの超解像技術がこの広視野蛍光顕微鏡をもとにしている．

2. レーザー走査型蛍光顕微鏡

レーザー走査型蛍光顕微鏡では，対物レンズでレーザー光を試料中に集光し，その集光位置にある蛍光分子を励起させ，その発光を光電子増倍管などの検出器で検出する（図2B）．そして，レーザー光を集光したスポットで試料を走査し，各走査位置における蛍光信号を検出することで走査した範囲の蛍光像を得る（図3A）．レーザー走査型蛍光顕微鏡では，集光スポット中に存在する蛍光分子はすべて励起され一度に検出される．このため，集光スポット以下の領域に分布する蛍光分子を区別して検出することは困難となり，識別できる蛍光分子間距離は集光スポットの約半分程度となる．このように，レーザー走査型蛍光顕微鏡の空間分解能も光の回折限界によって制限を受ける．レーザー走査型蛍光顕微鏡をもとにした超解像顕微鏡として，誘導放出制御（stimulated emission depletion：STED）顕微鏡[1]や本項でこの後に紹介する筆者らが開発した飽和励起（saturated excitation：SAX）顕微鏡がある．

レーザー走査型蛍光顕微鏡を応用した超解像

レーザー走査型蛍光顕微鏡の場合，空間分解能を向上するには，蛍光分子を検出する範囲を集光スポット以下の領域に微小化すればよい（図3B）．そして，その微小化した蛍光検出領域で試料中を走査することで，従来の限界を超えた空間分解能で試料構造やその動態を可視化できる．ここでは，レーザー走査型蛍光顕微鏡において非線形な光学応答を利用して超解像蛍光イメージングを実現している，STED顕微鏡[1]，可視光2光子励起顕微鏡[6]，そしてSAX顕微鏡[7,8] について紹介する．

1. 誘導放出制御（STED）顕微鏡[1]

STED顕微鏡は，光励起された蛍光分子のうち集光スポット中心付近以外の領域にあるものを消光させることで蛍光の検出領域を集光スポット以下に微小化し，

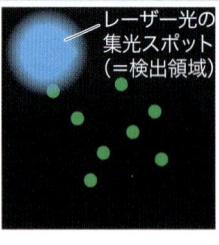

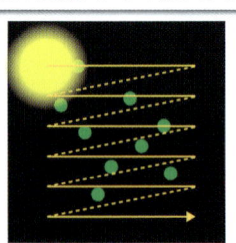

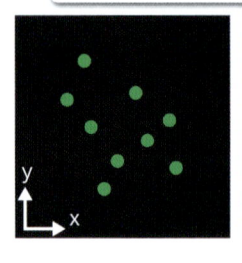

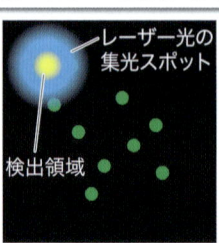

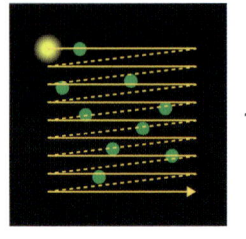

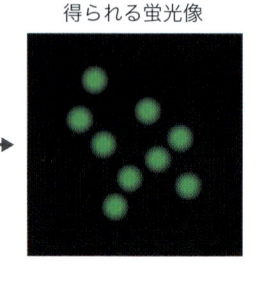

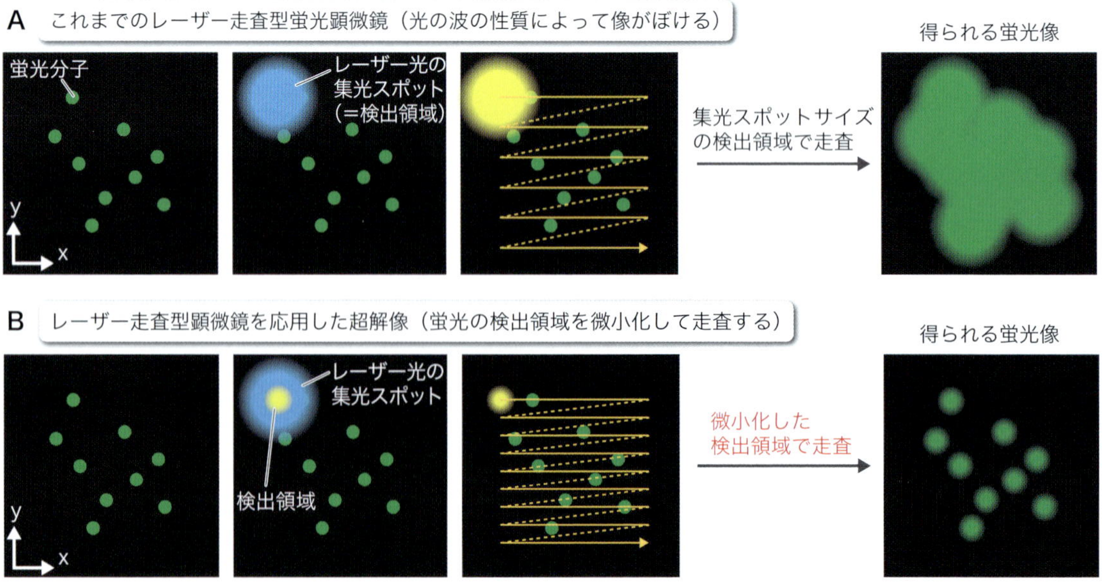

図3 レーザー走査型蛍光顕微鏡における超解像の原理

超解像を実現する．光励起された蛍光分子を消光させるために，STED顕微鏡では誘導放出という光学現象が利用されている．誘導放出とは，光励起された分子に光が照射された際に，その光照射によって強制的に分子が励起状態から基底状態に戻り，入射された光と同じエネルギーの光子を放出する現象である．STED顕微鏡では，集光スポット中心付近以外でのみ誘導放出を誘起するため，図4Aに示すような集光スポットでドーナツ状の光強度分布を形成するレーザー光を利用する．この誘導放出用のレーザー光を蛍光分子励起用のレーザー光と同時に試料に照射することで，集光スポット中心付近以外において蛍光分子が発光しないようにする．この誘導放出の効率は100%を越えることはなく，レーザー光強度を大きくすると飽和し，誘導放出が生じる領域が広がっていく．このため，STED顕微鏡では，誘導放出用のレーザー光強度を大きくするほど，誘導放出が生じる範囲が拡大し，蛍光検出をする領域が狭まり，より高い空間分解能が得られる（図4B）．このように，STED顕微鏡では，誘導放出効率の飽和現象（非線形な光学応答）を利用して超解像を実現している．

STED顕微鏡で超解像を実現するには，誘導放出を誘起するドーナツ状の集光スポットの中心強度をゼロに保つことが重要である．もし，集光スポット中心で強度がゼロでなければ，中心付近でも誘導放出が生じてしまい高い空間分解能が得られなくなる．試料中における波面収差[※1]などの影響を最小限にし，ドーナツ状の集光スポットを高精度に生成することがSTED顕微鏡において超解像を得る条件である．

※1 波面収差

波面とは，物体からでた光の位相が同じ面（光の等位相面）のことである．レンズで光を集光した際，理想的には集光される光の波面はレンズの焦点を中心とした球面状になる．しかし，現実には光路中で収差が生じるため，波面形状が球面からズレる．このズレを波面収差という．単色の光における波面収差を収差の生じ方で5種類に分類したものがザイデルの5収差（球面収差，コマ収差，非点収差，湾曲収差，歪曲収差）とよばれている．

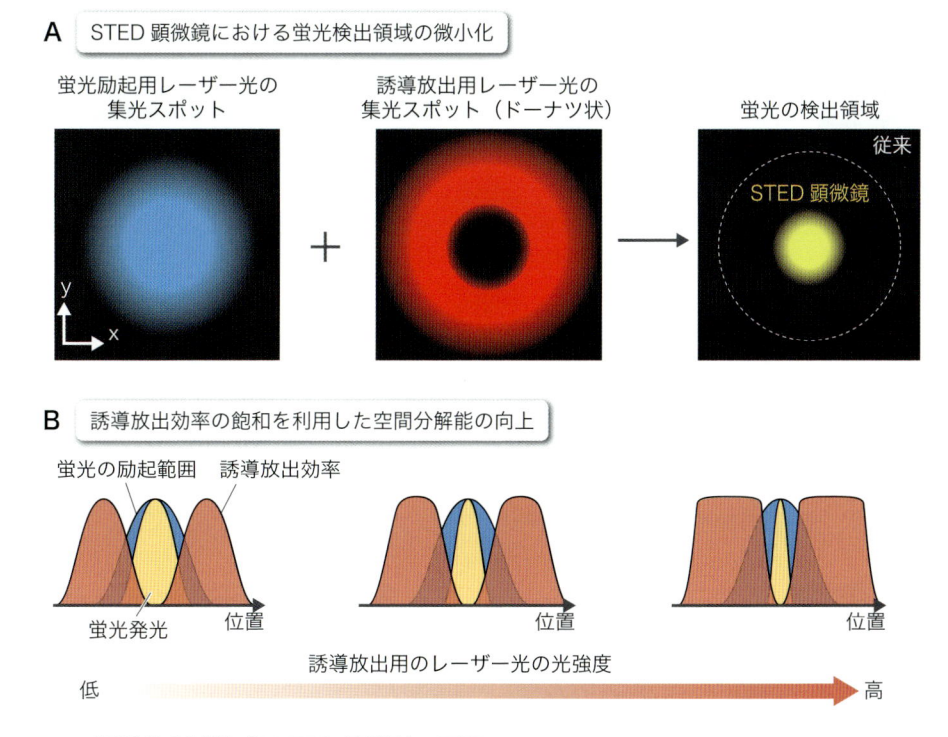

図4 誘導放出制御（STED）顕微鏡の原理

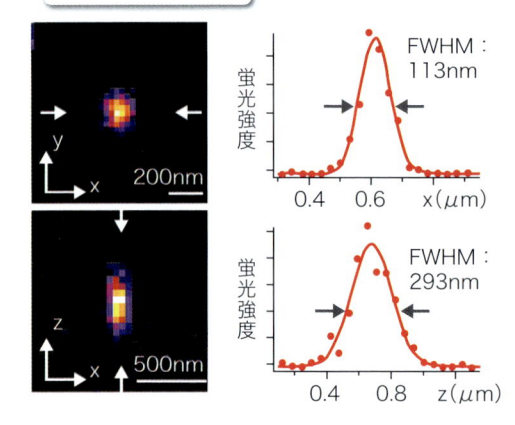

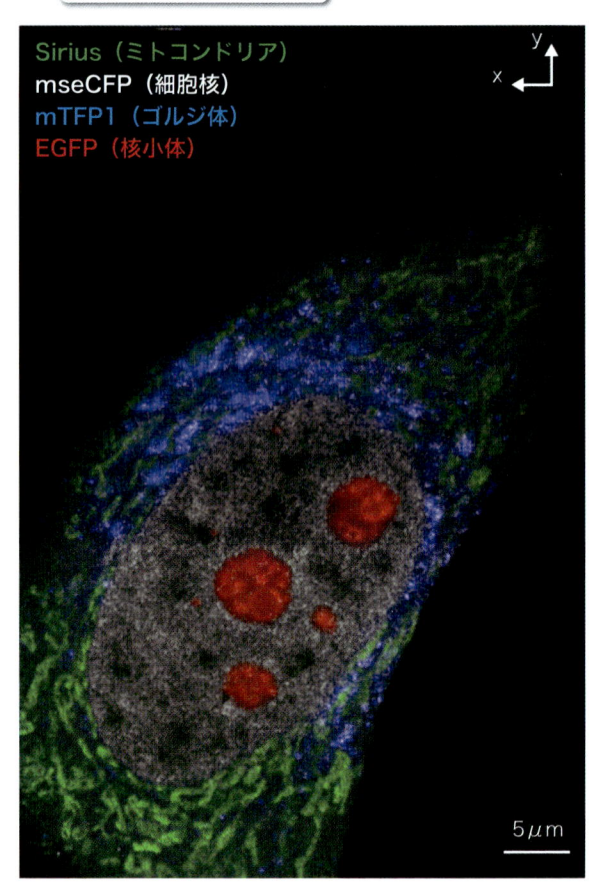

図5 可視光2光子励起顕微鏡による超解像
A) 蛍光タンパク質の吸収スペクトル．B) 直径100 nmの蛍光ビーズの蛍光像と蛍光強度ラインプロファイル[※3]（励起波長500 nm，検出波長417～477 nm）．FWHM：半値全幅．文献6より引用．C) 可視光2光子励起顕微鏡によるヒト子宮がん細胞の蛍光観察（励起波長560 nm）．

2. 可視光2光子励起顕微鏡[6]

可視光2光子励起顕微鏡[※2]は，可視光を用いて蛍光タンパク質を2光子励起した際に得られる非線形な蛍光応答を利用して，光の回折限界を超えた空間分解能を得る技術である．図5Aに示すように，さまざまな蛍光タンパク質が波長280 nm近辺に強い吸収をもつことがわかる．このため，励起光として可視域のレーザー光（波長500～560 nm近辺）を用いれば，これ

※2　2光子励起顕微鏡

2つの光子を用いて蛍光分子を励起する2光子励起を用いた顕微鏡．2つの光子で蛍光分子を励起するため，光子1つあたりのエネルギーは蛍光分子を1つの光子で励起する際の半分となる（2光子励起の波長：1光子励起の場合の2倍）．生体内部を観察する際に障害となる試料中の光散乱は，波長が長くなるほど少なくなるため，2光子励起顕微鏡では1光子励起顕微鏡より深部を観察できる．

※3　蛍光強度ラインプロファイル

蛍光像中における1つの線（ライン）上の蛍光強度の空間分布をグラフで表したもの．

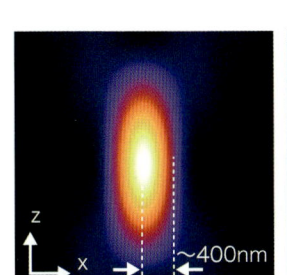

A 1光子励起 （波長：800nm）	B 2光子励起 （波長：800nm） 従来の2光子励起 蛍光顕微鏡	C 1光子励起 （波長：488nm） 従来の共焦点 蛍光顕微鏡
～400nm	～280nm	～240nm
蛍光強度： 励起光強度に比例	蛍光強度： 励起光強度の2乗に比例	蛍光強度： 励起光強度に比例

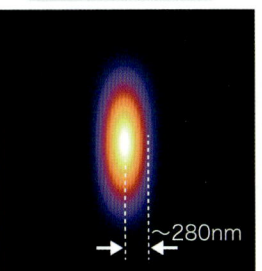

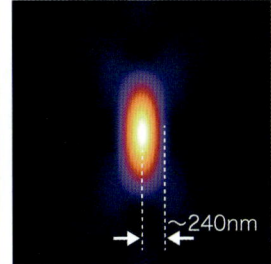

図6　集光スポットにおける蛍光励起確率の分布（励起点像分布関数）

らの蛍光分子を単一光源で同時に2光子励起できる．また，2光子励起では，蛍光強度は励起光強度の2乗に比例するため（二次の非線形応答），その発光領域は回折限界以下の領域に限られる．すなわち，可視域のレーザー光で2光子励起を誘起するため，従来の可視光を用いた共焦点蛍光顕微鏡より高い空間分解能が得られる．以上より，可視光2光子励起顕微鏡では，単一光源で同時に複数種類の蛍光タンパク質分布を超解像観察できる．図5Bに可視光2光子励起顕微鏡で直径100nmの蛍光ビーズを観察した結果を示す．この結果から，蛍光ビーズがX方向に約113nm，Z方向に約293nmのサイズで観察できており，可視光2光子励起顕微鏡で高い空間分解能が得られていることが確認できる（理論空間分解能はX方向108nm，Z方向278nm）．図5Cはヒト子宮がん細胞を観察した結果である．ヒト子宮がん細胞は蛍光タンパク質で標識したものであり，細胞中のミトコンドリア，細胞核，ゴルジ体，そして核小体は，蛍光タンパク質Sirius，mseCFP，mTFP1，そしてEGFPで標識されている．図5Bに示すように，可視光2光子励起顕微鏡により高い空間分解能で4色同時観察ができていることがわかる．

この技術で用いている2光子励起は，これまでにも蛍光顕微鏡に利用されている．しかし，従来の2光子励起蛍光顕微鏡は，超解像顕微鏡として扱われていない．従来の2光子励起蛍光顕微鏡では，2光子励起により1光子励起による限界を超えた空間分解能が得られる（図6A，B）．しかし，2光子励起を誘起するために近赤外域の波長（波長800～1,300nm）を用いているためにもとの集光スポットサイズが大きくなってしまい，図6B，Cに示すように2光子励起を利用したとしても従来の可視光を用いた共焦点蛍光顕微鏡と同程度，もしくはそれ以下の空間分解能しか得られない．これが近赤外域の励起波長を用いた従来の2光子励起蛍光顕微鏡が超解像顕微鏡として扱われていない理由である．

3．飽和励起（SAX）顕微鏡[7) 8)]

1）飽和励起とは

SAX顕微鏡では，飽和励起の際に得られる非線形な蛍光応答を利用することで，超解像を実現する．この"飽和励起（saturated excitation：SAX）"とは，高い励起光強度で蛍光強度を飽和させ，その飽和現象によって蛍光応答の非線形性を誘起する光励起のことである．これまでにも述べている通り，蛍光分子は光励起されると蛍光発光する．この蛍光分子の光吸収－蛍光発光過程には数ナノ秒の時間を要することが知られている（蛍光寿命）．また，蛍光分子がより寿命の長いエネルギー準位（三重項状態）へ遷移するケースもあり，その場合には，発光を伴わない熱緩和などで基底

A 飽和励起（SAX）顕微鏡の原理

点像分布関数（飽和あり）　　強度変調された蛍光信号　　　　　周波数成分　　　　飽和で得られた信号の検出領域

実線：蛍光信号の波形

飽和による歪み

フーリエ変換

B 飽和励起（SAX）顕微鏡による超解像

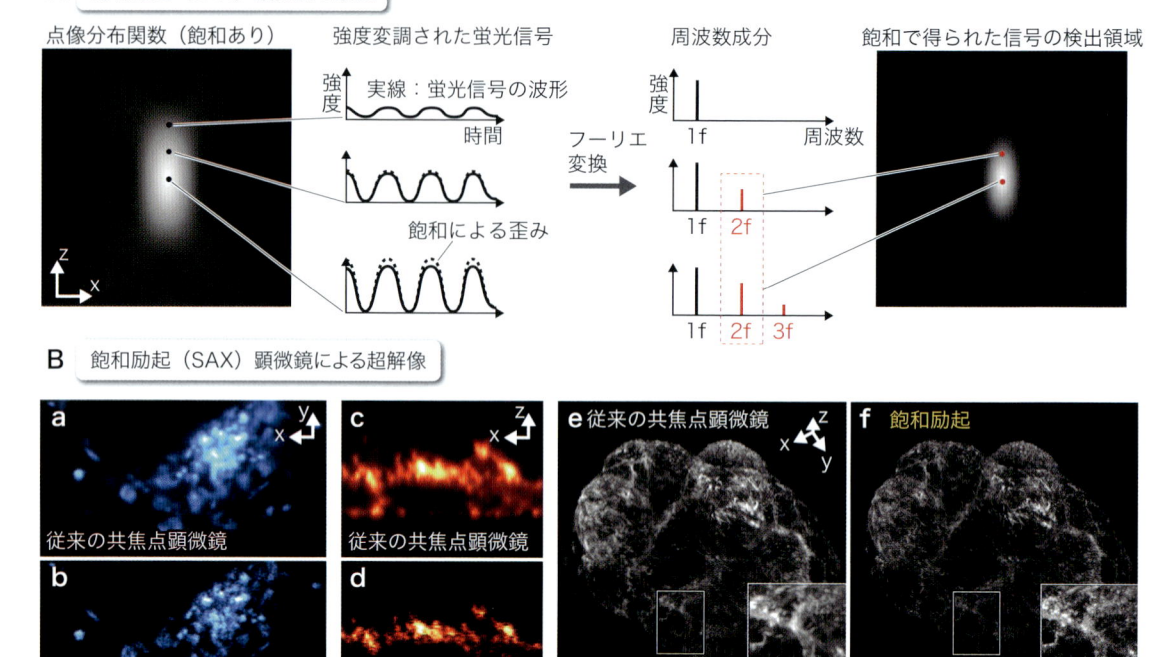

a 従来の共焦点顕微鏡
b 飽和励起
c 従来の共焦点顕微鏡
d 飽和励起
e 従来の共焦点顕微鏡
f 飽和励起

図7　飽和励起（SAX）顕微鏡の原理と飽和励起顕微鏡による超解像
A）SAX顕微鏡の原理．B）SAX顕微鏡による超解像．a, b：ヒト子宮がん細胞のゴルジ体の蛍光像（観察面内方向）．c, d：ヒト子宮がん細胞のアクチンフィラメントの蛍光像（奥行き方向）．e, f：三次元培養で多層化したヒト子宮がん細胞におけるアクチンフィラメントの三次元像．文献8より引用．

状態（励起する前の状態）に戻ってしまう．少なくとも数ナノ秒を要する発光周期と励起光の照射範囲に存在する蛍光分子数に限りがあることが原因で，蛍光分子に照射する励起光の強度を大きくしていくと，蛍光発光の強度がある一定より上昇しなくなり（飽和），蛍光発光の強度が励起光強度に比例しなくなる．これが飽和によって誘起される蛍光応答の非線形性である．

2）SAX顕微鏡の原理

　SAX顕微鏡では，従来のレーザー走査型の共焦点蛍光顕微鏡と同様に対物レンズでレーザー光を試料中に集光し，その集光スポットからの蛍光信号を検出する．集光スポットでは，三次元的にその中心に近づくほど励起光強度が大きくなる．レーザー光強度を大きくすると，集光スポット中心付近で蛍光強度の飽和現象が顕著に現れる．一方，集光スポット中心付近以外では，励起光強度は大きくなく，飽和は生じない．このため，飽和現象で生じた非線形な蛍光応答のみ選択的に検出することで，集光スポット中心付近に存在する蛍光分子からの蛍光信号のみを得ることができ，光の回折限界を超えた三次元空間分解能が得られる．

　SAX顕微鏡で超解像イメージングを行うには，非線形な蛍光応答のみを抽出する必要がある．しかし，従来のレーザー走査型蛍光顕微鏡と同様に検出すると，非線形および線形な応答をしている蛍光信号を同時に検出し，それらを区別することは難しい．SAX顕微鏡では，非線形な蛍光信号のみを選択的に分離検出するために，励起光の強度を時間的に単一周波数で正弦波変調している（図7A）．励起光の強度を変調すると，

蛍光の強度も同様に変調される．ここで蛍光強度の飽和が生じるほど励起光の強度を大きくすると，蛍光強度の飽和によって蛍光信号の波形が歪む．正弦波波形が歪むと，その波形はもともとの変調周波数の整数倍の周波数成分（高調波周波数成分）を含むようになる．したがって，周波数フィルタリングによりこの高調波周波数成分をもつ信号のみを抽出すれば，飽和が生じた集光スポット中心付近からの信号のみを選択的に分離検出できる．

3）SAX顕微鏡による超解像観察

図7Bに従来の共焦点蛍光顕微鏡およびSAX顕微鏡を用いて細胞試料を観察した結果を示す．図7B-a, bは緑色蛍光タンパク質でゴルジ体を標識したヒト子宮がん細胞の観察面内方向（X-Y方向）の蛍光像である．図7B-c, dは蛍光色素ATTO-Rho6Gでアクチンフィラメントを免疫染色したヒト子宮がん細胞の奥行き方向（X-Z方向）の蛍光像である．そして，図7B-e, fは，三次元的に多層化させたヒト子宮がん細胞群のアクチンフィラメントを蛍光色素ATTO-Rho6Gで免疫染色し，その三次元構造を観察した結果である．図7Bに示すように，従来の共焦点蛍光顕微鏡によって得た蛍光像より，SAX顕微鏡の場合の方がより微細な構造が観察できていることがわかる．さらに，図7B-e, fに示すように，SAX顕微鏡では，多層化し厚くなった試料中の超解像観察も可能であることがわかる．

4）SAX顕微鏡の特徴

SAX顕微鏡で得られている空間分解能は従来の共焦点蛍光顕微鏡の約2倍程度であり，他の超解像蛍光顕微鏡ほど高くない．しかし，SAX顕微鏡では，従来のレーザー走査型蛍光顕微鏡の励起光強度を時間的に変調するだけで超解像観察が可能になるため，さまざまな試料を簡便に観察できる．その一例が図7B-e, fに示した多層化した細胞中の三次元構造観察である．他の超解像蛍光顕微鏡では，SAX顕微鏡より高い空間分解能が得られているが，精度の高い波面や位相制御を要する励起光照明法や高感度蛍光検出が要求される1分子計測を利用しているため，図7B-e, fのような厚みのある試料の三次元超解像観察が容易ではない．この点が，SAX顕微鏡の大きな特徴であり，他の超解像技術に対するアドバンテージである．

おわりに

本項では，代表的な蛍光顕微鏡による蛍光像の結像，光の回折限界による空間分解能の制限について概説した．そして，レーザー走査型蛍光顕微鏡においていかにして光学応答の非線形性が超解像顕微鏡を実現しているかについて紹介した．近年，本項で紹介したものを含め複数の超解像顕微鏡技術が登場している．それらを上手く活用し最大限の結果を得るには，利用している蛍光顕微鏡における蛍光像の結像原理や空間分解能向上の原理を十分に理解していることが欠かせない．また，本項では紹介しきれなかったが，SIMと飽和励起を組合わせ，SIMの空間分解能を向上させた超解像顕微鏡技術も報告されている[9)10)]．このように，非線形性は従来の限界を破り，光学顕微鏡において超解像イメージングを実現させる鍵の1つとなっている．

◆ 文献

1) Hell SW & Wichmann J：Opt Lett, 19：780-782, 1994
2) Betzig E, et al：Science, 313：1642-1645, 2006
3) Rust MJ, et al：Nat Methods, 3：793-795, 2006
4) Gustafsson MG：J Microsc, 198：82-87, 2000
5) Dertinger T, et al：Proc Natl Acad Sci U S A, 106：22287-22292, 2009
6) Yamanaka M, et al：J Biomed Opt, 20：101202, 2015
7) Fujita K, et al：Phys Rev Lett, 99：228105, 2007
8) Yamanaka M, et al：J Biomed Opt, 18：126002, 2013
9) Gustafsson MG：Proc Natl Acad Sci U S A, 102：13081-13086, 2005
10) Li D, et al：Science, 349：aab3500, 2015

◆ 参考図書

・「超解像の光学」（河田 聡/編），学会出版センター，1999
・「新・生細胞蛍光イメージング」（原口徳子，他/編），共立出版，2015

カナダ・MPBコミュニケーションズ

可視域CWファイバーレーザ

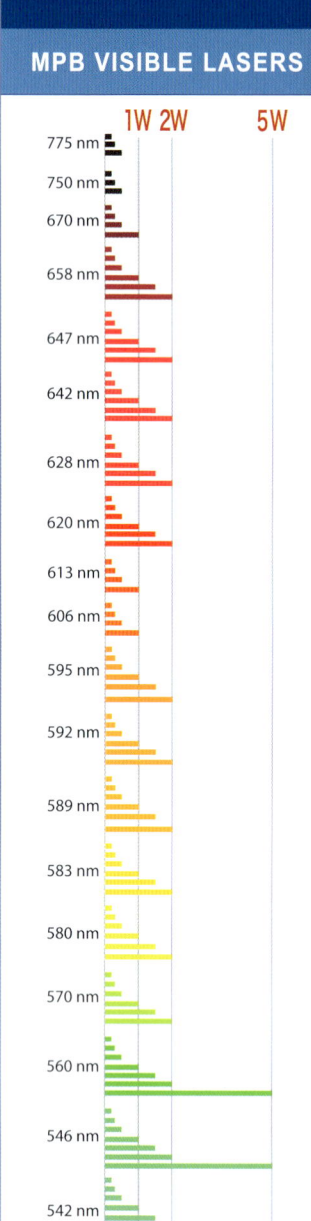

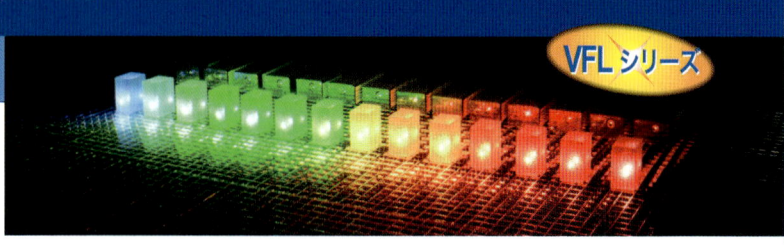

MPB VISIBLE LASERS

VFLシリーズ

MPB Communications 社のレーザは可視域の波長において高出力でCW発振することができます。発振方法がオールファイバベースのため、高い安定性と品質を誇ります。さらに、高出力（最大5W）でありながら空冷式のため、取り扱いやすい製品となっております。

特長

- メンテナンスフリー
- 低光ノイズ
- 高い出力安定性
- 優れたビーム品質
- シングル縦モード発振

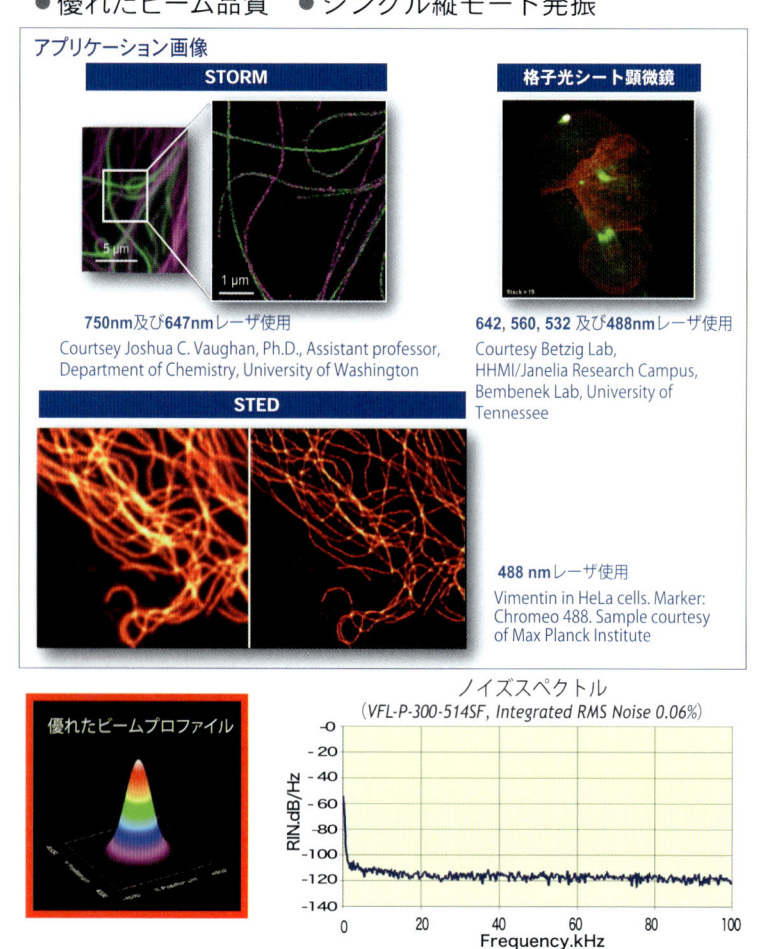

アプリケーション画像

STORM

750nm及び647nmレーザ使用
Courtsey Joshua C. Vaughan, Ph.D., Assistant professor, Department of Chemistry, University of Washington

格子光シート顕微鏡

642, 560, 532及び488nmレーザ使用
Courtesy Betzig Lab,
HHMI/Janelia Research Campus,
Bembenek Lab, University of Tennessee

STED

488nmレーザ使用
Vimentin in HeLa cells. Marker: Chromeo 488. Sample courtesy of Max Planck Institute

優れたビームプロファイル

ノイズスペクトル
（VFL-P-300-514SF, Integrated RMS Noise 0.06%）

波長ラインナップ (1W / 2W / 5W):
775 nm, 750 nm, 670 nm, 658 nm, 647 nm, 642 nm, 628 nm, 620 nm, 613 nm, 606 nm, 595 nm, 592 nm, 589 nm, 583 nm, 580 nm, 570 nm, 560 nm, 546 nm, 542 nm, 532 nm, 514 nm, 488 nm

カンタムエレクトロニクス株式会社
〒224-0053 神奈川県横浜市都筑区池辺町4666　TEL.045-345-0002
E-mail : info@kantum.co.jp　www.kantum.co.jp

原理・応用編　第1章　超解像イメージングの原理

2 蛍光1分子可視化技術と超局在化顕微鏡法
―PALMとSTORM

廣島通夫，佐甲靖志

> 超局在化顕微鏡法（super localization microscopy あるいは局在化法）と一括してよばれるPALMやSTORMなどは，光転換型（光スイッチング型とも表現される）蛍光色素1分子の可視化検出技術にもとづいている．本項では，蛍光色素1分子の位置計測の原理と限界を超局在化顕微鏡法に則して解説する．局在化法は，時間分解能をもたないという大きな欠点を別にすれば，手軽に高解像度を実現できる最も実用価値のある超解像関連技法であり，基礎的な計測システムなら簡単に自作できる．本法を読者が利用するに際して本項が参考となれば幸いである．

はじめに

　蛍光顕微鏡画像のもともとの信号はひとつひとつの蛍光分子（点）から発する光であるが，回折限界などのため，点像は実際の分子の大きさと比べてボケて拡がっている．多くのボケた点像が重なってできた普通の蛍光顕微鏡画像を直接表示する代わりに，個々の点像の位置（重心）（≒蛍光分子の位置）をプロットすれば，点像の拡がりによるボケをとり除いた鮮明な，すなわち高解像度の画像を再構成できる．

　しかし，同時に複数の点が光って，ぼけた像が重なってしまうと個別の蛍光分子（点）位置が決められないので，正確な像がつくれない．点像が重ならないよう別々に光らせるために，光転換型などの点滅する蛍光標識を使う．代表的な局在化法はPALM（photo-activated localization microscopy）[1]とSTORM（stochastic optical reconstruction microscopy）[2]である（実践編第1章3，5参照）．PALMは1回だけ，STORMは複数回同一色素分子を点滅させる（両者を同一視する人もいるが，本項ではこのように区別する．また，1分子輝点の重心検出だけに注目し，画像をつくることを目的としない光転換型色素の顕微鏡法としてPALMという言葉を使う人もいるので注意）．

　局在化法は位置決定精度を空間分解能に読み替えているのであって，真に超解像度の画像を得ているのではない．超解像（super resolution）ではなく，超局在（super localization）とよばれるゆえんである（"super localization"は「超位置決め」とでもよぶのがよいと思うが，ここでは「超局在」としておく）．多数の点像をひとつずつ区別して読み出すのに時間がかかるので，固定した試料の観察が主な対象となる．しかし，再構成画像の空間解像度は容易に数十nmに達し，現在の超解像法のなかでは（多くの人が実際に手にすることができるという意味で）最も高い．

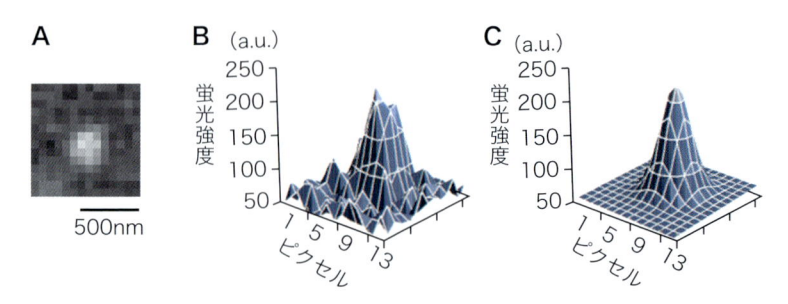

図1 蛍光1分子像の強度プロフィール
細胞膜上の1分子蛍光像（**A**）とその三次元表示（**B**）．**C**）Bを二次元ガウス関数で近似したもの．半値全幅（FWHM）は240nmである．同一粒子の画像が複数枚撮像できたものから，近似関数の重心の標準偏差（分散の平方）を求めると16nmであった．

蛍光色素1分子計測

1. 1分子の可視化

　蛍光色素1分子の放出する光は決して強くはないが，十分な励起光を照射し，適当な光学系と検出器をもってすればはっきり捉えることができる．近年の光学顕微鏡と高感度カメラの進歩は細胞中の蛍光1分子の撮像を可能にしている[3]．

　最新の高感度カメラは，1フレームの間に画素当たり数個の光子が到達すれば検出できる．背景光さえ小さくできれば蛍光1分子を検出できるのである．効果的に背景光を少なくする方法は，励起体積を小さくして自分がみたい蛍光色素の近傍だけを照明することであり，蛍光1分子可視化のためには全反射や斜光照明の顕微鏡を使うことが多い．

　1分子計測の位置測定精度は蛍光信号と検出系のノイズに依存しており，画像の読み出しのたびに余分なノイズが生じることから，単一画像当たりにできるだけ多くの信号を得ることが望ましい．しかし，長時間露光による信号積算は，局在化法にあっては視野のドリフト（ずれ）や試料のゆらぎによる問題を大きくし全体の計測時間も長くする．これらの問題を避けるために，局在化法では通常の1分子可視化に比べ，強い励起光を使うのが普通である．

2. 1分子の位置計測

　レンズを通してみた蛍光色素1分子の像は，点像分布関数（point spread function：PSF）で記述されるようにボケて拡がっている（図1A，B）．焦点面内に関していえば，高開口数（NA）の対物レンズを使った場合PSFの半値全幅（FWHM）は波長の1/2程度である．ノイズを含んだ1分子像（光強度の空間分布）を適当に画素で区切って空間と光強度の両方向にデジタル化したものが，デジタルカメラで撮像された1蛍光分子の画像である．

　このとき，蛍光1分子の位置検出精度は以下の式で表される[4]．

$$\langle (x^2) \rangle = \frac{s^2}{N} + \frac{a^2/12}{N} + \frac{8\pi s^4 b^2}{a^2 N^2}$$

ここで，精度 $\langle (x^2) \rangle$ とは，同一条件の1分子を何度も撮像したとして，そのたびに求められる重心の分散を意味している．ただし s：PSF（光強度分布）の標準偏差，a：画素の大きさ，N：全信号量（分布全体にわたる光子数の積分値），b：背景のノイズ（ノイズの分散を b^2 として表す）とする．

　初項は画像の拡がり（s）すなわち光学系の分解能と，信号量（N）によって決まる．信号はPSFにしたがってランダムにやってくるが，信号量が増えれば位置検出精度はいくらでもよくなる．第2項は空間方向のデジタル化による誤差である．本来なめらかなPSFをデジタル

化することにより生じる計算誤差であり，画素（a）を小さくすれば誤差は減る．第3項は背景ノイズ（b）による項である．背景光や電気回路から生じるノイズであり，白色雑音（ランダムノイズ）が仮定されている．画素を小さくすると第2項は小さくなるが，画素当たりの信号量が減るために強度方向のノイズに起因する第3項が大きくなる．すべてを勘案すると，現実のある限られた信号量（N）とシステムノイズ（b）のもとでは，最適な画素サイズ（a）があり，s（光学系の分解能）に応じて位置精度が決まることになる．

　高NA（>1.33）の油浸対物レンズを使い，画素サイズが試料上で数10nm程度にあたるように顕微鏡の倍率を設定し，1分子当たり10,000以上の光子を集められたとすると，最近の高感度カメラ，例えば電子増倍型の冷却CCDカメラなどを用いれば，1nm程度の位置精度を得ることができる．強い蛍光を発し，褪色もしにくいTMR（tetramethylrhodamine）などの色素では，実際にその程度の位置・運動の計測が実現している[5]．しかし，PALM, STORMでは，光転換の必要から使える色素が限られており，それほどの光子を得ることができない．

局在化顕微鏡の技術的制約

　以降の議論のため，局在化法の手順を復習しておく（**実践編第1章3, 第3章2**参照）[6]．
- **試料の作製**：光転換型の蛍光試薬・蛍光抗体で染色した固定試料を用意する．
- **画像の取得**：蛍光顕微鏡下で比較的弱い転換光を照射し，1分子蛍光輝点が重ならないように少数ずつ発光させ，多数の画像を取得する．
- **画像の再構成**：各画像上の1分子ごとに重心を求め，すべての重心位置を1枚の画像にプロットした高解像度画像を再構成する．

1. 試料の固定

　試料を固定するのは，多数の分子を少しずつ順番に発光・消光させるために，1視野の撮像に数分かそれ以上の時間がかかるからである．このぐらい時間がかかると生細胞では画像の取得中に分子の分布が変化してしまう．生きた試料を扱えないことは局在化法の大きな欠点である．

　また，画像取得中に起こる試料全体のドリフトや振動，試料中の分子の拡散などが再構成画像に影響を与える．前述した数式の説明はあくまでも1枚の画像における位置検出精度である．試料全体の運動は，試料中に固定された適当な基準粒子を置くことによって，かなりの程度補正できる．基準粒子は明るく，撮像中に褪色しないことが求められ，金コロイド粒子などを用いることもある．

　なお，固定試料でも試料中の分子はブラウン運動している．この運動によって分子間の距離が変動し，再構成画像がボケる．試料と固定法の組合わせによっては数分の間に100nm以上も動くことがあるので十分注意しなければならない．抗体など大きな標識を使うと，どの向きに標識されたかによっても位置精度に匹敵する違いがでてくる．

2. 光転換型蛍光色素

　PALMでは各色素分子を1回だけ転換させ，その後自然に褪色するまで信号を撮る．したがって，分子数において定量的な画像を得ることができる．ただし，色素の点滅（ブリンキング）によって1分子が複数回検出される可能性もある．STORMでは色素に（ある波長において）点灯・消灯をくり返させ，点灯のたびに検出する．初期のSTORMではCy3-Cy5など2種の蛍光色素間の相互作用によって点滅させていたが，最近では自発的に点滅する蛍光色素（Thermo Fisher Scientific社のAlexa Fluor™ 647やQ-dot®など）が使われることが多い．

　いずれにせよ局在化法に都合のよい光転換型蛍光色素が種々あるわけではないので，多色の局在化法は多少困難である．この点が局在化法の2番目の欠点といえる．この問題は特にPALMでは著しい．PALMがSTORMに勝る点として蛍光タンパク質標識（すなわ

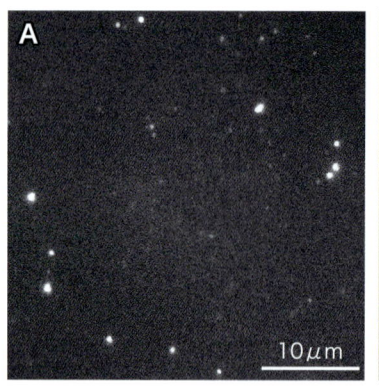

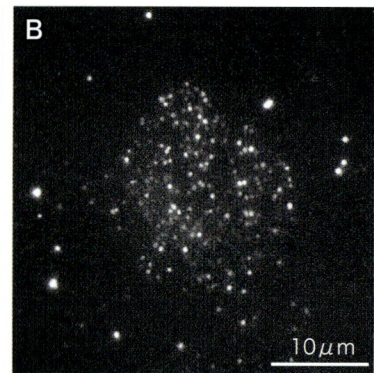

図2 蛍光タンパク質の光転換
CHO-K1細胞にmKiKGRを融合したEGF受容体を発現させている．**A)** は光転換前の細胞を561nm励起，577～900nm発光で撮像したもので受容体は観察されない．**B)** 同一細胞に405nmの光を照射した後に観察すると細胞膜上に受容体の会合体が点々と発現しているのが見える．**A**で見えている明るい粒子は位置補正用の金コロイド．

ち遺伝子融合による標識）が使えることがあるが，現状でPALMに使用できる蛍光タンパク質は実質的にmEosとmKiKGR（図2）のみであり，どちらも紫光照射で青励起/緑発光から緑励起/赤発光へ転換（**実践編第3章2参照**）する．初期に使われたPA-GFP（紫照射により無発光から青励起/緑発光へ転換）は，無照射下で起こる自発的な転換が激しいので現在ではPALM用途には顧みられない．PA-mCherry（無発光から緑励起/赤発光へ転換）というタンパク質もあるが，褪色までの発光量が小さく高解像度PALMには向かない．

2種の色素を使う初期のSTORMでは色素の組合わせを変えることで多色観察を実現していたが，プローブをつくる手間のためか，その後あまり使われていない．dronpa（紫光で無発光から青励起/緑発光に転換し，青光で無発光に戻る）とEosで2重標識し，EosのPALMを先に行って褪色させた後に青照射でdronpaを消光し，紫光+青光照射でdronpaのSTORMを行うといった手の込んだ方法も発表されている[7]．

分解能を決める最重要要素は色素の発光強度であるが，残念ながらPALMに使われるような蛍光タンパク質はCy3，TMRのような化学色素に比べると褪色までの発光量が小さい．脱酸素条件や還元条件などでなるべく光褪色を防止しても，10nm程度の位置精度が最良である．化学色素を使うSTORMにおいても発光サイクルをくり返す必要上，1枚の画像（1サイクル）当たりの信号量は小さく，画像当たりの位置精度はPALMと同程度になる．

3. 位置検出

一般には点像を二次元ガウス関数で近似して最適関数の中央を分子の位置とする[8]（図1C）．背景の不均一性や分子ごとの深さの違いなどによって点像が理想的な分布関数からずれてくることが問題である．これらの問題を回避するために試料を載せた基盤の表面近くだけを高コントラストで観察できる全反射蛍光顕微鏡が使われることが多い．背景の平滑化にはさまざまなローパスフィルター[※1]が使われる．

※1 ローパスフィルター
信号中の高周波数成分を選択的に取り除くフィルター．細かいゆらぎをもつノイズ成分を減衰するためなどに用いる．局所平均化や局所中央値選択，信号をフーリエ変換して高周波数成分を除いた後に逆変換するなど，さまざまな手法がある．

4. 再構成

形態の再構成を目標とするときには、輝点数によって結果が変わることを考慮しなければならない[4]．当然ながら多数の点を使うほど再構成精度は高くなるが、計測時間やその間の画像のドリフト、ゆらぎによる精度低下との引き替えである．

5. 解像度の限界

以上の制約は今後の技術開発によってさまざまに変化していくと思われる．試料による状況の違いも大きいであろう．現状を全体的に述べると，基盤近くで30～50nm精度の画像を得ることはそれほど困難ではなく，それを越える高解像度画像の再構成において実際の精度上限を決めているのは画像間のずれ，試料のゆらぎであることが多い．その問題を解決すると，蛍光色素の発光量が上限を決め，10nm程度のところに壁がある．将来的に明るい色素ができたとすると，その先数nmで標識の位置と見たい分子との座標のずれ，ゆらぎが問題になり，その後1nmに近づく当たりから検出器（高感度カメラ）の電気ノイズが限界を決めることになるであろう．それ以上は蛍光法では困難と思われる．

三次元の局在化法

1分子の深さ方向の位置も計測し，三次元の局在化画像を得る方法がいくつか考案され[9)10)]，深さ方向へも100nmを切る位置精度が得られている．ただし，1分子可視化の困難さから，単一細胞など薄い試料への応用に限られている．

局在化法の実例

図1AはCHO-K1細胞の細胞膜へ発現させた膜タンパク質EGF受容体とmKiKGRの融合タンパク質の1分子蛍光画像である．60×NA1.49の対物レンズを用いた全反射顕微鏡で，1画素67nmに拡大した画像をEM-CCDカメラで0.15秒間積算した．像は240nmの半値全幅をもち（図1B），信号強度から640個程度の光子が検出されていると考えられる．このような画像をガウス関数で近似して重心検出を行い，図の例では16nmの位置精度が得られた（図1C）．この値は光子数，画素サイズ，背景ノイズから予想した位置精度15.9nmに一致している．

mKiKGRの光転換の様子を図2に示す．図は強い転換光で多数の分子を同時に変換させたものであるが，実際のPALM時には弱い転換光で少数ずつ色を変える．このとき，装置のドリフト，振動を補正する基準として，カバーガラスにあらかじめ適当な密度で直径数10～100nmの金コロイドを分散させ，シリコン蒸着してある．画像間で共通する複数の粒子の位置をアフィン変換[※2]で重ね合わせ，位置の補正を行う．

多数の1分子画像を積算した全反射蛍光顕微鏡画像と，同一のデータから重ね合わせ補正して再構成したPALM画像を図3に示す．解像度の違いを実感できるであろう．

おわりに

局在化法にはさまざまな限界があり，それらを克服するための努力が続けられている．生きた試料を見たいという要求から高速化も図られているが，高速化はすなわち低解像度化であり，種々の超解像技法のなかで局在化法の最大の特徴である高解像度性と相反する．生きた試料は他の超解像法に任せ，局在化法は解像度の極北をめざすべきである．したがって二次抗体を使った染色なども疑問である．今後の解像度の上昇のためには，色素と計測雰囲気を改良して信号量を増やすこ

※2　アフィン変換

拡大・縮小・回転・平行移動によって画像を変形する手法．画像の位置合わせでは，対象画像をアフィン変換して，対照画像との間で不動点が最もよく重なるパラメータを最小二乗法などで求める．

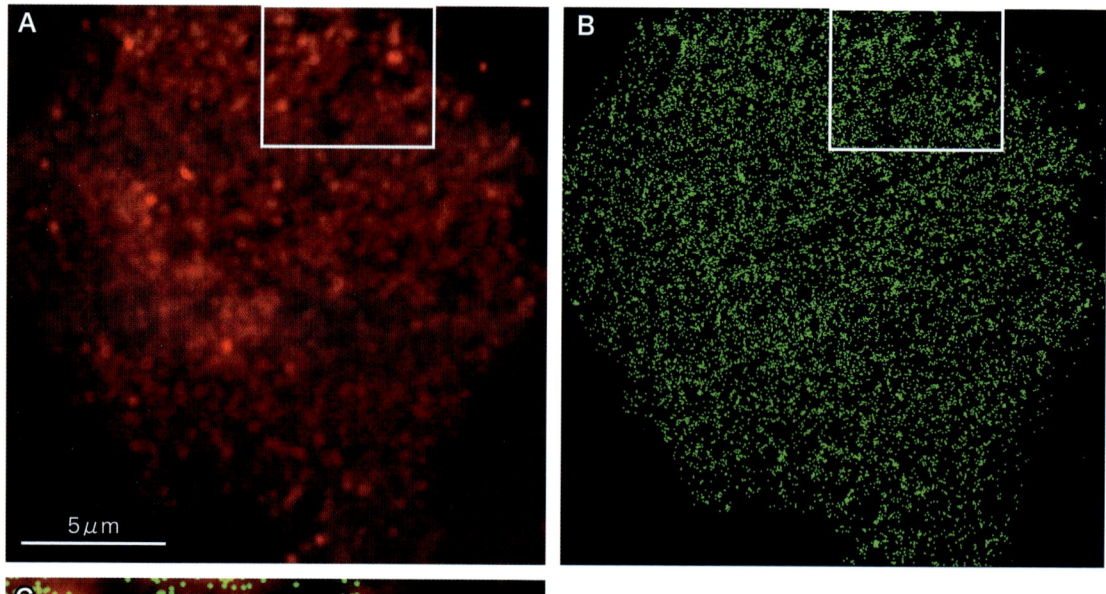

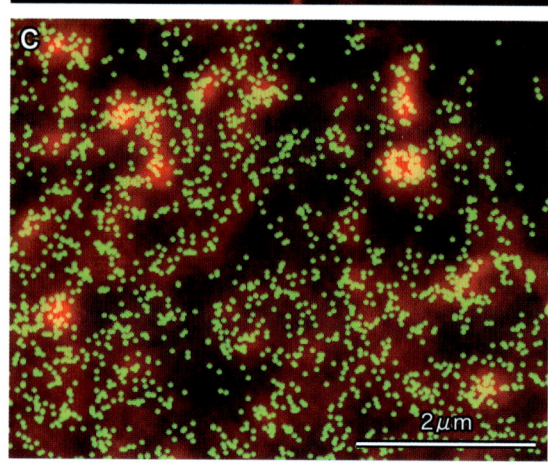

図3 PALM画像の再構成

光転換後のmKiKGR標識EGF受容体の細胞膜分布. **A)** すべての1分子画像を重ね合わせた全反射蛍光画像. **B)** PALM画像. **C)** は白枠線部の両者を重ね合わせて拡大したもの.

とが最重要であろう．簡便な多色観察法も求められている．

◆ 文献

1) Betzig E, et al : Science, 313 : 1642-1645, 2006
2) Rust MJ, et al : Nat Methods, 3 : 793-795, 2006
3) Sako Y, et al : Nat Cell Biol, 2 : 168-172, 2000
4) Thompson RE, et al : Biophys J, 82 : 2775-2783, 2002
5) Yildiz A, et al : Science, 300 : 2061-2065, 2003
6) Bates M, et al : Cold Spring Harb Protoc, 2013 : 498-520, 2013
7) Shroff H, et al : Proc Natl Acad Sci U S A, 104 : 20308-20313, 2007
8) Cheezum MK, et al : Biophys J, 81 : 2378-2388, 2001
9) Huang B, et al : Science, 319 : 810-813, 2008
10) Thompson MA, et al : Nano Lett, 10 : 211-218, 2010

原理・応用編　第1章　超解像イメージングの原理

3 構造化照明顕微鏡法 SIM
― 縞照明のつくるモアレが可能にする超解像観察

松田厚志，平野泰弘，平岡　泰

　構造化照明を用いた超解像顕微鏡法（structured illumination microscopy：SIM）は通常の三次元マルチカラー顕微鏡と同様の操作で使用できる優れた手法であるが，生物学者にはその原理が難しいと思われがちである．本項では，原理の理解に不可欠となる空間周波数やデコンボリューションなどの背景理論を基本から説明し，SIMの原画像から再構築画像ができるまでの作業を解説する．

はじめに

　SIMは，Gustafssonが2000年に報告した方法で，縞状の模様をもつ励起光を用いることにより，XY方向に約100nmの分解能を達成した[1]．その後，三次元の分解能を向上させた3D-SIM[2)3)]，全反射照明蛍光（TIRF）を用いて生細胞を高速に撮像できるTIRF-SIM[4]，50nm以下の分解能を達成したnon-linear SIM[5)6)]などさまざまな場面で使用できる手法が開発された．3D-SIMやTIRF-SIMを使用できる顕微鏡は，複数のメーカーから購入できる．

縞照明で励起するSIM

　SIMの光学系は全視野顕微鏡とほぼ同様だが，励起光に縞状の構造化照明を使用する点だけが異なっている（図1）．縞照明は，回折格子の縞模様を試料面に投影することによってつくられる．回折格子を通った励起光は，回折により複数の光線に分離するが，このうち±1次光（図1）のみを用いて投影すると，二次元の縞模様が再現される．これは，TIRFを用いた2D-SIMに使用されている．また，±1次光に加え0次光も使用すると，それぞれが干渉し合うことで三次元的な縞模様が形成される．これは3D-SIMに使用されている[3]．

　縞照明で励起した画像から超解像画像を再構築するためには，光学切片ごとに縞模様をずらしたり回転させたりした画像を6〜15枚集める必要がある（実践編第3章5も参照）．したがってSIM顕微鏡には，励起光の縞を動かす機構が組み込まれている（図1）．

　SIMで得られる分解能は，縞照明の細かさと比例関係にあり，細かくなるほど高分解能の画像を得ることができる．しかし，縞照明は光であるため，縞の間隔は回折限界により制約される．後述のように通常のSIMにより得られる画像の分解能（90〜130nm）は，光の回折限界の約2倍となる．

微細な構造を観察可能にするモアレ

　SIMのアイデアはきわめてユニークである．図2の

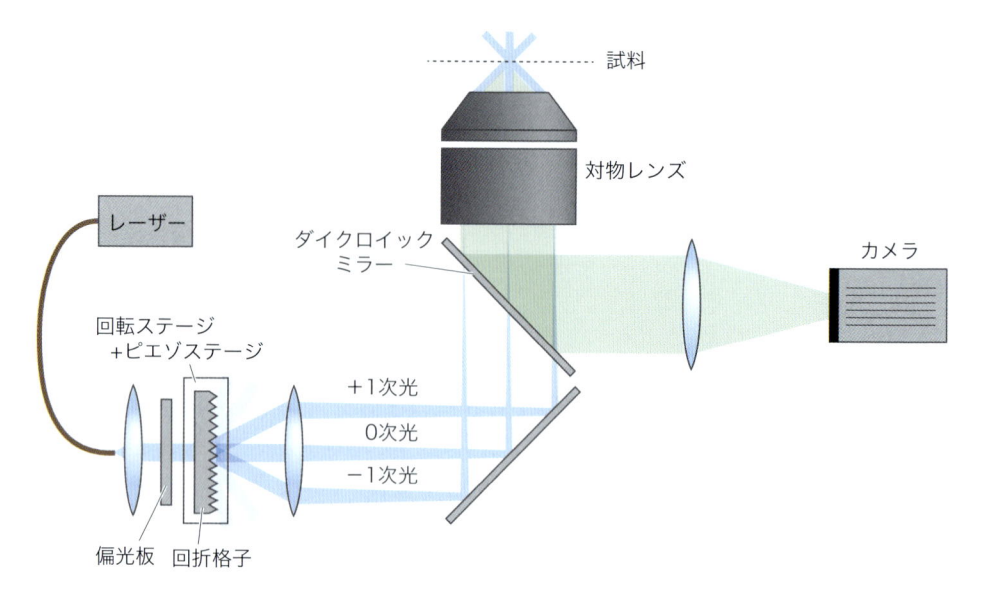

図1　SIM顕微鏡の光学系
SIMの励起光（青色）は，偏光板と回折格子を通って試料面に到達する．回折格子により分けられた光線が試料面で再び干渉し合うことによって，試料面で回折格子の像が再現され縞模様が形成される．縞模様をずらしたり回転させたりするために，回折格子をモーターなどで動かす機構（回転ステージ＋ピエゾステージ）が組み込まれている．一方，試料が発する蛍光（緑色）は，通常の全視野顕微鏡と同様にカメラに結像する．文献8をもとに作成．

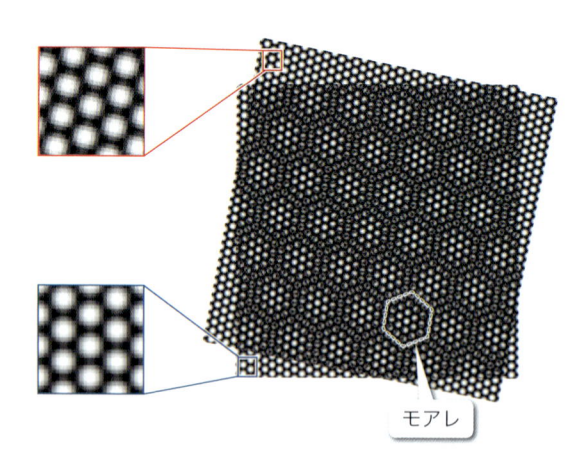

図2　モアレ
2つの細かい模様を重ね合わせた部分には大きな模様（モアレ，干渉縞）が生じている．

ように周期性をもつ模様に別の模様を重ねると，模様同士の干渉によって「モアレ」とよばれる模様が生じる．図2では，大きさがわずかに異なる微小の六方格子からなる模様を重ね合わせているが，もとの六方格子が拡大され，大きな六方格子になっていることがわかる．このように，モアレは，もとの模様よりも大きな模様として観察される．つまり，もとの模様が通常の顕微鏡の分解能では観察できないほど細かくても，そこから生じるモアレはもとの模様が拡大されているので通常の顕微鏡の分解能で観察できる．SIMでは，縞照明によって生じたこのようなモアレを通常の全視野顕微鏡で撮像し，この画像からもとの模様を計算によって再構築する．

モアレを扱う基礎
—フーリエ変換と空間周波数

図2では，規則正しい模様を重ね合わせたので同じ像が拡大されているが，より複雑な姿をした生物試料などの場合にはどのようにもとの姿を再構築できるの

だろうか．実はこの再構築の計算は画像の周波数を扱えば簡単に行うことができる．SIMの再構築の説明に進む前に，SIMの理解に必要不可欠な背景理論である空間周波数（spatial frequency）※1やフーリエ変換を簡単に理解しておく必要がある．

シマウマの縞や細胞骨格のように，画像にもくり返される信号強度がある．1秒間にくり返される波の数を周波数とよぶように，単位長にくり返される波の数を空間周波数とよぶ．例えば特定の大きさの情報だけを取り出すなど顕微鏡画像を直接用いて行うには困難な作業も，空間周波数を用いると簡単に行うことができる．特に，画像を空間周波数で表現できるフーリエ変換は，SIMに限らず多くの場面で用いられている基本計算手法である．

フーリエ（Joseph Fourier, 1768〜1830）は，すべての形はさまざまなサイン波を足し合わせれば再現できることを示した．例えば図3Aに示す通り，周波数と振幅の異なるサイン波を多数足し合わせると四角などの形状を自由につくり出すことができる．波形を多数足し合わせるほど，より本来の姿に近づいていく．このように，実際どのような形状もサイン波の集合により表現できる．

すべての形をその構成要素であるサイン波に分解させることができるのが，フーリエ変換である．例えば，蛍光像のラインプロファイル（輝度断面）※2（図3B上）は，フーリエ変換により多数のサイン波に分解できる（図3B中）．逆に分解したサイン波を重ね合わせていくと，もとの蛍光プロファイルを再現できる（図3B下）．この復元計算を逆フーリエ変換とよぶ．

フーリエ変換で分解した波は，図3B中のように個々のサイン波を表示するのではなく，図3Cのように周波数を横軸にサイン波の振幅を縦軸に表現するのが一般的である．このように表現すれば，どのような周波数がどれほど含まれているのか一目で理解できる．例えば，図3C下に示すように，この蛍光プロファイルには低周波が多く，高周波はほとんど含まれていないことがわかる．

同様の計算を二次元，三次元の画像にも行うことができる（図4A，B）．一次元と同様に原点を中心として周波数を横軸（x軸）と縦軸（y軸）にとり，振幅を輝度で表している．フーリエ変換前後の画像は全く同じ情報量をもっている．つまり，ある1つの情報を異なる見方で表しているといえる．通常の蛍光像は「空間領域（real space）」での表現であるのに対し，フーリエ変換したものは「周波数領域（reciprocal space）」での表現であり，互いに逆数の関係になる．周波数領域では，原点から遠ざかるほど高周波になる．また，周波数の正負はサイン波の向きの違いで，原点を中心に点対称の関係になる．

空間周波数は分解能と同義

空間周波数は分解能と同義である．例えば，図3Bのように低周波から徐々に高周波を足していくと，はじめはおおまかな形が一致しているだけだったものが，徐々に細部が復元されることがわかる．図3Bではフーリエ変換で得られた低周波のものから63個の波まで足し合わせたが，さらに高周波の波形を足し合わせれば，拡大しないとわからないような細部まで復元することができる．つまり，低周波が多いほど，ぼやけた画像が得られ，逆に高周波が多いほど細かい画像が得られる．図3Cや図4Cのように，顕微鏡で得られる空間周波数は低周波が多く，高周波が少なくなっている．この空間周波数の分布は顕微鏡（主に対物レンズ）に固有であり，OTF（optical transfer function）※3と

※1　**空間周波数（spatial frequency）**
単位画像空間にくり返される波の数，すなわち
　　（波の数）÷（画像全体の長さ）
で表される．空間周波数は長さの逆数なので，空間領域での大きさが小さくなるほど周波数は大きくなる．

※2　**ラインプロファイル（輝度断面）**
図3B上右上の画像のように画像に測定線（赤色）を引き，測定線に沿ったピクセルの輝度を一次元的にグラフ表示する表示方法．共局在分析や分解能の測定などに使用される．

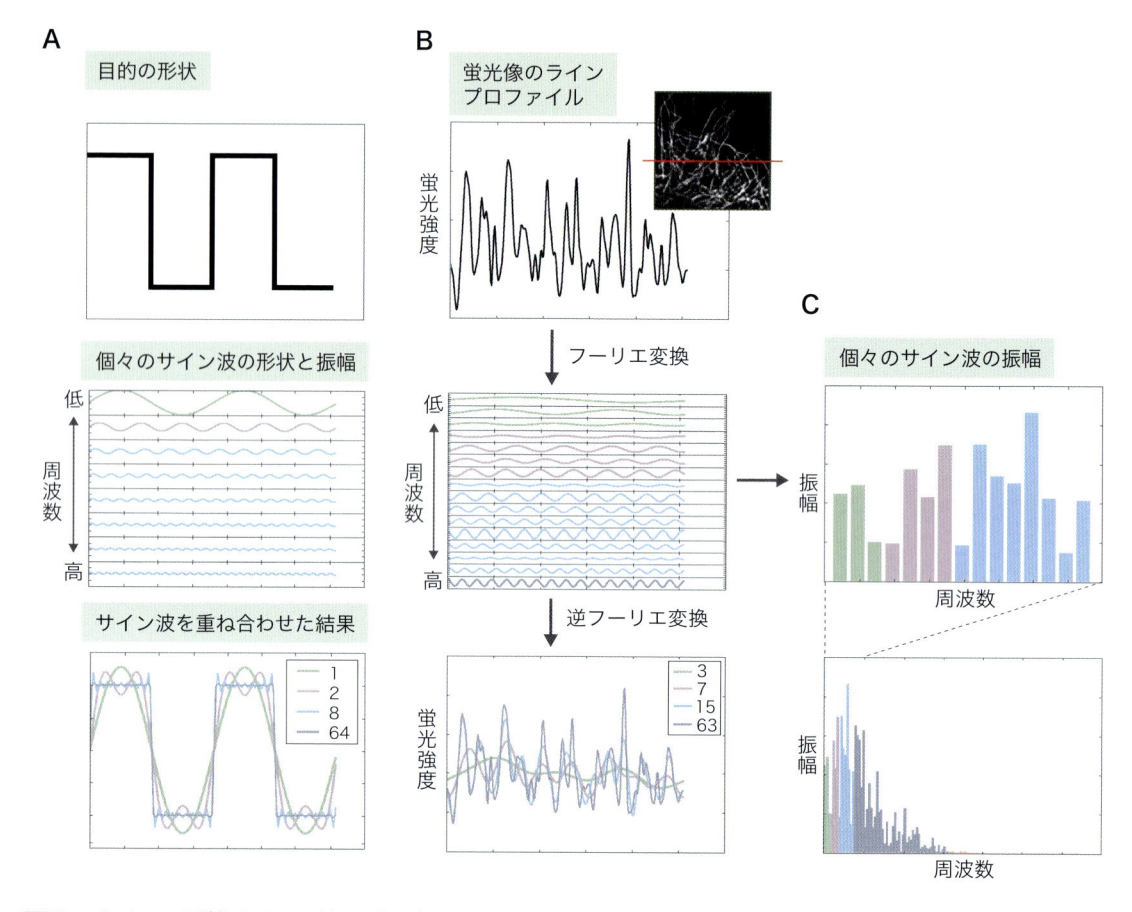

図3 すべての形状はサイン波の重ね合わせ

A）四角（矩形波）の例．中段に示したプロットの一つひとつの波を重ね合わせると，下段に示す四角（矩形波）になる．下段の凡例の数値は足し合わせた波の数である．例えば8は，低周波のものから8番目までの波をすべて足し合わせており，中段のプロットに対応した配色にした．B）画像の蛍光プロファイルをフーリエ変換により波に分解し，その波を逆フーリエ変換により再び重ね合わせた例．C）Bの中段に示した波形の周波数を横軸に，振幅を縦軸に取ったものが，フーリエ変換後の周波数領域を表現するために用いられる．下段は，より広い周波数までを示している．

よばれる（図4C）．顕微鏡で得られる最大の空間周波数は，「遮断周波数（cutoff frequency）」とよばれる（図4C）．遮断周波数は分解能の限界と同じである．したがって，超解像顕微鏡は「遮断周波数を超える空間周波数を取得する方法」といいかえることができる．

※3 OTF（optical transfer function）

制御理論に用いられる伝達関数（transfer function）の一種．和文表記は光伝達関数．点光源の観察像である点像分布関数（point spread function：PSF）をフーリエ変換したもの．すなわち，PSFを空間周波数で表現したものである．※1で述べた通り，周波数領域は，空間領域と逆数の関係にあるため，小さなPSFほど，大きなOTFとなり，遮断周波数が大きくなる．

周波数帯の移動による SIM 再構築

前述したモアレの生成は，空間周波数という視点を取り入れると，分解能との関連がさらによく理解できる．ある試料（図5A左）を周波数領域でみると，試料がもつ周波数成分は原点を中心とした周波数帯に広がっ

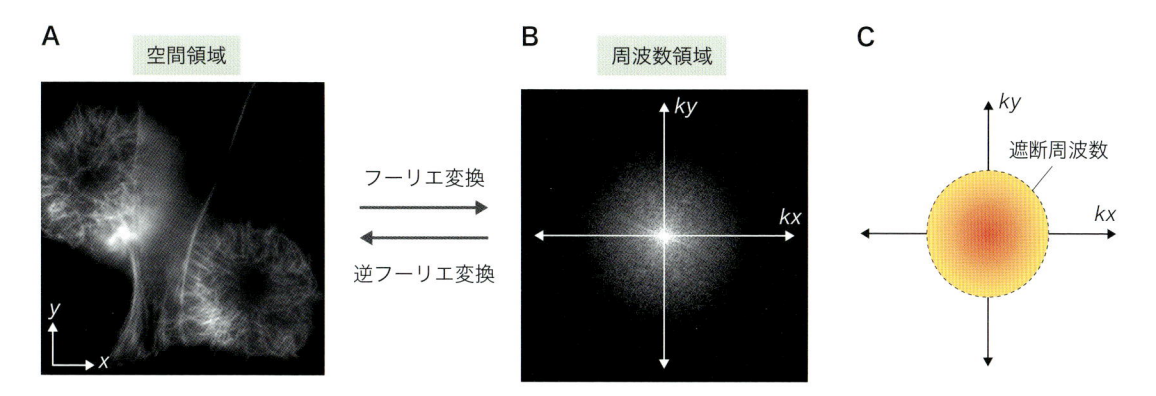

図4　蛍光顕微鏡画像の空間領域と周波数領域

A) 通常のXY平面上の蛍光画像．**B)** Aの画像を二次元フーリエ変換し，周波数領域（kx-ky平面）に表示したもの．**C)** 顕微鏡で得られる空間周波数の分布（OTF）の模式図．低周波が多く（原点付近の色の濃い部分），高周波になるほど減少し最終的になくなる．得られる最大の周波数を遮断周波数とよび，分解能の限界を示す．

ている（図5B左）．これに縞照明（図5A中）を重ねると，モアレが発生（図5A右）し，試料の周波数成分（図5B左）が，縞照明の周波数（図5B中）を中心とした周波数帯に移動していることがわかる（図5B右）．遮断周波数内に移動した周波数成分が，視覚的にモアレとして見ることのできる像である．つまり，遮断周波数を超えた本来見えないはずの高周波成分の一部が，モアレの発生により低周波帯に移動し，通常の顕微鏡で観察できるようになる．すなわち，縞照明は周波数を低下させる効果がある[7]．

この周波数帯の移動は照明の縞の周波数に依存しており，縞の間隔が狭いほど周波数を大きく移動させることができる．2D-SIMでは，この周波数は±1次光の干渉により生じたものであり（図1），平面方向に1種類なので，図5B中に描いたような2点に移動する．3D-SIMでは，これに加えて，0次光と±1次光の干渉により生じた左右斜め上方向の縞の周波数にも影響を受けるため，4点に移動する（図6A）．よって，得られるモアレの像は2D-SIMでは2点，3D-SIMでは4点由来の周波数成分を足し合わせたものになる．これにさらに通常の顕微鏡の照明（干渉縞のない全視野照明）により生じる原点があるため，最終的に2D-SIMでは3点，3D-SIMでは5点の周波数成分が生じる．

観察したSIMの原画像には，2D-SIMでは3つの，3D-SIMでは5つの周波数成分（モアレ）が混じっている．再構築ではまず，これらの周波数成分を分離する必要がある．このために，周波数帯の数（3または5）だけ縞照明を移動させた一群の画像を取得し，この画像を用いて各点由来のモアレ成分を計算により分離する（図6A❶）．モアレは縞照明と干渉した成分なので，干渉の式を解けば，モアレの成分を分離できる．

次に，分離した周波数成分を本来の周波数帯に移動させる（図6A❷〜❹）．モアレ成分の強度を調整し，全体を貼り合わせると，できあがった画像の全体的な周波数帯が広がる（図6A❺）[1,3]．

周波数成分を貼り合わせることで，縞模様の方向に分解能が向上するが，全方位的に分解能を向上するためには，縞の方向を2から3方向に回転させた画像を取得し，同様の再構築をくり返す（図6A❻）．得られた周波数集合を逆フーリエ変換すれば，高分解能の画像が得られる．

再構築へのデコンボリューションの効果

SIMの再構築では，一つひとつの周波数成分に初歩的なデコンボリューション法であるウィナー（Wiener）

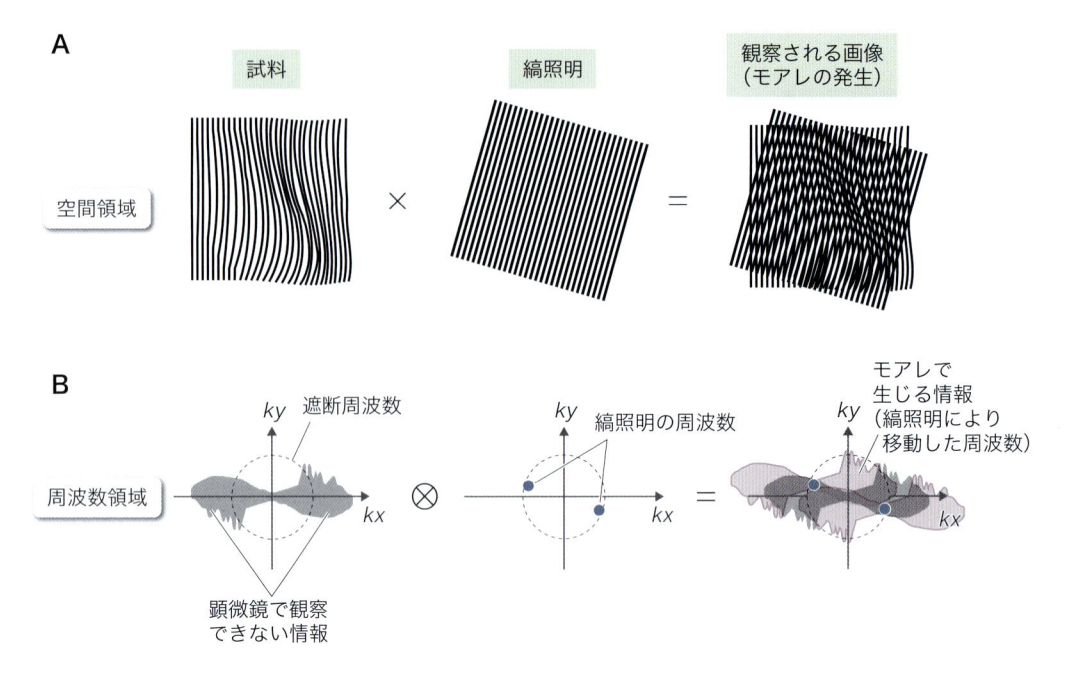

図5　縞照明による周波数の低下

モアレの生成を**A**は空間領域，**B**は周波数領域で示した．試料が含む周波数成分を灰色の領域で示している．モアレを生成した画像（右）ではこの周波数成分が縞照明の周波数に移動した（紫色の周波数成分）．文献9より引用．

フィルターというフィルターをかけている（図6A❸）．顕微鏡を通して観察した画像は，OTFにより伝達される周波数にしたがい，高周波になるほど減衰する（図3C，図4B, C）．デコンボリューションは，観察した画像の周波数成分をOTFによって割り算することで，周波数による強度の偏りを低減し，相対的に高周波数成分を増強する方法である．SIMの再構築でも，分離したそれぞれの周波数成分にこの方法でデコンボリューションをかけることによって，分解能をさらに向上させている．

OTFを使用して除算するのが理想的だが，顕微鏡の遮断周波数を超えるとOTFの周波数成分が0になってしまう（図4C）．割り算では0を分母にすることができないので，この計算を可能にする細工として，分母全体に任意の定数（ウィーナーフィルター定数）を加える．この定数の値が小さければ効果的に高周波数成分を増強できるが，大きくなりすぎるとその効果は減少してしまう（図6B）．

SIM再構築では，デコンボリューションが以下1）〜3）のような目的で使われる．

1）分解能の向上
分解能を限界まで向上させている（図6C）．

2）アーティファクトの減少
デコンボリューションをかけずに別々の周波数成分を貼り合わせると，周波数によって強度の強い領域と弱い領域が生じる（図6C）．強度の強い領域の一つひとつが空間領域で対応する波形を生み出すため，縞の方向を3度回転させてSIMを行った場合，再構築像に六方格子状のアーティファクトが生じてしまう．デコンボリューションをかけて，全体を平坦にすることで，このようなアーティファクトを回避している（ちなみに六方格子状のアーティファクトは，球面収差によって垂直方向の周波数分布がOTFと合わなくなるなど，さまざまな理由で生じる可能性がある）．

3）ノイズの除去
顕微鏡の画像情報は低周波に偏っているが，ノイズ

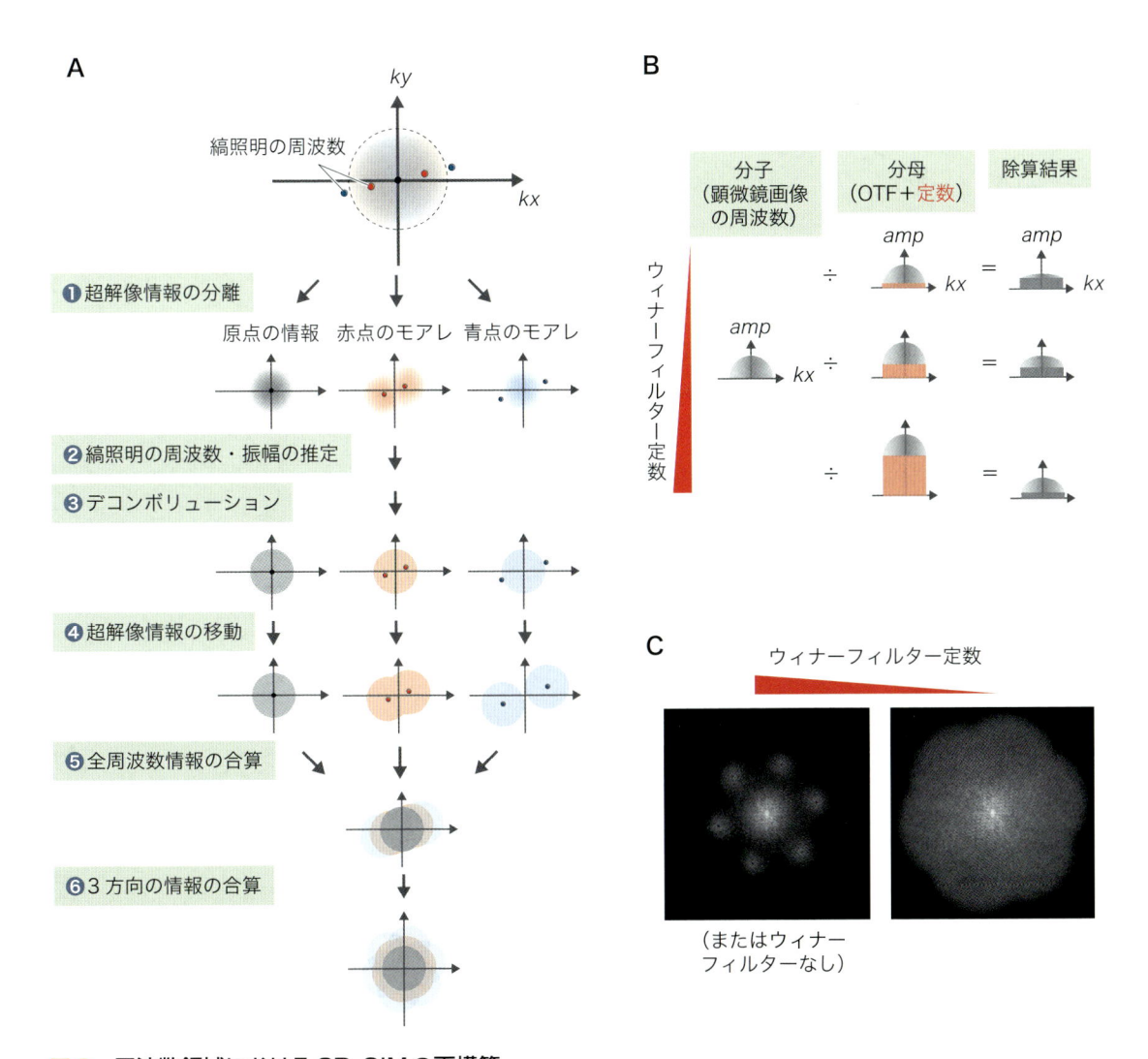

図6 周波数領域における3D-SIMの再構築

A) 最上段がSIMの原画像の周波数．0次光により生じる原点を灰色の点（•）で，0次光と±1次光の干渉により生じる周波数を赤の点（•），±1次光同士の干渉により生じる周波数を青の点（•）で示した．図の下段に向かって3D-SIM再構築が行われる．最下段の周波数集合を逆フーリエ変換すれば，再構築画像が得られる．文献8をもとに作成．**B)** ウィナーフィルターにおける分子（左列），分母（中列），除算結果（右列）の関係．周波数情報は，図3Cのように縦軸を波の振幅（amplitude）として表示した．ウィナーフィルター定数をOTF全体に足すと，OTFの周波数による強度の偏りが弱まるため，フィルターの効果が弱まることを示している．**C)** ウィナーフィルター定数を変化させて実際にSIM再構築を行った画像の周波数分布．ウィナーフィルターをかけなかったり，過剰に大きな定数を使用したりすると，デコンボリューション効果がなくなり，個々の成分がばらばらになってしまう．一方，小さなウィナーフィルター定数でデコンボリューションすると個々の成分がつながり，1つの大きな周波数集合体を形成する．このように周波数が滑らかにつながった状態が理想的である．

はランダムに生じるため，全周波数に一様に存在する．したがって，高周波になるほど相対的にノイズが増えてしまう．ノイズを多く含む画像にデコンボリューションをかけると，高周波のノイズが増幅されて，不定型な網状の模様ができるアーティファクトを生じてしまう．ウィナーフィルター定数の値を増加させると，再構築画像からノイズを減少させることができる．この値を大きくするほど，除算におけるOTFの貢献が減少

するため，高周波が抑制されるからである（図6B, C）．

おわりに

　SIMのシンプルなアイデアは実用範囲が広範なため，顕微鏡分野のさまざまな目的に使用されている．超解像法のSIMは，本項を執筆している2016年3月現在では，通常の生物試料から3色の三次元超解像画像を約1秒で取得できる．生きた細胞から得た画像の三次元分解能の向上は一見に値する．SIMは分解能の向上やアーティファクトの減少に向けて，今後ますます発展すると考えられる．

◆ 文献

1) Gustafsson MG：J Microsc, 198：82-87, 2000
2) Schermelleh L, et al：Science, 320：1332-1336, 2008
3) Gustafsson MG, et al：Biophys J, 94：4957-4970, 2008
4) Kner P, et al：Nat Methods, 6：339-342, 2009
5) Gustafsson MG：Proc Natl Acad Sci U S A, 102：13081-13086, 2005
6) Rego EH, et al：Proc Natl Acad Sci U S A, 109：E135-E143, 2012
7) Carlton PM：Chromosome Res, 16：351-365, 2008
8) Hirano Y, et al：Microscopy, 64：237-249, 2015
9) 平野泰弘，松田厚志：「新・生細胞蛍光イメージング」（原口徳子，他/編），pp49-58, 2015

原理・応用編　第1章　超解像イメージングの原理

4 共焦点顕微鏡法と構造化照明顕微鏡法の関係
―CFMとSIMの類似性と相違点

林　真市

> 共焦点顕微鏡（CFM）法は，励起光を1点に集光して得られた画像を共焦点ピンホールを通して観察することにより，光学セクショニング[※1]効果を得る方法である．一方，構造化照明顕微鏡（SIM）法は，縞模様の励起光により空間変調を受けた蛍光画像を計算処理で復調することにより，従来よりも高い空間周波数成分を含む標本像を復元する超解像技術である．両者は一見全く異なる顕微鏡法のようにみえるが，数学的には共通の結像式で表すことができる．ここではCFMの結像と比較することにより，SIMの結像の特徴を明らかにする．

はじめに

共焦点顕微鏡（CFM）法と構造化照明顕微鏡（SIM）法は，どちらもある強度パターンの励起光で標本を照明し，その照明パターンを標本上で走査しながら取得した信号により1枚の画像を生成するという点において共通である（図1）．

レーザー走査型共焦点顕微鏡法（laser scanning confocal microscopy：LSCM）は，励起光を対物レンズの焦点面上の1点に集光し，励起によって蛍光物質から発生した蛍光を共焦点ピンホールを通して検出する（図1A）．ガルバノミラーによって，励起光の集光位置は視野全体にわたり焦点面上を走査し，各集光位置から検出される蛍光強度を足し合わせて1枚の共焦点画像が形成される．

スピニングディスク共焦点顕微鏡法（spinning disk confocal microscopy：SDCM）は，ピンホール配列を通過した励起光が焦点面上に離散的なスポット照明を行い，そこから発生した蛍光を同じピンホール配列を通して撮像する（図1B）．ピンホール配列は互いに十分離れているため干渉せず，LSCMを並列化したものと捉えることができる．離散的なスポット照明が視野全体を走査し，焦点面から得られる標本の蛍光強度を積算することにより，1枚の共焦点画像が形成される．

構造化照明顕微鏡法（structured illumination microscopy：SIM）は，回折格子による励起光の干渉パターンの形成により，焦点面内にもデフォーカス方向（光軸方向）にも励起光の集光スポットが密に発生する．この励起光の集光スポットを用いて走査して，複数の標本像を撮像する（図1C，原理・応用編第1章3参照）．

※1　光学セクショニング

共焦点顕微鏡においては，共焦点マスクが光学的に焦点深度外のボケ像の大部分を排除することにより，焦点深度内のみの画像が得られる．この画像は焦点深度内の高さ方向に非常に狭い領域を撮像しており，その領域のことを光学切片（光学セクショニング）という．焦点位置を変えながら画像を取得することにより，コントラストの高い三次元像が構築できる．

227

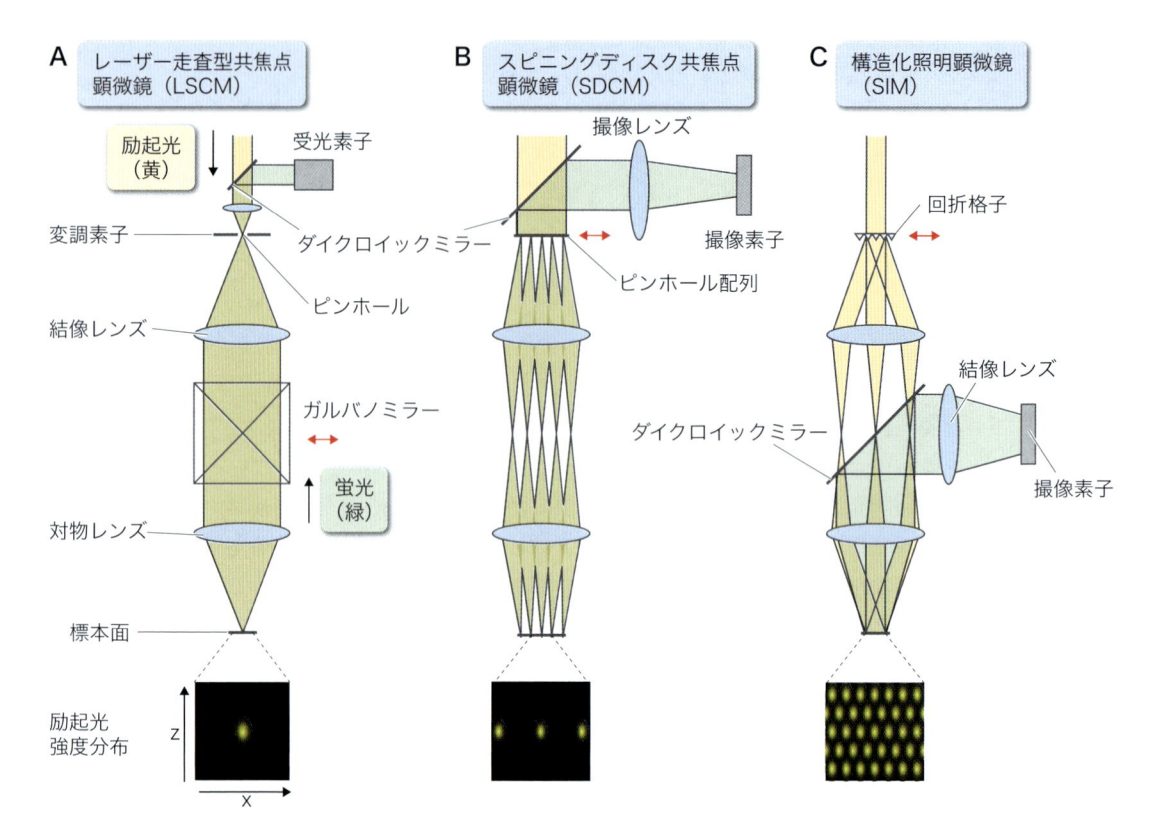

図1　構造化された励起光照明強度分布
LSCM（A）は単独ピンホール像，SDCM（B）はピンホール配列の像を標本上に投影することにより，SIM（C）は回折格子を用いた多光束干渉により，標本上に構造化された励起光照明強度分布を形成する．標本で発生した蛍光像は，LSCMはピンホールを透過した光量を検出し，SDCMはピンホール配列を通して撮像し，SIMは拡大像を直接撮像する．構造化照明は，LSCMはガルバノミラーを駆動することにより，SDCMとSIMは回折格子を移動させることにより走査する（←→）．

　本項では，CFMとSIMの結像が共通の数式で表されることを示し，その定量的類似性と相違点からSIMの結像特性を明らかにする．

各顕微鏡法の結像式の比較

　標本上の1つの発光点の光学系による結像（点像）は，結像光学系の光学特性によりある程度広がった強度分布（点像強度分布：PSF）を示す．空間的に一様な強度の励起光で照明される広視野（wide-field：WF）の蛍光顕微鏡のPSF（PSF_{WF}）は，視野全体においてほぼ一定であり，WFの標本像の強度分布IMG_{WF}は標本の物体関数OBJとPSF_{WF}の畳み込み積分（コンボリューション）で表すことができる．励起光が空間強度分布ILLをもつ場合は，標本における局所的蛍光発光強度分布はOBJとILLの積で表される．ここでは理解を容易にするため，便宜上，座標を一次元表示とし，標本像上の位置座標は標本の投影倍率で除して標本の位置座標に換算する．標本像IMGは，実空間およびフーリエ空間において次の式で与えられる．

$$IMG(x) = [OBJ(x) \cdot ILL(x)] \otimes_x PSF_{WF}(x)$$
$$\widetilde{IMG}(k) = [\widetilde{OBJ}(k) \otimes_k \widetilde{ILL}(k)] \widetilde{PSF}_{WF}(k)$$
(1)

ここで，xは実空間の座標を表し，kはフーリエ空間の座標である．関数名上のチルダ（〜）は原関数のフーリエ変換であることを表し，$\otimes_s$（$s=x$またはk）は変

数sに関するコンボリューション演算子を表す．すなわち，次式で定義される．

$$A(s) \otimes_s B(s) \equiv \int_{-\infty}^{\infty} ds' A(s') B(s-s') \quad (2)$$

1. レーザー走査型共焦点顕微鏡（LSCM）法

LSCM（図1A）では，点光源の像が標本に投影され，共焦点マスク$MASK_{LSCM}$を通過した蛍光強度が検出される．点光源および共焦点マスクは相対位置が固定されており，その標本上の投影位置x_sは，ガルバノミラーにより視野全体を走査する．共焦点画像IMG_{LSCM}は，x_sに対する検出蛍光強度のマッピングにより行われる．

$$IMG_{LSCM}(x_s) = \int dx \{[OBJ(x) \cdot ILL_{LSCM}(x-x_s)] \\ \otimes_x PSF_{WF}(x)\} \cdot MASK_{LSCM}(x-x_s) \\ = OBJ(x_s) \otimes_{x_s} PSF_{LSCM}(x_s) \quad (3) \\ PSF_{LSCM}(x_s) \equiv ILL_{LSCM}(-x_s) \cdot [PSF_{WF}(x_s) \\ \otimes_{x_s} MASK_{LSCM}(-x_s)]$$

ここで，PSF_{LSCM}は，LSCMの共焦点画像のPSFとして定義できるものである．ところでILL_{LSCM}および$MASK_{LSCM}$は，それぞれ励起光波長のPSF（PSF_{EX}）の反転およびそれに同心のピンホール開口関数PHであり，

$$PSF_{LSCM}(x) = PSF_{EX}(x) \cdot [PSF_{WF}(x) \otimes_x PH(x)] \quad (4)$$

で表すことができる．

2. スピニングディスク共焦点顕微鏡（SDCM）法

SDCM（図1B）では，標本結像位置に置かれたピンホール配列を有するスピニングディスクからなる共焦点マスクを通して標本を励起光強度分布ILL_{SDCM}で照明し，標本の蛍光像を同じ共焦点マスクを通して撮像する．共焦点マスクの標本に対する走査の相対位置x_sは，視野全体が一様に照明されるまで標本を走査し，その間蛍光像強度が撮像素子により積算されて，1枚の共焦点画像IMG_{SDCM}となる．

$$IMG_{SDCM}(x) = \int dx_s \{[OBJ(x) \cdot ILL_{SDCM}(x-x_s)] \\ \otimes_x PSF_{WF}(x)\} \cdot MASK_{SDCM}(x-x_s) \\ = OBJ(x) \otimes_x PSF_{SDCM}(x) \quad (5) \\ PSF_{SDCM}(x) \equiv PSF_{WF}(x) \cdot [ILL_{SDCM}(-x) \\ \otimes_x MASK_{SDCM}(x)]$$

ここで，PSF_{SDCM}はSDCMの共焦点画像のPSFと定義できるものである．ところでILL_{SDCM}および$MASK_{SDCM}$は，共焦点マスクのピンホール像が互いに干渉しない程度に離れて分布しているので，励起光のPSF（PSF_{EX}）の反転および共焦点マスクの個々のピンホール開口関数PHで置き換えることができる．

$$PSF_{SDCM}(x) = PSF_{WF}(x) \cdot [PSF_{EX}(x) \otimes_x PH(x)] \quad (6)$$

ピンホール開口関数PHがPSF_{WF}やPSF_{EX}の広がりに比較して十分小さい場合は，LSCMとSDCMのPSFはほぼ等しくなり，今後これらをCFMのPSF（PSF_{CFM}）と総称することにする．

3. 構造化照明顕微鏡（SIM）法

SIM（図1C）では，基本周期pの縞模様の励起光照明強度分布ILL_{SIM}を標本上に形成する．ILL_{SIM}は，有限項数（$2M+1$）のフーリエ級数で表すことができる．2D-SIMなら$M=1$，3D-SIMなら$M=2$である．

$$ILL_{SIM}(x) \equiv \sum_{m=-M}^{M} a_m e^{jmk_p x} \quad (7)$$

ここで，k_pは周期pに対応する波数ベクトル（$2\pi/p$）である．SIMでは，ILL_{SIM}の投影位置を，周期pの（$2M+1$）等分であるステップΔxで縞の周期方向に移動させながら，（$2M+1$）枚の標本像を撮像する．

構造化照明のl番目の投影位置における変調像$MOD_{SIM,l}$は，フーリエ空間表示では

$$\widetilde{MOD}_{SIM,l}(k) = \sum_{m=-M}^{M} a_m e^{-jlm\Delta_\phi} \widetilde{OBJ}(k-mk_p) \\ \cdot \widetilde{PSF}_{WF}(k) \quad (8)$$

となる．ここで，Δ_ϕは構造化照明の移動ステップΔ_xに対応する位相ステップ［$2\pi/(2M+1)$］である．それぞれの変調像が空間周波数シフトされた物体の結像（$2M+1$）個の線形和であり，（$2M+1$）個の変調像か

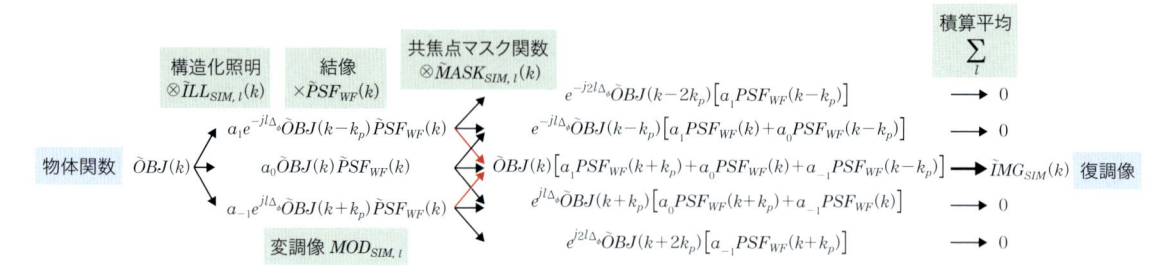

図2 構造化照明顕微鏡（SIM）法における変調と復調
物体関数 OBJ は構造化照明 $ILL_{SIM,l}$ により複数の変調成分に分離し，それらに結像のPSF（PSF_{WF}）がかかった総和としての変調像 $MOD_{SIM,l}$ が撮像される．変調像 $MOD_{SIM,l}$ に共焦点マスク関数 $MASK_{SIM,l}$ をかけることにより，変調像はさらに変調されるが，そのなかには復調される成分もある（→）．復調された成分以外は l により回転する位相項がついているので，l について積算平均を取るとそれらは0となり，復調成分のみからなる復調像 IMG_{SIM} を得ることができる．

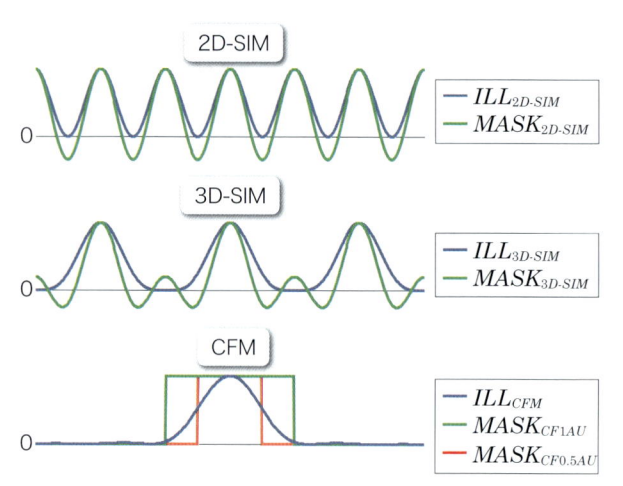

図3 構造化照明と共焦点マスク関数
2D-SIM，3D-SIMおよびCFMにおける照明強度分布 ILL と共焦点マスク $MASK$ の関係を示す．CFMは，ピンホール開口径が1AUの場合（$MASK_{CF1AU}$）と0.5AUの場合（$MASK_{CF0.5AU}$）を示した．$MASK$ はSIMにおいては計算機内で演算するので負の値を取りうるが，CFMにおいては物理的にマスクをかけるので正の値しか取りえない．

ら連立一次方程式を構成して，各空間周波数シフト成分を分離することが可能である．それぞれの成分の空間周波数シフトをもとに戻したものを加算することにより，復調画像 IMG_{SIM} を得ることができる．このとき実空間表示においては，それぞれの変調像にマスク関数 $MASK_{SIM}$ をかけて加算することに等しい（図2）．図2の式を実空間に書き換えると**式（9）**が得られる．

$$IMG_{SIM}(x) = \sum_{l=-M}^{M} MOD_{SIM,l}(x) \cdot MASK_{SIM}(x-l\Delta_x)$$
$$MASK_{SIM}(x) \equiv \frac{1}{2M+1}\sum_{m=-M}^{M} e^{jmk_p x}$$
(9)

式（7） と **式（9）** を比較すると，このマスク関数 $MASK_{SIM}$ は構造化照明強度分布 ILL_{SIM} とピーク位置が一致しており，共焦点顕微鏡の共焦点マスクと同じ働きをしていることがわかる（図3）．ただし，共焦点顕微鏡は構造化照明と共焦点マスクを連続的に走査して画像強度を積算するのに対し，SIMはステップスキャンによる共焦点画像の積算である．復調画像 IMG_{SIM} に対するPSF（PSF_{SIM}）は，次のように定義することができる．

$$IMG_{SIM}(x) = OBJ(x) \otimes_x PSF_{SIM}(x)$$
$$PSF_{SIM}(x) \equiv PSF_{WF}(x) \cdot ILL_{SIM}(-x)$$
(10)

式（10） から，SIMの結像式は，LSCMやSDCMにおいてピンホール開口径を無限小にしたものと等価であることがわかる．

構造化照明および点像強度分布（PSF）の定性的比較

CFMにおいて，点光源からの励起光は対物レンズの瞳に一様に入射する．標本上における励起光の波数ベクトルの空間分布は，半径が励起光の波数 k_{EX} である球殻上において対物レンズの開口数NAで決まる見込み角 θ 内に均一に分布する（図4A）．励起光強度分布 PSF_{EX} の空間周波数特性はこれの自己相関を取ることにより得られ，座標原点には，k_z 軸に沿ってディラクのデルタ関数 $\delta(k_z)$ の形状をした特異点（図4中の●）が存在する（図4B）．PSF_{WF} もカットオフ周波数が少し異なるだけで，PSF_{EX} と同一形状である．PSF_{WF} は，k_z 軸上で原点以外の位置での値がゼロであることから，均一な薄膜物体のデフォーカス強度分布（I-z曲線）はDC成分（定数）のみとなり，WFには光学セクショニング効果がないことがわかる．一方 PSF_{CFM} は PSF_{EX} と PSF_{WF} のコンボリューションであり，そのカットオ

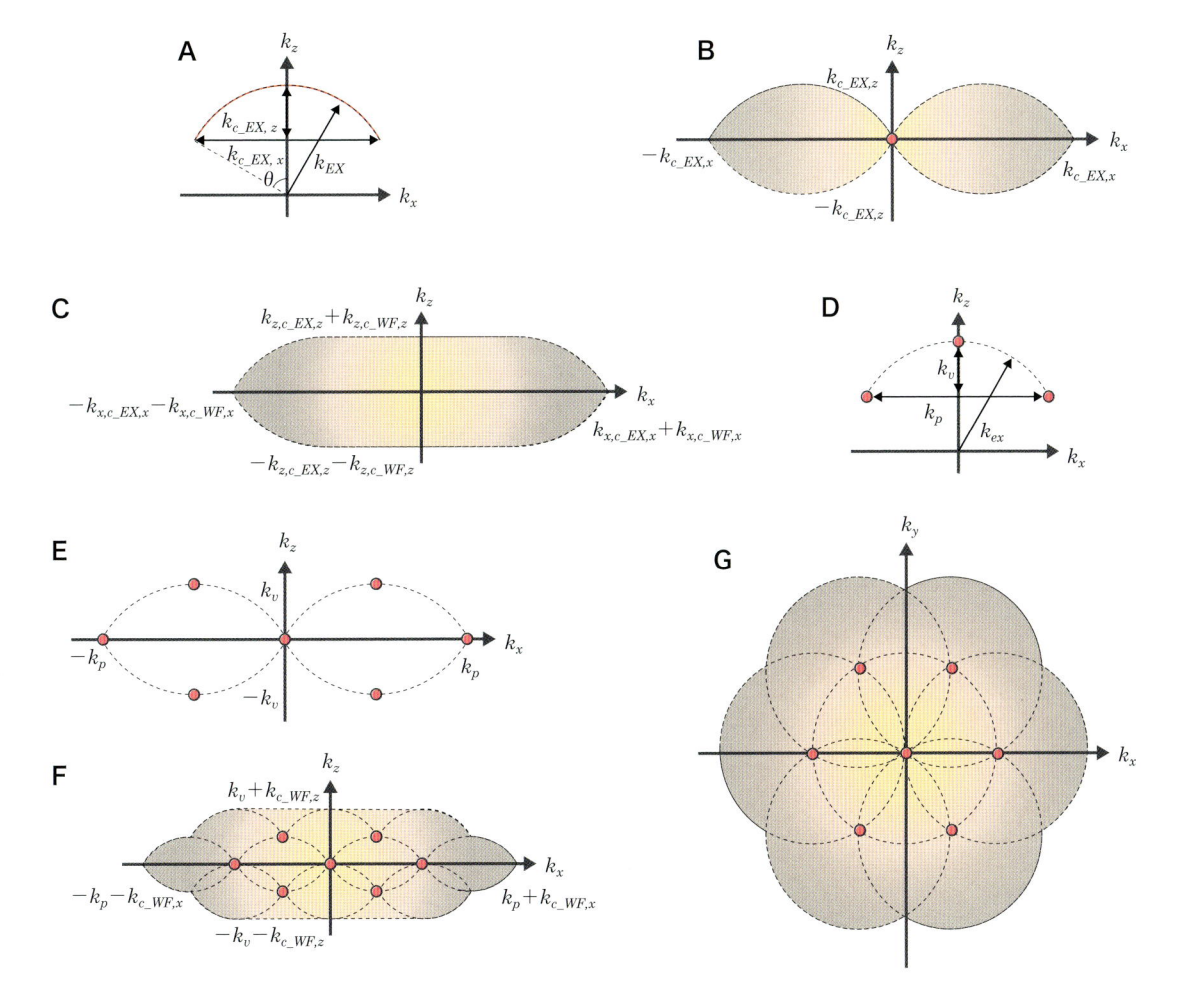

図4　構造化照明と点像強度分布（PSF）の空間周波数表示
共焦点顕微鏡法（A〜C）と3D-SIM（D〜G）の空間周波数表示を図示する．励起光振幅分布（A, D），励起光強度分布（B, E）およびPSF（C, F, G）．A〜F）k_x-k_z 面断面図．G）k_x-k_y 面断面図．共焦点顕微鏡（A〜C）は k_z 軸に対して回転対称であるが，3D-SIMの構造化照明（D〜G）は k_z 軸を対称軸とした6回回転対称である．B）D）〜G）の●に特異点が存在する．

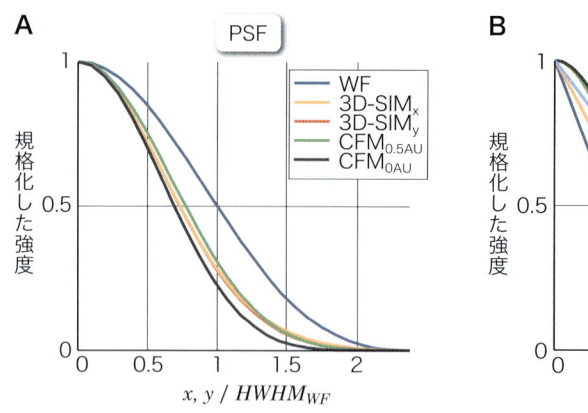

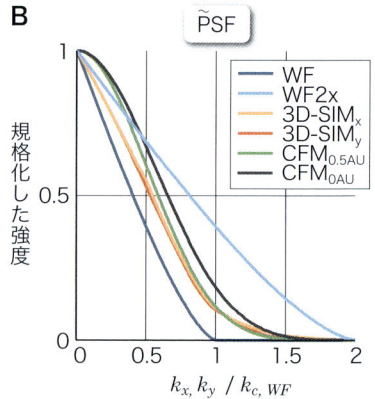

図5 点像強度分布（PSF）とそのフーリエ変換
広視野観察（WF），3D-SIMおよび共焦点顕微鏡法（CFM）におけるPSF（**A**）とそのフーリエ変換（**B**）．3D-SIMは縞に平行な方向（x軸）およびそれに垂直な方向（y軸）を示した．CFMは，共焦点ピンホールの開口径がエアリー径の半分（0.5AU）と，無限小（0AU）の場合を示した．横軸は，PSF（**A**）はWFの半値半幅（$HWHM_{WF}$）で規格化し，PSFのフーリエ変換（**B**）は，WFのカットオフ周波数（$k_{c,WF}$）で規格化した．PSFのフーリエ変換（**B**）には，解像が2倍となるWF（WF2x）を合わせて示した．

フ周波数はそれぞれのカットオフ周波数の足し算になり，また特異点がなくなるので光学セクショニング効果が生じてボケ像が排除される（図4C）．

SIMの場合，励起光は対物レンズの瞳に複数の集光点となって入射する．したがって，標本上における励起光の波数ベクトルの空間分布は，ディラクのデルタ関数のみが存在する（図4D）．励起光強度分布の空間周波数特性もデルタ関数のみが分布し（図4E），PSF_{SIM}は，PSF_{CFM}とほぼ同じ広がりのなかにPSF_{WF}原点の特異点が散在する形となる（図4F, G）．原点の特異点によりI-z曲線にDC成分が残ることから，光学セクショニング効果は不完全でボケ像が重なることになる．したがって，光学セクショニング画像を得るには，ハイパスフィルター[※2]をかけて低周波数成分をとり除くか，デコンボリューションを行う必要がある．また，特異点のペアは縞模様のアーティファクトの原因となるので，その対策も必要である[1]．

点像強度分布（PSF）と後処理による超解像最適化

図5Aは，WF，3D-SIMの復調画像およびCFM画像のPSFである．横軸はPSF_{WF}の半値半幅（$HWHM_{WF}$）で規格化して示してある．CFMについては，ピンホール径がエアリーディスク[※3]径（AU）の半分の場合（$CF_{0.5AU}$）と無限小の場合（CF_{0AU}）の2通りについて示した．PSFの半値半幅は3D-SIMもCFMもほぼ同じWFの0.7～0.8倍程度である．つまり，このままではどれもWFの2倍の分解能を得ることができず，後処理を追加することが必要であることがわかる．

図5Bは，図5Aで示したPSFのフーリエ変換であ

※2 **ハイパスフィルター**
フーリエ空間において，特定の周波数以下の低周波数成分を減衰させる作用をもつフィルター．

※3 **エアリーディスク**
円形開口の光学系が結ぶ無収差の点像は，光の干渉効果により中心に明るさのピークをもつ同心円状の明暗のパターン（エアリーパターン）を形成し，中心から第1暗環までの範囲をエアリーディスクとよぶ．

る．仮想的に解像が2倍のWF（WF2x）のカーブも示した．CFMも3D-SIMも，WFの2倍の分解能を得るためには，WFのカットオフ周波数以上の高周波数成分をWF2x程度まで増幅する必要がある．そのために，いくつかの手法がとられている．以下では，IMG_{CF}やIMG_{SIM}を元画像IMGと総称し，それにランダムなノイズNが加わっているとする．**式(10)**の右辺にノイズNを加えてフーリエ空間で表すと，次の式となる．

$$\widetilde{IMG}(k)=\widetilde{OBJ}(k)\cdot\widetilde{PSF}_{IMG}(k)+\widetilde{N}(k) \quad (11)$$

1. 逆補正フィルター

PSFがほぼ正確に推定できるCFM画像に対しては，フーリエ空間においてWF2xのPSFを元画像のPSFで割った逆補正フィルターF_{inv}をかける方法を取ることができる．

$$\widetilde{F}_{inv}(k)\equiv\begin{cases}\dfrac{\widetilde{PSF}_{WF}(k/2)}{\widetilde{PSF}_{IMG}(k)} & (|k|<2k_{c,WF}) \\ 0 & (else)\end{cases} \quad (12)$$

ここで，$k_{c,WF}$はPSF_{WF}のカットオフ周波数である．元画像に逆補正フィルターを作用させて得られる超解像画像SRは，

$$\widetilde{SR}(k)=\widetilde{IMG}_{WF2x}(k)+\widetilde{F}_{inv}(k)\cdot\widetilde{N}(k) \quad (13)$$

となる．第1項は分解能が2倍となったWF画像（目標とする超解像画像）であり，第2項はノイズNがF_{inv}により増幅されたものである．信号自体は正しく回復されるが，kが高いほどノイズも増幅されて目立つようになる．オリンパス社製のSD-OSR（**実践編第2章4**）およびFV-OSRで，適当なアポダイゼーションフィルター[※4]を加えることにより，解像に影響がない範囲でノイズの増幅を抑えることが行われている．

2. ウィナーフィルター

逆補正フィルターの分母が0に近づいて発散する問題を回避するために一般的に用いられているウィナーフィルター型の補正フィルターF_{Wiener}は，IMGに作用させた結果の超解像画像SRが確率的にIMG_{WF2x}に最も近くなる条件として導出される．

$$\widetilde{F}_{Wiener}(k)=\frac{\widetilde{PSF}_{WF}(k/2)\cdot\widetilde{PSF}_{IMG}{}^{*}(k)}{|\widetilde{PSF}_{IMG}(k)|^{2}+\sigma^{2}} \quad (14)$$

$$\sigma^{2}\equiv\frac{\langle|\widetilde{N}(k)|^{2}\rangle}{|\widetilde{OBJ}(k)|^{2}}$$

ここで，*は複素共役を表し，$\langle X\rangle$はXの期待値を表す．σは標本やノイズに依存するために決定することはできず，定数の最適化パラメータとして取り扱われることが多い．一般的には元画像のS/Nの逆数程度の値が最適であるとされている．これは，逆補正フィルターに次のアポダイゼーションフィルターF_{apo}をかけたものと同じである．

$$\widetilde{F}_{apo}(k)=\frac{1}{1+\left[\dfrac{\sigma}{|\widetilde{PSF}_{IMG}(k)|}\right]^{2}} \quad (15)$$

この結果，SRの解像はパラメータσや元画像のPSFに左右されることになる．なお，3D-SIMでは，連立方程式で分解した変調像の要素それぞれに対し，ウィナーフィルターをかけてから復調させている[2]．

3. デコンボリューション

デコンボリューションは，**式(11)**において，IMGとPSF_{IMG}からOBJそのものを推定する方法である（**原理・応用編第1章3参照**）．特にノイズ除去やボケ像除去に効果があり，一方解像の向上は限定的であることが知られている[3]．前述した逆補正フィルターを作用させた超解像画像に適用することも可能で，特に三次元画像データに対しては，フレーム間に相関のないランダムノイズを効果的に除去することができる[4]．

おわりに

共焦点蛍光顕微鏡が理論的に超解像性を示すことは1980年代から知られていた[5]．しかし，当時は撮像素子の性能が低く，またデジタル技術も未発達であった

※4　アポダイゼーションフィルター
フーリエ空間において，高周波数成分をカットオフ周波数に向かって緩やかに減衰させる作用をもつフィルター．

ため，高周波数成分を増幅するような手法を実用化することはできなかった．2000年代になりこれが実用化できたのは，sCMOSやGaAsPのような感度が高くノイズの低い撮像素子と，デジタル画像処理技術が発達したおかげである．

◆文献

1）Heintzmann R & Benedetti PA：Appl Opt, 45：5037-5045, 2006
2）Gustafsson MG, et al：Biophys J, 94：4957-4970, 2008
3）Shaw P：Histochem J, 26：687-694, 1994
4）Hayashi S & Okada Y：Mol Biol Cell, 26：1743-1751, 2015
5）Cox IJ, et al：Optik, 60：391-396, 1982

原理・応用編　第1章　超解像イメージングの原理

5 透過型液晶デバイスを用いた共焦点および2光子顕微鏡の超解像化

根本知己，大友康平，日比輝正，一本嶋佐理

> 超解像顕微鏡技術のうち局在化法は原理的には全反射顕微鏡の技術をベースに自作することが可能である．しかし，現在市販されている超解像顕微鏡の多くは一般に高額であるため，局在化法以外の超解像顕微鏡法を取り入れたい場合であっても，既存の共焦点顕微鏡や2光子顕微鏡を有効に活用して，空間分解能の向上や超解像顕微鏡化を図りたいという要望は大きい．そこで，われわれは既存の光学顕微鏡の構成を大幅に改造することなく比較的軽微な装置の導入によって，これらの実現を試みた．特に液晶を用いたレーザー波面を制御する装置を用いて，「ベクトルビーム」という新しいレーザー光を発生させ，その光学的にユニークな性質を活用した．

はじめに

超解像顕微鏡には大別して2種類の方法論が存在する．1分子蛍光イメージングの技術にもとづき，分子の位置の決定精度としてナノメーター分解能を実現するもの（localization microscopy）と，非線形光学過程やレーザー波面操作を活用し空間分解能自体を向上させるものである．前者にはPALM, STORMなどが，後者にはSTED, RESOLFT, SIMなどが存在する．その理論や特徴などは他項に説明を譲る（原理・応用編第1章1〜4，6参照）．一方で，2光子励起過程や3光子励起過程，生体分子の高次高調波発生を活用した顕微鏡が存在し，2光子顕微鏡（あるいは多光子顕微鏡）とよばれる．主として，その高い生体深部到達性を活かした生体サンプルの"in vivo"イメージングへ用いられている[1]．2光子顕微鏡もまた非線形光学過程を利用して通常の光学顕微鏡よりも高い分解能を実現しているという意味において超解像顕微鏡法の一種であると考えられている[2]．本項では，われわれがベクトルビームという光を活用し実施してきた，蛍光顕微鏡の空間分解能の向上や2光子顕微鏡の超解像化について説明する．

ベクトルビームと波面補正

1. ベクトルビーム

まず研究の基盤となっているベクトルビームについて説明をする（詳細は文献3などを参照されたい）．光の電場ベクトル$\vec{E}(r,z,\theta,t)$（光の進行方向をzとする円柱座標系を用いた）は，定常解はヘルムホルツ方程式

$$\nabla^2 \vec{E}(r,z,\theta) + k^2 \vec{E}(r,z,\theta) = 0$$

を満たす．ここでkは波数である．通常の電磁気学の教科書では$\vec{E}$をスカラーE（方向をもたず大きさのみをもつ数）として扱うことが多い．このとき，ある時

A スカラー解 (ベクトル$\vec{E}$をスカラーEとして扱う)

直線偏光　円偏光

B ベクトルビーム (ベクトル$\vec{E}$のまま)

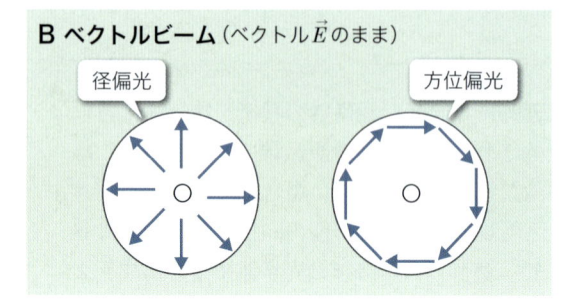

径偏光　方位偏光

図1　ベクトルビームとスカラービームの比較

刻でレーザー面内で電場ベクトルはすべて同じ方向をもっており，偏光は空間的な分布をもたないスカラービームとなる（図1A）．これは直線偏光と円偏光が代表的なものである．一方で，$\vec{E}$をベクトルのまま扱った場合にも，ヘルムホルツ方程式を満たす解が存在することも報告されてきた．このとき，ある時刻においてレーザー面内で電場ベクトルは一様でなく，偏光方向も一様ではない（ベクトルビーム）．代表的なベクトルビームには径偏光ビームや方位偏光ビームがある（図1B）．どちらもビーム断面上の各点では直線偏光であるが，径偏光ではどの場所でも放射状方向に偏光が分布しており，方位偏光ではどの場所でも円周の接線方向の角度で偏光が分布している．加えて強度が特徴的な分布をもつものもヘルムホルツ方程式を満たす解として存在し，それぞれに応じて多様な性質が現れてくる．

2. レーザー波面の補正

　レーザー波面の補正についてはさまざまな装置が提案されているが，透過型のものと反射型のものに大別される．また液晶分子やマイクロミラーデバイスなどといったデバイスが使用されている．反射型の場合には，顕微鏡光学系における瞳位置を顕微鏡装置の外部に一度，作製し，そこに波面補正装置を設置する必要がある．一方，われわれの研究では透過型の装置を利用しているため，そもそものレーザー顕微鏡の光路に大幅な改良を加えることなく修正できている．このような透過型デバイスは球面収差補正のための方法論としても有望である[3]．

波面操作による光ニードル顕微鏡の構築

1. HRPビームと光ニードル

　レーザースキャン式の光学顕微鏡の空間分解能は，照明系と検出系の空間周波数における伝達特性のコンボリューションとなっている[3]．そこで，われわれはベクトルビームの一種である高次径偏光ビーム（HRPビーム）を用いて，レーザースキャン型の蛍光顕微鏡（共焦点顕微鏡，2光子顕微鏡）の空間分解能の向上をめざした（図2, 3）．HRPビームはレーザービームの断面において，偏光分布は径偏光であり，かつ位相がリング状に反転しているビームである．対物レンズでHRPビームを集光させた場合の焦点近傍でのビームスポットの形状についての数値シミュレーションから，高い開口数（NA）の対物レンズで集光した場合にはビーム径のサイズは，通常の直線偏光のビーム（LPビーム）の場合よりも細くなることが判明していた[4]．一方，伝搬方向（z）に集光スポットは伸びていた．このように形成された"細長い"ビームはしばしば光ニードルとよばれる．この光ニードルを用いて対象物や蛍光分子を励起することで空間分解能が向上することが期待された．

2. 変換コンバーター

　そこでわれわれは，透過型液晶素子を用いることで，LPビームからHRPビームに変換するコンバーターを考案した（図2A）[5,6]．その装置は「6重リング液晶素

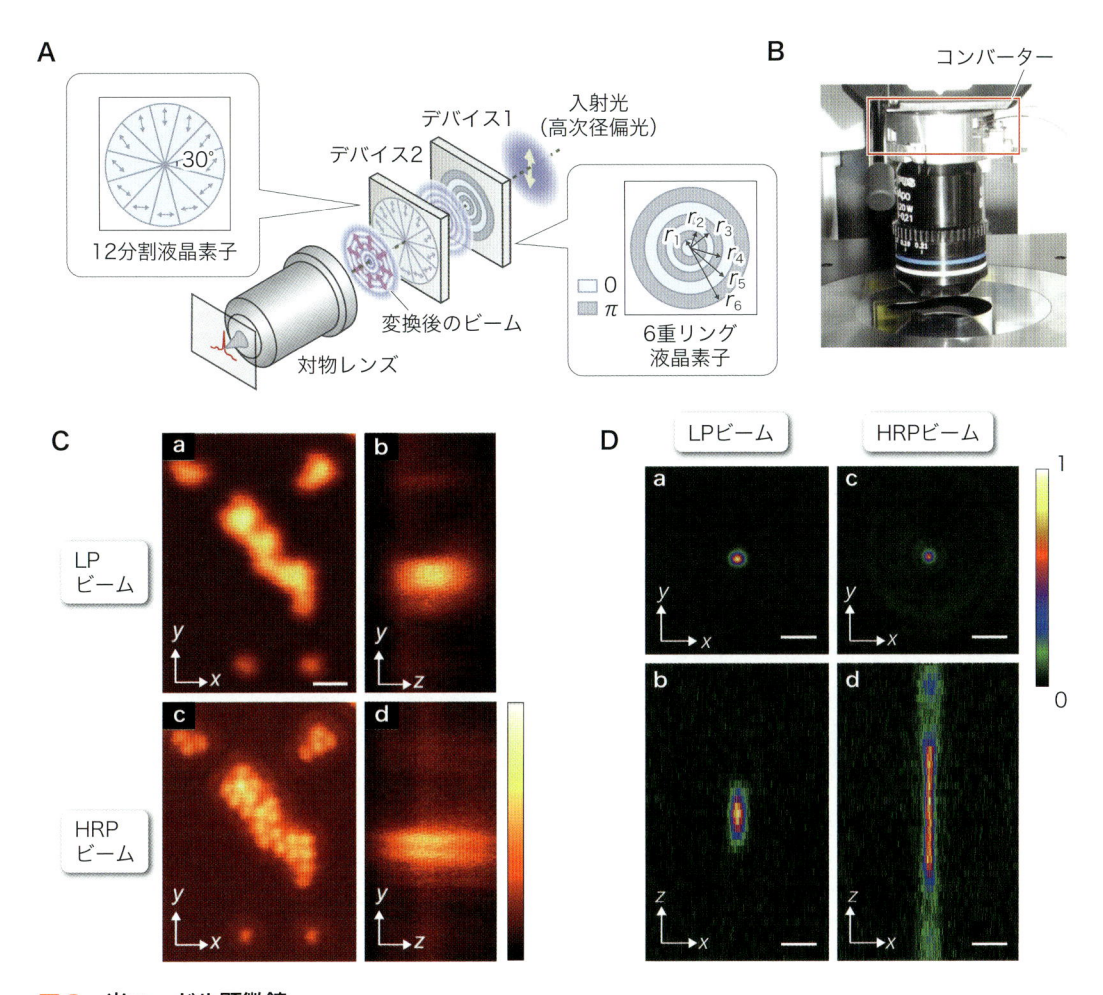

図2 光ニードル顕微鏡

A) コンバーターの概要．文献5より引用．**B)** コンバーター外観．赤四角で示した部分がコンバーターであり，対物レンズとレボルバーの間に挿入する．**C)** 凝集した直径170nmの蛍光ビーズの共焦点蛍光顕微鏡像比較．**a, b**：直線偏光（LP）ビーム．**c, d**：高次径偏光（HRP）ビーム．スケールバー：500nm．文献5より引用．**D)** 2光子顕微鏡における1個の直径170nmの蛍光ビーズの焦点付近の蛍光強度分布の比較．**a, b**：LPビーム．**c, d**：HRPビーム．スケールバー：1μm．文献6より引用．

子」と「12分割液晶素子」からなっている．前者は，五次のラゲールガウス関数の節の位置に対応するリングをもち，隣り同士のリング間で位相が反転する．また後者は，中心角30°の12個のセグメントに分けられており，それぞれが半波長板として機能するが，入射したLPビームが各セグメントで回転し，偏光が径方向を向く．またこのデバイスは液晶分子の配向方向を電気的に制御することにより作動させているため，広いレンジの波長に対応が可能である．したがって，共焦点顕微鏡のような可視域のレーザーから2光子顕微鏡のような近赤外レーザーまで対応することが可能である．また，このコンバーターは，対物レンズとレボルバーの間に挿入して使用する（図2B）．

3. 蛍光ビーズによる分解能の評価

本方法論の問題点は，焦点付近にサイドローブ※が

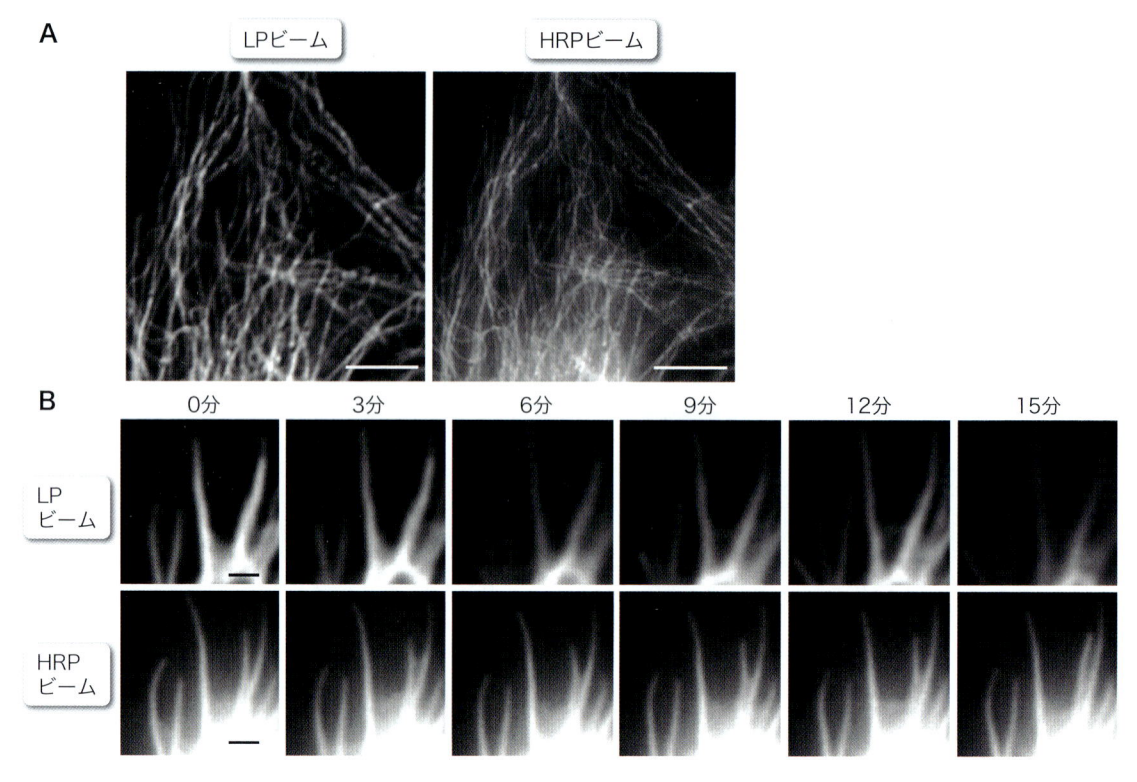

図3 培養細胞における撮像例
A) 固定COS7細胞における微小管の抗体蛍光染色像の比較．蛍光分子はAlexa Fluor™ 488（Thermo Fisher Scientific社）．スケールバー：5 μm．文献6より引用．**B)** mTFPをタグ付けしたLifeact（Fアクチンのマーカー）を発現するCOS7細胞のライブイメージングの比較．COS7のフィロポディアが時間と共に変化していく様子を示す．時刻は観察開始からの相対的な時間を示す．スケールバー：1 μm．文献6より引用．

発生することである．共焦点顕微鏡の場合には，共焦点ピンホールを細く絞ることによって排除することができる．実際，共焦点ピンホール径100 μmの場合に170 nmの蛍光ビーズを用いて分解能を評価した結果，473 nmの励起光において，LPビームでは270 nmであったのに対し，HRPビームでは203 nmとなり，空間分解能の向上が確認された．このようにして得られた微小な集光スポットを用いると，凝集した直径170 nmのサイズの蛍光ビーズの1個1個が識別できるほどに分解能が向上した（図2C）．また2光子顕微鏡の場合には，蛍光励起確率は光子密度の2乗に比例することから[2]，中心ピークと比してサイドローブの影響は低減された[6]（図2D）．

4．培養細胞における撮像例

この方法を用いて固定培養細胞内の微小管を蛍光抗体法によって染色したサンプルを観察したところ，LPビームでは識別しにくい微細構造が明瞭に区別できるようになった（図3A）．

一方，HRPビームのz方向に焦点位置のビームス

※ **サイドローブ**
最も高い中心ピークから少し離れたところに別なピークが現れるとき，サイドローブがあるという．ページXXの場合には，HRPビームを絞った場合，焦点面内で中心に極めて強く幅の狭いピークが形成されるが，中心から離れた位置に無視できない強度の円環状の強度分布が存在することを意味している．

ポットが伸びていることは，光学断層の厚さが通常の蛍光顕微鏡よりも厚くなっていることを示している．しかし共焦点顕微鏡の場合には共焦点ピンホールを絞ることによって光学断層は薄くなり，断層効果をある程度回復することが可能である（図2C-b, d）．2光子顕微鏡の場合は，通常共焦点ピンホールは存在しないので，光学断層が厚いままであるが，むしろ被写界深度の向上に伴い，「全焦点画像」の取得が可能となる．この場合，顕微鏡ステージの z 方向へのシフトやフィロポディアなどの微細な構造の z 方向への変位による焦点ずれの効果を押さえることが可能になる（図3B）．

光渦をSTED光として用いた2光子顕微鏡の超解像化

1. 光渦のSTED光としての活用

方位偏光ビームやラゲールガウス型の位相分布をもつレーザービーム（光渦）を集光した場合には光軸中心に特異点が存在し，ビーム断面の強度分布がドーナツ状になる[3]．また，生体サンプル中では蛍光分子は自分が1光子励起されたか，2光子励起されたのかという記憶を失っているため，通常のSTED顕微鏡法（**実践編第1章1，原理・応用編第1章1**参照）と同様の効果が2光子顕微鏡の場合にも期待され，いくつかの報告がなされてきた[7) 8)]．われわれは，透過型液晶素子を用いて発生させた光渦を用いたSTED光を焦点位置で形成させることにより，市販の正立型の2光子顕微鏡の空間分解能の向上および超解像化を試みた（図4）[9) 10)]．STED光として光渦を用いる場合は，その偏光特性および光学収差に留意する必要がある．偏光特性については，ビーム断面上で位相が回転する方向（＋θ）に一致した方向の円偏光となり，光渦の集光スポットは急峻な中空形状を保つ[11]．実際，STED用のドーナツ光としては位相を光軸に対して 2π 分回転させた（トポロジカルチャージ＝1）光渦を採用することが一般的である．

2. 2光子STED顕微鏡の構成

実際にSTEDを引き起こすためには非常に強い光が必要であることが知られており，それがしばしば観察対象の褪色を引き起こすことが問題となっている．ここでは，高出力の波長577nmのCWレーザー（Genesis CX-Series, Coherent社）を光源とした．そのLPビームをドーナツ化するために，2種類の透過型液晶素子を使用している．1つは「24分割型液晶素子」であり（図4A-a），らせん状の位相分布の生成に用いた．もう1つは非分割型液晶素子であり，これは印加電圧依存的な可変波長板として機能する．本システムは市販の正立型の2光子顕微鏡をベースに構築した．近赤外励起光の光路に特注のダイクロイックミラーを設置し，STED光を合波させ，正立型2光子顕微鏡（BX51，オリンパス社）に導入した（図4A-b）．また励起光・STED光と蛍光の分離のためのダイクロイックミラーも特注し導入した．

3. 2光子STED顕微鏡の条件設定

実際の2光子顕微鏡において，焦点位置におけるSTED光が十分な効果を発揮するドーナツ光の形状を有することは超解像イメージングにとって重要である．なぜならば実際のサンプル内で中心の蛍光強度が0にならなければSTED効果を幾何学的な焦点の周辺部で十分に起こすことができないからである．また中心の蛍光強度が0になるのは，STED光内の干渉によって生じるためであるので，光渦をドーナツ形状で集光させるためには焦点位置までに存在するさまざまな光学素子の s, p 反射における偏光特性の影響をいかに制御するかが重要であった．そこでわれわれは，非分割型液晶素子に印加する電圧を制御することで偏光成分の位相差を相殺し，STED光を試料位置において円偏光とした．また，さまざまなトポロジカルチャージを用いてSTED光の形状を検討した結果，トポロジカルチャージは1のものを採用した．また十分なSTED効果を得るためには，2光子励起用のレーザー光の焦点位置とドーナツ形状のSTED光の中心が三次元的に一致する必要があった．そこで，対物レンズの選択やそ

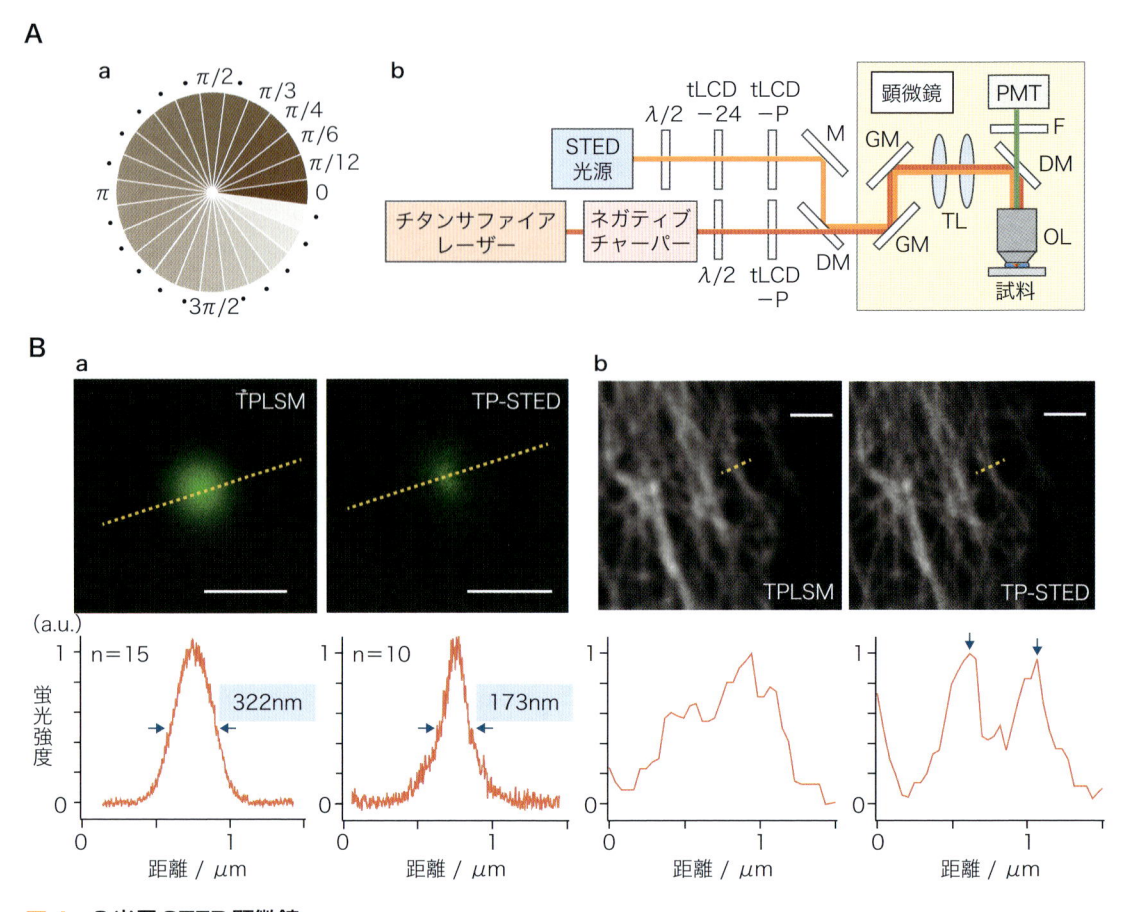

図4 2光子STED顕微鏡
A) a：24分割型液晶素子．π/12ずつ位相差を与える領域が並んでおり全体で2π（トポロジカルチャージ＝1）の光渦を発生させる．**b**：光路図（PMT：光電子増倍管，F：フィルター，M：ミラー，DM：ダイクロイックミラー，GM：ガルバノミラー，OL：対物レンズ，TL：瞳投影レンズ，tLCD-P：非分割型液晶素子，tLCD-24：24分割型液晶素子，λ/2：半波長板）．文献9より引用．**B)** 2光子STED顕微鏡（TP-STED）と2光子顕微鏡（TPLSM）の分解能の比較．**a**：直径100nmの蛍光ビーズ像．単独の微小な蛍光ビーズ像が小さくなることから空間分解能の向上が確認できる．このビーズ像の黄色破線上の蛍光強度をプロットすると下図のようになり，半値全幅で322nmから173nmへと空間分解能の改善が評価できた．スケールバー：500nm．**b**：固定COS7細胞における微小管の抗体蛍光染色像．黄色破線の部分の蛍光強度のプロットを下に示した．この破線上の微小管に対応する位置での蛍光強度ピークは，TPLSMでは区別できなかったものが，TP-STEDでは➡で示すように明確に2本に分離した．スケールバー：2μm．文献9より引用．

れぞれのレーザービームの拡散角の調整による色収差の補正，特にz方向の焦点位置の調整を行った．

4．空間分解能の評価

その結果，微小な蛍光ビーズを撮像し空間分解能を評価したところ，半値全幅（FWHM）の値は，通常の2光子顕微鏡では322nmであったものが173nmまで改善され，通常の2光子励起顕微鏡と比べ，およそ2倍の分解能の向上が確認された（図4B-a）．さらに，微小管を蛍光抗体法にて標識した固定培養細胞の画像では，断面プロファイルからも確認できる通り，通常の2光子顕微鏡では判別が困難な微小管の微細な構造が可視化できた（図4B-b）．一方で，他の研究者らの報告するような100nm未満というような空間分解能

は達成できていなかった．この原因としては，STED光がCW光であることおよび，光学収差などの残存に原因する光渦の集光パターンの乱れなどが考えられる．また，STED光をパルス化し，励起光パルスと同期をとることにより，誘導放出効率は大きく向上することが報告されている．以上より，われわれは，補償光学や新規超短パルス半導体レーザー光源をベースにした新しい小型高機能光源[12)13)]を用いて，生体深部での超解像イメージングを可能とする新たな2光子STED顕微鏡の開発をめざしている．

謝辞

本研究は，独立行政法人科学技術振興機構（JST）戦略的創造研究推進事業チーム型研究（CREST）「先端光源を駆使した光科学・光技術の融合展開」領域の「ベクトルビームの光科学とナノイメージング」（代表：東北大学佐藤俊一教授）や文部科学省科学研究費補助金，および国立研究開発法人日本医療研究開発機構「革新的技術による脳機能ネットワークの全容解明プロジェクト」の支援を受けて行われたものです．本研究を遂行するにあたり，共同研究者である東北大学多元物質科学研究所の佐藤俊一教授，同研究所の小澤祐市助教，同大学未来科学技術共同研究センターの横山弘之教授には，多岐にわたるご助言を賜りました．また，本研究で用いた液晶素子は，シチズンホールディングス株式会社により作製されました．同社の橋本信幸博士をはじめ多くの方々にご協力を賜りました．本研究にご協力いただいた皆様に深く感謝申し上げます．

◆ 文献

1) Kawakami R, et al：Sci Rep, 3：1014, 2013
2) 「超解像の光学」（河田 聡/編），学会出版センター，1999
3) 佐藤俊一：スカラービームとベクトルビーム．OplusE, 37：256-262, 2015
4) Tanabe A, et al：J Biomed Opt, 20：101204, 2015
5) Kozawa Y, et al：Opt Express, 19：15947-15954, 2011
6) Ipponjima S, et al：Microscopy (Oxf), 63：23-32, 2014
7) Nägerl UV, et al：J Neurosci, 30：9341-9346, 2010
8) Moneron G & Hell SW：Opt Express, 17：14567-14573, 2009
9) Otomo K, et al：Opt Express, 22：28215-28221, 2014
10) 大友康平，他：STED顕微鏡法—光渦を用いた誘導放出制御による超解像バイオイメージング．OplusE, 37：283-288, 2015
11) Hao X, et al：J Opt, 12：115707, 2010
12) Kusama Y, et al：Opt Express, 22：5746-5753, 2014
13) Kawakami R, et al：Biomed Opt Express, 6：891-901, 2015

原理・応用編　第1章　超解像イメージングの原理

6 RESOLFTとSPoDの原理と変法
―SPoD-ExPANによる超解像イメージングへの展望

和沢鉄一，永井健治

本項では，パターン化された照明（構造化照明）と蛍光色素の光過程を利用した超解像蛍光顕微鏡法である，RESOLFTとSPoDの原理について解説する．RESOLFTは，試料に集光させた励起光およびドーナツ状抑制光を組合わせることで超解像を得る方法である．またSPoDの変法のうちSPoD-ExPANは，パターン化した偏光[※1]の励起光と抑制光を照明光として用いることで超解像を得る方法である．特にSPoD-ExPANは弱い照明光でも観察可能で，RESOLFTよりも生体適合性の高い観察が可能であり，今後のバイオイメージングへの応用が期待されている．

はじめに

　超解像蛍光イメージング手法は大きく2つに分類され，一方は1分子蛍光イメージングで蛍光色素の位置検出をするもの（PALMやSTORM）（本章2），そして他方はパターン化された照明と蛍光色素の光過程を利用するものである．本書では，後者に含まれる手法としては，実践編第2章，第3章，本章1でSTED（stimulated emission depletion）を紹介している．STEDは，RESOLFT（reversible saturable/switchable optical linear fluorescence transitions）と総称される超解像顕微鏡法の1つである[1]．RESOLFTは，特殊な照明パターンで蛍光試料を照明し，蛍光色素の励起などの光過程を制御することによって超解像を得るイメージング手法である．また，照明光の偏光パターンを操作することによる超解像イメージング手法として，SPoD（superresolution by polarization demodulation），SPoD-ExPAN（SPoD-excitation polarization angle narrowing）が近年になって開発された[2]．

本項では，これらのパターン化照明による超解像蛍光顕微鏡法であるRESOLFTとSPoD-ExPANについて解説する．

RESOLFT

　RESOLFTはHellらによって開発された超解像顕微鏡法であり，観察下の蛍光試料において光の回折限界よりも小さい領域から発生させた蛍光を検出するとともに，試料面においてこの微小領域を走査させることによって超解像画像を得るものである（図1）[1]．共焦点顕微鏡も，ピンホールを通した照明光を試料面で集光させたスポットから蛍光を発生させる点はRESOLFT

※1　偏光（polarization）
光の伝播は電場と磁場の振動が伴う．これらの振動のベクトルの向きに規則性がある場合，この性質を偏光とよぶ．偏光には，振動ベクトルの規則性によって，直線偏光，円偏光，楕円偏光，無偏光などがある．

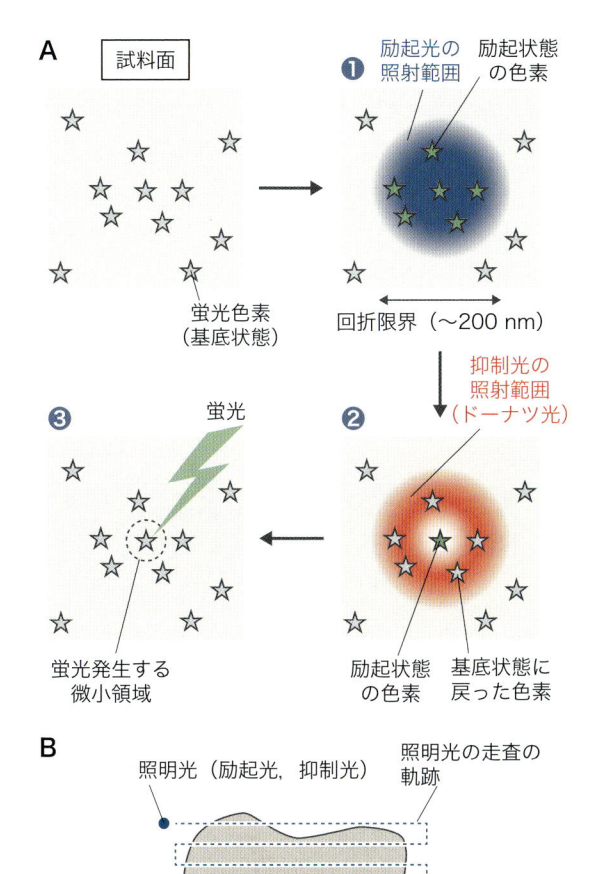

図1 RESOLFTの原理

A) 試料に対する励起光と抑制光の照射手順と，蛍光色素のON/OFF遷移．**B)** RESOLFTにおける照明光の走査．

1. RESOLFTの基本原理

RESOLFTは，パターン化された照明によって蛍光発光可能なON状態と蛍光発光しないOFF状態の蛍光色素の空間分布を制御することによって，高い空間分解能を得る．STEDを例にとり，その方法（図1A）を以下に説明する．

❶試料面に超短パルスレーザー（励起光）を集光させて，蛍光試料を励起する．これにより，光の回折限界のサイズの領域内の蛍光色素が励起してON状態になる．

❷ビーム中心の光強度がゼロである点を含む抑制（depletion）パルス光（しばしば，「ドーナツ光」とよばれている）を，励起光と同じ位置に集光する．抑制パルス光が照射された蛍光色素では，抑制光と同じ波長で光放出が起こって（＝誘導放出）励起状態が強制的に解除させられてOFF状態になる．この誘導放出過程により，通常の蛍光発光過程を経由するよりも速く蛍光色素を励起状態から基底状態へ戻す．一方，抑制パルス光の強度ゼロ点（ビーム中心）付近の蛍光色素は，励起状態が解除されないままON状態として残存する．

❸照射中心付近のON状態の蛍光色素から通常の蛍光発光が起こる．この結果，回折限界よりも狭い範囲からの蛍光発光が得られる．これにより，回折限界を超えた分解能が得られる．

ドーナツ光は，レーザー光をらせん状位相板（vortex phase plate）とよばれる光学素子に通して発生させる方法がよく使われている．さらに，以上の一連の流れをくり返しながら試料面上を走査することによって超解像画像を得る（図1B）．

RESOLFTの空間分解能は，ON状態の蛍光色素の空間分布の幅で評価されている．一様に蛍光色素が分布している蛍光試料に対して，前述の❶〜❸の手順で蛍光スポットを発生させたとき，ON状態の蛍光色素の分布の半値全幅（FWHM）は，

$$\text{FWHM} \approx \frac{1}{NA} \frac{\lambda}{\sqrt{1+I/I_s}} \quad (1)$$

と近似できることが示されている[5]．ここで，NAは励

と同様であるが，そのサイズは光の回折限界よりも小さくできない．一方，RESOLFTでは，蛍光発生する微小領域のサイズを回折限界よりも小さく絞り込む操作としていくつかの手法が開発されており，そのなかにはSTED，GDS（ground state depletion），光スイッチング色素によるRESOLFTなどが含まれる．RESOLFTとして最初に開発されたのはSTEDであり，1994年に原理が発表され[3]，1999年に実験的に超解像イメージングが可能なことが示された[4]．

起光および抑制光の開口数，λは励起光あるいは抑制光の波長（これらの波長がほぼ同じとして，近似計算した），Iは照射する抑制光の強度，I_Sは蛍光強度を1/eへ低下させるために必要な抑制光の強度である．RESOLFTには，蛍光色素のON/OFF遷移の光制御のしかたによって，いくつかの変法がある．以下では，変法のなかからSTEDの詳細と光スイッチング色素によるRESOLFTについて説明する．

2. STED（RESOLFTの変法）

STEDは，励起光の照射によって励起したS_1状態の色素をON状態，基底状態（S_0）の色素をOFF状態とする，RESOLFTの一種である（図2）．STEDにはいくつかの変法があるが，一般的な方法は，前述したように励起光と抑制光にパルスレーザーを使うものである（図1）[4]．試料の励起には，励起波長をもつ超短パルスレーザー（ピコ秒〜フェムト秒）を使う．次いで，励起状態の蛍光色素の振動緩和のための遅延時間の経過後，ドーナツ形状の抑制光（STED光）を照射する．STED光は，励起光パルスより長くかつ色素の蛍光寿命より短いパルス幅をもち，色素のS_1から基底状態S_0の上位側振動準位への遷移に適した波長の光を使う

（赤色〜近赤外がよく使われている）．さらに，誘導放出後，色素はS_0の下位側振動準位へ自発的に振動緩和する．最後に，励起状態で残った蛍光色素からの蛍光発光を検出する．STEDの変法としては，励起光とSTED光に連続光レーザーを使用するものや，多点を同時に照射して観察する方法などが開発されている[1]．STEDの問題点としては，非常に強い抑制光を使用するため（I_S＞MW/cm^2），生細胞のタイムラプス観察において光毒性が発生することや，蛍光色素の褪色が著しいことなどがあげられる．

3. 光スイッチング色素によるRESOLFT

このタイプのRESOLFTにおいては，光照射で蛍光色素がON状態・OFF状態へ遷移するフォトクロミズムを利用しており，光スイッチング蛍光タンパク質（実践編第3章2参照）asFP595ではじめて実現した[6]．これ以降，蛍光タンパク質としては，rsEGPF2, Dronpa, Dreiklang, 蛍光色素としてはAberchrome670（東京化成工業社）-coumarin6（シグマ アルドリッチ社）複合体の例が報告されている[1]．このタイプのRESOLFTは，STEDに比べて弱い抑制光（＞kW/cm^2）で超解像イメージングが可能なことが利点である一方，色素のスイッチングの速度が遅いためにフレームレートも遅いなどの難点がある．ところが，最近，われわれが光スイッチングの速い蛍光タンパク質Kohinoorを開発したことによって，RESOLFTのこの弱点が著しく解消された[7]．

SPoDとSPoD-ExPAN

SPoDおよびSPoD-ExPANは，Wallaらによって2014年に開発された新しい超解像蛍光顕微鏡法である[2]．SPoDは，パターン化された偏光を有する励起光を組み込んだ落射蛍光顕微鏡と，超解像再構成計算を組合わせることによって，高分解能を実現している（図3A）．SPoD-ExPANは，SPoDに抑制光を組込む

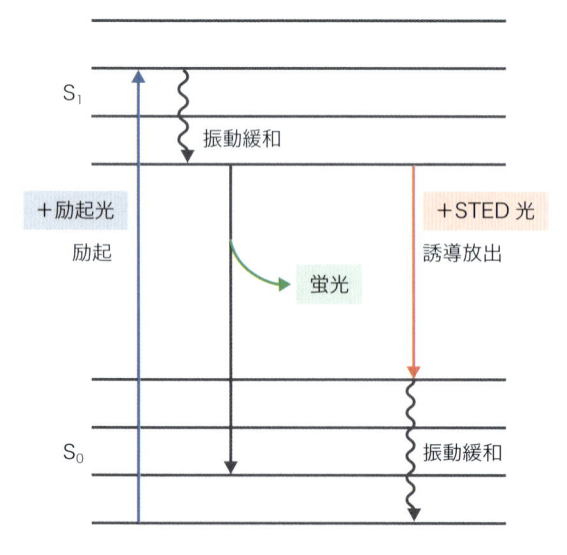

図2　STEDに関係するエネルギー準位と状態遷移

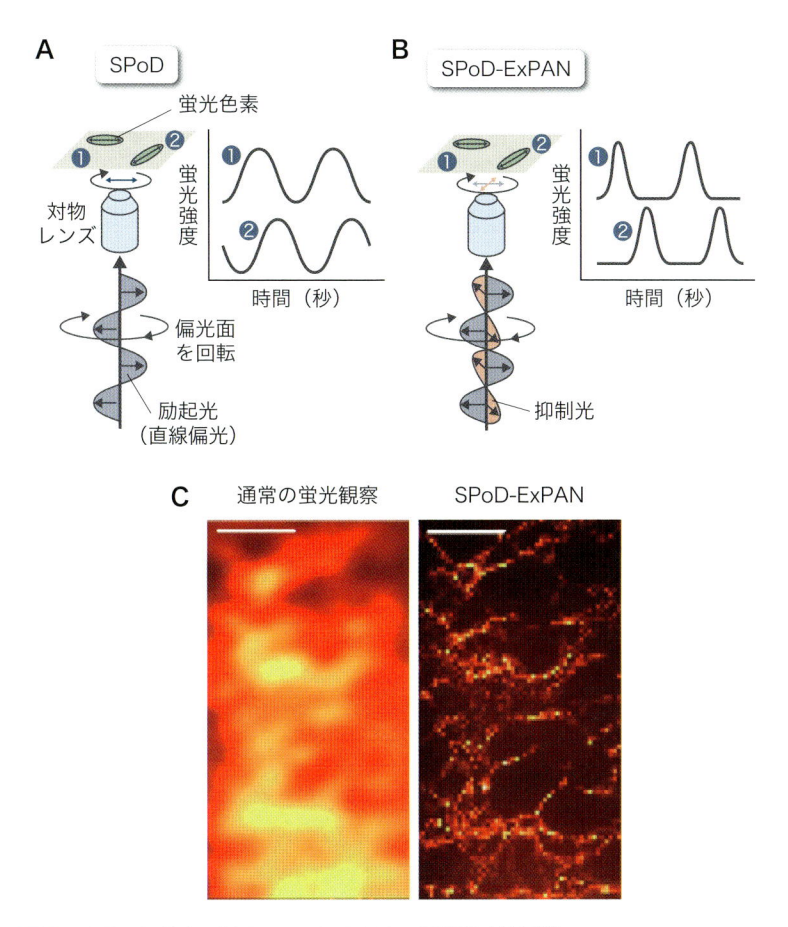

図3 SPoDおよびSPoD-ExPANの原理と観察例

A) SPoDの概略図. B) SPoD-ExPANの概略図. C) ATTO590で免疫標識した微小管の通常の蛍光顕微鏡像とSPoD-ExPANによる超解像画像. スケールバー：1μm. 文献2より許可を得て改変して転載.

ことによってSPoDの効果を増強させた方法である（図3B）．SPoD-ExPANは，光スイッチング蛍光タンパク質と組合わせることによってRESOLFTよりもはるかに弱い照明光で観察が可能であり，生細胞の超解像リアルタイムイメージングへの応用が期待されている．

1. SPoD顕微鏡の光学系

SPoDでは，落射蛍光顕微鏡の光学系を基本的に用いながら，偏光面が回転する直線偏光の励起光を蛍光試料に照射し，その偏光面の回転に同期させながら蛍光像のタイムラプス撮像を行う（図3A）．蛍光色素は励起光を効率よく吸収する方向をもち（吸収遷移双極子），吸収遷移双極子と励起光の偏光面とのなす角をθとすれば，その蛍光強度は$\cos^2\theta$に比例する．したがって，角速度ωで偏光面が回転する励起光を用いれば，そこから得られる蛍光強度は$\cos^2(\omega t-\phi)$に比例する（ここで，ϕは色素の角度に依存した位相ずれ）．このように，偏光面が回転する励起光で照らすことにより，$\cos^2(\omega t-\phi)$にしたがってアナログ変調した蛍光が発生する（図3Aのグラフ）．SPoD法は，このようなアナログ変調を含むタイムラプス蛍光像を取得する．この手法により，複数の蛍光色素が近接している

場合でも，それぞれの色素の向きが異なれば蛍光変調の位相ずれφが生じるので，それぞれの蛍光色素を区別することができる．

2. SPoDにおける超解像の再構成計算

SPoDにおける超解像再構成計算は，撮像されたタイムラプス蛍光像から，試料面上の蛍光色素の分布（すなわち超解像画像）を求めるものである．SPoDおよびSPoD-ExPANで撮像した生データから超解像を計算するためのPythonという言語で書かれたプログラムが，Hafiらの論文[2]でSupporting Materialとして提供されている．この再構成計算プログラムでは，SPoD顕微鏡で撮像した蛍光変調を含むタイムラプス蛍光画像と，点像分布関数（PSF）[※2]としての微小蛍光物体の撮像画像を入力データとしている．さらに，以下の3つの条件を課した正規最適化計算を通して超解像蛍光画像を求める．

①点像分布関数と超解画像との畳み込み[※3]画像と，入力データのSPoDタイムラプス蛍光画像との差異が小さくなること
②超解画像上の蛍光色素の数ができるだけ少ないこと
③計算上バックグラウンドとみなした強度の総和ができるだけ低いこと

この計算の結果，前述の蛍光変調を示す成分の抽出と，撮像画像から試料面上の蛍光色素分布を逆算する逆畳み込み（デコンボリューション）[※3]の効果が得られる．

※2 点像分布関数（point-spread function：PSF）
点光源を光学系（例えば，顕微鏡）に通して投映したときに，その像面で形成される点光源の像の伝達関数のことをいう．顕微鏡などの光学系においては，点像分布関数の分布幅が，空間分解能に対応する．

※3 畳み込み（convolution），逆畳み込み（deconvolution）
畳み込みは2つの関数において行われる演算であり，関数f, gに対して，
$$h(t) = \int dt' f(t-t') g(t')$$
で定義される関数である．試料面上の色素の空間分布をf，顕微鏡の点像分布関数をgとすることで，しばしば観察画像が畳み込みでエミュレートされる．一方，hとgから，fを求める逆演算を逆畳み込みという．

3. SPoD-ExPAN

SPoD-ExPANは，偏光励起光に加えて，蛍光色素の光照射によるON/OFF遷移も利用することで，励起光の偏光面回転による蛍光変調の角度応答の分解能を向上させる方法である（偏光角狭帯化という）．図3Bに示すように，SPoD-ExPANでは，励起光の偏光面と直交する偏光面をもつ抑制光を同時に照射する．このような抑制光の照射は，励起光の偏光面と平行な配向の蛍光色素には作用しないまま，平行でない配向の蛍光色素に対してOFF状態への遷移を促す．このようにして，蛍光色素の励起光に対する偏光応答を角度狭帯化することができる．以下に，SPoD-ExPANで用いられる蛍光色素のON/OFF遷移の制御法，そして蛍光色素の偏光応答における偏光角狭帯化の詳細について説明する．

1) SPoD-ExPANにおける蛍光色素のON/OFF遷移の制御

SPoD-ExPANにおいて，抑制光による蛍光色素のOFF状態への遷移は，RESOLFTと同様な機構を使うことが可能である．Hafiらは，蛍光色素ATTO590（ATTO-TEC社）で標識した固定細胞を観察している．その際，ATTO590のON状態への遷移は568nmの励起光を照射し，OFF状態への遷移には715nmの光を抑制光（STED光）として照射し誘導放出を行っている（図3C）[2]．空間分解能はFWHMで40nmを達成している．

一方，われわれは，蛍光色素としてわれわれが開発した高速光スイッチング蛍光タンパク質Kohinoorを使ったSPoD-ExPAN超解像イメージングを開発した（投稿準備中）．Kohinoorはポジティブスイッチング型の蛍光タンパク質であり，405nmの光の照射でOFF状態へ遷移し，470nmの光の照射でON状態へと遷移するとともに蛍光励起でき，さらにON/OFFの遷移は可逆である[7]．そこで，われわれは，抑制光として405nmの光，励起光およびON遷移のスイッチング光として470nmの光を用いたSPoD-ExPANで，Kohinoorの超解像イメージングが可能であることを確認している．

A

(図: 試料面における吸収遷移双極子、励起光の偏光、抑制光の偏光の空間配置の模式図。y軸方向に励起光の偏光、x軸から90度の位置に抑制光の偏光、x軸方向に色素の吸収遷移双極子、ωt rad の角度表示)

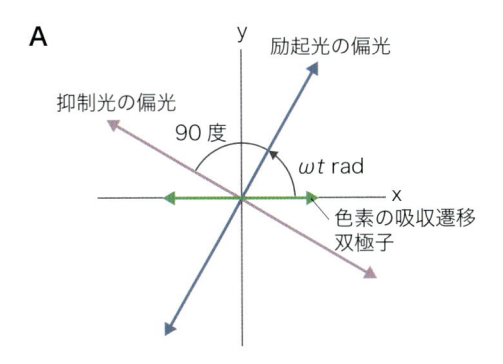

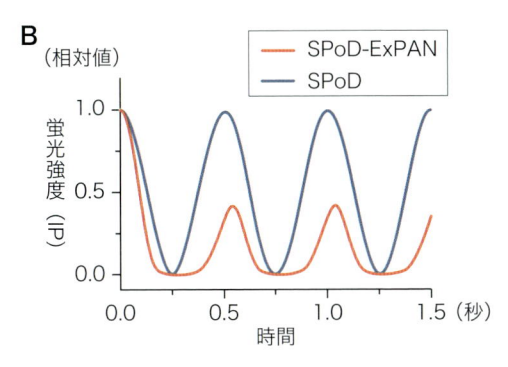

B

(グラフ: 横軸 時間(秒)0.0～1.5、縦軸 蛍光強度(相対値)0.0～1.0。SPoD-ExPAN（橙）とSPoD（青）の比較)

図4 SPoD-ExPANにおける偏光角狭帯化

A) 試料面での，蛍光色素の吸収遷移双極子，励起光の偏光，そして抑制光の偏光の空間配置の模式図．図3Bの試料面を下側から見た場合に相当する．**B)** Aの空間配置においてSPoDおよびSPoD-ExPANにおいて得られる蛍光強度の時間変化のシミュレーション結果．偏光面回転の角速度は2π rad/秒とし，SPoD-ExPANについては，式(2)を用いてA=5秒$^{-1}$，B=50秒$^{-1}$として計算した．

2) SPoD-ExPANによる偏光角の狭帯化

図4Aに示したように，吸収遷移双極子をx軸に固定した蛍光色素に対して，偏光面を回転させた励起光と抑制光を照射する状況を想定する．さらに，前述のKohinoorのケースを想定し，励起光がON状態への遷移のスイッチング光を兼ねている場合を考える．励起光と抑制光の偏光面の角速度ω（rad/秒）とすると，時間tにおける偏光面の角度はωtである．反応速度定数にも，偏光面と色素の吸収遷移双極子とのなす角と蛍光励起確率との関係$\cos^2\theta$が適用できると考えて，ON状態への遷移とOFF状態への遷移の速度定数（それぞれ，k_+，k_-とする）を

$$k_+(t) = A\cos^2\omega t,\ k_-(t) = B\cos^2(\omega t + \pi/2) \quad (2)$$

と記述することにする．ここで，A，Bは定数である．時間tにおける蛍光色素のON状態，OFF状態の確率をそれぞれ$F(t)$，$D(t)$とすると$F(t)+D(t)=1$，その反応速度論式は

$$\frac{dF(t)}{dt} = k_+(t)D(t) - k_-(t)F(t) \quad (3)$$

となる．この微分方程式は，解析解を求めることが可能であるし，あるいは数式処理ソフト〔Mathematica™（Wolfram Research社）やMaple™（Maplesoft社）〕などでも解を計算できる．蛍光色素（x軸に平行）と励起光偏光面とのなす角を考慮すると，発生する蛍光強度I_Fは，

$$I_F \propto F(t)\cos^2\omega t \quad (4)$$

である．SPoDの場合は蛍光強度の偏光角応答は$\cos^2\omega t$であり，角度変化に対してあまり鋭くない．一方，SPoD-ExPANでは，抑制光のために蛍光強度が低下するが，励起光偏光面の回転に対する蛍光強度の応答の狭帯化を得られることが確認できる（図3Bのグラフ，図4B）．

3) SPoD-ExPANのバイオイメージングへの応用

SPoD-ExPANの観察モードは広視野観察であり，RESOLFTのように照明光を速く走査する必要がなく，またPALMやSTORMのように1分子可視化も必要でない．このため，良好な光スイッチング特性をもつ蛍光色素があれば，SPoD-ExPANでは，弱い照明光（～W/cm^2）による光毒性の発生が少ない条件での超解像イメージングの実現が容易である．これとは対照的に，従来の超解像蛍光イメージングは，kW/cm^2～MW/cm^{2}という非常に強い照明光を必要としており，細胞に対する光毒性の発生がしばしば問題になっていた．一方，細胞周期，アポトーシス，その他の細胞プロセスの研究において，蛍光顕微鏡によるタイムラプス観察は重要な実験法となっている．今後，生きた細胞の構造やダイナミクスをこれまでにない分解能でダメージを与えることなく可視化するために，SPoD-ExPANの有用性が発揮されるものと期待される．

おわりに

　本項では，パターン照明（構造化照明）による超解像蛍光顕微鏡法であるRESOLFTやSPoD-ExPANについて解説した．これらの超解像イメージング技術はいまだ成熟したものではなく，よりよいバイオイメージングの実現に向けて発展途上にある．今後，超解像蛍光イメージングは，より高い空間分解能に加えて，さらなる生体適合性の高いイメージング，高速リアルタイムイメージング，生理機能イメージング，そして広いユーザーに優しいイメージングなどに展開していくであろう．精力的にこのような展開を推し進めるためには，光学の研究者，プローブ研究者，光学顕微鏡ユーザー，そして顕微鏡メーカーの今後の持続的な連携が望まれる．

◆ 文献

1) Eggeling C, et al：Q Rev Biophys, 48：178-243, 2015
2) Hafi N, et al：Nat Methods, 11：579-584, 2014
3) Hell SW & Wichmann J：Opt Lett, 19：780-782, 1994
4) Klar TA & Hell SW：Opt Lett, 24：954-956, 1999
5) Westphal V & Hell SW：Phys Rev Lett, 94：143903, 2005
6) Hofmann M, et al：Proc Natl Acad Sci U S A, 102：17565-17569, 2005
7) Tiwari DK, et al：Nat Methods, 12：515-518, 2015

◆ 参考図書

・Hell SW：Science, 316：1153-1158, 2007
・Uno SN, et al：Microscopy, 64：263-277, 2015
・「Far-Field Optical Nanoscopy」（Tinnefeld P, et al, eds），Springer, 2015

ウルトラハイパワーLED光源

"生細胞に優しい！" 超解像顕微鏡法
SPoD-ExPAN超解像イメージングシステムの光源としても活躍中です！

UHP-LED-405	> 2.1 W
UHP-T-LED-470	> 4.7 W

LED光源のメリット
- 照明光に干渉縞が発生しないので、レーザーよりも均一な照明分布を得られます
- LEDの発光波長が連続スペクトルなので、波長選択の微調整が可能です
- TTL制御で、メカニカルシャッターが不要です
  - → On/Offの高速強度変調可能（～30,000 Hz）
  - → 光源のOn/Offに伴う機械振動がない

デモ機貸出可

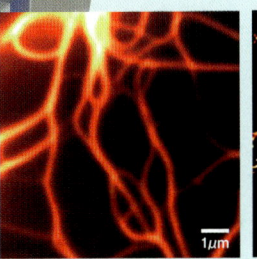

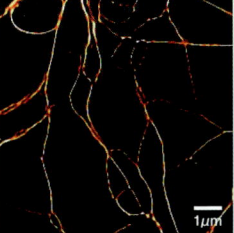

Conventional Epi-Fluorescence 画像　　SPoD-ExPAN 画像

【画像提供：大阪大学産業科学研究所　生体分子機能科学研究分野　永井健治教授 / 和沢鉄一特任准教授】

ハイパワーLED光源　その他豊富なラインナップ
（白色 / 385nm / 405nm / 460nm / 520nm / 595nm / 625nm / 多波長など）

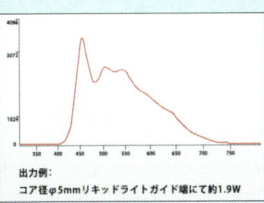

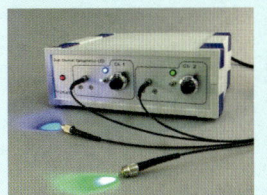

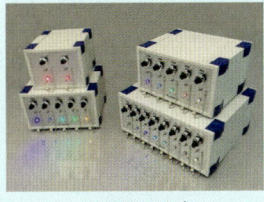

出力例：コア径φ5mmリキッドライトガイド端にて約1.9W

蛍光励起用 白色タイプ　　2波長 別軸ファイバー出射タイプ　　多波長タイプ

※ その他波長、出力、顕微鏡への接続につきましては、お気軽にご相談ください。

Prizmatix社 日本総代理店　株式会社オプトライン

本　社　〒170-0013 東京都豊島区東池袋1-24-1 ニッセイ池袋ビル14F
　　　　 TEL: 03-3981-4421　FAX: 03-3989-9608
大阪営業所　〒532-0003 大阪市淀川区宮原5-1-28 新大阪八千代ビル別館3F
　　　　 TEL: 06-6398-6777　FAX: 06-6398-6778

原理・応用編　第1章　超解像イメージングの原理

7 蛍光相関超解像法 SOFI
―自己明滅する蛍光プローブによる超解像

渡邉朋信，市村垂生

　蛍光相関超解像法（SOFI）は，時間軸の情報を空間軸に展開し空間情報を増やす方法である．このように書くと少々難しそうだが，実際には，SOFIに高価な装置も複雑な計算も必要としない．必要な条件は，「蛍光プローブが独立に明滅すること」だけ．まずは観察したい対象を蛍光プローブで標識し，蛍光顕微鏡を用いてカメラでその動画を取得する．後は，各画素の時間的な分散値を計算するだけで，回折限界を超える画像を得ることができる．誰でも簡単に挑戦できるので，本項を読んで，超解像の入門としてぜひSOFIを試していただきたい．

はじめに

　蛍光顕微鏡において回折限界を超えるためには，観察対象が光を発して画像が取得されるまでの過程に，非線形な過程を加える必要が必ずある．回折限界は，レンズで画像を転送する線形システムにおける限界であるからだ．すなわち，すべての超解像法には，点像の線形な足し合わせではない何かしらの非線形な過程が含まれる．例えば，誘導放出制御顕微鏡（STED）[1]や飽和励起顕微鏡（SAX）[2]は，蛍光励起・発光の非線形性を利用しており，構造化照明顕微鏡（SIM）[3]は，モアレ干渉を利用するなど，これらの超解像法には，物理的な非線形過程が含まれている（原理・応用編第1章1，3参照）．確率的光学再構築顕微鏡法（STORM）や光活性化位置推定顕微鏡法（PALM）などは，観察対象を標識している「蛍光プローブを1つずつ独立して光らせる」ことにより，線形な足し合わせから逃れ，超解像となる（原理・応用編第1章2参照）[4][5]．

　蛍光相関超解像法（superresolution optical fluctuation imaging：SOFI）は，STORM/PALMと類似して異なる技術である[6]．SOFIもまた，「蛍光プローブを1つずつ独立して光らせる」ことが条件である．STORM/PALMでは，物理的にその条件が満たされるのに対し，SOFIでは，蛍光プローブは相互独立して光っているという仮定のもと計算により満たされる．いわば，SOFIは，「蛍光明滅」を情報源とし，数学的処理により非線形効果を画像取得に加える技術である．本項では，読者の方々自身でSOFIを試すことができるように，SOFIの原理を説明したい．

SOFIで用いられる実際の計算

1. SOFIの概要

　SOFIは，「2つの隣接した蛍光プローブの蛍光が独立に明滅する現象を利用して，隣接する2点を区別する方法」であり，前述のように蛍光プローブの「蛍光が独立的に明滅している」ことが，達成条件である．蛍光タンパク質や有機蛍光色素を含む多くの蛍光プ

ローブには，光により励起されない，あるいは蛍光を発せない状態（消光状態）が存在し，確率的にその状態を遷移するため，その蛍光は明滅する．たとえ，2つの蛍光プローブが隣接していたとしても，それぞれが独立に明滅しているならば，一方の蛍光プローブだけが光っている瞬間，あるいは，もう一方だけが光っている瞬間がある（図1）．つまり，何枚も画像を取得すれば，かならず，一方のみが光っている画像を取得することができ，それぞれを区別できる．ここまでは，STORM/PALMの原理とほぼ同じである．SOFIでは，前述の原理にもとづき数学的な処理を行う．この数学的処理が自己相関計算をもととしているため，蛍光「相関」超解像法とよばれるのである．

2. SOFIにおける計算原理

検出器（例えばカメラ）上の位置 $\mathbf{r}$ での時間 t における蛍光プローブの蛍光強度を $F(\mathbf{r}, t)$ とする．$F(\mathbf{r}, t)$ の二次の自己相関関数 $G_2(\mathbf{r}, \tau)$ は，n 次相関関数 $G_n(\mathbf{r}, \tau_1\cdots, \tau_{n-1})$ から，以下の式で表される．

$$G_n(\mathbf{r}, \tau_1,\cdots, \tau_{n-1})$$
$$= \langle \delta F(\mathbf{r}, t+\tau_{n-1})\cdots \delta F(\mathbf{r}, t+\tau_1) \cdot \delta F(\mathbf{r}, t)\rangle_t$$

$$\begin{aligned}G_2(\mathbf{r}, \tau) &= \langle \delta F(\mathbf{r}, t+\tau)\cdot \delta F(\mathbf{r}, t)\rangle_t \\ &= \sum_{j,k} U(\mathbf{r}-\mathbf{r}_j) U(\mathbf{r}-\mathbf{r}_k)\cdot \varepsilon_j\cdot \varepsilon_k \langle \delta s_j(t+\tau)\cdot \delta s_k(t)\rangle \\ &= \sum_k U^2(\mathbf{r}-\mathbf{r}_k)\cdot \varepsilon_k^2 \langle \delta s_k(t+\tau)\cdot \delta s_k(t)\rangle\end{aligned} \quad (1)$$

$U(\mathbf{r})$ は点像分布関数（PSF）を，$\mathbf{r}_k$，ε_k，$s_k(t)$ はそれぞれ k 番目の蛍光プローブの位置，蛍光強度，および明滅の時間変化を表し，δ は時間平均値からの偏差を，$\langle\ \rangle$ は時間平均演算を表すものとする．$F(\mathbf{r}, \tau)$ は，点像分布関数 $U(\mathbf{r})$ と $\varepsilon_k s_k(t)$ の畳み込み（コンボリューション）として近似的に表される．異なる2つの蛍光プローブ（$k \neq j$）からの蛍光の明滅に相関がなければ，その積の時間平均（相互相関）は0となる．つまり，$G_2(\mathbf{r}, \tau)$ は，2点の蛍光プローブの蛍光が重なっている画素上では小さくなり，逆に，一方の蛍光の寄与が大きい画素では大きくなる（図2A）．すなわ

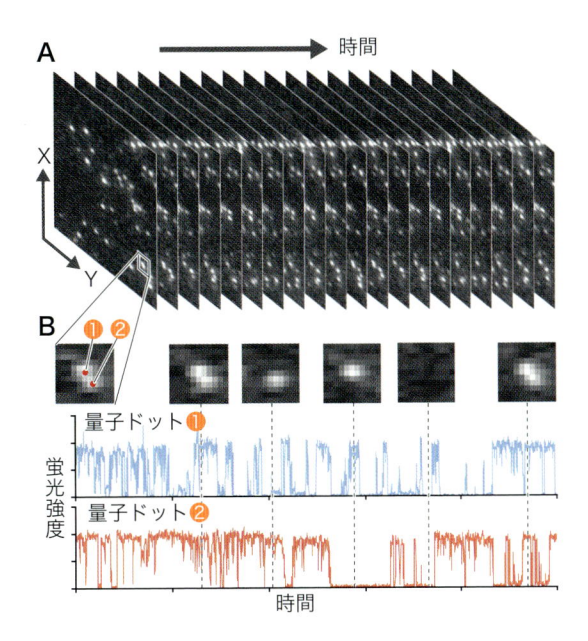

図1 蛍光プローブ（量子ドット）が明滅する様子
蛍光性量子ドットをガラス面に固定し，その蛍光発光の様子を動画で捉える（**A**）と，一つひとつの量子ドットが独立的に明滅している様子がわかる（**B**）．適切なフレームを取り出せば，隣接した2つの量子ドットの一方のみが蛍光している瞬間を抜き出すことができる．文献13より引用．

ち，観察したい対象を蛍光プローブで標識し，明滅している動画を取得し，その各画素における強度の自己相関を計算するだけで，その画像はもとの画像より空間分解能が高くなるのである．

3. SOFIの亜種VISion

ここで，蛍光強度像 $F(\mathbf{r}, t)$ と自己相関像 $G_2(\mathbf{r}, \tau)$ の空間分解能について少し考えてみよう．理解しやすくするため，遅延時間 τ に0を代入し，$F(\mathbf{r}, t)$ と $G_2(\mathbf{r}, 0)$ とを比較する．

$$\begin{aligned}F(\mathbf{r}, t) &= \sum_k U(\mathbf{r}-\mathbf{r}_k)\cdot \varepsilon_k\cdot s_k(t) \\ G_2(\mathbf{r}, 0) &= \sum_k U^2(\mathbf{r}-\mathbf{r}_k)\cdot \varepsilon_k^2 \cdot \langle \delta s_k^2(t)\rangle\end{aligned} \quad (2)$$

$G_2(\mathbf{r}, 0)$ は，$U^2(\mathbf{r})$ と蛍光強度の2乗の畳み込み積分の形になっており，$G_2(\mathbf{r}, 0)$ は，$U^2(\mathbf{r})$ を点像分

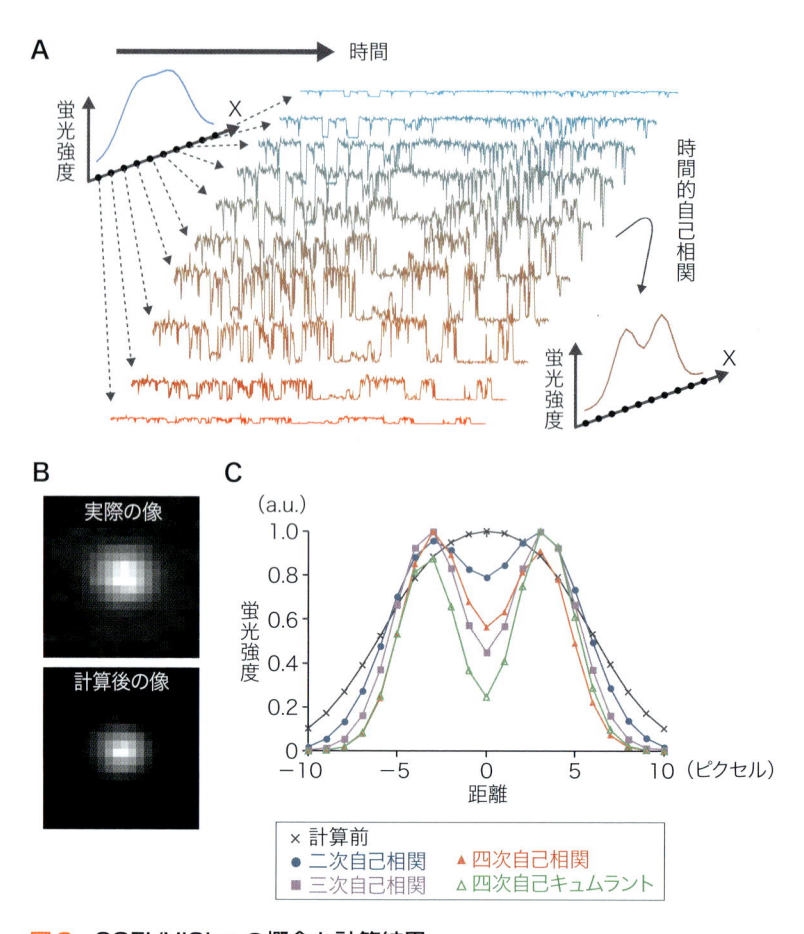

図2　SOFI/VISionの概念と計算結果
A) SOFI/VISionの概念を表す模式図を示す．X軸上に2つの蛍光プローブがあるとしている．B) 実際にVISion計算を行った結果．明滅している量子ドットの画像を100枚取得し，その平均像（実際の像）と，各ピクセル値の分散値を画像化した像（計算後の像）を示す．C) 相関計算とキュムラント計算の比較を表すシミュレーションの結果．半値全幅6ピクセルの点像分布をもつ2つの輝点が，3ピクセル離れているとしている．各輝点は，蛍光状態と消光状態の二状態を確率的に遷移するとしている．計算に使用する画像は，1,000枚とした．A〜Cは文献13より引用．

布関数とする蛍光像といえる．2点分解能は，畳み込まれる点像分布関数により決定される．近似的に$U(\mathbf{r})$をガウス関数と考えると，$G_2(\mathbf{r}, 0)$では，時間情報を失う代わりに，$F(\mathbf{r}, t)$に比べ$\sqrt{2}$倍高い空間分解能を得ることになる．また，遅延時間ゼロの二次の自己相関，$G_2(\mathbf{r}, 0)$は分散値を表す．すなわち，取得された動画の各画素の分散値を計算するだけで，空間分解能が$\sqrt{2}$倍程度向上する（図2B）．計算が非常に簡単でありながら，確かに高解像度の蛍光画像が得られることから，われわれはこの方法をSOFIの亜種として，VISion（variance imaging superresolution）と名付けた[7]．

4. キュムラント[※1]の導入

分散値の計算をくり返す，あるいは，高次自己相関像$G_n(\mathbf{r}, \tau_1\cdots, \tau_{n-1})$を計算することで，もっと分解能が上がるように思える．しかし，実際には，三次より高次な相関を計算しても，点像の分布は確かに細くなる

が2点分解能は上がらない（図2C）．ピクセル内に複数個の蛍光プローブがあった場合，それを識別できないからだ．この問題は，キュムラントを導入することによって解決される．n次キュムラント$C_n(\mathbf{r}, \tau_1\cdots, \tau_{n-1})$は，以下の式で表される[6]．

$$C_n(\mathbf{r}, \tau_1\cdots, \tau_{n-1}) = \sum_k U^n(\mathbf{r}-\mathbf{r}_k)\cdot\varepsilon_k^n\cdot w_k(\tau\cdots, \tau_{n-1}) \quad (3)$$

ここで，$w_k(\mathbf{r}, \tau_1\cdots, \tau_{n-1})$は，蛍光プローブ1つから発せられる蛍光ゆらぎに由来する重み関数である．$C_n(\mathbf{r}, \tau_1\cdots, \tau_{n-1})$では，$F(\mathbf{r}, t)$に比べ$\sqrt{n}$倍高い空間分解能を得ることになる．$n$次キュムラントは，$n$次までの自己相関関数から導き出すことができる．高次の自己相関の計算には，多数の画像が必要となるので，1枚の高分解画像を取得するための時間が長くなってしまう．実用的なのは，せいぜい四次の自己相関までである．二次，三次のキュムラントは，それぞれ二次，三次の自己相関関数に一致する．四次キュムラントは自己相関とは一致せず，二次と四次の自己相関関数により構成されている．

$$\begin{aligned}C_4(\mathbf{r}, \tau_1, \tau_2, \tau_3) &= G_4(\mathbf{r}, \tau_1, \tau_2, \tau_3) - G_2(\mathbf{r}, \tau_1)\cdot G_2(\mathbf{r}, \tau_3) \\ &\quad - G_2(\mathbf{r}, \tau_1+\tau_2)\cdot G_2(\mathbf{r}, \tau_2+\tau_3) \\ &\quad - G_2(\mathbf{r}, \tau_1+\tau_2+\tau_3)\cdot G_2(\mathbf{r}, \tau_2)\end{aligned} \quad (4)$$

高次になればキュムラント計算は複雑となり，またキュムラントの概念を理解するのも難しい．しかし，四次のキュムラントであれば，理解せずとも計算は簡単にでき，空間分解能は2倍向上する（図2C）．キュムラント計算は，ショットノイズ[※2]を除去する効果もある．以上のように，単純な計算だけで，超解像を実現できることがわかっていただけたと思う．

SOFI用に開発された蛍光プローブ

1. SOFIに適した蛍光プローブ

SOFI/VISionに用いる蛍光プローブは，その蛍光が激しく明滅していることが望ましく，その遷移時間のスケールが，画像取得時間を決定させる．SOFI/VISionでは，取得される動画内において，必ず「光っている時間」と「光っていない時間」の両方が含まれている必要がある．すなわち，長い消光時間，または，長い安定発光時間は時間分解能を低下させることになる．蛍光強度が大きく明滅が明確に検出される蛍光プローブとして，半導体ナノ粒子（量子ドット，あるいはQドットと称される）がよくあげられる．実際の市販されている量子ドットの明滅をみると，確かに高速な蛍光/消光状態の遷移がみられるが，同時に数〜数十秒にわたり蛍光を発してない期間が存在することが確認される（図1）．われわれは，量子ドットに改良を加え，長い消光を示さない量子ドットを合成し，SOFI/VISionによる画像取得時間の短縮を試みた[7]．

2. 明滅が激しい量子ドット

われわれが用いた量子ドットは，CdSe半導体を蛍光核にもち，その周囲をZnSが覆う構造をしている（図3A）．ZnSはシェルとよばれ，蛍光核が溶液内の酸素に触れ消光することを防ぐ役割を担っている．したがって，ZnSシェルは，量子ドットの明滅特性を決めている要因の1つである．われわれは，ZnSシェルの厚さを制御して，長い消光時間を示さない量子ドットを合成し，SOFI/VISionに適用した（図3B）．VISionにおける画像復元率（動画内にある量子ドットが認識される確率）を確かめてみたところ，100枚の画像を用いたVISion計算において，市販の量子ドットでは約80％であったのに対し，新しく合成した量子

※1　**キュムラント**
数学的な定義は難解であるが，本項では，「キュムラントは分布を特徴付ける特性値の1つ」とだけ覚えておけばよい．二次のキュムラントは分散，三次は歪度，四次は尖度を示す．

※2　**ショットノイズ**
電子回路におけるノイズの一種．入力信号が極端に弱い場合には，その統計的変動が測定において無視できないほど大きくなりノイズとなる．蛍光顕微鏡で用いられるカメラから得られる信号には，主に，暗電流ショットノイズと光ショットノイズが含まれる．

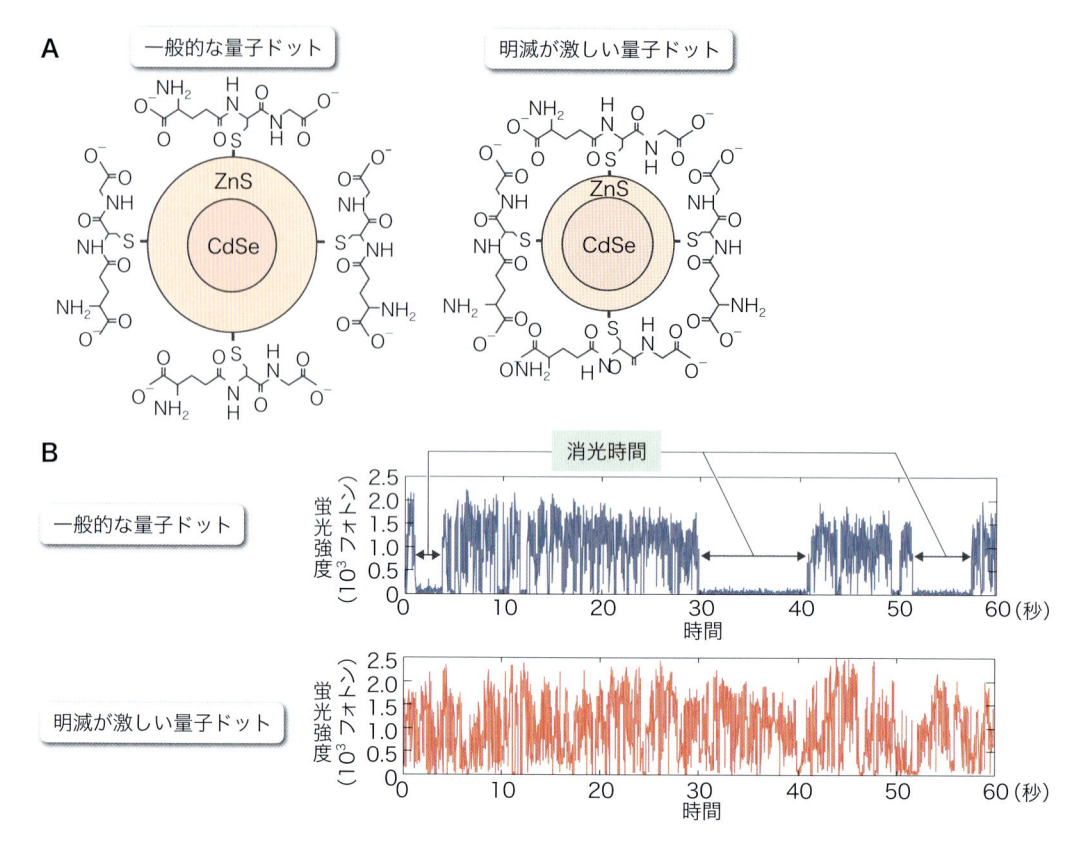

図3　われわれが開発したSOFI/VISion用の明滅が激しい量子ドット

A) 通常の量子ドット（左）とわれわれが開発した量子ドット（右）の模式図．全く同じ物質で構成されているが，ZnSシェルの厚さが異なる．**B)** 通常の量子ドット（上）とわれわれが開発した量子ドット（下）が明滅する様子．ZnSを薄くしたことにより，長い消光時間が消失している．両者は，検出器上で同じ蛍光強度になるように励起しているためこのグラフでは同じ蛍光強度のようにみえるが，実際はZnSを薄くしたことにより量子効率が落ちている．**A**と**B**は文献13より引用．

ドットでは95％であった．使用画像枚数を20枚にまで減らしても画像復元率は9割を超えた．

図4に，細胞内の小胞を量子ドットで標識し，SOFIおよびVISionによって得られる画像を示す．一次元強度プロファイルから，通常の蛍光顕微鏡における空間分解能（ピークの半値全幅）は267 nmであった．これに対し，100枚の画像を用いて，三次の自己相関を計算すると，空間分解能が154 nmにまで向上した画像が得られた．同様に，わずか20枚の画像で，VISion画像を取得することができた．われわれのケースでは，カメラの画像取得時間が4 msであったため，前者は400 msの，後者は80 msの時間分解能で超解像の画像取得ができたといえる．最適な蛍光プローブを選択することにより，SOFI/VISionはリアルタイム超解像を可能とするのである．われわれは量子ドットを改良したが，他の研究グループでは，蛍光共鳴エネルギー移動[※3]を応用したSOFIや[8]，SOFIに適した蛍光タンパク質の改良も進んでいる[9,10]．

※3　蛍光共鳴エネルギー移動

密接した二種の蛍光分子の間で励起エネルギーが移動する現象．一方の蛍光分子が吸収した励起エネルギーが，蛍光を発さず（電磁波にならず），電子の共鳴により，もう一方の蛍光分子に移動し，そちらから蛍光が発せられる．

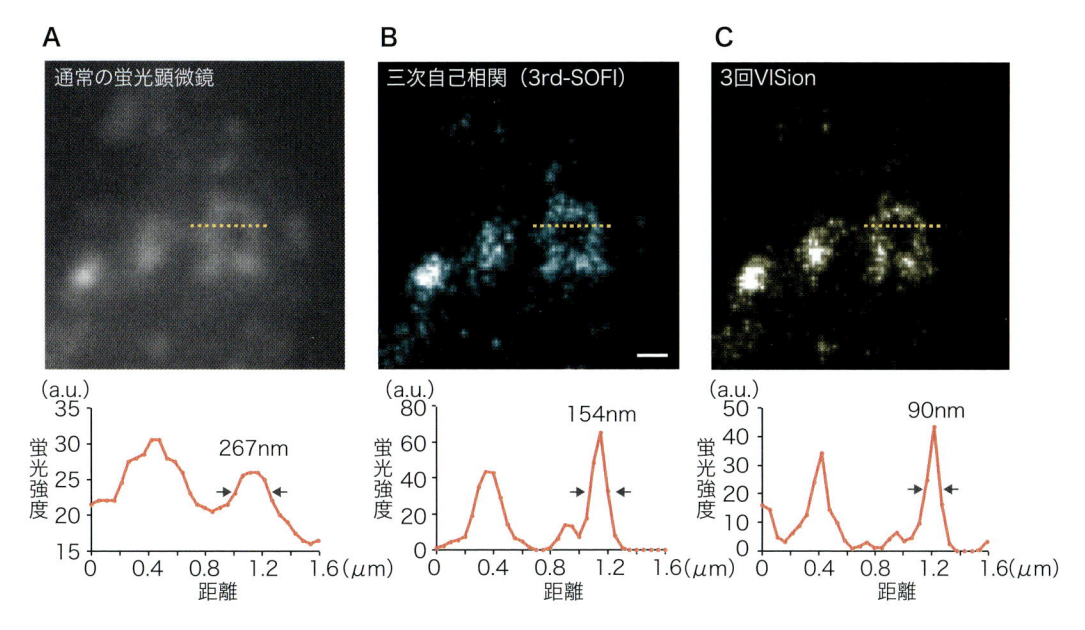

図4 明滅の激しい量子ドットを用いたSOFI/VISionの実践例

細胞内小胞を量子ドットで標識し，その様子を観察した．**A)** 通常の蛍光顕微鏡像．**B)** 三次自己相関（3rd-SOFI）．**C)** 3回VISion．それぞれのグラフは，比較的大きな小胞の断面（破線）における蛍光強度プロファイルである．グラフ内の数字は，半値全幅を表す．SOFIでは100枚の画像を，VISionでは20枚の画像を使用した．スケールバーは，500nmを表す．**A**と**B**は文献13より引用．

カメラの画素サイズを超えた解像度の達成

1. 交差キュムラントによるサブ画素解像

前述した内容は，各画素における時系列計算が基本となっている．数式上で分解能が向上するといっても，実際には画素サイズが分解能限界である．画素間における情報を補間し，実質的な画素サイズを小さくするためには，交差キュムラントを計算すればよい[11]．画素$\mathbf{r}_1$と画素$\mathbf{r}_2$の二次の交差キュムラント$XC_2(\mathbf{r}_1, \mathbf{r}_2, \tau_1, \tau_2)$を考えてみよう．

二次の交差キュムラントは，二次の相互相関として表すことができる．

$$XC_2(\mathbf{r}_1, \mathbf{r}_2, \tau_1, \tau_2) \\ = \sum_k U(\mathbf{r}_1-\mathbf{r}_k) \cdot U(\mathbf{r}_2-\mathbf{r}_k) \cdot \varepsilon_k^2 \\ \cdot \langle \delta s_k(t+\tau_1) \cdot \delta s_k(t+\tau_2) \rangle \quad (5)$$

点像分布関数$U(\mathbf{r})$をガウス分布関数で近似すると，$XC_2(\mathbf{r}_1, \mathbf{r}_2, \tau_1, \tau_2)$は以下の式に変形できる．

$$XC_2(\mathbf{r}_1, \mathbf{r}_2, \tau_1, \tau_2) \\ = U\left(\frac{\mathbf{r}_1-\mathbf{r}_2}{\sqrt{2}}\right) \cdot \sum_k U^2\left(\frac{\mathbf{r}_1+\mathbf{r}_2}{2}-\mathbf{r}_k\right) \cdot \varepsilon_k^2 \\ \cdot \langle \delta s_k(t+\tau_1) \cdot \delta s_k(t+\tau_2) \rangle \quad (6)$$

ここで，$(\mathbf{r}_1+\mathbf{r}_2)/2$は2つの画素の中間の位置を表しているため，この式は2画素の中央に配置した仮想画素における相互相関値を与える．二次のキュムラント（つまり二次の自己相関）と同様に，空間分解能が$\sqrt{2}$倍程度向上することもわかる．隣接する2つの画素を$\mathbf{r}_1$，$\mathbf{r}_2$とすることで，その2画素間に仮想的に画素を増やすことができる．畳み込み積分の外に$U\{(\mathbf{r}_1-\mathbf{r}_2)/\sqrt{2}\}$があるが，これは画素間距離で決まる定数なので，$XC_2(\mathbf{r}_1, \mathbf{r}_2, \tau_1, \tau_2)$を計算した後，$U\{(\mathbf{r}_1-\mathbf{r}_2)/\sqrt{2}\}$で割ることで，画素間補間が完了する．より高次の$n$次交差キュムラントは以下の式で表される．

$$XC_n(\mathbf{r}_1,\cdots,\mathbf{r}_n, \tau_1,\cdots,\tau_n)$$
$$= \prod_{j<l}^{n} U\left(\frac{\mathbf{r}_j-\mathbf{r}_l}{\sqrt{n}}\right) \cdot \sum_{k} U^n\left(\frac{\sum_{i}^{n}\mathbf{r}_i}{n}-\mathbf{r}_k\right) \cdot \varepsilon_k^n \quad (7)$$
$$\cdot w_k(\tau_1,\cdots,\tau_n)$$

高次の交差キュムラントを用いることで，画素間をさらに細かく補間することができる．このように，SOFIは，計測の結果として失ったはずの空間軸の情報を，時間軸の情報から数学的に抽出していることに他ならない．すなわち，「空間軸上の情報は変化しない」という仮定が成り立たなければならない．前述で，「前者は400msの，後者は80msの時間分解能で超解像の画像取得ができたといえる」と書いた．しかし，観察対象の動きは，その時間分解能よりも十分に遅い必要がある．そのためわれわれは，実際にSOFIを用いるときは，せいぜい秒オーダーでの超解像観察をお勧めする．

2. STORMとSOFIとの比較

類似概念をもととする超解像法であるSTORMも，用いたカメラの画素サイズを超えた分解能を達成できる方法である．最後にSTORMとSOFIとの性能比較について簡単に述べる．

STORMでは，蛍光プローブ一つひとつを独立に光らせ，その重心位置を一つひとつ計算していく．その空間分解能はその重心位置計算精度で決定される．しかしながら，実際のところ，この「一つひとつ」という条件がクセ物である．例えば，一つひとつの蛍光プローブが100nmごとに置かれていたなら，それを超える空間分解能は達成できない．STORMにおいて，蛍光プローブの標識密度は，空間分解能に直結しているのである．これは，SOFIにおいても同じ問題である．また，STORMでは，点の集まりから画像がつくられてしまうために，標識密度のバラツキによって像の再生精度が低下する．SOFIでは，各画素には蛍光強度の代わりに重み変数 $w_k(\mathbf{r},\tau_1,\cdots,\tau_{n-1})$ が割り当てられ，プローブ間の蛍光ゆらぎのバラツキにより像の再生精度が低下する．

同程度の標識密度で同じ枚数の画像を用いた場合で，STORMとSOFIとの性能を比較すると，2点分解能はSTORMが勝り，像の再生精度はSOFIが勝る．SOFIにおける実効キュムラントオーダーは，せいぜい四次であり，高開口数の対物レンズを用いたとしても，空間分解能は50nm程度に留まる．STORMの空間分解能は，標識密度によるといっても，20nm程度であれば簡単に達成される．詳細は，Geissbuehlerらの報告を参照していただきたい[12]．STORMとSOFIのどちらを選択すべきか迷うときには，像の復元性と空間分解能との兼ね合いを考慮してほしい．

おわりに

本項冒頭で紹介したさまざまな超解像法には，それぞれ長所と短所がある．SOFIは，空間分解能という点だけについていえば，STORM/PALMにはおよばず，時間分解能もSTEDにおよばない．しかしながら，他の超解像法と比べると圧倒的に簡便である．SOFIは，相関計算のために複数フレームを必要とするものの，高額な装置を必要としない．VISionを含む低次のSOFIは，高開口数の対物レンズと動画を取得できる蛍光顕微鏡があれば，後は簡単な画像処理ソフトウェアで可能なので，ぜひとも試していただきたい．

◆文献

1) Hell SW & Wichmann J : Opt Lett, 19 : 780-782, 1994
2) Fujita K, et al : Phys Rev Lett, 99 : 228105, 2007
3) Gustafsson MG : J Microsc, 198 : 82-87, 2000
4) Rust MJ, et al : Nat Methods, 3 : 793-795, 2006
5) Betzig E, et al : Science, 313 : 1642-1645, 2006
6) Dertinger T, et al : Proc Natl Acad Sci U S A, 106 : 22287-22292, 2009
7) Watanabe TM, et al : Biophys J, 99 : L50-L52, 2010
8) Cho S, et al : Sci Rep, 3 : 1208, 2013
9) Dedecker P, et al : Proc Natl Acad Sci U S A, 109 : 10909-10914, 2012
10) Zhang X, et al : ACS Nano, 9 : 2659-2667, 2015
11) Dertinger T, et al : Opt Express, 18 : 18875-18885, 2010
12) Geissbuehler S, et al : Biomed Opt Express, 2 : 408-420, 2011
13) Ichimura T, et al : Front Physiol, 5 : 273, 2014

原理・応用編　第2章　応用的な超解像イメージングと関連技術

1 高い時間分解能と空間分解能をもつSCLIM
—高速超解像4Dライブイメージングによる膜交通の解析

中野明彦

> 超解像イメージングは，これまで電子顕微鏡でなければ観察できないと考えられていた100nm以下の微細な世界を光学顕微鏡で見せてくれる．光学顕微鏡を用いるからには，生きた細胞でダイナミックに動いている様子を観察したいというのが心情というものだろう．しかし，既存の超解像技術はライブイメージングに十分適しているだろうか．われわれが開発したSCLIM※はその疑問と要望に対する1つの回答である．本項ではSCLIMの原理と装置，SCLIMを用いて解明した膜交通の驚くべきメカニズムについて簡単に紹介する．

はじめに

筆者は，細胞内膜交通（小胞輸送）の研究を長年進めるうちに，生きた細胞のなかでの細胞小器官や小胞の動きを実際に目で見たいという強い欲求から，これまでにない新しい顕微鏡システムの必要性を感じ，高速高感度共焦点レーザー顕微鏡の開発を行うに至った．それが経済産業省のNEDO（新エネルギー・産業技術総合開発機構）の「ダイナミックバイオ」プロジェクト（2002〜2007年）で，横河電機社，NHK放送技術研究所（NHK技研），日立国際電気社と協力して製作したプロトタイプシステムである．これを用いて酵母のゴルジ体の槽成熟を証明した[1]ことにより，本システムの有用性は大きく注目されることになった．また，100nmを切る三次元（3D）空間分解能をもちながら1立体（20μm×20μm×5μm）あたり数秒の時間分解能で動画を撮像したこと[1]は世界をあっと驚かせた．その後，さらにシステムを改良し，性能を向上させて，SCLIMというニックネームで開発を続けている[2]．2016年4月現在，実用化のための予算を文部科学省/JSTから得て，近い将来にベンチャー企業を立ち上げて商品化する予定である．本書の発行に間にあえば実践編第2章で市販機の1つとして紹介したいところであったが，もう少し時間がかかりそうなので，本項をご覧になった方は，ぜひSCLIMの商品化のニュースに注目しておいていただきたい．

本項では，SCLIMの開発コンセプト，原理と装置の概要について述べ，またSCLIMを用いて得た成果のいくつかを簡単に紹介する．

※　SCLIM

super-resolution confocal live imaging microscopyの略．スピニングディスク式高速共焦点スキャナ，Z軸高速精密位置制御装置，多色完全同時分光システム，冷却イメージインテンシファイア，高速高感度カメラシステムを組合わせ，高速（高時間分解能）の3D動画を得る．高精密な取得画像データをデコンボリューションすることにより超解像を得る．

257

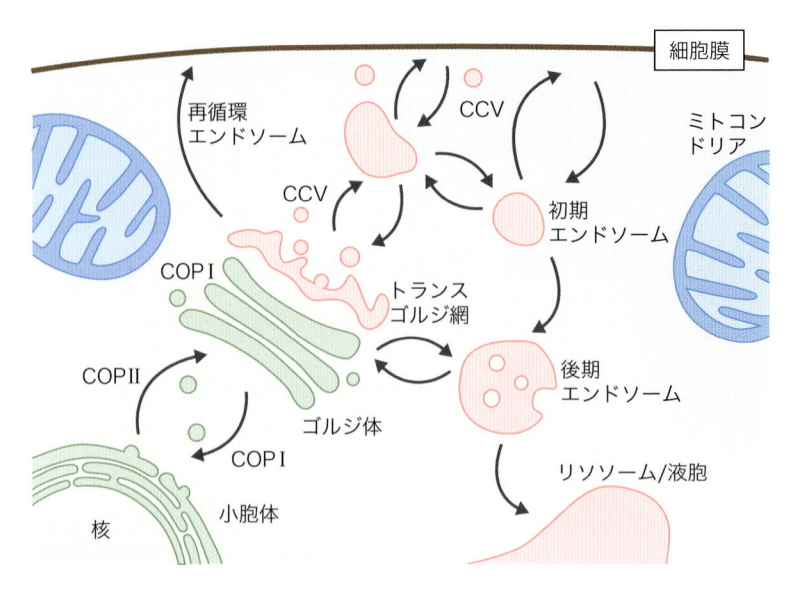

図1　さまざまな小胞が働く細胞内膜交通
COPⅠ：COPⅠ小胞（ゴルジ体→小胞体およびゴルジ体内），COPⅡ：COPⅡ小胞（小胞体→ゴルジ体），CCV：クラスリン被覆小胞（トランスゴルジ網→エンドソーム，および細胞膜→エンドソーム）．

SCLIMの原理と装置

1. 小胞輸送のライブイメージングの条件

　小胞輸送を担う小胞には，COPⅡ小胞，COPⅠ小胞，クラスリン被覆小胞などいくつかの種類がある（図1）が，その大きさは通常直径50～100nm程度で，光学顕微鏡の回折限界より小さい．筆者が小胞輸送のライブイメージングをめざそうと考えた1995年ごろには，小胞は電子顕微鏡でないと観察できないと考えられていた．しかし，GFPによるライブイメージングが新しい世界を拓きつつあり，蛍光の精密観測によって回折限界を超える方法があるような気がしていた．空間分解能への挑戦である．また，誰も小胞の動きをライブで観察したことがないのでどの程度の速さで動いているか想像もできなかった．ただし，ミオシンやキネシン，ダイニンなどのモータータンパク質の能力から推定するに μm/秒程度は十分にありえることで，それを追跡するには相当高い時間分解能が必要なはずである．1つの小胞に載せられるGFP融合タンパク質の数は限

表　小胞輸送のライブイメージングに必要な顕微鏡の条件

- 微小オルガネラの観察（高い空間分解能）
- 動きが速い分子の観察（高い時間分解能）
- 1分子レベルの観察（高い検出感度）
- 三次元での挙動解析（3Dシステム）
- 分子識別（分光システム）

られているだろうから，当然非常に高い検出感度も必要になるだろう．また，小胞は細胞内の空間を自在に駆け巡るだろうから3Dでの観察は必須である．さらに，緑色1色でできる解析は限られているので最低2色，できればより多色の観察がしたい．この要求を満たす顕微鏡には表のような条件をすべて同時に満たすことが必要である．

2. スピニングディスク式共焦点スキャナと超高感度カメラ

　そのような無謀ともいえる要求を同時に満たす装置

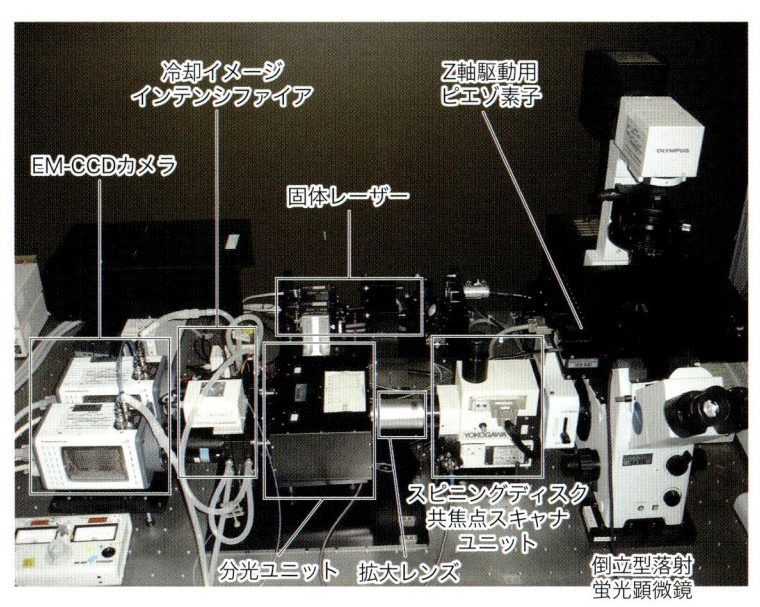

図2 SCLIM装置
文献2より引用.

がいったい可能なものかと考えているときに，横河電機社が発明したスピニングディスク式（ニポウ板式）共焦点スキャナと出会った．これは，1秒間に1,000～2,000枚の2D撮像を可能にする超高速共焦点スキャナで，今ではライブイメージングには欠かせない方式として世界中に普及している．実際に使っておられる方も多いことだろう．問題は，その高速性を生かすための検出系の高感度化である．スピニングディスクの共焦点像は実像を結ぶので，それを直接カメラで受ければよいのだが，当初普及しつつあったCCDカメラでは到底感度が足りず，光電子増倍デバイスであるイメージインテンシファイアの助けを借りてもなかなか思うような動画の撮像は叶わなかった．

そんななか，NHK技研が放送用に開発した超高感度カメラHARPを試してみる機会を得て，大きな可能性を感じてNEDOのプロジェクトに応募したのがSCLIMの開発のはじまりである[3]．2004年ごろにすでに稼働していたプロトタイプ機で，酵母のゴルジ体の1つ1つの槽の性質が，シス→メディアル→トランスへと時間とともに変化していくことを明らかにした．それにより10年以上続いていたゴルジ体内タンパク質輸送に関する大論争に終止符を打ったのは，ライブイメージングでなくては達成できなかった大きな成果であった[1)4)5]．

その後，カメラの性能の進歩は著しく，EM-CCDカメラ，sCMOSカメラなど，より高感度で高速のカメラが続々と登場している．われわれも，それに応じてシステムを改良し，SCLIM-I，SCLIM-IIへと新世代のシステムを製作し続けている．

3. SCLIMの概要

図2に，SCLIMの装置の概要を示す[2]．顕微鏡は市販の倒立型落射蛍光顕微鏡を用いているが，3D観察のためにはZ軸の駆動制御が重要で，自ら開発した超高速精密制御が可能なピエゾ素子を対物レンズの根元に装着し，数十～数百nm刻みの2D観察を1/3～1/10秒ごとに積み重ね，サブ秒～数秒で1立体分の画像データ取得を可能にしている．蛍光励起には複数の固体レーザーを用いるが，これは観察する蛍光プローブによって使い分ける．例えばGFP用には475nm，RFP用には561nmのレーザーをビームコンバイナーで結合して光ファイバーで導入している．生細胞試料から発する蛍光シグナルは，スピニングディスク共焦点スキャナユニット（CSU10またはCSU-X1，横河電機社）のダイクロイックミラーを通過して検出系に入り，

拡大レンズで拡大後ここでさらにダイクロイックミラーとバンドパスフィルターからなる分光ユニットで分光を受ける．このダイクロイックミラーも独自の設計と製作によるもので，青，緑，橙，赤，近赤外など，蛍光プローブの蛍光スペクトルに応じて精密なウインドウを設定することができ，3～5色の完全同時観察を可能にする．それぞれのチャネルに入った画像シグナルを，冷却イメージインテンシファイアで増倍し，高感度カメラで観察する（SCLIM-IではEM-CCD，SCLIM-IIではsCMOS）．

ここで重要なのが冷却イメージインテンシファイアで，市販品をベースにするが，-20℃くらいまで冷却することでノイズを劇的に低減し，S/N比を悪化させずに大きな増倍をかけることが可能になる．その結果，もともとの試料中の極微弱なシグナルもカメラで検出することができる．この技術は，第2世代のSCLIM，SCLIM-IIでさらに活かされ，より優れた時空間分解能の達成につながっている．

以上のシステムにより，サブ秒～数秒に1立体分の画像データ（Z stack）をコンピューターメモリに保存し，撮像終了後に3Dレンダリング，3D動画の作製を行う．超解像の実現は，これ以降のプロセスになる．

4. 超解像の取得

顕微鏡観察によって実際に得られる3D画像は，真の輝点の空間情報に顕微鏡の光学系で規定される点像分布関数（point spread function：PSF）を畳み込み積分（convolution，コンボリューション）したもので表される．つまり，PSFの精密な測定がなされていれば，得られた3D画像からこのPSFを用いて畳み込み積分の逆演算（deconvolution，デコンボリューション）を行って，真の輝点の位置が精密に求められることになる．実際には，顕微鏡の光学系がもつ高周波数領域の帯域制限により，超解像の情報は一部失われてしまっているのであるが，一定の境界条件下では，この失われた帯域を回復し，分解能を上げることができる[6]．実際に，SCLIM-Iでは，DNA折り紙（理研生命システム研究センター 岩城光宏博士より恵与）を物差しとして71nm間隔の蛍光シグナルが分離できることを実証した．SCLIM-IIでは，検出系の改良により，高速化に加えてさらに優れた空間分解能が達成できる可能性があり，現在，理論と実験の両方から検証を進めている．

はじめに述べたように，現在このSCLIMを商品として提供できるよう，ベンチャー企業の起業計画を着々と進めている．

SCLIMによる膜交通の解析

1. SCLIMによってもたらされた衝撃

SCLIMのプロトタイプが2004年に稼働しはじめてからというもの，筆者の研究スタイルは大きく変わってしまった．もともと学生時代には生化学と生物物理学を学び，また研究者の道を歩むようになってからは遺伝学の威力に魅せられて，膜交通の分子機構を明らかにするためには遺伝学による役者の同定と，生化学によるその機能の再構成が王道と信じて疑わなかった（もちろん今でもそれは一面の真実には違いないのだが）．その結果組み立てたモデルの検証に四苦八苦し，違うモデルが出てくるとああだこうだと論争ばかり続く世界が，自分のたった1つの動画で決着してしまう衝撃は並大抵のものではなかった．詳しいことはこれまでにいろいろなところに書いたので割愛するが，ゴルジ槽が安定な区画でその間を積荷タンパク質が小胞によって運ばれていくという，一時は世界中が信じ，すべての教科書に載っていた図を，全面的に否定してしまったのである[1,4,5]．見ることによって何が起こっているかを明瞭に示すことができる．これほど説得力のある方法論が他にあるだろうか．超解像ライブイメージングに対する期待は大きくなるばかりである．

2. ゴルジ体シス槽のERESへのハグ&キス

教科書に載っているモデルを大きく書き換える最近の発見をもう1つ紹介する．ゴルジ槽成熟が証明され

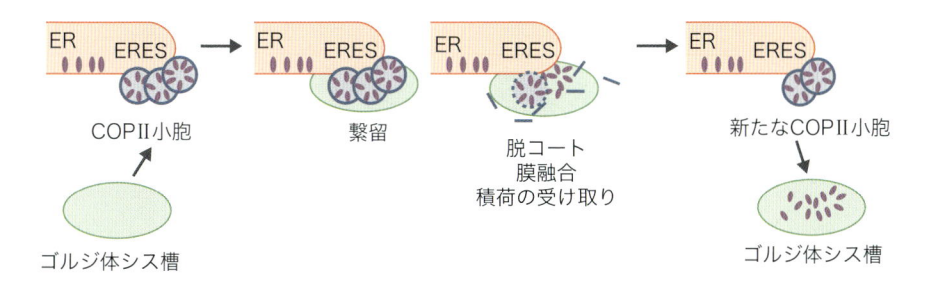

図3 ERESにゴルジ体シス槽が接触し積荷を直接受けとる「ハグ＆キス」モデル
従来信じられていたCOPⅡ小胞が小胞体から形成され細胞質に遊離するモデルとは全く異なり，ゴルジ体シス槽が小胞体に接近，接触し，積荷を直接受けとることが明らかになった．ER：小胞体．ERES：ER exit sites．文献7より引用．

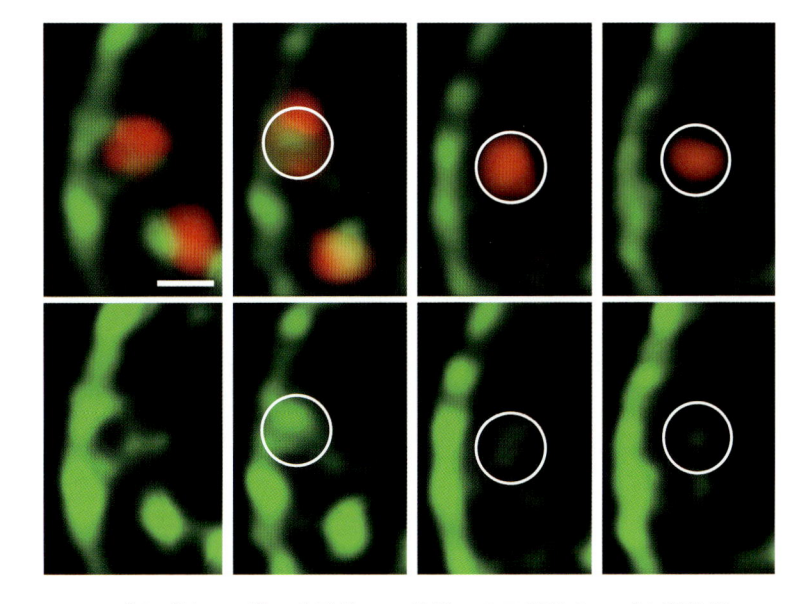

図4 ゴルジ体シス槽の小胞体への接触による積荷タンパク質輸送
上段は緑と赤の蛍光の同時観察．下段は同じデータの緑のチャンネルだけを抜き出したもの．白い円で示した部分から，ゴルジ体シス槽（赤）が小胞体から離れるときに積荷タンパク質（緑）を受け取っていることがわかる．3.5秒ごとの3Dタイムラプス画像．スケールバー：500nm．文献11より引用．

て1つの論争は解決したものの，次々に新しい疑問が生じて，新たな論争に事欠かないのが膜交通の世界である．例えば，オリジナルの槽成熟モデルでは，ゴルジ体シス槽はCOPⅡ小胞とCOPⅠ小胞が融合することによって*de novo*に生じると考えた[5]．本当にそうなのだろうか．われわれの研究室の黒川は，酵母のCOPⅡ小胞が形成される場であるERES（ER exit sites）をライブイメージングしているうちに，COPⅡ小胞がERESから遊離してゴルジ体に移動していくのではなく，逆にゴルジ体のシス槽がERESに接近，接触して，形成されたばかりのCOPⅡ小胞から積荷を受けとって離れていくことを発見した[7]（図3，4）．もう何十年もの昔から，小胞体から小胞が生じ，これがゴルジ体に移動することによって分泌タンパク質が運

ばれることが，分泌過程の第一歩であると信じられ続けてきた．筆者自身もそのように信じ，総説でもそのような図を描き，授業でもそう教え続けてきたが，何ということだ．

しかし，考えてみると，この現象は非常に理にかなっている．小さな小胞が細胞質に放出され，ふらふらと漂ってゴルジ体をみつけるというのは，どうみても非効率だし，正確に積荷を輸送するという安全性からみてもよい方法とは思えない．また，実験的にも，遊離したCOPⅡ小胞は電子顕微鏡でもほとんど観察されないという事実が，実は専門家の間ではよく知られていた．ゴルジ体が小胞を迎えにくる方が，効率という意味でも安全性という意味でも優れている．また，植物ではそもそもゴルジ体がERESの直近に位置していることが以前から知られていたし，高等動物でも，ERGICとよばれる幼若なゴルジ体がやはりERESの近傍に位置することがわかってきた．COPⅡ小胞はできるや否やすぐに次の区画に渡すというのが，真核細胞の基本的な戦略ではないかと思われる．

このゴルジ体が小胞体のERESに接近，接触して積荷を受け取る現象を「ハグ＆キス」と名付けた（図3, 4）[7]．似たような言葉に「キス＆ラン」があるが，こちらは少し違う意味に使われていて誤解を招く恐れがあるし，何だか「やり逃げ」みたいなこの言葉より「ハグ＆キス」の方がずっとロマンチックに違いない．

3．今後の展開

SCLIMは，われわれにとって非常に重要なツールとなり，他にも，酵母のERESが小胞体の曲率の大きな膜ドメインに存在すること[8]，植物のゴルジ体足場構造（植物ERGIC）とERESの親密な関係[9]，植物のトランスゴルジ網がゴルジ体とは独立のダイナミックな挙動を示すこと[10]，そして葉緑体チラコイド膜の超解像ライブイメージング（データ未発表）など，さまざまな研究に用いられている．われわれだけで独占するのはあまりにもったいないので，近ごろではさまざまな共同研究を積極的に進めているし，近い将来には，顕微鏡システムを商品として提供するだけでなく，すでにもっている顕微鏡システムをSCLIM化するコンサルティングや，サンプルのもち込み，依頼測定に応じる事業もはじめたいと考えている．

おわりに

超解像技術はこの数年で非常にポピュラーなものになりつつある．さまざまな市販機が登場しているし，2014年のノーベル化学賞も大きな刺激になっているだろう．しかし，現在市場に出ている方式の多くは，空間分解能の向上を主に追求し，時間分解能についてはかなりの犠牲を強いている．比較的速く撮像できる構造化照明法でも，実際にライブ試料で見てみると，もっと速い方法が欲しいと思われる方が多いだろう．現状では，SCLIMは高い空間分解能と高い時間分解能を同時に達成できる数少ない方法論の1つである．細胞内の速い現象をライブイメージングしたいとお考えの方には，第一の選択肢になるに違いないと信じている．早く商品を出してほしいという要望に応えるべく，2016年4月現在鋭意努力中であるので，乞うご期待．

なお，SCLIMの開発には当チームの市原昭氏の貢献がきわめて大きい．また本項執筆に当たり，チーム内の黒川量雄，宮代大輔の両氏から貴重な意見をいただいた．合わせてここに感謝する．

◆ 文献・URL

1) Matsuura-Tokita K, et al：Nature, 441：1007-1010, 2006
2) Kurokawa K, et al：Methods Cell Biol, 118：235-242, 2013
3) Nakano A：Cell Struct Funct, 27：349-355, 2002
4) Malhotra V & Mayor S：Nature, 441：939-940, 2006
5) Nakano A & Luini A：Curr Opin Cell Biol, 22：471-478, 2010
6) 中村 収：「超解像の光学」（河田 聡／編），pp97-119，学会出版センター，1999
7) Kurokawa K, et al：Nat Commun, 5：3653, 2014
8) Okamoto M, et al：J Cell Sci, 125：3412-3420, 2012
9) Ito Y, et al：Mol Biol Cell, 23：3203-3214, 2012
10) Uemura T, et al：Plant Cell Physiol, 55：694-703, 2014
11) ゴルジ体シス槽は小胞体に接触し積荷タンパク質を受け取る（http://www.riken.jp/pr/press/2014/20140414_2/），理化学研究所プレスリリース，2014

原理・応用編　第2章　応用的な超解像イメージングと関連技術

2 超解像深部ライブイメージングを可能にする補償光学
―光の乱れを補正する超解像システム

玉田洋介，早野　裕，服部雅之

　細胞や組織を生きたまま観察するライブイメージングの際に，組織の奥を観察しようとすればするほど像がぼけてしまう経験はないだろうか．これは，光が複雑な構造の細胞や組織を通過する過程で乱されることに起因する．超解像顕微鏡は，精密な光の配置や計算などによって超解像性能を達成するため，光の乱れに繊細であり，深部ライブイメージングの際の像の劣化はより深刻である．この問題を解決できると期待されているのが，天文学にて発展してきた補償光学である．本項では，補償光学の概要と，補償光学をライブイメージングに適用する際の要点を概説する．

はじめに

1. 蛍光ライブイメージング

　蛍光タンパク質の発見や蛍光プローブの開発によって，分子や細胞内小器官の動態を生きた細胞や組織内で捉えることが可能となった．こうした技術は蛍光ライブイメージングとよばれ，分子生物学の研究に欠かせぬものになりつつある．現在は，より高解像度，より広範囲の蛍光イメージングに向けて活発な研究が行われている．「より高解像度」をめざす研究の代表が超解像顕微鏡である．すでに他項にて詳述されているのでここでは最小限の記述に留めるが，精密な光の配置や蛍光分子の特性の利用，計算などによって光の回折限界を超えた解像度の蛍光イメージングが行えるようになった．「より広範囲」については，光障害を最小限に留めつつ高速に組織の三次元像を取得するライトシート型顕微鏡などの顕微鏡が開発されてきた（原理・応用編 第2章4参照）．

2. 深部ライブイメージングの問題点

　生きた細胞や組織深部における「より高解像度」のライブイメージングの際に問題になるのが，観察対象でもある細胞や組織そのものに起因する光の乱れである．生きた細胞や組織には屈折率の異なるさまざまな構造や小器官が複雑に存在している（図1A）．光が細胞や組織を通過すると，屈折率の異なる2種類の媒質の境界で屈折する．それに加えて，生体内には光の波長付近かそれ以下のサイズの多糖の結晶や油滴など，光を散乱させる構造体も存在する．こうした屈折や散乱によって光が乱され，生きた細胞や組織の奥を観察しようとすればするほど像が乱れかつ薄くぼんやりとなってしまう．それを示す一例として，植物細胞を用いた点像分布関数（point spread function：PSF）[※1] 解析の結果を図1Bに示す．

[※1]　**点像分布関数（point spread function：PSF）**
一点から発した光が，特定の媒質や光学系を通過した後に結像した場合，どのような分布を取るかを示したもの．生体や大気揺らぎなど媒質における揺らぎの計測や，光学系の評価に用いる．

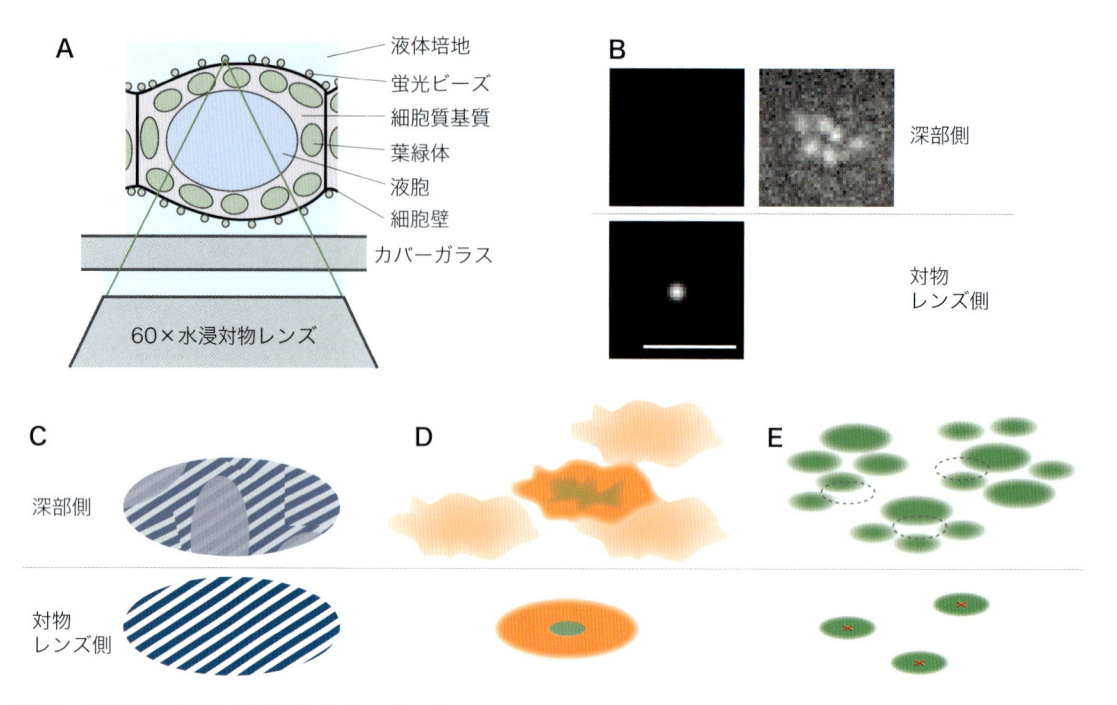

図1 植物細胞深部の超解像イメージング

A) 植物細胞を通過した光のPSFを解析した実験の模式図．一層の生きた植物細胞（ヒメツリガネゴケ葉細胞）に390nmの蛍光ビーズを貼り付けて，全視野蛍光顕微鏡を用いて観察した．縮尺は実際とは異なり，特に植物細胞が大きく描かれている．**B)** 植物細胞を通過した光のPSFの一例．上の2枚は対物レンズ側から見て遠位（深部）の細胞表面に貼り付いた蛍光ビーズ像．下の1枚は対物レンズ側の細胞表面に貼り付いた蛍光ビーズ像．上左図と上右図は同じ図であるが，上左図は明るさを下図にあわせたもの．細胞を通して観察すると，暗いうえにビーズの像が斑状にぼやける．スケールバーは2μm．**C) 〜 E)** 植物細胞の対物レンズ側（下）と深部側（上）を，それぞれSIM（**C**），STED顕微鏡（**D**），STORM（**E**）で観察した場合の模式図．**B**の上図のPSFを参考にしたイメージ図を示す．**C**ではSIMにおいて焦点面に照射される構造化照明（▨）を，**D**ではSTED顕微鏡において焦点面に照射される励起光（●）とSTED光（●）を，**E**ではSTORMにおいて焦点面の3分子から得られる蛍光像（●）とそこから推定された蛍光タンパク質の位置（×）を，それぞれ示す．**E**上図の◌は，3分子の蛍光タンパク質から得られる本来のPSFを示す．

この像劣化の問題がさらに深刻なのが，超解像顕微鏡である．超解像顕微鏡では，精密な光の配置や計算などによって超解像性能を達成するため，光の乱れに脆弱である（図1C〜E）．わずかな光の乱れが，SIMの構造化照明を乱してしまい（図1C），STED顕微鏡のドーナツ型のSTED光の穴をつぶしてしまい（図1D），1分子局在化顕微鏡（STORM，PALM）による分子位置の正確な推定を不可能にしてしまう（図1E）．すなわち，これらの顕微鏡は，生きた細胞や組織の表面，カバーガラスの近傍でしか完全な超解像性能を発揮できない．この厄介な問題を解決して，細胞や組織の深部においても超解像ライブイメージングを可能にすると期待されている技術が，補償光学（adaptive optics：AO）である．

補償光学の原理

1. 揺らぎを補正する補償光学

補償光学は，地上望遠鏡を用いた天体観測の際に，大気の揺らぎによる天体像の劣化を補正するために用いられ発展してきた．童謡「きらきらぼし」（武鹿悦

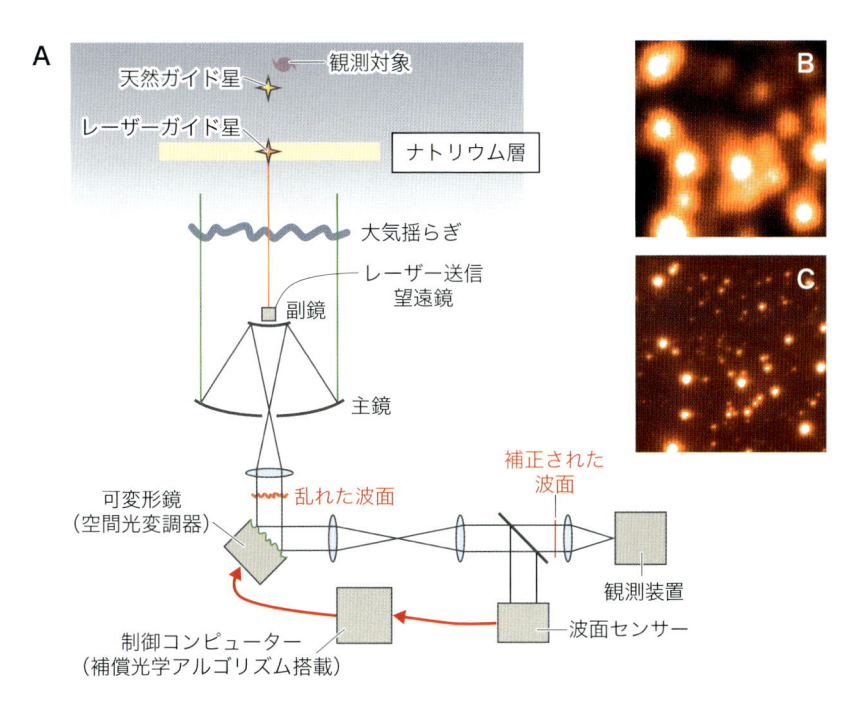

図2 天文補償光学とその効果
A) レーザーガイド補償光学系を備えた望遠鏡の構成例．波面を測定するための十分に明るい天然ガイド星があれば理想的だが，天然ガイド星がみつからない場合は上空約90kmに存在するナトリウム層をレーザー励起して得られる人工のレーザーガイド星を用いることもできる．**B) C)** すばる望遠鏡188素子レーザーガイド補償光学系を用いた銀河中心の観測例．補正なし（**B**）と補償光学による補正あり（**C**）をそれぞれ示す．写真提供：国立天文台．

子/訳詞）の歌い出し「きらきら光る お空の星よ」はよく知られているが，きらきら瞬いているのは星の光そのものではなく大気の揺らぎによるものである．この大気揺らぎによる星の瞬きを補償光学によって補正することで，地上望遠鏡の大口径を生かした高解像観測が可能となる[1) 2)]※2．ここでは，最先端の天体観測に必要不可欠となっている天文補償光学を例に取りつつ，補償光学の原理を概説したい．

2. 補償光学系の基本動作

補償光学系の基本要素は波面センサー，制御コンピューター，空間光変調器※3からなる（図2A）．また，光の波面を計測するための参照光源として，観測対象そのもの，あるいは観測対象が暗い場合は近くに明るいガイド星が必要となる．補償光学系の動作を説明すると，まず大気揺らぎによって受ける光の乱れを計測するために，参照光源からの光の波面を波面センサーで計測する．その波面情報をもとに制御コンピュー

※2 地上望遠鏡・宇宙望遠鏡
宇宙に望遠鏡を設置すれば，大気揺らぎの影響がなく常に精細な観測ができる．しかし，宇宙望遠鏡はきわめて高額であり，さらに解像度を決定する主鏡1枚のサイズが打ち上げるロケットに格納できる大きさに制約されてきた（ハッブル宇宙望遠鏡で約2m）．そのため，地上望遠鏡（すばる主鏡は約8m）で補償光学が動作できれば，より高解像の観測が可能である．

※3 空間光変調器
複数の可動素子（actuator）に変形可能な薄い鏡を貼り付けた可変形鏡，あるいは電気信号によって各素子における液晶の傾きを制御することで光の位相を変調する液晶光位相変調器が主に用いられている．一般に，前者は高速，大ストローク，色収差なし，偏光依存性なし，後者は多素子，低電圧駆動が可能という利点をもつ．

ターが補正量を計算し，空間光変調器をフィードバック制御する（図2A下部の→）．空間光変調器は複数の素子からなり，それらが別々に制御され光の波面を変調することで乱された波面が補正される．補正された光波面の残差は波面センサーによって再び計測され，それをもとに空間光変調器がさらにフィードバック制御される．このくり返しはクローズドループとよばれ，これによって乱された光の波面が補正されて平らな波面に近づいていき，参照光源周辺について鮮明な天体像が得られる（図2B, C）．

こうした補償光学の原理は，天体観測のみならず，媒質に存在する揺らぎによって光が乱されるあらゆる光学系，例えばライブイメージングや眼底観察，空間光通信などに適用が検討されている．補償光学をライブイメージングに適用できれば，生きた細胞や組織によって乱された光を補正することで，細胞や組織深部におけるイメージングの精度向上が期待される．

補償光学のパラメーター

補償光学を用いたライブイメージングに話を進める前に，補償光学系における最も重要な3つのパラメーターについて，すばる望遠鏡における補償光学系[2]を例にあげつつ述べておきたい．

1. 空間光変調器・波面センサーの素子数と参照光源の明るさ

空間光変調器の素子数によって，どのくらい細かい揺らぎまで補正できるかが決まるため，空間光変調器の素子数は補償光学の精度を決定するうえで最も重要なパラメーターの1つである．しかし，闇雲に空間光変調器の素子数を増やしても意味がない．細かい揺らぎを補正するためには，波面センサーの素子数も空間光変調器に合わせて増やして，細かい揺らぎを計測する必要がある．しかし，波面センサーは一般に参照光源の光の波面を分割して測定するため（例として図3Bを参照），波面センサーの素子数を増やすには，光の分

割に耐えられるだけの参照光源の明るさが必要となる．逆に，波面センサーの素子数が少ない場合は，波面揺らぎの計測精度が落ちるため補正の精度も低下するが，参照光の分割数が減るため暗い参照光源でも波面が計測できるという利点がある．

以上のことから，媒質における揺らぎと，そこを通過する光の乱れを十分に理解したうえで，必要な補正の精度と期待される参照光源の明るさを天秤にかけて，最適な波面センサーと空間光変調器の素子数を決定する必要がある．国立天文台がハワイ島マウナケア山の山頂に設置したすばる望遠鏡では，12.5等星までの星をガイド光源として利用して，大気揺らぎによる光の乱れの大部分を計測できる波面センサーと，同じく光の乱れの大部分を補正できる188素子の可変形鏡を用いている．

2. 空間光変調器のストローク

ストローク（stroke）とは空間光変調器が補正できる最大の光路長を示す．例えば，ストロークが1 μm である空間光変調器の場合，波長500nmの緑色光について，最大でちょうど2波長分の光の乱れを補正することができる．もし，光波面の乱れがストロークよりも大きい場合，十分な補正効果を得ることができない．そのため，光の乱れを十分に計測したうえで，それを補正可能なストロークをもつ空間光変調器を用いる必要がある．すばる望遠鏡など各地の地上望遠鏡では，大気揺らぎによる光の乱れを十分に補正できるように数 μm 程度のストロークをもつ可変形鏡を用いている．

3. クローズドループのスピード

観察対象の動きが速い場合であっても，光が通過する媒質が動かない場合は，一度補償光学系を動作させて補正量を決定した後，空間光変調器を固定したままタイムラプス撮像を行えば問題ない．しかし，媒質における揺らぎそのものが移動する場合は，それを十分に補正するために，揺らぎが波面センサーの1つの素子内を完全に移動する速度の数倍，理想的には10倍以

上の速度のクローズドループが必要となる．地上望遠鏡を用いた天体観測の場合，大気揺らぎは数十Hzという非常に速い速度で波面センサーの各素子を移動する．そのため，すばる望遠鏡では高速制御が可能な可変形鏡と高速の補償光学制御アルゴリズムを開発することで，1kHzという高速のクローズドループを可能にしている．

生きた生物試料のライブイメージングへの適用

1. 補償光学顕微鏡

補償光学を顕微鏡観察に適用するための研究は，2000年代初頭の英国Oxford大学のBoothらによる研究を皮切りに，2010年前後から特に活発化してきた．本項において特筆すべきは，超解像顕微鏡の開発者の1人であり，2014年ノーベル化学賞受賞者である米国Janelia Research CampusのBetzigらが補償光学顕微鏡の研究開発についても世界トップランナーであることである[3]．超解像顕微鏡の研究開発を行ってきたBetzigだからこそ，補償光学の重要性に気づいたのではないだろうか．また，超解像顕微鏡に補償光学を適用する研究については，STEDやSTORMについて論文が出はじめており[4)5)]，これから研究が活発化すると考えられる．

われわれは，補償光学を植物細胞のライブイメージングに適用すべく，2011年度より基礎生物学研究所と国立天文台との共同研究を開始した[6)7)]．図3Aには，その共同研究をもとにした補償光学顕微鏡の構成例を示す．この構成の場合，「励起撮像装置」と書かれた部分に適切な光学系や機器を配置することで，共焦点顕微鏡，2光子顕微鏡，超解像顕微鏡，微分干渉顕微鏡など，多様な顕微鏡として用いることができるという利点がある．また，波面センサーに参照光以外の光が入射して，波面がうまく計測できないという問題が浮上したため，波面計測光路に視野絞りを配置することで（図3），参照光以外の光をさえぎって，安定した波面計測を可能とした[2)7)]．

ここでは，われわれの共同研究の体験をもとに，天文学にて発展してきた補償光学をライブイメージングに適用する際の要点について，天体観測とライブイメージングとの違いに着目しつつ概説したい．

2. 参照光源

天体観測の場合，参照光源は観測対象自身を用いることが理想的である．観測対象が暗くて参照光源として使えない場合は，近傍の明るい星をガイド星として使う．それもない場合は，地上約90kmに存在するナトリウム層をレーザーで励起して得られる人工のレーザーガイド星を用いて補償光学系を動作させることが可能となっている（図2A）．

それに対して，ライブイメージングの際には，観察対象の近傍に必ずしも参照光源として利用できる光源があるわけではない．どのように参照光源を配置するかが重要かつ困難な点の1つである．対策としてミトコンドリアやペルオキシソームなどの小型の細胞内小器官を蛍光タンパク質などで標識して，参照光源として用いる方法が考えられる．また，自家蛍光を発する物質を，レーザーガイド星の要領で励起し点に近い光源を得て，それを参照光源として用いることが可能である[8]．われわれは，ヒメツリガネゴケ葉細胞の葉緑体に対して，緑色レーザーを空間光変調器を介して入射し（図3A），得られた蛍光を用いて補償光学系を動作させることで，励起光と蛍光の両方に対して補正を行うことに成功している[2)7)]．

3. 多様な観察対象

天体観測の場合，光を乱すのは大気揺らぎである．大気揺らぎやそこを通過した光の乱れの特性はよく研究されており，それを補正するための補償光学系が各地の望遠鏡に設置されてきた．しかしながら，ライブイメージングの場合は観察したい対象が哺乳類の臓器，昆虫の胚，植物細胞などさまざまであり，その光学特性やそこを通過する光の乱れが試料ごとに著しく異なることは想像に難くない．このことは，最適な空間光

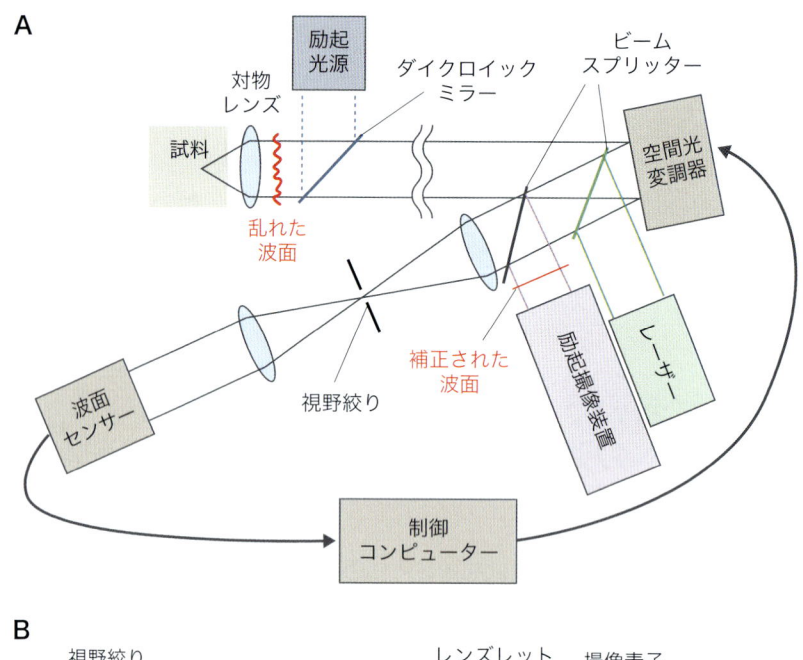

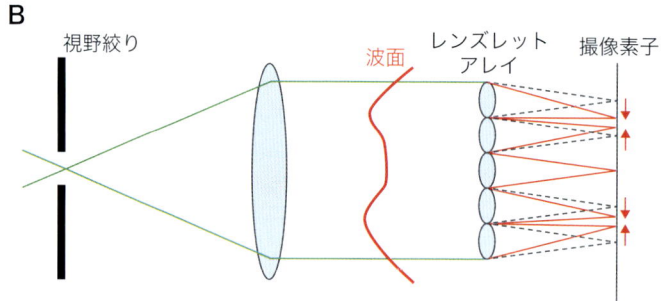

図3 補償光学顕微鏡の構成例

A） 補償光学顕微鏡の構成例．必要な場合は，対物レンズの後ろに励起光源を配置したり（青色），またレーザーガイド星の要領で参照光源を作製するためのレーザーを空間光変調器の後ろに配置することもできる（緑色）．視野絞りは，参照光源からの光だけを波面センサーに導くために用いる．光学系の一部は省略．**B）** シャックハルトマン波面センサー[※4]の構成例．光の波面が平らな場合は，レンズレットアレイによって結ばれる像（シャックハルトマンスポット）が，黒点線で示すように格子状に規則的に配置される．この規則配置からのずれ（→）を検出することで，波面を推定する．

※4　シャックハルトマン波面センサー

天体観測や顕微鏡観察に最もよく用いられる波面センサーである．入射した波面をレンズレットアレイで細かく分割してレンズレットごとの焦点像を得る．波面が平らである場合は焦点像が整然と並ぶが，波面が乱れている場合は焦点像の位置が変位し，その変位から波面の乱れを推定する．波面計測の精度がレンズレットの数に限定されるという問題はあるが，可動部がなく，安価で安定性が高いのが特徴である．

変調器の素子数やストローク，クローズドループのスピードなどが，観察したい対象ごとに異なることを意味している．あらゆる種類の生物材料に対して完璧に近い補正を行える補償光学系は，少なくとも現時点では実現されていない．

1）広範囲に対する低次の補正

そうすると，補償光学顕微鏡の開発の方向性として

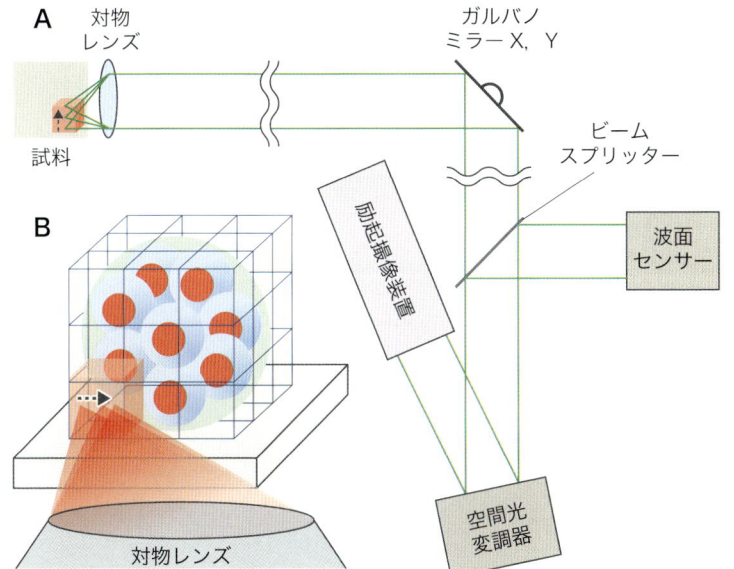

図4　走査累積波面計測補償光学系

A) 走査累積波面計測補償光学系の構成例．光学系の大部分を省略した．B) 試料部分の拡大図．縮尺は実際とは異なり，特に生体試料（マウス胚）が大きく描かれている．…▶は走査のイメージを示す．

は2種類ある．1つめは，ほとんどの生物試料に適用可能な低次の補正のみを行う顕微鏡である．生物試料と水との間には大きな屈折率の差があり，生物試料と培地や生理食塩水との間で起きる屈折を補正するだけでも一定の像改善が期待できる．そうした揺らぎは観察する場所によって大きく変わらないため，広範囲の補正が可能であるという利点もある．現在報告されている補償光学顕微鏡研究の多くはこうした補正を目的としている．

2) 狭い領域に対する高次の補正

2つめは，各自が観察したい生物試料の光学特性や，試料を通過した光が受ける揺らぎを詳細に解析したうえで，低次の揺らぎはもちろん，できる限り高次の揺らぎまで補正するための補償光学系を設計する手法である．われわれは，コケ植物であるヒメツリガネゴケの葉細胞の光学特性や，そこを通過した光の乱れを，位相差顕微鏡やPSF解析（図1B）から詳細に解析した．その結果，葉緑体が光を乱す主な原因であることを明らかにした[6]．そして，葉緑体における光の乱れを補正できる仕様をもつThorlabs社の補償光学キットAOK1-UP01（140素子，ストローク3.5μmの可変形鏡を空間光変調器として用いて15Hzのクローズドルー

プで制御可能）を使用し，また葉緑体レーザーガイド補償光学系など，植物のライブイメージングに適した光学系を設計した[2)7)]．

こうした方法のよい点は，それぞれの生物試料に最適化した補償光学系によって，光の回折限界までの補正が可能である点である．その一方，生きた細胞や組織の揺らぎは場所によって異なるため，揺らぎが同じとみなせる狭い領域に補正範囲が限られてしまう．この補正の精度と補正領域が反比例する点が，補償光学をライブイメージングに適用するうえで最も大きな問題である．

走査累積波面計測補償光学系

補正の精度と領域の問題に一定の解を与えているのが，Betzigらによる走査累積波面計測補償光学系（descan wave front sensing adaptive optics）である（図4）[3)]．日本語名は筆者の意訳であり，鍵となる"descan"を「走査累積」と訳した．これは，試料内を適当な三次元領域に分割して（図4Bではマウス胚を3×3×3の27領域に分割），それぞれの領域を励起光で走査しながら補償光学系を動作させる方法で

ある．その際，波面センサーがガルバノミラーの後ろに配置されているため，領域内に存在する蛍光タンパク質を励起光で走査しながら波面計測を累積して行える．これによって，その領域に存在する揺らぎを平均化して計測し補正することができる．補正の精度と補正領域が反比例する点を直接解決できているわけではないが，分割する三次元領域を細かくすることでより高精度の補正が可能であり，分割する三次元領域を大きくすることで精度は低いがすばやい補正が可能である．観察したい生物試料の光学特性を詳細に計測することで，その試料のライブイメージングに適した分割数を決定すれば，多様な生物試料において相応の補正を実現できると期待される．

おわりに

走査累積波面計測補償光学系は走査系であるため，STED顕微鏡との相性はよいが，SIMや1分子局在化顕微鏡など，全視野観察を行う場合は光学系が非常に複雑になる．また，細胞や組織における揺らぎがある程度大きくなると，補正領域が小さくなり，補正時間や生体へのダメージなどの問題から，高精度補正が現実的ではなくなるという問題も存在する．それでは，一度の補正で広範囲・高精度の補正を行う手法はないのだろうか．

天文補償光学の分野では，複数のガイド星，複数の波面センサーを用いてそれぞれ波面を計測し，大気の三次元的な揺らぎ分布をトモグラフィーで推定したうえで，それを複数の可変形鏡で補正することで広視野・高精度の補正を可能にする三次元補償光学の研究が進められ一部実用化されている[9]．その際に，大気揺らぎの移動速度が速いため，その三次元的な揺らぎ分布の逐次推定が最も困難な点である．一方，ライブイメージングの場合は，生体における揺らぎの変化速度は一般に大気揺らぎよりもかなり遅いため，三次元補償光学系の導入は天体観測よりも容易であると考えられる．また，口径が巨大化する望遠鏡の補償光学系は巨大な機器が多くなり，技術的にも価格的にもハードルが高くなって

いることと比較すると，光学系がコンパクトで機器も比較的安価な顕微鏡は三次元補償光学研究のテストベッドとして最適である．こうしたことから，現在発展中の三次元補償光学をライブイメージングに適用することで，超解像深部ライブイメージング系の研究開発に着手できるだけでなく，三次元天文補償光学の基礎的な技術実証が獲得でき技術的なリスクの軽減が可能となる．

さらに，波面が計測できないほどの激しい揺らぎに対して，補償光学では対応が不十分になってしまうが，ホログラフィー映像相関法[10]など，統計光学を応用した光学手法によって強い揺らぎから情報を回復する手法が存在する．こうした手法と三次元補償光学を組合わせることで，近い将来，生きた組織のはるか深部における超解像イメージングが可能になると確信している．

謝辞

本原稿の一部は，村田隆博士，野中茂紀博士，長谷部光泰博士，亀井保博士（基礎生物学研究所），大屋真博士（国立天文台）との共同研究の結果から得られた考察をもとに記述しました．また，原稿にコメントをいただいた村田隆博士に感謝いたします．

◆ 文献

1) Davies R & Kasper M：Annu Rev Astron Astrophys, 50：305-351, 2012
2) 服部雅之，早野 裕：光学，44：370-378, 2015
3) Wang K, et al：Nat Methods, 11：625-628, 2014
4) Booth M, et al：Microscopy, 64：251-261, 2015
5) Tehrani KF, et al：Opt Express, 23：13677-13692, 2015
6) Tamada Y, et al：Int J Optomechatronics, 8：89-99, 2014
7) 玉田洋介：光学，44：384-390, 2015
8) Tao X, et al：Opt Lett, 38：5075-5078, 2013
9) 早野 裕：光アライアンス，26：13-18, 2015
10) Takeda M, et al：IEEE Trans Industr Inform, in press (2016)

◆ 参考図書

・補償光学の新展開—天体望遠鏡から顕微鏡へ．光学，44：2015
・光の機能に操る波面制御技術．光アライアンス，26：2015
・「Lighter Side of Adaptive Optics」(Tyson RK, ed), SPIE PRESS, 2009

原理・応用編　第2章　応用的な超解像イメージングと関連技術

3 超解像蛍光相関分光法
—STED-FCSによる分子動態の計測

金城政孝

> STEDの励起条件を利用して蛍光相関分光（fluorescence correlation spectroscopy：FCS）測定を行うSTED-FCSとよばれる手法がある．通常の共焦点レーザー顕微鏡を利用したFCSと比べて観察領域が小さいため，観察領域を分子が通過する時間が短く，動きの遅い拡散現象でも蛍光消光などのアーティファクトが軽減される．そのため比較的動きの遅い生体膜内におけるリン脂質・タンパク質，ラフト構造の解析に応用されている[1]．また，測定対象の濃度が高い場合でも観察領域（容量）が小さい分だけそこに含まれる分子数を減らすことが可能で，濃度が高くても十分な揺らぎが検出できるため，いわゆる弱い相互作用の検出にも期待される．

はじめに

　ここでは分子動態計測技術としての蛍光相関分光法（fluorescence correlation spectroscopy：FCS）を取り上げ，その原理と超解像顕微鏡における利用について述べる．FCSは，もともと溶液中における蛍光分子の動態計測法であったが，共焦点レーザー走査型蛍光顕微鏡（laser scanning confocal microscopy：LSCM）などの先端的光学顕微鏡の発展とともに，生きている細胞内における分子間相互作用解析に利用されるようになってきた[2]．

　一方，光の波長以下の解像度で構造を可視化したり位置を決定するような光学顕微鏡観察法を超解像顕微鏡法とよぶ．他項でも示されているように2014年のノーベル化学賞受賞とともに各種の超解像顕微鏡法が知られるようになってきたが，そのなかでも生体分子の動的な（ダイナミックな）動きを得ることができる手法は限られている．例えばPALM/STORMまたはSIMなどは画像の構成のためには一定の時間計測することが必要であり，タイムラプス観察も可能であるが基本的には静止画像である．これに対して，STEDはLSCMの共焦点領域のxy平面の大きさ（蛍光の検出領域）を光の回折限界以下に小さくしたもので，LSCM観察と同様にFCSと組合わせることで分子の動的な情報を得ることが可能である（原理・応用編第1章1〜4参照）．

　本項では，分子運動由来の蛍光の揺らぎ測定の原理にもとづく通常のFCSをSTED化することで実際にどのような効果がみられるのか述べ，また今後の可能性について解説したい．

STED-FCS装置と測定

　G-STED（Gated-STED）装置は市販のライカマイクロシステムズ社製TCS SP8 STED 3Xを用いたので，構成などの詳細は実践編第2章2または文献3を参考にしてほしい．ここではFCSに関係ある部分を述べる

に留める．対物レンズはFCS測定のため水浸レンズHC PL APO 63×/1.20 W CORR CS2（補正環付，ライカマイクロシステムズ社）を用いた．励起レーザーは超短パルスレーザーで，くり返しは80MHzのWLL（White light laser）を用いて，波長は488nm，4％のパワーを利用した．共焦点位置におけるピンホール径は1 Airy Unit．FCS測定に必要な相関器とそのソフトウェアはSymPho Time（PicoQuant社）がベースであるが，TCS SP8 STED 3Xとはこのソフトウェアで連携されている．測定はカバーガラスから100μm離れた水溶液中，測定時間は20秒間1回行った．FCS測定の検出器は画像を取得するものと同じハイブリッドタイプとよばれるHyD（ライカマイクロシステムズ社）をそのまま利用した．STEDレーザーは592nmを利用し，STED効果を比較するために0〜100％まで変化させた．また，励起レーザーとSTEDレーザーの焦点面での位置合わせ調整は，STED-FCS測定の前に装置に付属の自動調整機構を利用した．

蛍光相関分光法（FCS）の原理

　溶液中や細胞内の分子は周りに制限するものがなければ，ブラウン運動というランダムな拡散運動をしている．LSCMやSTED顕微鏡の観察視野でありFCSの測定領域には，このブラウン運動により絶えず出入りする蛍光分子が存在し，その動きは検出器を通して蛍光強度の値として観測される（図1）．このとき，蛍光強度は一定ではなく，蛍光分子のランダムな出入りにより蛍光強度は同じくランダムに増減をくり返す現象，すなわち「揺らぎ」として観測される．揺らぎの情報は相関関数[※]を用いて1つの減衰曲線として表示される．

　分子が小さく，速いブラウン運動をしている（つまり拡散定数が大きい）ときは測定領域を通過する時間が短いため，蛍光強度の増減の変化が急になり揺らぎの変化も速くなる（図1A，C-a）．逆に分子が大きく，遅いブラウン運動をしている（つまり拡散定数が小さ

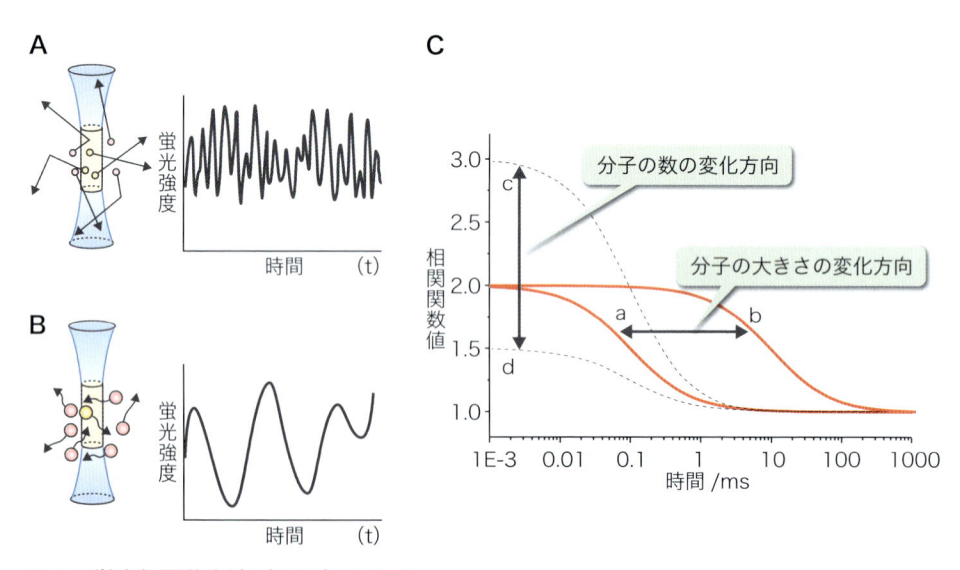

図1　蛍光相関分光法（FCS）の原理

FCSの観察領域（共焦点領域　　　　）を出入りする蛍光分子（　，　）と蛍光強度の揺らぎと相関関数の関係．**A)** 小さな分子の場合．観察視野の蛍光強度の変化は短い時間で変化する．**B)** 大きな分子の場合．観察視野の蛍光強度は緩やかな変化をくり返す．**C)** 自己相関数の変化と分子数，分子の動きの関係．**a, b**：分子の大きさが大きくなると，水平の矢印のように相関関数値は**a**から**b**へ減衰が遅くなるよう変化する．**c, d**：検出領域に含まれる平均分子数と相関関数の関係．詳細は本文も参照．文献8より引用．

い）ときは測定領域の通過に要する時間が長いため，蛍光強度の増減が緩やかになる（図1B, C-b）．つまり，揺らぎの緩急のなかには「分子の大きさ」（分子量，形）に関する情報が含まれていることがわかる．

一方，分子の数が少ないとき，例えば平均1個以下の分子が測定領域を出入りする場合を考えると，測定領域内に分子が存在するときには蛍光発光が観察されるが，存在しないときには蛍光の検出はできない．したがって0〜100％の間で蛍光強度の大きな増減が観測され，相関関数は大きな値となる（図1C-c）．逆に分子の数が多いときは多数の分子の揺らぎが平均化され相対的には個々の分子の揺らぎは小さくなり，相関関数も小さな値となる（図1C-d）．例えば平均100個の分子が測定領域に存在し，10個の分子が出入りをしてもわずか10％の蛍光強度の増減しか観測されない．蛍光強度のランダムな増減の大きさ，つまり，揺らぎの大きさのなかには「分子の数」に関する情報が含まれている．FCS測定とはこのように蛍光強度の揺らぎから「分子の大きさ」と「分子の数」という基本的な物理量を得る方法といえる．

観察視野

LSCMにおいて光を回折限界まで絞り込み，かつピンホールにより上下方向からの光を遮断された測定領域（LSCMの観察視野）は，近似的に微小な円柱状と仮定することができる（図2A）．通常のLSCMでは光軸に対してそのxy平面直径は励起光のもつ波長と同程度の約0.4μm，軸長はピンホールのサイズで規定され

※ **相関関数**

相関関数は2つの信号にどれだけ相似性があるかを表す物であり，時間あるいは空間の関数として与えられる．一般に，同一の信号同士の相関関数を自己相関関数とよび，2つの異なる信号に対する相関関数を相互相関関数とよぶ．自己相関関数は，もとの信号に含まれているランダムあるいは周期的に表れる特定の信号の平均長や周期を反映する．相互相関関数は，2つの異なる信号に含まれている同時に変動する成分の検出や，その成分の平均長，周期，あるいは2つの信号の時間差・距離を反映する．相関関数はランダムなノイズに非常に強く，ノイズやランダムな重ね合わせに埋もれた信号の特徴を抽出するために非常に有用なツールである．

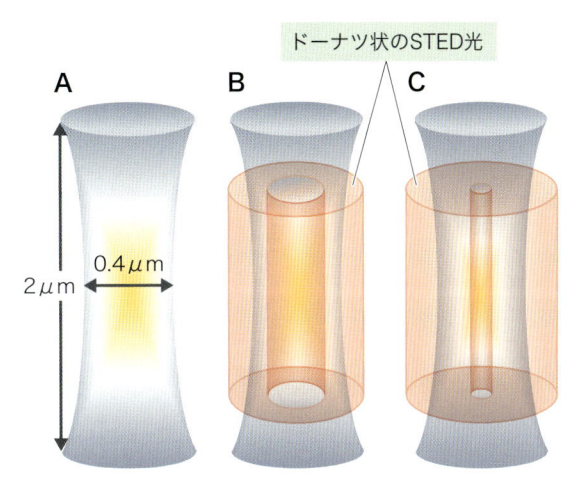

図2 LSCMの観察視野（測定領域）とSTEDレーザーが形成するドーナツ光の関係
A）通常のLSCMの観察視野（測定領域）（STED光0％）．
B）低いSTEDパワーの場合．ドーナツの中空部分は大きい．
C）強いSTEDパワー（STED光100％）の場合．ドーナツの中空部分は小さい．詳細は本文も参照．

るが2μm以下であり，その体積はfL（フェムトリットル，10^{-15}リットル）かそれ以下になる．1M（mol/L）に含まれる分子の数（アボガドロ数≒6×1,023）からすると蛍光分子の濃度が0.1μM（10^{-7}M）の場合，FCSの測定領域を1fLとすると計算上わずか60個程度の分子が存在することになる．

STEDには単純なSTEDやG-STED，3D-STEDなどがあるが，詳細は**実践編第3章5，原理・応用編第1章1, 6**などのSTED顕微鏡の項を参照してほしい．このなかでG-STEDは長短パルスレーザーを用いて散乱光からのバックグランドを抑え，STEDの観察領域を小さくしFCSにおけるS/Nを上げている．通常の光の回折限界を利用した視野に対して，「ドーナツ光」とよばれるSTED光を被せる．これによってZ軸長は変化しないがxy面での直径は小さくなり，これが光の波長以下となるために超解像の効果が生じる（図2B）．STEDレーザーのパワーが大きくなるとドーナツ光が大きくなり，逆に中の空洞部分が小さくなる．したがって超解像の効果は大きくなる（図2C）．ドーナツ光が大きくなることはFCSの観察領域も小さくなり，した

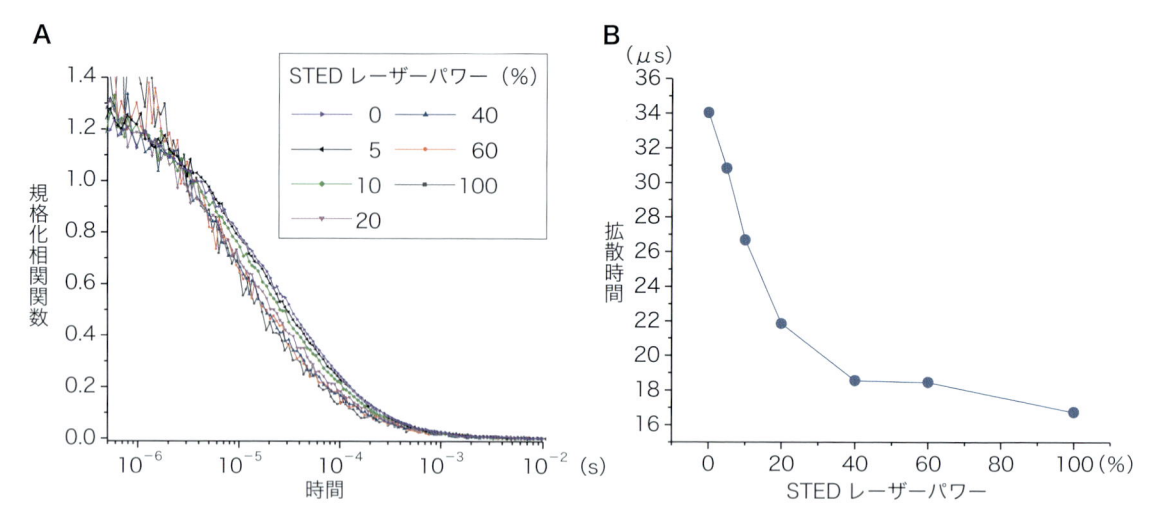

図3 Alexa Fluor™ 488のG-STED-FCS測定結果
A)Alexa Fluor™ 488測定におけるSTEDレーザーパワーとSTED-FCSで得られた相関関数の変化．B)フィッティングから得られたSTEDレーザーの強さと，拡散時間の関係．

がって分子が観察領域を通過する時間「拡散時間」が短くなる．

STED-FCS測定

1．蛍光色素

さて，観察視野の大きさが小さくなることは画像では解像度として表現される．一方，FCSでは観察視野が小さくなることは同じ蛍光分子で拡散定数（拡散速度）が同じなら，そこに滞在する時間が短くなることが予想される．この滞在する時間が「拡散時間」である（相関時間ともよぶ）．つまり，車の速度が同じでも，目的地への距離が短くなると，必要な時間は少なくなることと同じである．

図3によく使われている蛍光色素であるAlexa Fluor™ 488（Thermo Fisher Scientific社）を10^{-9}M程度に希釈して，G-STED-FCSで測定した結果を示す．

STEDレーザーのパワーを0％（つまり通常のLSCM観察）から100％まで変化させた結果，相関関数の減衰は右から左へシフトした（図3A）．つまり早い減衰となった．各相関関数を単純な三次元拡散モデルとして解析をして，得られた拡散時間とSTEDレーザーパワーの関係を示したのが図3Bである．解析結果もレーザーパワーの増強に伴い拡散時間が短くなったことが示されている．拡散時間が短くなっていることは，観察視野が小さくなっていることを示し，つまり画像的には解像度が上がっていることを示す．FCSのもつ重要な点の1つはSTED効果を，したがって超解像の効果を定量的に評価することが可能なことである．

2．GFP

GFPなどの蛍光タンパク質はその有用性から今や細胞生物学分野ではなくてはならないものである．これまでSTED測定ではAlexa Fluor™などの有機合成色素を使う例が多いが，観察したい分子が細胞内でGFP融合タンパク質として発現させることが可能なら，FCSを用いて細胞内の分子間相互作用を解析できる．精製した約50nMのGFPをPBSに希釈して測定した例を図4に示す．

低濃度で蛍光強度が低いことと，測定時間を20秒にしたためにかなりノイズが多いが，STEDレーザーのパワーに応じて，相関関数は明確に右から左へシフト

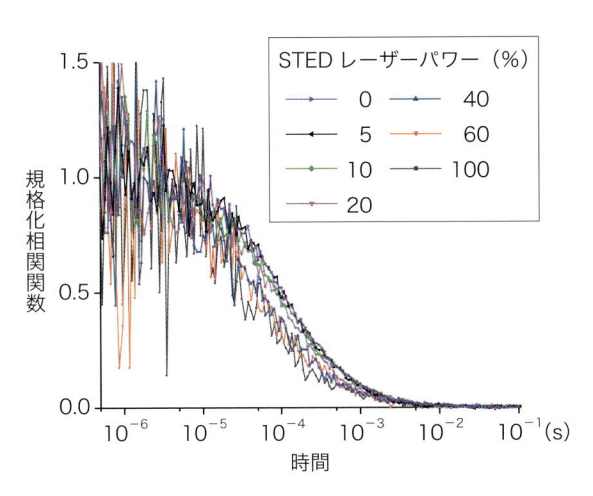

図4 GFP測定におけるSTEDレーザーパワーとSTED-FCSで得られた相関関数の変化

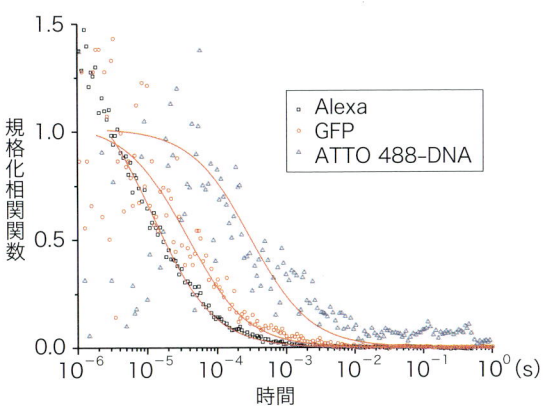

図5 Alexa Fluor™ 488,GFP,ATTO 488で標識した500bpDNAのSTED-FCS測定結果

シンボルは測定結果,ラインは解析結果を示す.詳細は本文参照.

している.

3. 蛍光標識DNA

ATTO 488(シグマ アルドリッチ社)で片方の5′末端を蛍光標識した500bpDNAを合成し,G-STED-FCSを測定した.前述の2つの試料と同じくSTEDレーザーパワーに応じて拡散時間が短くなることを確認した(データ省略).FCS測定では分子量,すなわち分子の形状の大きさに応じて拡散時間が変化することが知られている.そのため,Alexa Fluor™ 488,GFP,ATTO 488標識-500bpDNAの拡散時間を比較した(図5).STEDレーザーパワーは100%である.

分子量の大きさによりAlexa Fluor™ 488＜GFP＜ATTO 488-500bpDNAの順番で相関関数が今度は左から右へシフトしていることがわかる.

その他の超解像FCS

超解像顕微鏡としてSTED以外にFCSと組合わせることが可能な手法がAiryscan法(カールツァイスマイクロスコピー社)である(実践編第2章5参照).この手法がFCSとして実用化されたとの正式な報告はまだないが,STEDと同じく分子の動きに制限を加えることなく超解像効果を得る手法であり,今後新たな展開を期待したい.

この他に,FCSの検出領域を光の波長より小さくする手法として,微小な空間(ナノホール)を利用するゼロモードウェイブガイド法を利用したFCS測定がある[4].この手法は細胞測定への応用は困難であるが in vitro における酵素反応などの解析には有効である.

おわりに

本項で用いたG-STEDでは,xy平面が小さくなると拡散時間が小さくなることが定量的に示された.G-STED-FCSの利用としては,生体膜などにおける分子の拡散運動を調べることに非常に有効である.STED-FCSはSTED顕微鏡が実用化されてからすぐに応用され,現在もさまざまな研究報告がなされている[5,6].その点では超解像顕微鏡のなかでもFCSと相性がいい.加えて,z軸方向を縮めた3D-STEDを用いることで,さらに小さな観察領域を実現することがわかっている.3D-STED-FCS測定を用いることで,細胞内のすべての領域について,超解像による観察と分

子間相互作用の解析に利用できることが期待される.

　超解像顕微鏡を用いた精緻な画像は電子顕微鏡に迫る勢いだ.しかし,分子の配列・分布だけでなく,細胞内の分子間相互作用を定量的に研究することが非常に重要である.なぜなら定量的な分子間相互作用の解析は,分子や細胞の機能を示すほぼ唯一の表現手法といえるからである.そこにFCS測定の重要性がある.そのためにもSTED-FCSを用いた定量的な測定を確立することが求められる.本項では,分子数などの検討は行わなかったが,これは蛍光色素のガラス面への吸着などの問題があり,短い時間での定量的な解析が困難だったためである.細胞内の分子の機能を明らかにするためには,強い相互作用をしているタンパク質分子だけではなく,弱い相互作用をしている分子の調節機構としての役割を明らかにすることが重要である.そのような弱い相互作用のKd(解離定数)を決定するには,濃度が高い状態での測定が必要となる.つまり,希釈した状態からかなりの高濃度まで測定範囲をカバーする必要が出てくる.そのような広範囲の測定は,FCSとSTED-FCSを組合わせることで実現可能であろう.超解像画像とさまざまな相関解析[7]を組合わせた手法も提案されている.将来,STED-FCSはますますパワフルな手法となることが期待される.

謝辞

　G-STED-FCSの測定はLeica Microsytems CMC GmbH(Mannheim Germany)にて行いました.測定においては,Zhongxiang Jiang博士の協力を得ました.また,データ解析においては北海道大学,山本条太郎博士の協力を得ました.ここに感謝の意を申し上げます.

◆ 文献

1) Eggeling C, et al：Nature, 457：1159-1162, 2009
2) 「新・生細胞蛍光イメージング」(原口徳子,他/編),共立出版,2015
3) Clausen MP, et al：Methods, 88：67-75, 2015
4) Levene MJ, et al：Science, 299：682-686, 2003
5) Andrade DM, et al：Sci Rep, 5：11454, 2015
6) Honigmann A, et al：Nat Commun, 5：5412, 2014
7) Hedde PN, et al：Nat Commun, 4：2093, 2013
8) 「発光の事典：基礎からイメージングまで」(木下修一,他/編),朝倉書店,2015

原理・応用編　第2章　応用的な超解像イメージングと関連技術

4 ライトシート型超解像顕微鏡による3Dライブイメージング
―高速・低侵襲かつ三次元分解能に優れた新手法

清末優子

> シート状に整形した励起光によって試料の一部分のみを面照射するライトシート照明法には，従来汎用されてきた同軸落射照明法における限界を打破する多くのアドバンテージがある．本項では，ベッセルビーム技術をベースに構築した超薄ライトシートを利用して開発された，新しい高解像3Dライブイメージング顕微鏡法を紹介する．さらに，得られた膨大な多次元データの数理解析による分析の事例を紹介する．

はじめに

ライトシート照明法は，現在最も汎用されている，1本の対物レンズで励起と検出を行う同軸落射照明法とは全く異なる様式である（図1）．ライトシート照明法では，シート状に整形した励起光によって試料を面照射し，シートに直角に配置された観察用対物レンズで像を取得する．焦点面の上下にも広い範囲にわたって励起光が照射されてしまう同軸落射照明法（図2A）に対し，ライトシート照明法では励起領域を制限することができるため，背景光の発生を抑えて高コントラストにシグナルを得ることができること，励起面をフルフレーム撮像するため，レーザー共焦点顕微鏡などにおける走査方式に比べて高速化が容易であることなど

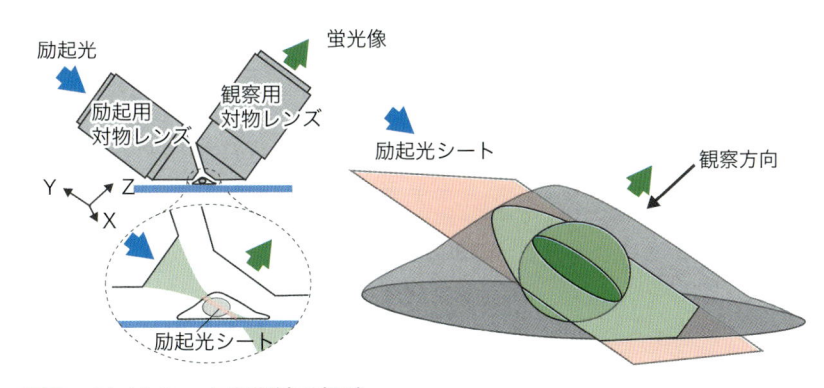

図1　ライトシート照明法の概略
シート状の励起光を照射するための対物レンズと，画像取得のためにシートに垂直に配置された対物レンズの，2本の対物レンズを用いる．文献11より改変して転載．

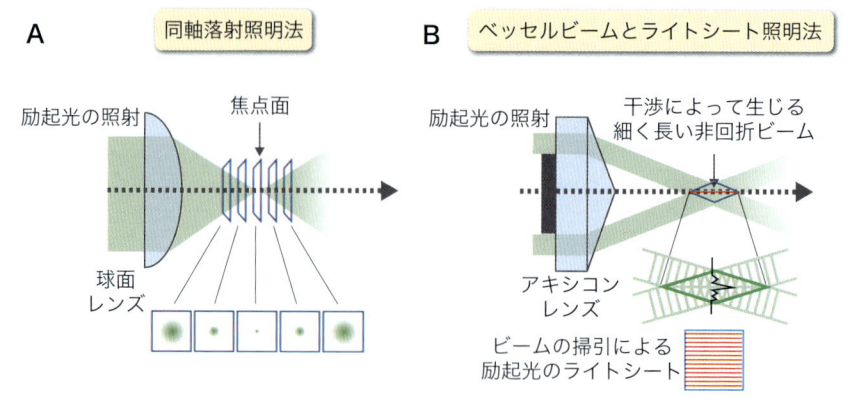

図2 同軸落射照明法（A）とベッセルビームを用いたライトシート照明法（B）の比較
同軸落射照明法では，焦点面の上下の広範にわたり光が照射されてしまうが，ライトシート照明法では励起面を限定できる．文献12をもとに作成．

のメリットがある．また，観察面以外に不要な光を当てずに済むことから，光毒性や褪色を低減でき，非侵襲なライブイメージングに適している．

当初，ライトシート型顕微鏡は，初期胚などの比較的大きな試料の全体観察を目的として最適化され，シリンドリカルレンズを用いて生成した5μm前後の厚みのシートが用いられてきた[1]．ライトシート照明法が細胞内部の高解像イメージングにおいても有効であることは，東京工業大学の徳永らが開発した，数μm厚の薄層を用いる薄層斜光照明法[※1]〔highly inclined and laminated optical sheet（HILO）microscopy〕による，細胞深部での1分子検出などにより示されていた[2]．しかし超解像イメージングのためには，サブμm厚のライトシートが求められる．近年，米国ハワードヒューズ医学研究所のBetzigらが，ベッセルビーム技術をベースに，400nm以下の厚みの超薄ライトシートを生成する技術を開発した．

※1　薄層斜光照明法
対物レンズ型全反射照明のバリエーション．全反射照明法は，対物レンズの端に光を入射しカバーガラスに平行に近い入射角で照明することでカバーガラス/試料境界面で全反射を起こす．それに対して対物レンズの中心寄りに光を入射すると薄層状の光が斜めに発生することを利用し，細胞の内部を薄層照明する手法．

超薄ライトシートの生成と顕微鏡への応用

1. ベッセルビーム

一般に，光ビームは回折効果のために放散するため，長距離にわたって細いビームを維持することはできない（原理・応用編第1章1参照）．一方，Durninにより見出されたベッセルビーム[3]は，細いビーム幅を保ったまま長距離伝搬する性質をもつことから，非回折ビームあるいは長焦点深度ビームとして知られている．この性質を利用し，ベッセルビームはレーザー加工装置や，バーコードリーダおよびコンパクトディスクの光ピックアップなどに利用されている．また，光ビームは照射軸上に障害物があると散乱したり回折したりするため形状が乱れるが，ベッセルビームは障害物があってもその後方に再形成されることから自己修復ビームともよばれる．この特異な性質は，生体組織のような散乱が激しい試料内部の観察に適していると期待される[4]．しかしライフサイエンス分野では，光ピンセット技術に応用されることはあったものの，光学顕微鏡での応用は進んでいなかった．

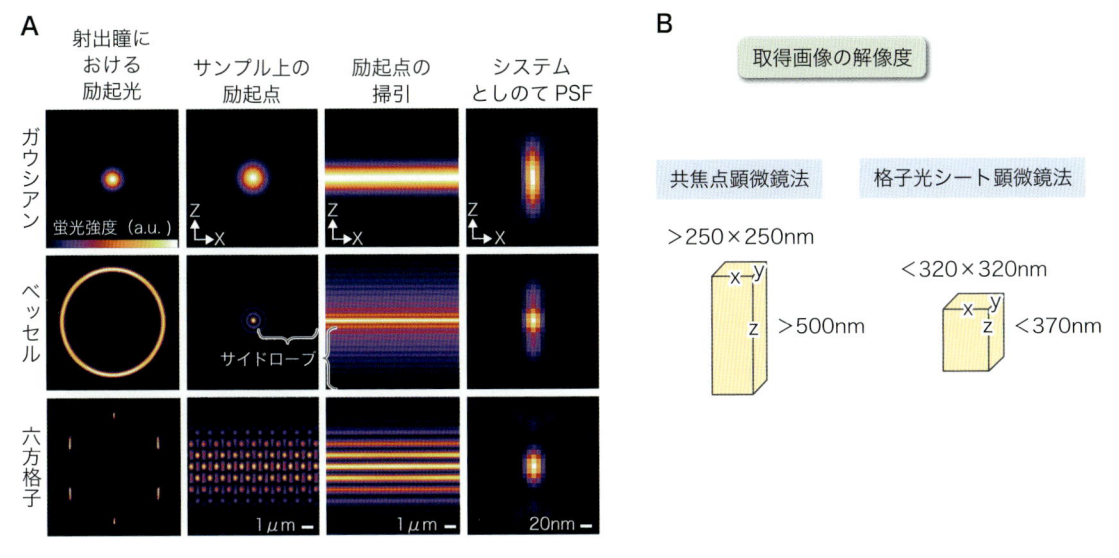

図3 異なる励起手法と解像度の比較

A) 励起光の形状と点像分布関数 (PSF) の比較. 上から, レーザー走査型共焦点顕微鏡などに用いられるガウシアンビーム, ライトシート型顕微鏡に用いられるベッセルビーム, 格子光シートで用いられている六方格子状のマルチビーム. 文献7より引用.
B) 共焦点顕微鏡と格子光シート顕微鏡の取得画像における解像度の比較. 共焦点顕微鏡ではx, y側方分解能に比べz軸分解能が低いのに対し, 格子光シート顕微鏡ではxyz方向にほぼ等方的な分解能が得られる. 文献11より改変して転載.

2. ベッセルビーム顕微鏡

ベッセルビームは, 片面が平面でもう片面が円錐状になっているアキシコンレンズを用いて形成することができる (図2B). アキシコンレンズの平坦面にリング状の平行光を投射すると, 円錐側から放射される光は交差し, その中心に干渉によって細く長い非回折ビームが発生する. Betzig研究室では, 500nm以下の太さのベッセルビームを生成してこれを掃引することでバーチャルな励起光のライトシートを形成する新しい顕微鏡技術を開発し, 2011年に報告した[5) 6)]. しかし初期のベッセルビーム顕微鏡は, 中心光の側方に生成されるサイドローブ (副極) 光[※2]の存在により励起光の照射を観察面に限定できなかったために (図3Aの中段, 左から2番目, 3番目), 画像のS/N比が悪いうえ, 細胞への光毒性が強いこと, シングルビームでは走査速度が細胞内部動態の追跡には不十分であるなどの課題が残されていた.

3. 格子光シート顕微鏡

そこで, 入射する光の形状を, リングではなく六方格子状に変えることで多数の励起点を生成してマルチビーム化し, これを掃引することで6〜7倍の高速化を実現した (図3Aの下段). さらに, 複数のビームを相互に干渉させてサイドローブを打ち消すことができる間隔にすることで, 解像力を高めると同時に, 光毒性を大きく低減させることに成功した. この技術は格子光シート顕微鏡と名付けられた[7]. この手法では, 分解能は超解像レベルに至らないものの, xyz分解能: 320×320×370nmで, 50μm四方程度の領域を毎秒200フレーム以上取得できる高速モードと, 構造化照明法を適用することでxyz分解能: 150×213×280nmで毎秒100フレームを取得する超解像度モードでの撮像を行うことができる. Betzigらは構造化照明

※2 ベッセルビームのサイドローブ (副極) 光

ベッセルビームは, 中央に発生するメインローブ光の強いピークの周囲に, 複数のサイドローブ光も同時に発生する. メインローブ光の次に現れるサイドローブはメインローブ光のピーク値の10%以上の輝度をもち, 全サイドローブ光を足し合わせると20%以上にも達するので, 試料や画質への影響が無視できない.

法の高度化も行っており，格子光シートと組合わせた最新の手法では側方分解能を改善してxyz分解能：$105×105×369nm$を達成している[8]．

等方的3Dライブイメージング

1．正確な3D情報の取得

　格子光シート顕微鏡法の分解能は他の超解像顕微鏡法にはおよばないが，それを補償するアドバンテージは，高速性と低侵襲性に加え，xyz全方位に等方的な分解能を得られることである．これは同軸落射照明法が特に苦手とすることである．代表的な例として，共焦点顕微鏡で高倍率対物レンズを用いた場合のxyz分解能を図3Bに図示する．側方分解能は250nm程度まで至ることができるが，共焦点効果を利用してもz分解能は500nmを超えることは困難である．この空間情報の非対称性のため，三次元ボリュームを取得しようとしてzスタックを収集しても，異なる角度から観察しようとすると分解能が悪く，詳しい情報を得ることができない．これに対し，等方的分解能を得ることができる格子光シート顕微鏡画像では，画像を回転させてあらゆる方向から同様の分解能で観察することができる．アクチンを可視化した細胞を横から見ると，その表面に突出した，多数のサブμmの細さの突起が活発に動く様子が観察できる（図4A，関連動画①）．このような全方位的な観察は従来技術ではほとんど不可能であった．

2．ホールセル3Dライブイメージング

　格子光シート顕微鏡の高速モードでは，細胞全体を1秒以内で3Dスキャンすることができるため，ライブイメージングの可能性を大きく広げた．図4Bに，伸長する微小管の先端に集積するタンパク質EB1[※3]-GFP[9]と，染色体を可視化するH2B-TagRFPを発現するHeLa細胞の分裂像を例示する．EB1-GFPは微小管先端にコメット状に分布するが，そのサイズは短軸が25nm，長軸は微小管伸長速度に依存して可変で約20～500nmである（図4B，関連動画②③）．格子光シート顕微鏡の三次元像では，像を回転させてもこの数十nmサイズの構造の形状が保たれていることがわかる（図4C）．

　本書の読者の多くは，何らかの手法でライブイメージングを行ったことがあると思う．細胞内部の状態は1秒の間にも絶えず変化するため，素早い変化を逃さず捉えようとすると，ある一平面か，ごく限られた部分でのタイムラプス撮像に限られていただろう．したがって，撮像された平面以外の場所では何が起こっていたのか，後になって知る術がない．しかし格子光シート顕微鏡による3Dタイムラプス画像には細胞の全域にわたる高精度情報が記録されているため，画像取得後に，任意の場所を任意の角度から詳しく観察することができる．関連動画④⑤⑥に，分裂後期にある細胞のEB1-GFPをタイムラプス撮像した映像を，頂端側と側方から観察した例，および，コンピューター上で切片を作製して紡錘体内部を観察した例を示す．筆者は，これは生細胞ライブイメージングの革命的な進化であると実感している．

多次元時空間情報の解析

　分裂期細胞のEB1-GFPを単色の高速モードで0.755秒間隔で撮像し，その動きを自動追跡すると，1分足らずの撮像で，数万を超えるEB1-GFP輝点，数千を超える軌跡が検出された（関連動画⑦）．このように多量の情報を含む3Dタイムラプス画像データは，もはや，人の目による判断や操作に頼る従来の手法では定量解析ができなくなった．そこで，横田研究室において幾何学的な数理計算とデータ処理の自動化を行うプログラムをMATLAB言語で開発し，分裂細胞の紡錘

※3　EB1（end-binding 1）タンパク質

微小管結合タンパク質の1つで，チューブリン分子の付加によって新たに形成された微小管先端部の構造の違いを認識して結合する．伸長端を特異的にラベルできることから，微小管伸長マーカーとして広く利用されており，GFP融合体（EB1-GFP）をライブイメージングすると微小管伸長の軌跡を検出することができる．

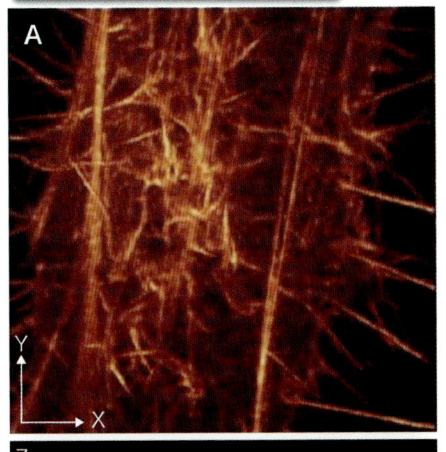

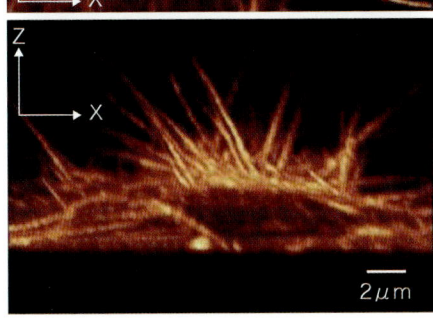

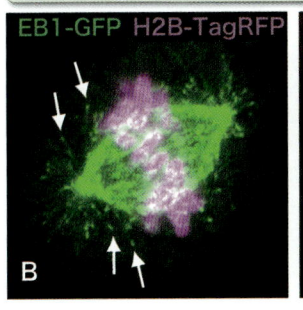

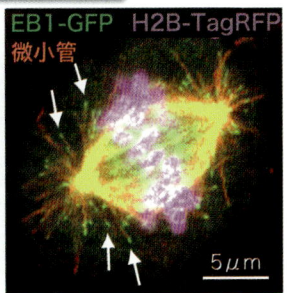

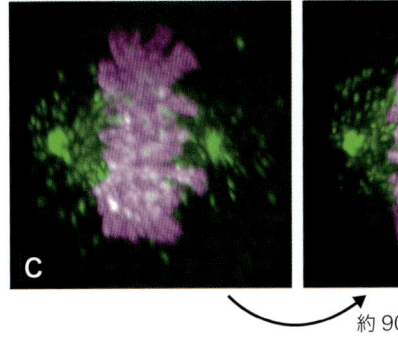

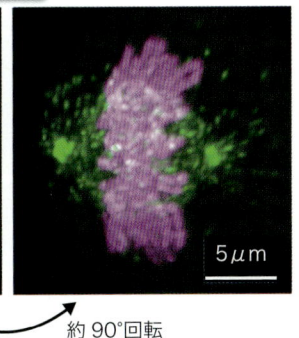

図4 格子光シート顕微鏡で撮像した3D画像の例

A) mEmerald-Lifeactによりアクチンを可視化したHeLa細胞．上：3D画像を細胞の頂端側から観察．下：3D画像を側方から観察．文献7より引用．[関連動画①]．**B)** EB1-GFP（微小管先端）とH2B-TagRFP（染色体）を発現するHeLa細胞を固定，チューブリン（微小管）を蛍光免疫染色し，共焦点顕微鏡で撮像．EB1-GFPは微小管が伸長する間のみ，その先端にコメット状に分布する．⇨は微小管先端のEB1-GFPコメットを示す．文献10より引用．[関連動画②〜⑥]．**C)** 生きた細胞を格子光シート顕微鏡で撮像．像を回転させても同様の解像度で観察できる．文献10より引用．

体微小管の三次元動態の解析を試みた[10]．原画像は，EB1-GFP輝点の自動追跡の前に，輝点を精度よく検出するための画質向上処理として，横田研究室において開発されたVCAT5（原理・応用編第2章6参照）を用いて，照度ムラを安定化して目的シグナルを強調するトップハット変換と，褪色などにより時間とともに変動する輝度を一定化する処理を加えた．

図5に，軌跡を伸長速度でクラス分けし，クラスごとに三次元空間に表示した例を示す．分裂前半（前中期と中期）には0.5〜0.7μm/sの速度で伸長する微小管が多数存在するが，後半（後期と終期）になると速度が低下し，ほとんどの微小管の伸長速度が0.5μm/s以下になる．同時に，速い軌跡は主に中心体から外側に向けて伸びるものであり，紡錘体の内部に伸長が

281

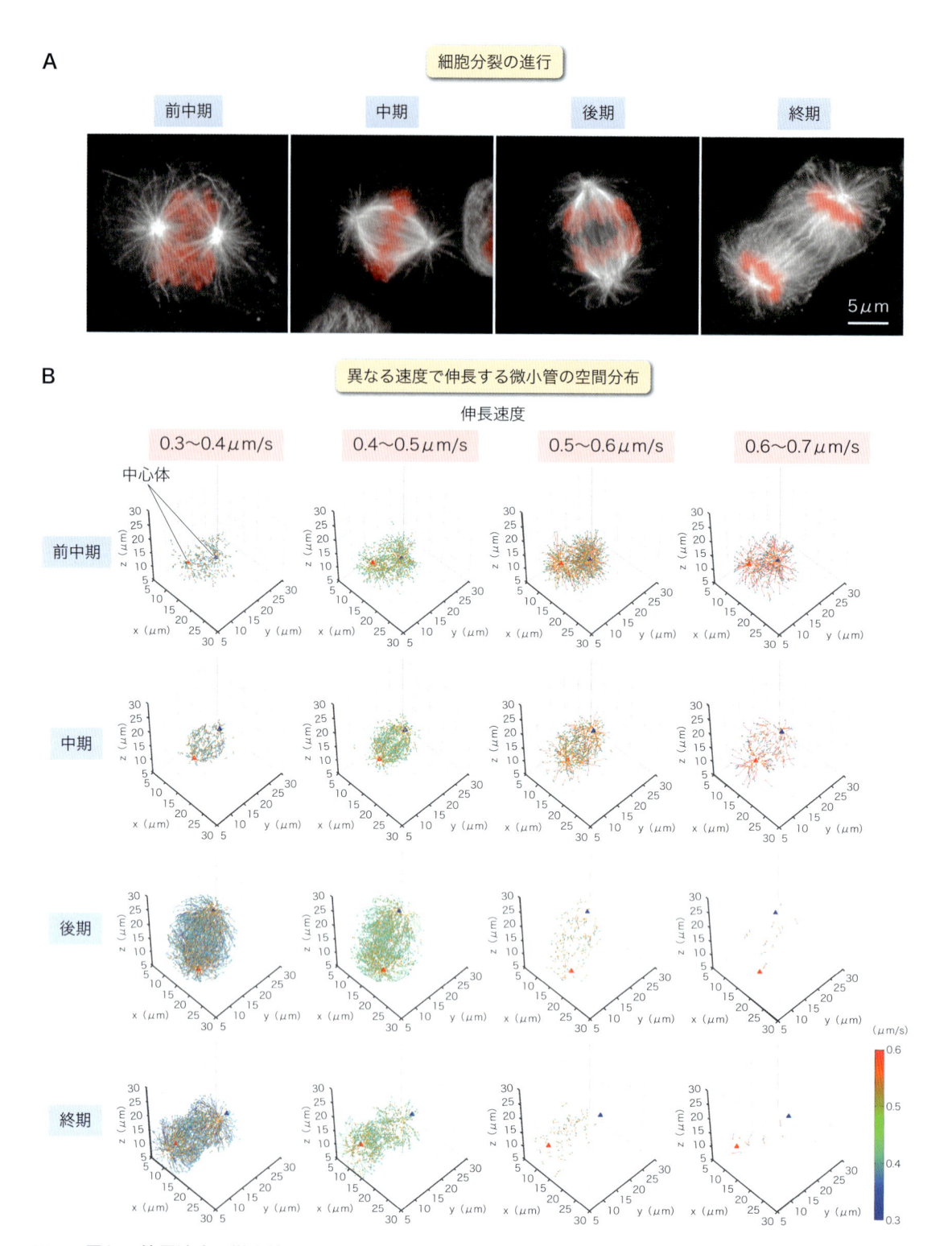

図5 異なる伸長速度の微小管の空間分布

A) HeLa細胞の分裂の様子を示す免疫染色像．赤は染色体，白は微小管．**B)** 細胞分裂中の微小管の空間分布を伸長速度ごとに示した．微小管の先端に集積する，EB1-GFPの動きを三次元追跡し，得られた軌跡の伸長速度によってクラス分けして，クラスごとに三次元空間に表示した．カラーバー：伸長速度（μm/s）．文献10より引用．関連動画⑦．

282　初めてでもできる！超解像イメージング

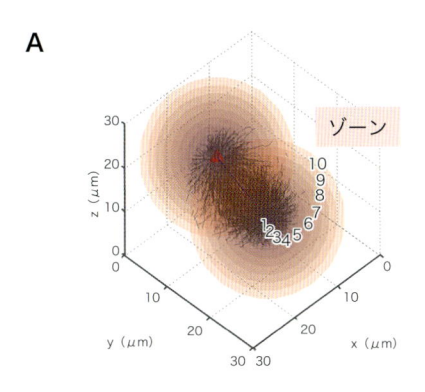

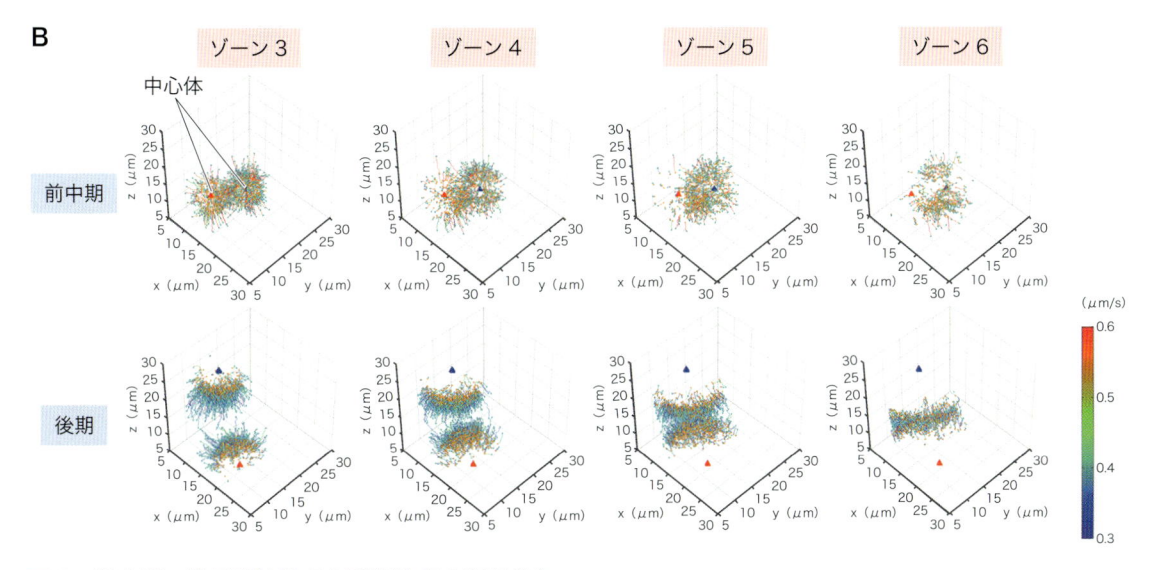

図6　微小管の伸長開始地点と到達地点の空間分布
HeLa細胞における分裂前中期と後期に伸長を開始する微小管をクラス分けする．紡錘体構造を中心体からの距離によってゾーンを区切り（**A**），異なるゾーンから伸長を開始する微小管を三次元空間に表示した（**B**）．微小管伸長の軌跡を，速度を色で表した線で表示し，伸長開始地点をオレンジの点，到達地点を水色の点で示す．カラーバー：伸長速度（μm/s）．文献10より引用．

遅い微小管が集積するという，空間特異的な特徴も捉えることができる．

図6では，中心体を結ぶ距離を10等分する間隔でゾーンを区切り，伸長開始地点で軌跡をクラス分けした．分裂期前半（前中期）には多くの微小管が中心体から放射状に伸びるが，後半（後期）になると紡錘体の内側に多数の微小管が生成されることが明確に視覚化されている．EB1-GFPのシグナルのみでは，各軌跡が新しい微小管によるものであるのか，既存の微小管の再伸長であるのかは区別できないが，伸長角度も考慮することで，中心体に依存しない微小管の伸長が頻繁に起こっていることも確認された．

おわりに

紡錘体全体にわたる微小管伸長動態の三次元解析は，格子光シート顕微鏡によってはじめて実現するこ

とができたものである．微小管に限らず，オルガネラや小胞輸送の3D動態，細胞膜の3D形状変化，三次元的なシグナル伝搬など，多くの重要な細胞現象を従来技術ではいまだ捉えることができていない．格子光シート顕微鏡からもたらされる膨大で複雑なデータの解釈のためには，ビッグデータ分析や人工知能による解析技術の導入も必要である．この総合的な分子・細胞機能解析技術はライフサイエンスに革新をもたらし，次世代の3D細胞生物学に不可欠なツールとなるだろう．

◆文献

1) Pampaloni F, et al：Nat Rev Mol Cell Biol, 8：839-845, 2007
2) Tokunaga M, et al：Nat Methods, 5：159-161, 2008
3) Durnin J：J Opt Soc Am A, 4：651-654, 1987
4) Fahrbach FO, et al：Nat Photonics, 4：780-785, 2010
5) Planchon TA, et al：Nat Methods, 8：417-423, 2011
6) Gao L, et al：Cell, 151：1370-1385, 2012
7) Chen BC, et al：Science, 346：1257998, 2014
8) Li D, et al：Science, 349：aab3500, 2015
9) Mimori-Kiyosue Y, et al：Curr Biol, 10：865-868, 2000
10) Yamashita N, et al：J Biomed Opt, 20：101206, 2015
11) 下澤東吾, 清末優子：実験医学, 33：458-461, 2015
12) Cofield C & Christiansen J：Scientific American, May 21, 2013

原理・応用編　第2章　応用的な超解像イメージングと関連技術

5 SEM連続断面観察（SSSEM）法による三次元形態観察
―電子顕微鏡を用いたnmスケールの3D観察

太田啓介

　本項では，超解像技術でも観察が難しい，細胞・組織の詳細な三次元構造を可視化できる新しい電子顕微鏡手法について解説する．従来，三次元構造の可視化は高い技術と労力を要したが，ここで紹介する走査型電子顕微鏡（scanning electron microscopy：SEM）を用いた連続断面観察法では，データ取得の自動化により比較的簡単に三次元構造を取得できる．本項では，これらの手法の基本的な原理と試料作製の基礎について解説するとともに，本手法と光学顕微鏡技術との組合わせによる機能的な構造解析への可能性について解説する．

はじめに

1. 電子顕微鏡観察

　電子顕微鏡観察は，光源に電子線を用いる点で光学顕微鏡の超解像イメージングとは違うが，高い分解能を得られる点では古典的な超解像技術ということができる．光学顕微鏡超解像イメージングは特定のタンパク質の局在を高い分解能で動的に観察することを可能にした．一方，電子顕微鏡はスナップショットではあるが，細胞組織の構造を前者よりも1～2桁高いnmの分解能で可視化することが可能な手法であり，現在でも両者は相互に補完し合う．しかし，従来の電子顕微鏡観察では細胞内の三次元的な構造を解析することが困難であった．本項で紹介するSEM連続断面観察法（serial slice SEM法：SSSEM法）は，これまで困難であった細胞・組織の詳細な三次元構造を電子顕微鏡レベルの分解能で可視化する解析手法である．

2. SEM連続断面観察法（SSSEM法）

　SSSEM法で解析できる領域はおよそ数〜百μm角の領域で，空間分解能はデータの撮り方による．分解能を優先した場合，水平方向に4nm程度，深さ方向で10nmになる．言葉ではイメージがつきにくいと思うので，具体的な例を紹介する（図1）．図1A～Dは腎糸球体の足細胞の形態を解析したもので，組織レベルの解析例である[1]．足細胞が基底膜に接する側の構造がはじめて明らかになり，畝（うね）状突起という新しい構造が発見された．図1Eはオルガネラレベルの解析で，ミトコンドリアの全膜構造を解析した例である．空間分解能は水平方向が12nm，深さ方向が20nm程度で，ミトコンドリア全体のクリステ構造が明瞭に観察できる．内膜からクリステが立ち上がる「クリステジャンクション」とよばれる構造の分布はこの方法ではじめて明らかになった[2]．

　生命現象の多くは細胞内・組織間のnmスケールの空間で行われる．このような微小空間で行われる反応は構造自身がその反応に大きく影響することが知られてお

285

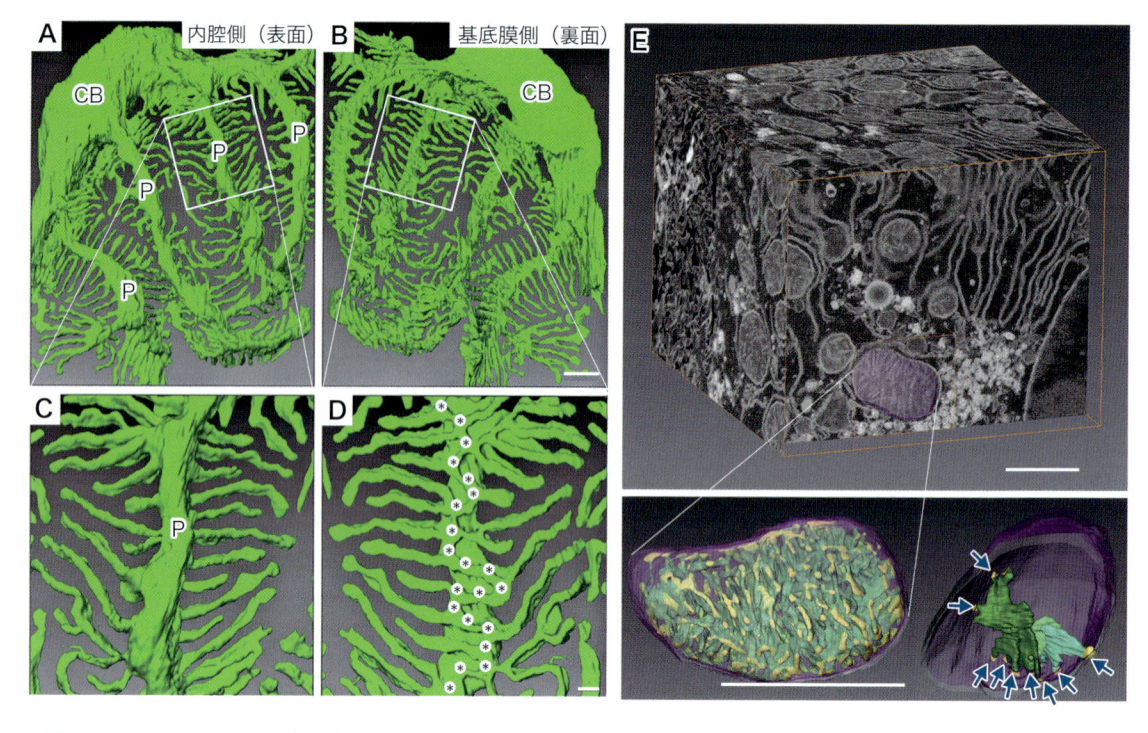

図1　SSSEM法による解析例

SSSEM法の一法，FIB-SEMトモグラフィー法による解析例．**A)** 腎糸球体足細胞の表面．**B)** Aの裏面．スケールバー：1μm．**C) D)** A，Bの白い四角で囲んだ部分の拡大図．スケールバー：200nm．細胞体（CB）から一次突起（P）が出ている．その裏側には「畝状」の突起が確認できる（＊）．文献1より改変して転載．**E)** 肝細胞の細胞質6μm角の領域を再構築した．下段は上段に紫で示したミトコンドリアの拡大像．ミトコンドリアの全膜構造が解析できている．クリステと内膜の連結構造を黄色および➡で示している．スケールバー：1μm．文献2より改変して転載．

り，生化学的な結果と乖離することがある．これらの生命現象を正しく理解していくためには，微小空間の三次元構造の理解が欠かせない．このnmスケールの領域の詳細な三次元構造の解析は，本書で取り扱う超解像法でも，また従来の電子顕微鏡法でも，技術的に非常に困難であったため現在でも理解は十分進んでいない．

2004年DenkらはSEM内にミクロトームを設置して試料の断面を連続的に観察する新しい手法を開発し[3]，これまで困難だった組織の内部構造を詳細に解析することを可能にした．この技術はSerial Block Face–SEM法（SBF–SEM法）として発表されたが，その後データの取得方法が異なるいくつかの類似の手法が考案され，それぞれが独自の名称でよばれているため，はじめて目にする方にとっては混乱する部分である．本項では，これらの手法全体を指してSSSEM法とよぶこととし，その基本的な原理とそれぞれの手法の特徴について説明するとともに，一般的な試料のつくり方，光学顕微鏡観察との相関観察法について解説する．

SSSEM法の基本原理と位置づけ

1. SSSEM法の基本原理

本手法で画像取得に用いるのは走査型電子顕微鏡（SEM）である．一般的にSEMは試料表面の凹凸を観察するのに用いられるが，本手法ではあえて凹凸のない平滑な試料表面を観察して透過型電子顕微鏡

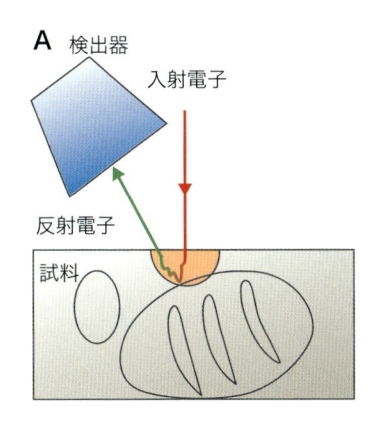

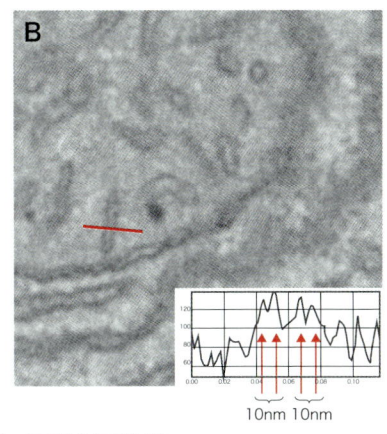

図2　SSSEM法で用いる画像取得の原理と画像例

A) 試料中に重金属で染色された構造物（膜など）があると電子が高頻度に弾かれ，反射電子として試料から飛び出してくる．これを信号として組織像を得るのがブロックフェイスイメージ（BFI）である．中心オレンジ色の部分は入射電子がランダムに散乱する領域（電子散乱領域）で，高い分解能を得るには，これをできるだけ小さくする条件で観察する．**B)** 加速電圧1,500Vで高分解能SEM（セミインレンズタイプ）[※2]を用いて得られたBFI．赤線部分の電子密度のヒストグラム（右下）をみると，厚さ10nm程度の単位膜が二層構造として分離して確認でき（→），4nm程度の水平分解能が得られていることがわかる．

(TEM) 像のような組織像を取得する．この組織像を通常のSEM像と区別するためブロックフェイスイメージ（BFI）とよぶ．SEMで平らな試料表面を観察すると凹凸に伴うコントラストがないため，試料自身がもつ原子組成にしたがったわずかなコントラストが観察できるようになる．詳細は後述するが，本手法で用いる試料はあらかじめ重金属で染色しておく．前述のように平滑な試料断面を作製し，そこをSEMで観察すると，細胞の構造が重金属の分布として観察される（図2A）．その結果BFIはブロックの表面から直接得たにもかかわらずTEM像に近い組織像となる．現時点では水平分解能こそTEM像におよばないが，観察条件[※1]を最適化することで4nm程度の水平分解能が得られる（図2B）．さらにブロックの表面から直接得るため，BFIは像に歪みがなく，定量性があると考えられている．

ここで，何らかの方法により試料を切削し，切削ごとにBFIを取得する作業をくり返し行うことができれば連続断面像が得られる．これがSSSEM法である．得られた連続断面像をもとにコンピューター上で三次元再構築を行い，詳細な解析ができる．細胞や組織を丸ごと再構築する場合は試料切削と画像取得のサイクルを数百～数千回くり返し行うが，この作業の多くは自動化されつつある．このように得られたデータはある程度の定量性のあるボリュームデータ[※3]であると考えられており，数学的手法を使うことなく個別の構造を直接定量解析[※4]することが可能である．

※1　ブロックフェイスイメージ（BFI）の観察条件

BFIを取得する際のSEMの観察条件は，できるだけ加速電圧が低い方が望ましい．しかし，加速電圧を下げると電子線を細く絞ることが難しくなるため，最適条件は用いるSEMに依存する．高い分解能を求めるならSSSEM法に適した高分解能SEMを用い，2kV以下の加速電圧で観察する．

※2　SSSEM法に適した高分解能SEM

SEMには電子線源のタイプと，レンズの組合わせによりさまざまなタイプがある．そのなかでSSSEM法に適した高分解能SEMは，特に低加速電圧で高い分解能を発揮できるタイプが望ましく，電子線源に電界放出型電子銃を備えた，セミインレンズ型もしくは電場磁場重畳型（ブースティングレンズ型）とよばれるSEMである．

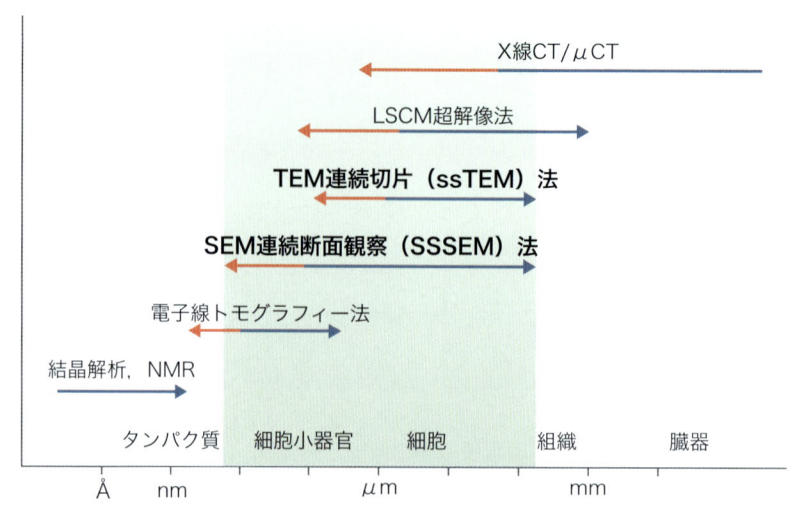

図3　三次元再構築法の観察可能領域と垂直分解能
⟶ は到達できる深さ分解能，⟶ は観察可能範囲を示す．
文献8をもとに作成．

2. 従来のssTEM法や電子線トモグラフィー法との比較

図3にさまざまな三次元解析手法と解析可能なスケールを示す．解析範囲だけに注目すると，超解像法と電子顕微鏡法は競合するようにみえるが，電子顕微鏡は標的だけでなくその周囲の微細構造を可視化する点で光学顕微鏡的手法とは異なる情報をもたらす．超解像法では，標的となるタンパク質などの分布を可視化するが，そこにどのような構造があるかを理解するうえでは電子顕微鏡解析が欠かせない．

一般的なTEM観察に用いる試料は厚さ60nm程度の"超薄切片"とよばれる極薄の切片なので得られる情報は二次元的情報である．しかし水平分解能は高くTEM観察は現在でも有用な評価法である．このTEM観察を用いて三次元情報を得ることもできる．TEM連続切片法（serial section TEM：ssTEM）とよばれる手法で，古くから行われてきた三次元解析法である．前述の超薄切片を数百枚連続して作製し，これをTEMで観察して再構築するものである．ただこの方法は高い技術と時間を要するし，切片回収時に若干の伸び縮みが生じるため，定量性に言及する場合は注意が必要である．図3に示すようにSSSEM法はssTEM法の多くを代替できることがわかる．

電子線トモグラフィー法はX線CTの原理をTEM観察に応用したもう1つの三次元構造解析法である．この方法は空間分解能が数nmとSSSEM法より高いが，試料の厚さに制限があり広い空間をみることはできない．前述のようにTEMは極薄の切片を用いる．この切片が電子線トモグラフィー法の試料となるので，超高圧電子顕微鏡を用いた場合でも厚さ1μm程度が最大の観察空間となる（電子線トモグラフィー法の場合，試料の厚さと分解能が比例するためより厚い試料の観

※3　**ボリュームデータ**

SSSEM法で得られるデータは二次元画像の集まりである．ImageJなどのソフトウェアで画像間のずれを正確に合わせ（RegistrationもしくはAlignment），三次元データとして扱う．

※4　**SSSEM法の三次元データの定量解析**

三次元解析には特定の構造を抽出する（セグメンテーション）作業が必要である．その後，抽出された領域の表面積や体積・距離を用いて比較検討を行う．この作業はAmira（FEI社）など市販のソフトウェアやFiji（TrakEM2），IMODなど無料のソフトウェアで行うことができる．

表1 切削方法の違いによる各種SEM連続断面観察（SSSEM）法の特徴

手法	切削方法	最小スライスピッチ	特徴
Dik-SEM法/SBF-SEM法	SEM内ミクロトーム	>30nm	・専用機で高速に自動データ取得 ・破壊的/帯電に弱い
FIB-SEMトモグラフィー法	収束イオンビーム（FIB）	>3nm	・高分解能/自動データ取得/試料サイズが自由 ・破壊的/解析範囲が限定
アレイトモグラフィー法	事前にミクロトームで連続切片作製	>40nm	・非破壊/再観察可/免疫染色への応用 ・別途連続切片作製の必要がある

青字はメリット，赤字はデメリットを示す．

察例はあるが，1μm程度がSSSEM法との境界になると考えられる）．この大きさは，ミトコンドリアの一部分が入る程度であり，細胞全体を観察するのには向かない．タンパク質複合体など，より小さな構造を観察するのに有用な方法である．

SSSEM法の種類と違い

SSSEM法には連続断面のつくり方によりいくつかの方法がある．以下に3種類の方法について簡単な解説を加える（表1）．それぞれに分解能や観察範囲，画像取得の方法に違いがあるため，一概にどの方法が最良であるかは言及できない．よい結果を得るためには，その特性を理解し目的によってどの方法を使うかを検討することが大切になる．

1. Dik-SEM法

Denkら[3]が最初に報告した手法で連続ブロック表面SEM（SBF-SEM）法ともよばれる．Dik-SEMはダイアモンドナイフSEMの略である．SEMチャンバー内にミクロトームを設置し，切削と撮像をくり返し行う手法で，専用の装置が必要である（Gatan社より2008年ごろから商品化され，2014年よりFEI社からも新しい装置が発表されている）．画像取得は全自動化されており，一晩で数千枚の連続断面像が得られる．機器が本手法に最適化されているため，データ取得が早いことが特徴である．しかしミクロトームで削った試料は回収できないため，破壊的な観察法になること，また安定した切削のため試料サイズをあらかじめ1mm角以下にすることなど制約もある．1回の切削幅は40～50nm程度が一般的で，深さ方向の分解能は100nm程度である．また帯電の影響[※5]を受けやすく，神経組織など膜が豊富な帯電しにくい組織の解析に適している．

2. FIB-SEMトモグラフィー法

収束イオンビーム（focused ion beam：FIB）搭載型走査電子顕微鏡装置（FIB-SEM）を用いて試料を連続的に切削し観察する手法である．本来，微小加工装置として開発されたFIB-SEMを用いることでnm単位の正確な試料切削が可能となり，SSSEM法のなかで最も高い深さ分解能が得られる．オルガネラなど高い分解能を必要とする解析に適している．FIB-SEMトモグラフィー法では試料の任意の領域，5～100μm角を解析できるが，試料をビームで削りながらデータを取得するため，破壊的な観察となる．観察領域が試料のごく一部なため，帯電を起こしにくく，単細胞生物・結合組織など帯電しやすい標本の観察も可能である．また試料サイズ自身には制約が少なく，cmオーダーの大きな

※5　帯電の影響

導電性のない試料に電子線を照射すると，その部分が帯電し，画像歪みやコントラスト異常が生じ，画像取得が困難になる．ミクロトームによる切削面は導電性が小さく帯電しやすい．重金属で染色された膜は導電性があるため，膜が多く，充実した組織では帯電の影響を受けにくい．

表2 SEM連続断面観察法（SSSEM）に用いられる代表的な試料作製プロトコール（化学固定の場合）

① 2.5%グルタルアルデヒド＋2%パラホルムアルデヒド／0.1Mカコジル酸緩衝液で試料固定（～4時間）
② 緩衝液での洗浄（3分×5回）
③ 1.5%フェロシアン化カリ，2% OsO_4／0.1Mカコジル酸緩衝液（1時間）
④ 蒸留水で洗浄（3分×5回）
⑤ 1%チオカルボヒドラジド水溶液（60℃，1時間）
⑥ 蒸留水で洗浄（3分×5回）
⑦ 2%オスミウム酸水溶液（1時間）
⑧ 蒸留水で洗浄（3分×5回）
⑨ 4%酢酸ウラン水溶液（一晩）
⑩ 蒸留水で洗浄（3分×5回）
⑪ アスパラギン酸鉛液（60℃，1～2時間）
⑫ 蒸留水で洗浄（3分×5回）
⑬ 定法により脱水後，樹脂に包埋

（③～⑥：膜コントラストの増強，⑨～⑫：en bloc染色）

樹脂に包埋する前に膜コントラスト増強を行うのが特徴．文献5と9をもとに作成．

試料を用いて広いエリアから特定の細胞を選んで解析するなど，3D-CLEM観察（後述）へも応用できる．

3. アレイトモグラフィー法

AT法と略する．あらかじめ安定した基材の上に連続切片を作製し，後からSEMで切片を観察する方法である．深さ方向の分解能はそれほど高くはないが，通常のSEM〔ただし電界放出型SEM（FE-SEM）が望ましい〕以外に特に新しい装置は必要ないため，比較的はじめやすい手法である．連続切片はガラスやプラスチックテープに貼りつけるため，安定した観察ができ，ssTEM法よりも難易度は低くなる．また免疫染色との組合わせも可能であることから[4]さまざまな応用が可能な手法として期待されている．前述の2法とは異なり観察後も切片が残るため再観察可能なところも大きな特徴である．近年連続切片を自動で回収する装置（ATUM，RMC社）が商品化されており，自動画像取得ソフトウェアも徐々に整備されつつある．

SSSEM法の試料作製

SSSEM法に用いる試料は，TEM用の試料と類似した試料作製法にしたがって作製する．つまり，固定，脱水，樹脂包埋である．代表的な試料作製法としてDik-SEM用に開発された膜コントラストを高める染色プロトコールを表2に示す．試料内部を観察するため試料は重金属で均一に染色しておく必要がある．またBFIでより高いコントラストを得るためには，膜コントラスト増強（表2③～⑥）やen bloc染色（表2⑨～⑫）とよばれる，包埋前染色が必須である[5]．ただ，ここに示した手法で染色した標本は，タンパク質成分のコントラストが相対的に低く，通常のTEM像とは少し異なる点に注意が必要である．

FIB-SEMトモグラフィー法でも同様の試料を用いるが，SSSEM法に適した高分解能SEMを搭載したFIB-SEM装置が使用できる場合は，TEM用に作製した標本でもある程度のコントラストが得られる（固定にオスミウム酸を用いており，オスミウムのコントラストで像が得られる）．これまでにつくり溜めた貴重なTEM

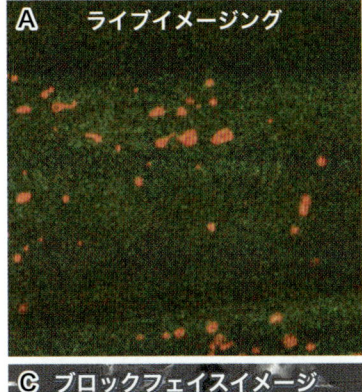

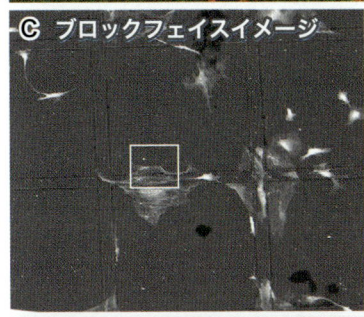

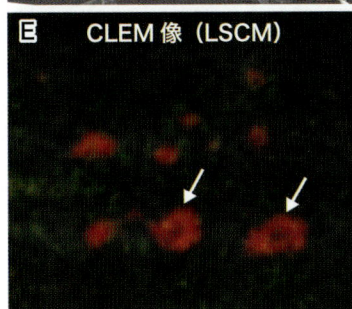

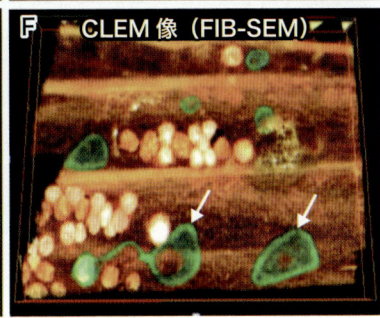

図4 ライブイメージングとFIB-SEMトモグラフィー法を組合わせた3D-CLEMの例

ミトコンドリアを可視化したライブイメージング用の細胞はグリッド付きディッシュ（μ-Dish 35mm grid-500, ib80131, ibidi社）で培養し，共焦点レーザー顕微鏡でイメージング後（**A**），電子顕微鏡用試料作製を行った．底部フィルムを外し試料台に乗せた試料（**B**）を，SEMを用いてBFI観察するとグリッド上に標的の細胞が確認できる（**C**, **D**）．**C**の四角部を拡大したものが**D**で，**D**の四角部6μm角の領域をFIB-SEMにて三次元再構築した（**F**）．再構築領域に相当する共焦点レーザー顕微鏡像（**E**）とFIB-SEMで再構築した領域のボリュームレンダリング像（**F**）を示す．⇨が示すミトコンドリアが光学顕微鏡像と電子顕微鏡像で一致していることが分かる．詳細は本文も参照．

用の標本を解析したい場合に試してみる価値はある．

一方，アレイトモグラフィー法の場合は，連続切片作製後にTEM用に用いる重金属染色を行うことが可能なので必ずしも*en bloc*染色は必須ではない．従来のTEM用のサンプルを用いることができる．

さて，今まで電子顕微鏡を扱ったことがない方にとって最も注意すべき点は，試料の固定である．電子顕微鏡レベルの微細構造は，わずかな浸透圧差や温度，時間によって瞬時に変化する．生きている状態にできるだけ近い固定を行うためには，さまざまなノウハウがある．急速凍結法や化学固定法などそれぞれに注意すべき点は基本的にTEM試料作製の場合と同じである．それについては紙面の都合上，文献6などの成書を参照されたい．

3D光-電子相関観察法（3D-CLEM）

1. CLEMの概要

光学顕微鏡で観察したその場を電子顕微鏡で観察する手法を光-電子相関観察法（correlative light electron microscopy：CLEM）とよぶ．CLEM観察は，特定の生命現象を時空間的に電子顕微鏡で捉えたい場合に重要な解析法となる．CLEM観察では，先に光学顕

微鏡でイメージングを行い，対象となる細胞や構造を同定する．このとき，観察したい領域を何らかの方法でマークしておき，電子顕微鏡用の試料作製を行い同じ場所を電子顕微鏡下に描出することで，時空間的に特定の構造を可視化する．この手法は40年ほど前から使われている手法なので特段新しいわけではない．しかし，TEMを用いてCLEM観察を行う場合，一断面から光学顕微鏡像と一致する部位を同定すること自体難しく，さらに，連続切片を作製して観察する必要があり，難易度はそれなりに高い方法となる．

2. 3D-CLEMの解析例

前述のFIB-SEMトモグラフィー法では，このCLEM観察が比較的簡便にでき，同時に三次元観察ができるので，今後の細胞生物学研究において有効な手法になると考えられる[7]．この手法は3D-CLEMまたはvolume-CLEMとよばれている．図4にその一例を示す．はじめに，グリッド付きのディッシュに細胞を培養しミトコンドリアのライブイメージングを行った（図4A）．その後，電子顕微鏡用の試料作製を行ったのが図4Bである．試料サイズに制限がないため，グリッド部分全体が入った1cm角の試料をそのままSEMにセットすることができる．次にBFIで確認しながら，ライブイメージングで狙った標的を探し出す（図4C, D）．標的はグリッドマークを指標に数分でみつかる．場所を確認したところで，その部分を三次元再構築し，完全に相関した三次元像を得ることができる（図4E, F）．このように3D-CLEM法は光学顕微鏡で見出される特定の現象がどのような構造基盤のうえで生じたものであるのかを確実に捕らえることができるので，機能的解析への可能性が期待される．

おわりに

本項で紹介した技術により，3Dデータの取得は従来に比べて格段に効率化したといえる．とはいえ，これらの技術はいずれも未熟な部分が多く，スループットとしては，1日に1再構築程度とそれほど高くない（1つのデータセットを得るのにおよそ1日かかるのが現状）．また，得られた再構築データからどのように目的の構造を抽出するのかなど，課題も多く残されている．特に後者はセグメンテーションとよばれる作業で，客観性の高い自動化が望まれるところであるが，現時点では，手作業に頼らざるを得ない部分が多く残されている．

しかし，われわれが新しい試料を再構築し，注意深く観察すると，多くの場合そこに何らかの新しい構造が発見される．これは細胞や組織の三次元構造がまだまだ解析が進んでいないことを反映しているのかもしれない．SSSEM法による三次元形態観察はこれまで解析することができなかった領域の扉を開くものとして期待されるとともに，超解像イメージングなどと組合わせたCLEM観察はさらに有効な知見をもたらす可能性があると考えられる．

◆ 文献

1) Ichimura K, et al：Sci Rep, 5：8993, 2015
2) Ohta K, et al：Micron, 43：612-620, 2012
3) Denk W & Horstmann H：PLoS Biol, 2：e329, 2004
4) Micheva KD & Smith SJ：Neuron, 55：25-36, 2007
5) Deerinck TJ, et al：Microsc Microanal, 16：1138-1139, 2010
6) 「よくわかる生物電子顕微鏡技術-プロトコル・ノウハウ・原理-」（臼倉治郎/著），共立出版，2008
7) Lucas MS, et al：Methods Mol Biol, 1117：593-616, 2014
8) 太田啓介，他：久留米医学雑誌，75：1-10, 2012
9) 太田啓介：「産業応用を目指した無機・有機新材料創製のための構造解析技術」（米澤 徹、陣内浩司/監），pp156-165, シーエムシー出版, 2015

原理・応用編　第2章　応用的な超解像イメージングと関連技術

6 超解像イメージングデータのクラウド型画像処理
―多次元大容量のデータ処理システム

横田秀夫

超解像顕微鏡の発展に伴い，取得される画像の空間分解能と時間分解能は飛躍的に向上している．そのために，そこから生成される情報は飛躍的に増加するが，画像を目で見て判断する人の能力は一定である．この情報量の爆発による多次元，大量の情報は人が判断する限界を超えている．貴重な情報をくまなく有効活用する手段は情報処理技術以外にないとわれわれは考える．また，超解像時代の情報処理には，個別のPCを用いた解析や人が試行錯誤して身につけた画像解析の経験を共有し，利用者が相互に知識を共有するオープンサイエンスの取り組みが不可欠である．われわれは，これらを解決する手段として，クラウド型画像処理システム4DICPを開発している．本項では，システムのコンセプトと実例を紹介する．将来，多くの研究者に利用いただき，画像処理手法を一緒に進化させることを期待している．

はじめに

顕微鏡技術の進展に伴い，生命現象を空間として捉えることが可能となってきた．いわゆる，古典的な顕微鏡から得られる映像・写真の輝度情報から，空間における蛍光物質の量を定量解析することが可能となり，時空間の情報取得装置として顕微鏡の価値が変貌している．さらに，近年の超解像顕微鏡技術により，光の波長以下の分解能で生物試料の構造や機能を撮像することが可能となっている．また，その観察技術は，二次元の画像情報から，厚さ方向や時間方向，波長などの次元を加えた三次元情報，それらを複合した四次元，五次元の情報に拡張している（表）．これらの観察技術は，2014年のノーベル化学賞受賞に代表されるように，生命現象の解明に貢献することからその価値は大きく，さらに関連する技術の進歩も急速に発達している．特に，生きている細胞・組織を対象としたライブセルイメージング技術に対する要望は大きく，他項ですでに述べられているようにさまざまな手法が提案されている．

進展著しい超解像観察技術とそれに対応する蛍光などの標識技術により，高分解能，広視野，高速（高時間分解能），長時間観察が実現されてきた．このことは，そこから得られる情報が多次元大容量の膨大な情

表　バイオイメージングデータの多次元化

2D	画像（XY）,
3D	ボクセル（XYZ），二次元動画（XYT），画像＋波長（XY λ）
4D	ボクセル動画（XYZT），ボクセル波長（XYZ λ）
5D	ボクセル動画＋波長（XYZT λ）

報となったことを意味している．

　これらの大容量情報は，すでに人が映像を眼で見て判断できる容量を超えている．さらに，対象となる情報の次元が増加しており，二次元の画像入力器官である眼の能力，情報を判断する脳の能力を超えている．そのために，せっかく観察した多次元大容量の情報を余すことなく理解することができなくなっている．複雑な生命現象を理解するためには，適切な情報処理により，必要な情報を抽出して解析するしくみが重要であり，画像処理技術の進展がこれらの問題を解決する手段として期待されている．

　本項では，超解像イメージングと関係の深い個別の画像処理技術，それらの個別の技術を利用するための画像処理システム，超解像時代にて必要となるクラウド画像処理システムについて紹介するとともに，超解像イメージングと画像処理を用いた細胞内現象の定量解析の結果についても報告する．

超解像イメージングで必要とされる画像処理

　超解像イメージングに必要とされる画像処理技術として，解像度を高める処理（高分解能化）とノイズ除去があげられる．ここでは，われわれの研究のなかで超解像に有効な手法を紹介する．

1．画像処理による高分解能化

　観察手法の革新による，光学限界を超えたイメージング技術の開発が進んでおり，光の広がりの物理現象に対応した点像分布関数（PSF）によるデコンボリューションなどの手法に加えて，撮像した画像に対する画像処理によっても，解像度を高めることが可能である．すでに，二次元の画像に対して，オーバーサンプリング※1と画像補間を組合わせた処理が実用化されており，デジタル放送に対応したテレビでは従来の放送の解像度を超えた画像表示，デジタルカメラでは高分解能化に用いられている．一方，生命現象解明のための顕微鏡観察においては，観察対象の大きさにより，高分解能化の手法が異なっている．観察対象が撮像の分解能以下の輝点の場合，撮像画素以上の空間位置を推定することが比較的容易である．例えば，全反射顕微鏡（TIRF）における1分子観察では，輝点の光が周辺の画素に広がることを利用して，複数の画素の信号から光のガウス分布の頂点を輝点の中心位置として，撮像分解能以上の空間位置を推定している．

　次に，観察対象の大きさが顕微鏡の分解能より大きい場合，いくつかの画像処理手法が提案されている．一般的には，撮像した画像をより詳細な分解能の画像に変換し，画像の補間により，高分解能化が可能である．われわれのグループでは，補間の手法として画素ごとに輝度を設定しているラスター情報※2をベクトル情報※3に変換して高分解能化する手法を開発した[1]．ベクトル画像は，設計に用いるCADや地図などの情報を記載するのに用いられる方法で，輪郭を表現するのに優れ拡大縮小にも適した手法である．生物を対象とした超解像イメージングでは，その対象は細胞やオルガネラ，小胞であり，それらは脂質膜で囲まれている．そのために，それらの境界は膜で閉じた空間として連続していること，その内部の蛍光色素は，濃淡差はあっても連続していることに着目し，ベクトル情報として表現可能であると考えた．図1に，われわれが開発し

※1　オーバーサンプリング

撮像したデジタル情報をもとの解像度よりも細かい空間に再配置すること．再配置の際に，補間を施すことにより，撮像の解像度よりも見かけ上細かい情報を作ることが可能である．

※2　ラスター情報

デジタルカメラやレーザー顕微鏡で撮像したデジタル画像データは格子状（グリッド）に並んだピクセル（画素）の集合体で表現される．各ピクセルは，x，y，zの位置と輝度の情報で構成され，このような画像データと同様のデータ構造を「ラスター」とよぶ．濃淡がある情報を表現するには優れるが，拡大時にはピクセルの格子が表示される．

※3　ベクトル情報

画像をアンカーとよばれる座標の点とその接続関係で表現した情報．線で囲まれた部分を塗りつぶして表示する．PCの画面表示のフォントなどで利用される．ベクトル画像は拡大しても輪郭は綺麗に表示される．

A ラスター画像とベクトル画像の比較

観察画像
ノイズ・低解像度

zoom

ラスター画像
解析に不向き

ベクトル画像
劣化せず高精細化

ベクトル化＋zoom

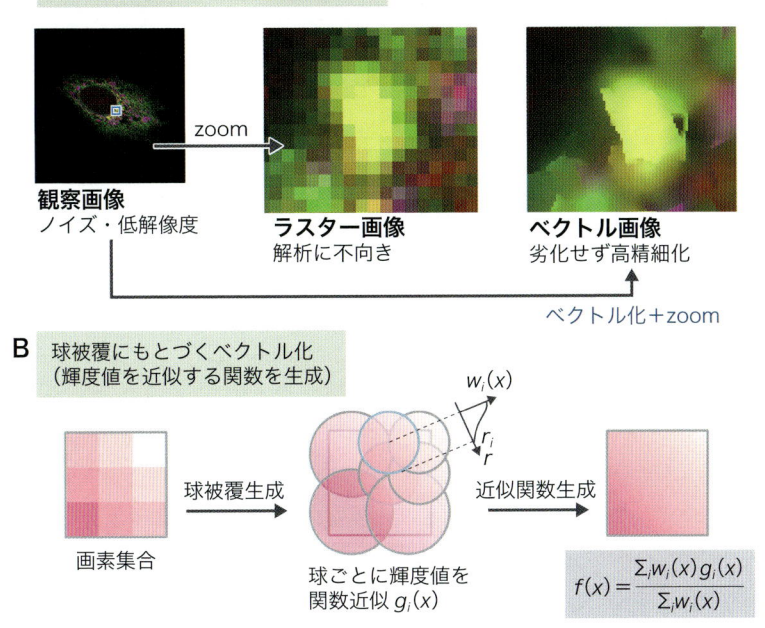

B 球被覆にもとづくベクトル化
（輝度値を近似する関数を生成）

画素集合 → 球被覆生成 → 球ごとに輝度値を関数近似 $g_i(x)$ → 近似関数生成

$$f(x) = \frac{\sum_i w_i(x) g_i(x)}{\sum_i w_i(x)}$$

図1 球被覆にもとづくベクトル化による高分解能化
文献1をもとに作成.

た高分解能化技術を示す．図1A左がもとの画像，図1A中央，右が高分解能化した画像である．図1A中央の画像はラスター画像として高分解能化したもので，撮像した画素による周期的な濃淡画像となる．図1A右が開発した手法で，ベクトル化した後，高精細画像としてリサンプリングしたものである．このようなベクトル化には大きな計算コストが必要で，また画像の境界を別に認識する必要がある．開発した手法では，ベクトルと境界を求める範囲を球被覆として考え輝度の変化に応じて球被覆の大きさを変化させることにより，計算コストを低減した（図1B）．さらに，それぞれの球被覆のなかで境界を検出し，球被覆ごとの境界を滑らかにつなげることにより，境界面を抽出可能である．これらの処理により高分解能化とノイズ除去を同時に実現している．また，これらの画像処理技術は，顕微鏡画像に特化したものではなく，複数の画素に跨がった対象に対して処理可能なことから，工業製品やCGなどの分野での応用が期待されている[1]．

2. ノイズ除去

超解像度顕微鏡により撮像した画像は，蛍光観察画像や共焦点レーザー顕微鏡の画像に比べて信号（光）が低いために，取得情報の対象信号（S）とノイズ信号（N）の強度差が少ない．そのために取得した信号からノイズを除去する技術が重要である．ノイズ除去には，一般的にフィルター処理が使用されるが，基本的な，平均化，Gaussian，Medianなどのフィルターでは，ノイズと同時に画像の特徴も合わせて除去してしまうために，画像にぼけが生じやすい．画像の特徴を保存しながらノイズを除去するためには，より高次なフィルターである，Bilateralフィルター[※4]やNL-Meansフィルター[※5]などが使用される．しかしながら，これらのフィルターは画像の特徴を保存するため計算コス

※4 Bilateral フィルター

画像処理にてノイズ除去に用いられるフィルター．正規分布の重み付きGaussianフィルターで，輝度変化が大きいエッジを保存しながら，輝度変化が少ない領域のノイズを除去できる．

無処理三次元イメージ　　ノイズ除去した三次元イメージ

$O(N^2) \rightarrow O(N)$
512^3のボクセル空間について，既存の手法で
30年かかる計算がわずか3分に！

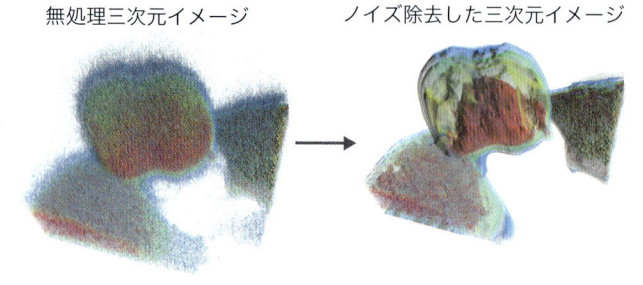

図2　Bilateralフィルターの高速近似演算による三次元画像のノイズ除去の効果
右の写真はHeLa細胞の細胞分裂時の三次元超解像画像．文献2より引用．

トが増加する．そのため，多断層からなる三次元データを対象とする際には，三次元情報を独立した二次元画像として処理することが多い．しかしながら，三次元の対象には，上下方向にも連続する情報があることから，高次なフィルターで使用する画像の特徴（例えば輪郭のエッジやパターン）を保存するには，上下の情報を含めた三次元情報を対象とすることが不可欠である．一方，高次なフィルターでは，その計算コストが$O(N^2)$となることから，対象の次元，データ量が増加すると計算コストが飛躍的に増加する．われわれは，三次元のBilateralフィルターを誤差を保証した状況で高速近似演算する手法を開発した．この方法では，計算コストを$O(N)$に削減するため高速演算が可能となった．この新手法によって既存の計算手法で512×512×512のボクセル空間に対して30年かかる計算を3分間で高速近似演算することができた[2]．図2に核移行シグナルにGFPを発現するように標識したHeLa細胞の細胞分裂時の三次元データを処理した結果を示す．長時間のライブセルイメージングのために励起用レーザー光量を削減していることから，取得画像をそのまま可視化するとノイズが多く，細胞の形状を理解することが困難である．ノイズ除去した画像では，細胞の形状に加えて，細胞内の核の形状を判断することが可能である．

画像処理システムVCAT5

バイオイメージングデータを解析するソフトウェアとして，市販の物（Bitplane社のIMARIS，パーキンエルマー社のVolocity，FEI社のAmiraなど）や無償の物（ImageJ，Fiji）などが開発されている[3]．画像処理は，一般的に"前処理"，"特徴抽出"，"認識・識別"，"統計処理"，"幾何形状解析"などの各処理を組合わせて行い，現象の定量化を実現する（図3）．超解像で求められる画像処理には，大規模データへの対応，三次元以上の多次元画像への対応，高速演算に加えて，超解像画像に特化した画像処理アルゴリズムの搭載，新規アルゴリズムの取り込み機能などがあげられる．前述の画像処理ソフトウェアは，ユーザーの使い勝手を考慮して改良された使いやすいシステムであるが，画像処理で最も求められる領域抽出の機能が不十分である．そこで，われわれは多次元の画像処理システムVCAT5を開発した[4]．このシステムは三次元，四次元情報を対象として，直交断面やボリュームレンダリング，サーフェースレンダリングなどの可視化手法とGUI

※5　NL-meansフィルター
ノイズ除去に用いられるフィルターで，画像の局所領域でのパターン対象をもとにノイズを除去するフィルター．パターンの中心類似度や位置により重みのパラメータを設定できるフィルター．適切なパラメータにより，画像のパターンを保存してノイズを除去することができるが，計算量が多くなることから，多次元の計算には工夫が必要である．

図3 画像情報の定量化フロー

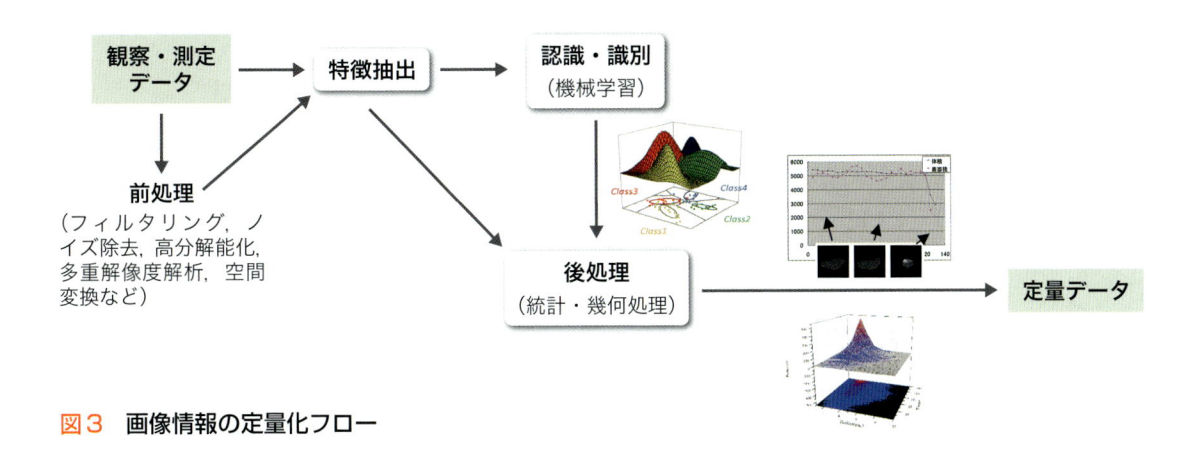

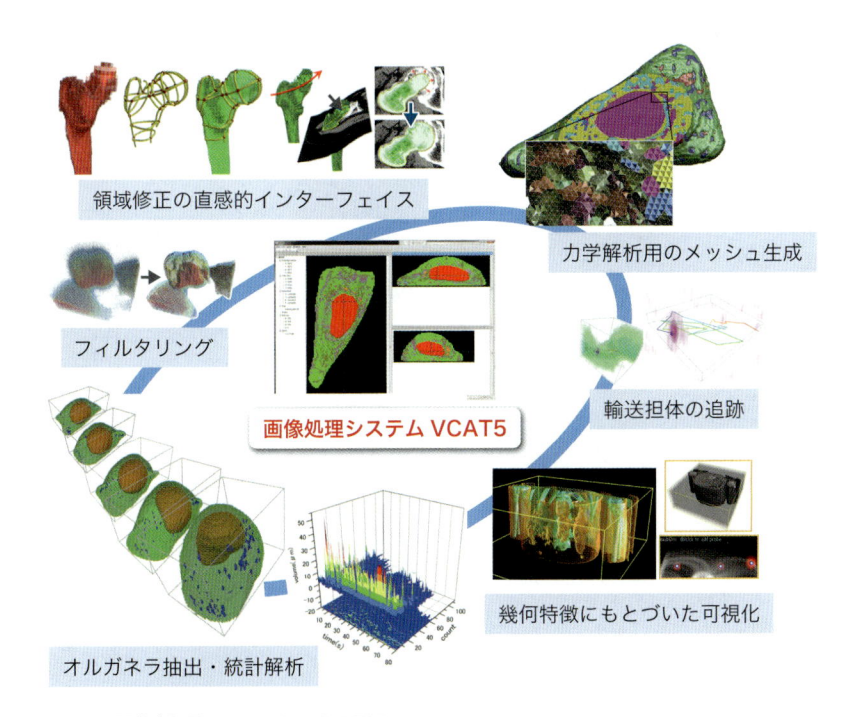

図4 画像処理システム VCAT5

を整備している．前述の各種画像処理フィルターや領域抽出法，数値化に関する処理は，プラグインとして個別処理を連携するしくみを保有する（図4）．このプラグインは，既存のソフトウェアの入出力部に画像入出力ライブラリを指定するだけで連携が可能である．そのためVCAT5は，前述のソフトウェアと同様に，ユーザーが指示した個別の処理を組合わせて任意の画像処理を実現する．さらに，画像処理の試行錯誤の行程やそのパラメータを自動で記録しており，記録した複数の操作をマクロとして再現することにより同じ行程を異なる画像に対して自動処理することができる．画像処理の行程は，ブロックの接続として表現されるだけでなく，水道管ゲームのように画像処理モジュールをつなげることで，プログラム開発の知識を必要とせずにビジュアルプログラミングすることが可能である．これらのマクロモジュール情報を記録して，複数

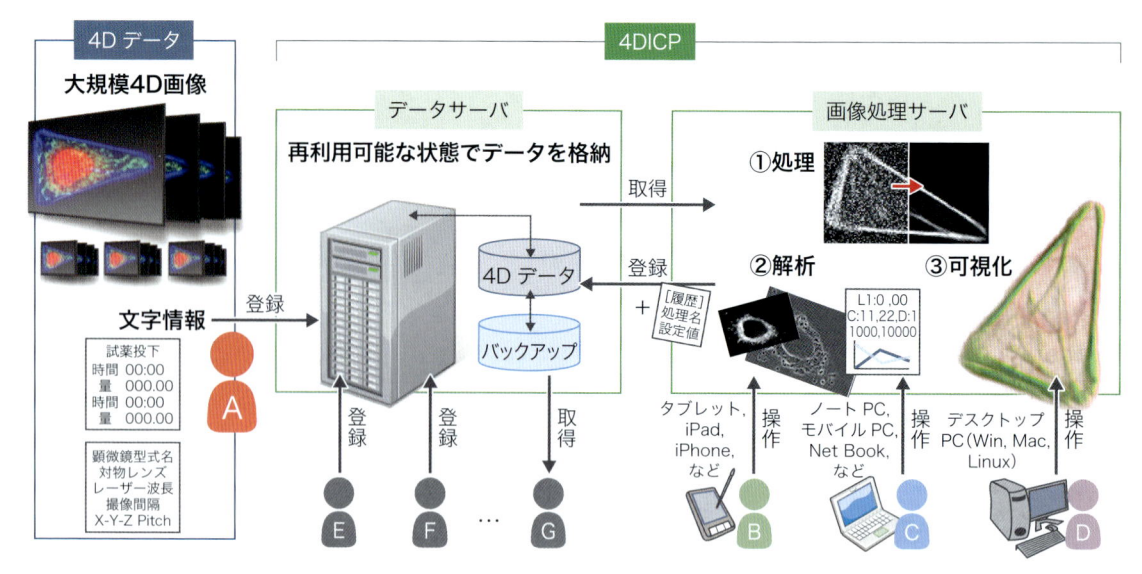

図5 画像処理クラウドシステム4DICP

の対象画像に対して自動解析することも可能である．さらに，構築したマクロをマクロモジュールとして登録することにより，複数のマクロを統合して使用することも可能である．このVCAT5システムは，現在アカデミアに向けて，無償で公開をしているが，その動作が安定した段階でオープンソース公開を予定している[5]．いわゆるオープンイノベーションの取り組みにて，日本発の画像処理システムとして公開することにより，情報処理研究者が生命科学の分野に参入するためのしくみを構築し，情報処理研究者と生物学研究者の架け橋として，生命科学の解明に貢献したいと考えている．

クラウド画像処理システム 4DICP

冒頭で述べたように，超解像イメージングにより取得される画像データ量は飛躍的に増加している．対象となる画像情報はGBからTBの容量となる．これらの情報を処理する計算機には，大容量のメモリを搭載すること，高速演算が可能なことなどが求められる．また，超解像顕微鏡技術が急速に進歩し，多数の種類の装置が市販化されたことにより，多数のユーザーが画像処理を必要としている．これらの大量の情報処理のためには，顕微鏡の台数以上に画像処理ソフトウェアと計算機を導入することが必要となっている．一方，超解像画像に対する画像処理技術は開発途上であり，ソフトウェアの更新の維持管理が煩雑である．さらに，取得したデータを管理するしくみが必要となる．

これらを解決する手段として，ビックデータ解析に利用されるクラウドコンピューティングがある．われわれは，画像管理サーバと画像処理サーバ，画像処理ソフトウェアVCAT5をシームレスに組み上げたクラウドコンピューティングのしくみとして4DICP（4D image communication platform）を構築した[6][7]．図5にクラウドシステムの概念図を示す．

撮像装置により得られた画像情報は，その撮像条件や撮像機器の情報とともにクラウド上のサーバに登録する．タイムラプス画像などの長時間観察時には，あらかじめ設定したPCを介して自動的にクラウド上のデータサーバにデータを転送するしくみを開発した．多数の情報を撮像しても，逐次データを転送しているため最終画像を取得後，その1ファイルの転送時間を

待つだけでよい．転送した情報は，画像の情報と撮像情報などのメタデータと合わせてデータベースに登録する．現在，omero[※6]で使用されているBioformatsの情報を自動的に登録することが可能となっている．これらの情報は，ウェブブラウザより登録，閲覧，ダウンロードなどの操作ができるとともに，指定した画像情報に対してクラウドベースの画像解析が可能である．具体的には，ユーザーが，サーバのGUIから画像解析を指示することにより，画像データを画像処理サーバに転送する．画像処理サーバでは，VCAT5の機能をクラウド上に構築したシステムを起動し，転送された情報を解析する．計算サーバでの表示画面をユーザーのPCに転送表示し，ユーザーのPCのマウスとキーボードのイベントを計算サーバに転送する．これらの作業は汎用のウェブブラウザを用いて，ユーザーは手元のPCを操作している状況と変わらぬ操作性で画像処理が可能である．ユーザーのPCのOSや計算資源を問わないことから，GPUを搭載していない軽量のノートPCやiPadで四次元画像処理や大量の情報を処理することが可能である．また，画像処理サーバを複数導入することや仮想化されたシステムを用いることにより，同時に多数のユーザーに対応することも可能である．本システムでは，クラウド上での画像処理は，すべての解析の行程を記録しており，画像処理に用いたモジュールや解析パラメータなどの条件と処理結果の画像と合わせてデータベースに格納される．このために，ユーザーはどのモジュールを使ったか，その手順やパラメータを実験ノートに記載することは不要となる．さらに，同じ操作をくり返し再現することができる．また，試行錯誤の行程を含めて画像データが記録されることから，画像の取り違いや不正を防止することにも副次的な効果がある．加えて，記録した画像処理履歴を解析することによって，よりよい画像処理手順を提案するしくみを構築している．図6に画像処理手順と結果を再利用するコンセプトを示す．過去に試行錯誤した結果を別の研究者の研究のための知見として共有することを通じて，画像処理手法の改良を実現するオープンイノベーションの取り組みを実施している．われわれが開発した4DICPは超解像時代の画像処理として必要な，データ管理，大規模解析，計算機リソースの共有，ソフトウェア改良に貢献するクラウドシステムを備えている．理化学研究所での試験運用の後に，公開利用を計画している．

超解像イメージングデータに対する画像解析例

前述の画像処理システムを用いた超解像画像処理の実施例を紹介する．超解像顕微鏡として，ハワード・ヒューズ医学研究所のBetzigらの研究チームと理化学研究所の清末らが2014年に発表した格子光シート顕微鏡（ライトシート型超解像顕微鏡）を用いた細胞分裂時の微小管の動態（原理・応用編第2章4参照）[8]に対して，われわれは定量解析する方法を開発した[9]．

細胞分裂時の時系列情報を格子光シートレーザー顕微鏡で焦点位置を変えて取得した超解像，高時間分解能三次元タイムラプス情報（四次元）より，微小管のコメットの動態について中心体からの距離，細胞内の位置，細胞分裂の段階による差異を定量解析した．図7Aに取得画像の定量解析のフレームワークを示す．観察情報を分析すると，①細胞が分裂時に回転移動すること，②観察時の蛍光退色などによる輝度変化，③観察条件などに由来する背景の輝度変化があり，一般的な画像処理では輝点を追跡して数値解析をすることは困難であった．そこで，対象となる細胞の移動を中心体の位置を求めて剛体変換により位置合わせし，時間変化によっても細胞の回転を補正した画像を作製した（図7B）．同一座標の時系列情報に対して，観察による蛍光退色を補正し，トップハット変換により背景輝度を補正した（図7C）．この時系列画像群に対して，微小管のコメットをトラッキングした（図7D）．ト

※6　**Omero**
画像データと撮像情報などのメタデータの共有を目的に開発されたフリーのオンラインソフトウェア．各種顕微鏡などの100種以上の個別フォーマットに対応した情報管理ツール．

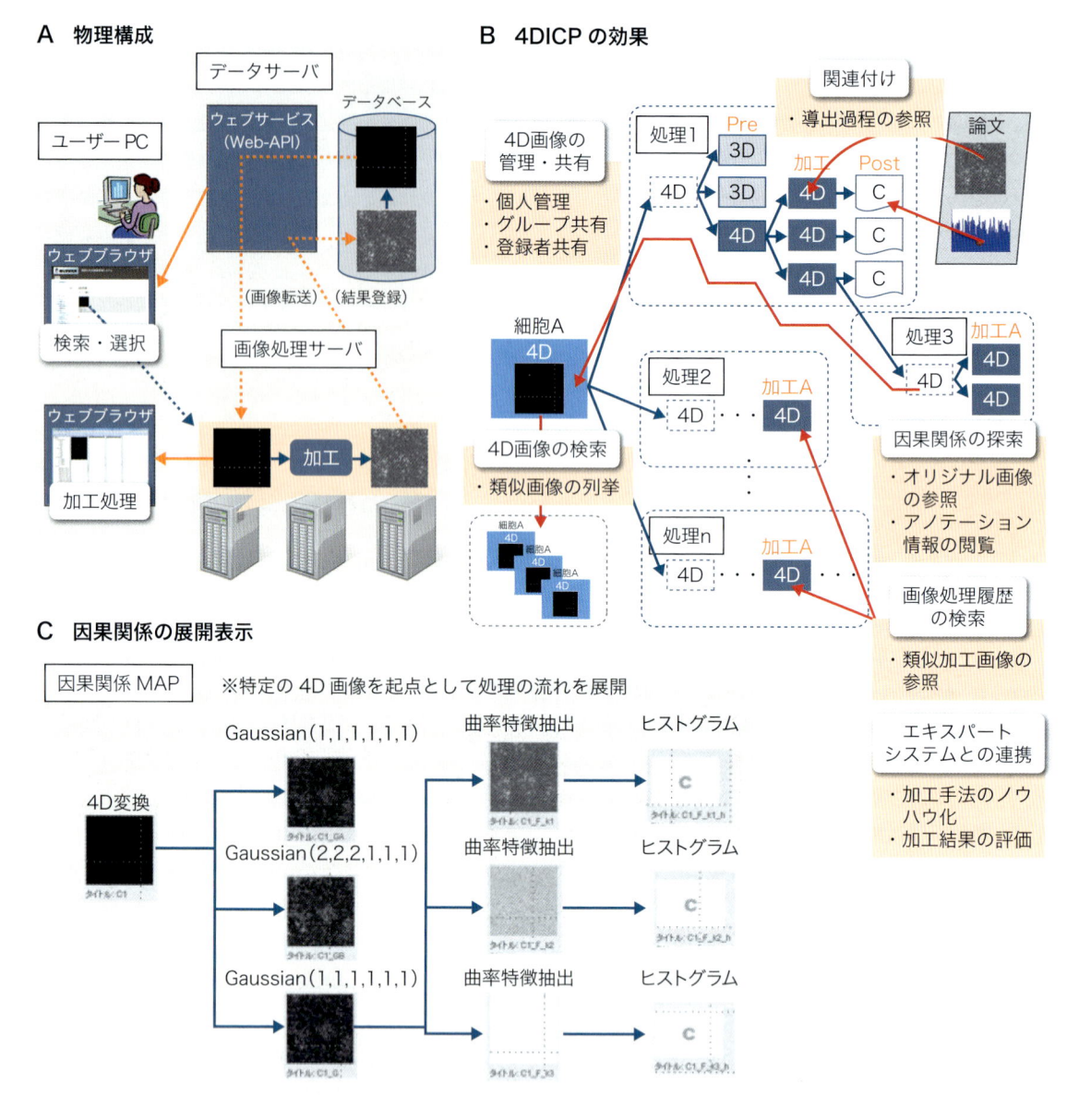

図6 4DICPによる画像処理手順解析

ラッキングした粒子の位置に対して，細胞内の中心体と染色体の座標から領域ごとの移動量，速度，移動ベクトルを求めた（図7E）．細胞分裂のステージにより，コメットの移動が異なることを明らかにした．

おわりに

超解像顕微鏡などの計測技術の進展や各種生命現象の解明を目的に，大量のバイオイメージングデータが取得されている．これらの画像に対して，多数の生命科学の研究者が画像処理を実施している．一方，画像

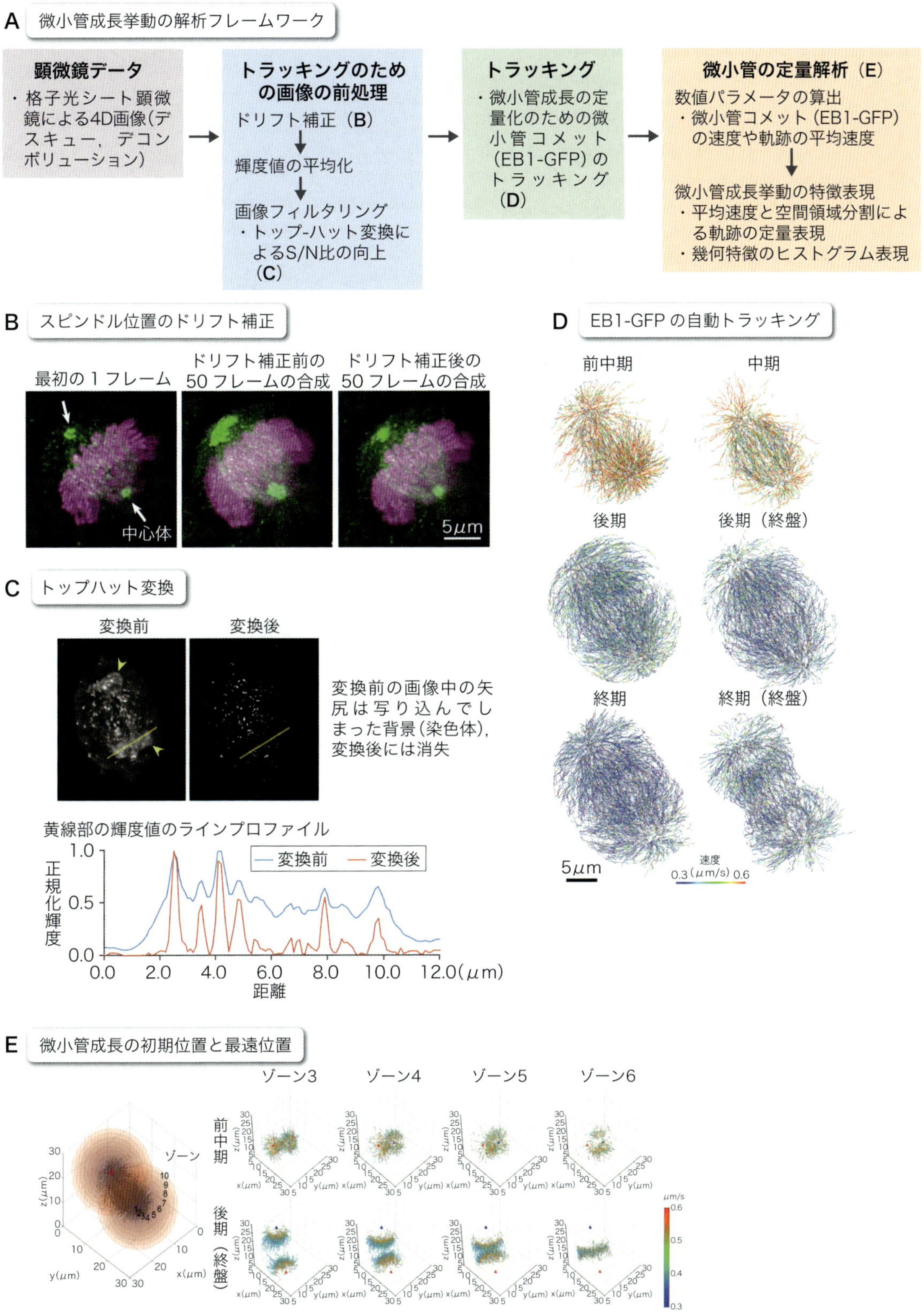

図7 格子光シート顕微鏡による微小管の定量画像解析

B〜Eは文献9より引用.

処理自体に関する研究は情報工学の研究者が専門としている．バイオイメージングデータの解析は非常に困難であることから，生命科学の研究者と情報処理の研究者が一体となって新しい解析技術を開発する必要がある．われわれが開発しているVCAT5や4DICPにより，両者の連携が加速し，生命現象の解析に貢献することを切に願っている．

◆ 文献・URL

1) Nagai Y, et al：Science China Information Sciences, 56：1-12, 2013
2) Yoshizawa S, et al：Comput Graph Forum, 29：60-74, 2010
3) Eliceiri KW, et al：Nat Methods, 9：697-710, 2012
4) 森田正彦，他：「バイオ画像解析 手とり足とりガイド」（小林徹也，青木一洋/編），pp208-218，羊土社，2014
5) 「vcat」（http://logistics.riken.jp/vcat/vcat/ja），理化学研究所光量子工学研究領域画像情報処理研究チーム
6) Morita M, et al：International Journal of Networking and Computing, 4：369-391, 2014
7) Morita M, et al：Medical Imaging Technology, 33：112-117, 2015
8) Chen BC, et al：Science, 346：1257998, 2014
9) Yamashita N, et al：J Biomed Opt, 20：101206, 2015

INDEX

数字・記号

- #1.5 カバーガラス ･････････････････････ 197
- 1分子イメージング ･･････････････ 20, 35
- 1分子観察 ･････････････････････････････ 24
- 1分子局在化顕微鏡 ･･･････････ 48, 264
- 1分子計測 ･････････････････････････････ 24
- 2×2ビニング ････････････････････････ 21
- 2D-SIM ････････････････････････････ 171
- 2光子顕微鏡 ････････････････････････ 235
- 2光子励起蛍光顕微鏡 ･･････････････ 209
- 2光子励起顕微鏡 ･･････････････････ 208
- 3D PALM ･････････････････････････ 114
- 3D-CLEM ･････････････････････････ 292
- 3D-SIM ･･･････････････ 70, 146, 162, 171
- 3D-STORM ･･････････････････････････ 94
- 3Dタイムラプス画像 ･･･････････････ 280
- 3D光–電子相関観察法 ･････････････ 291
- 3Dライブイメージング ････････････ 277
- 4DICP ･･････････････････････ 293, 298
- 4Dライブイメージング ････････････ 257
- 5 Rotation ･････････････････････････ 119
- 100nm蛍光ビーズ ･････････････････ 161

欧文

A〜C

- Abbeの公式 ････････････････････････ 16
- Airyscan ･･････････････････････ 114, 275
- Airyscan Processing ･･････････････ 122
- Airyscan 推奨対物レンズ ･･･････････ 116
- Alexa Fluor™ 488 ･･････････ 72, 106, 169, 274
- Alexa Fluor™ 568 ･････････････････ 72
- Alexa Fluor™ 647 ･････････････････ 87
- AutoQuant X3 ･････････････････････ 39
- Betzig ････････････････････････････ 267
- BFI ･･････････････････････････････ 287
- Bilateral フィルター ･･･････････････ 295
- Booth ･･･････････････････････････ 267
- CdSe ･････････････････････････････ 253
- CFM ･････････････････････････････ 227
- Channel Alignment ･･････････････ 121
- CLEM ････････････････････････････ 291
- CLSM ････････････････････････････ 179
- Cy2 ･･････････････････････････････ 195
- Cy3 ･･････････････････････････････ 195

D〜F

- DABCO ･･････････････････････････ 184
- DeltaVision OMX SR ･･･････････････ 70
- DIG ･･････････････････････････････ 194
- Dik-SEM法 ･･････････････････････ 289
- direct stochastical optical reconstruction microscopy ･･･ 86
- Doxycycline ････････････････････ 161
- Dreiklang ･････････････････････････ 62
- Drift correction ･･･････････････････ 32
- dSTORM ･････････････････････ 33, 86
- EB1（end-binding 1）タンパク質 ･･････ 280
- ELYRA P.1 ･･･････････････････････ 114
- ELYRA S.1 ･･･････････････････････ 114
- EM-CCD ･････････････････････ 21, 68
- end-binding 1 ･･････････････････ 280
- ER ･･･････････････････････････････ 189
- ERES ････････････････････････････ 260
- Excessノイズ ･･･････････････････････ 69
- FCS ･･････････････････････････････ 271
- FIB-SEMトモグラフィー法 ･････････ 289
- Fiji ･･････････････････････････ 22, 39
- FISH ･････････････････････････････ 193
- FITC ･････････････････････････････ 194
- FV-OSR ･････････････････････････ 105
- FWHM ･･･････････････････ 110, 153, 154

G〜I

- G-STED-FCS ･････････････････････ 274
- GaAsP ･･････････････････････････････ 38
- GaAsP 検出器 ･･･････････････････ 114
- GaAsP 光電面 ････････････････････ 46
- gated STED ･････････････････････ 186
- Gaussian PSF 3D ･････････････････ 39
- GFP ･･････････････････････ 17, 161, 274
- ground state depletion ･･･････････ 86
- GSD ･･････････････････････････････ 86
- GSD試料調整ガイド ･････････････ 87
- HaloTag® ････････････････････････ 60
- HAPD ･･････････････････････････････ 47
- HILO ････････････････････････････ 278
- HIRO ････････････････････････････ 119
- HMSiR ･････････････････････ 20, 27, 34
- hnRNPU ････････････････････････ 160
- HPD ･･･････････････････････････････ 47
- HRPビーム ･････････････････････ 236
- Huygens ･･････････････････････････ 39
- HyD ･･･････････････････････ 39, 80, 272
- I-z 曲線 ･･････････････････････････ 231
- ImageJ ･････････････････････ 39, 110
- Ir-PSFP ･････････････････････････ 139
- Iterative Deconvolve 3D ･･･････････ 39

K〜N

- Kohinoor ･･･････････････････････ 246
- LAS X ･･･････････････････････ 80, 87
- laser scanning confocal microscopy ･･････ 227
- lncRNA ･･････････････････････････ 192

303

INDEX

long noncoding RNA ……………… 192	PSF ……………… 149, 214, 228, 263	SSSEM法の三次元データの定量解析 ……………… 288
LSCM ……………………… 227, 229	PSFP ……………………………… 138	STED ……………………… 80, 141, 169, 173, 179, 206, 242, 244, 271
LSM 7 ……………………………… 125	QE ……………………………………… 69	STED 3X ……………………………… 184
LSM 8 ……………………………… 125	Quantum Efficiency ………………… 69	STED-FCS ………………………… 271
mApple-TOMM20-N-10 ………… 40	Qドット …………………………… 253	STED顕微鏡 ………………… 239, 264
mCherry ………………………… 161	R-PSFP …………………………… 139	STED光 ……………………… 180, 244
mEmerald-TOMM20-C-10 ……… 40	RESOLFT ………… 141, 242, 244	STED試料調整ガイド ……………… 81
MetaMorph ……………………… 105	RNAアプタマー ………………… 158	Stellaris® ………………………… 194
mKiKGR ………………………… 216	RNAプローブ …………………… 193	stimulated emissin depletion … 206
MPPC ……………………………… 47		STORM ……………………… 93, 213
MS2システム …………………… 159	## S	structured illumination …… 121, 227
MS2ステムループ ……………… 161	s, p反射における偏光特性 …… 239	
MTF ………………………………… 37	S/N ………………………………… 69, 190	## T～Z
myDAQ …………………………… 59	saturated excitation ……… 206, 209	TCS SP8 STED 3X ……………… 271
N-SIM ……………………… 94, 160	SAX ……………………… 206, 209	TDE ………………………… 184, 195
N-STORM ………………………… 94	SCLIM …………………………… 257	TetraSpeck™ Microspheres …… 199
NA ………………………… 108, 147	sCMOS ……………………… 21, 68	Thiodiethanol …………………… 195
ncRNA …………………………… 158	SD-OSR ………………………… 105	ThunderSTORM ……………… 26, 54
Neat1 …………………………… 193	SDCM ……………………… 227, 229	TIRFM ……………………………… 53
NL-meansフィルター …………… 296	SEM ……………………………… 285	VCAT5 …………………… 281, 296
	SEM連続断面観察法 …………… 285	VISion …………………………… 251
## O～R	SIM ……………………………… 93, 146, 157, 169, 219, 227, 229, 264	Xist ……………………………… 158
Omero …………………………… 299	single molecule localization microscopy ……………………… 48	X染色体不活性化 ………………… 158
optical transfer function ……… 222	SiR-tubulin ……………………… 81	ZEN ……………………………… 117
OTF ………………… 154, 221, 222	SMLM ……………………………… 48	ZnS ……………………………… 253
PAFP ……………………………… 139	SOFI ……………………………… 250	Z軸方向 …………………………… 70
PALM ………………… 121, 140, 213	spatial frequency ……………… 221	
PANL-SIM ………………… 141, 142	spinning disk confocal microscopy ……………………… 227	## 和文
pcSOFI …………………………… 140	SPoD ……………………………… 242	
photon budget ………………… 140	SPoD-ExPAN …………………… 242	### あ行
PML体 …………………………… 188	sptPALM ………………………… 142	アーティファクト ……………… 127, 152, 154, 224
point spread function ………… 263	SSSEM …………………………… 285	アクチン …………………… 169, 280
polarization …………………… 242	SSSEM法に適した高分解能 SEM ……………………………… 287	
Priism 4.2.3 ……………………… 75		
ProK …………………………… 196		
ProLong™ Gold ………………… 183		

INDEX

アフィン変換 …………………… 217
アポダイゼーションフィルター … 233
アレイトモグラフィー法 ………… 290
位置検出精度 …………………… 214
位置推定精度 …………………… 49
イマージョンオイル ………… 116, 117
イメージング溶液 ……………… 95
色収差 …………………… 127, 240
色収差補正 ……………………… 151
色ずれ …………………………… 127
ウィナーフィルター ………… 224, 233
宇宙望遠鏡 ……………………… 265
エアリーディスク ……………… 232
オイル …………………………… 76
オーバーサンプリング ……… 187, 294

か行

開口数 …………………… 108, 147
解析ソフトウェア ……………… 54
回折限界 ………… 16, 48, 204, 206
解像力 …………………………… 49
可逆的なPSFP ………………… 139
拡散パターン …………………… 76
核内構造体 ……………………… 192
核内微細構造 …………………… 188
核内ボディ ……………………… 192
核膜孔 …………………………… 189
確率論的な光学再構築 ………… 93
可視光2光子励起顕微鏡 ……… 208
画像解析 ………………………… 293
画素サイズ ……………………… 176
カバーガラス ………………… 172, 182
ガリウムヒ素リン ………… 38, 46
還元剤 …………………………… 115
観察視野 ………………………… 273
干渉縞 …………………………… 99

輝度断面 ………………………… 221
気泡の混入 ……………………… 108
球面収差 ………………… 53, 108,
　　128, 136, 146, 148, 154, 155, 181
吸収遷移双極子 ………………… 245
キュムラント …………………… 252, 253
共焦点顕微鏡 ……………… 37, 227
局在化法 ………… 33, 48, 129, 213
空間光変調器 …………………… 265
空間周波数 ……………………… 221
空間分解能 ………… 48, 165, 257
クエンチング …………………… 73
屈折率 ………………… 76, 128, 136
クラウド画像処理システム …… 294
クローズドループ ……………… 266
蛍光1分子可視化 ……………… 214
蛍光 in situ ハイブリダイゼーション
　　………………………………… 193
蛍光応答の非線形性 …………… 209
蛍光強度ラインプロファイル …… 208
蛍光共鳴エネルギー移動 ……… 254
蛍光色素 ………………… 22, 72, 183
蛍光相関超解像法 ……………… 250
蛍光相関分光 …………………… 271
蛍光退色 ………………………… 109
蛍光褪色 ………………… 61, 107
蛍光タンパク質 …………… 183, 263
蛍光標識DNA ………………… 275
蛍光フィルター ………………… 21
蛍光プローブ ……………… 33, 61
蛍光分子局在化法 ……………… 20
蛍光明滅 ………………………… 250
蛍光ライブイメージング …… 17, 263
ゲイン …………………………… 46
ゲート条件 ……………………… 186
結像特性 ………………………… 204
検出系 …………………………… 53

顕微鏡の歴史 …………………… 16
光渦 ……………………………… 239
光学応答の非線形性 ……… 204, 211
光学系 …………………………… 53
光学系の調整 …………………… 23
光学セクショニング ……… 105, 227
光学的伝達関数 ………………… 154
高感度検出器 …………………… 37
光源 ……………………………… 51
交互照明 ………………………… 52
交差キュムラント ……………… 255
光軸 ……………………………… 56
格子光シート顕微鏡 ……… 279, 299
広視野蛍光顕微鏡 ……………… 205
構造化照明
　　……… 70, 93, 146, 219, 227, 229
高速ライブセル ………………… 114
抗体分子 ………………………… 129
光電子増倍管 …………………… 46
高分解能化 ……………………… 294
ゴールドパーティクル ……… 116, 120
ゴルジ体 ………………………… 259
コンボリューション …………… 228

さ行

サイドローブ …………………… 238
細胞試料の超解像観察 ………… 60
細胞内構造体 …………………… 192
細胞内膜交通 …………………… 257
三次元解析手法 ………………… 288
三次元構造 ……………………… 285
三次元構造化照明顕微鏡法 …… 70
参照光源 ………………………… 265
サンプリング定理 ……………… 176
時間分解能 ………………… 165, 257
色素 ……………………… 95, 177

305

INDEX

自己修復ビーム‥‥‥‥‥‥‥‥ 278
自己明滅‥‥‥‥‥‥‥‥‥‥‥ 250
室温‥‥‥‥‥‥‥‥‥‥‥‥‥ 172
自発的に明滅‥‥‥‥‥‥‥‥‥ 34
自発的明滅機能‥‥‥‥‥‥‥‥ 33
自発的明滅能‥‥‥‥‥‥‥‥‥ 26
縞照明‥‥‥‥‥‥‥‥‥‥‥‥ 219
遮断周波数‥‥‥‥‥‥‥‥‥‥ 222
シャックハルトマン波面センサー 268
シャッターシステム‥‥‥‥‥‥ 52
重心‥‥‥‥‥‥‥‥‥‥‥‥‥ 94
照射強度‥‥‥‥‥‥‥‥‥‥‥ 62
照射時間‥‥‥‥‥‥‥‥‥‥‥ 62
情報処理‥‥‥‥‥‥‥‥‥‥‥ 293
小胞輸送‥‥‥‥‥‥‥‥‥‥‥ 257
植物細胞‥‥‥‥‥‥‥‥‥‥‥ 263
ショットノイズ‥‥‥‥‥‥‥‥ 253
シリコーン浸対物レンズ‥‥‥‥ 105
シリコンローダミンプローブ‥‥ 81
シリンドルカルレンズ‥‥‥‥‥ 100
神経成長円錐‥‥‥‥‥‥‥‥‥ 169
信号強度‥‥‥‥‥‥‥‥‥‥‥ 135
振動‥‥‥‥‥‥‥‥‥‥‥‥‥ 133
すばる望遠鏡‥‥‥‥‥‥‥‥‥ 266
スピニングディスク共焦点蛍光顕微鏡
‥‥‥‥‥‥‥‥‥‥‥ 105, 229
スピニングディスク式高速共焦点
スキャナ‥‥‥‥‥‥‥‥‥‥ 257
制御・解析用コンピューター‥‥ 53
全焦点画像‥‥‥‥‥‥‥‥‥‥ 239
染色‥‥‥‥‥‥‥‥‥‥‥‥‥ 96
染色手法‥‥‥‥‥‥‥‥‥‥‥ 95
線幅‥‥‥‥‥‥‥‥‥‥‥‥‥ 110
全反射照明蛍光顕微鏡‥‥‥‥‥ 53
相関関数‥‥‥‥‥‥‥‥‥‥‥ 273
走査型電子顕微鏡‥‥‥‥‥‥‥ 285

た行

褪色‥‥‥‥‥‥‥‥‥‥‥‥‥ 190
褪色防止剤‥‥‥‥‥‥‥‥‥‥ 183
帯電の影響‥‥‥‥‥‥‥‥‥‥ 289
ダイノード‥‥‥‥‥‥‥‥‥‥ 46
対物レンズ‥‥‥‥‥‥‥ 21, 58, 172
対物レンズの収差‥‥‥‥‥‥‥ 146
タイムラプス撮像‥‥‥‥ 164, 266, 280
大容量情報‥‥‥‥‥‥‥‥‥‥ 294
畳み込み‥‥‥‥‥‥‥‥‥‥‥ 246
畳み込み積分‥‥‥‥‥‥‥‥‥ 228
地上望遠鏡‥‥‥‥‥‥‥‥‥‥ 265
逆畳み込み‥‥‥‥‥‥‥‥‥‥ 246
逆補正フィルター‥‥‥‥‥‥‥ 233
中心体‥‥‥‥‥‥‥‥‥‥‥‥ 189
超解像‥‥‥‥‥‥‥‥‥‥‥‥ 49
超解像画像の再構築‥‥‥‥‥‥ 65
超解像蛍光顕微鏡法‥‥‥‥‥‥ 18
超解像顕微鏡システム‥‥‥‥‥ 51
超解像ライブイメージング‥‥‥ 157
超局在化顕微鏡法‥‥‥‥‥‥‥ 213
長鎖ノンコーディングRNA‥‥‥ 192
長焦点深度ビーム‥‥‥‥‥‥‥ 278
超薄ライトシート‥‥‥‥‥‥‥ 278
デカップル‥‥‥‥‥‥‥‥‥‥ 62
デコンボリューション
‥‥‥‥‥‥ 37, 223, 233, 246, 260
電子顕微鏡‥‥‥‥‥‥‥‥ 16, 285
点像‥‥‥‥‥‥‥‥‥‥‥‥‥ 102
点像強度分布‥‥‥‥‥‥‥‥‥ 228
点像分布関数‥‥‥‥ 149, 214, 246, 263
投影レンズ‥‥‥‥‥‥‥‥‥‥ 21
同軸落射照明法‥‥‥‥‥‥‥‥ 277
同時照明‥‥‥‥‥‥‥‥‥‥‥ 52
透明化試薬‥‥‥‥‥‥‥‥‥‥ 129
ドーナツ光‥‥‥‥‥‥‥‥ 180, 243

トポロジカルチャージ‥‥‥‥‥ 239
ドリフト‥‥‥‥‥‥‥‥‥‥‥ 133

な行

ナイキスト周期‥‥‥‥‥‥‥‥ 176
ナイキストのサンプリング定理‥ 140
二重染色‥‥‥‥‥‥‥‥‥‥‥ 127
ネガティブスイッチング‥‥‥‥ 62
ノイズ除去‥‥‥‥‥‥‥‥‥‥ 295
ノイズフィルター‥‥‥‥‥‥‥ 154

は行

ハイパスフィルター‥‥‥‥‥‥ 232
ハイブリッドフォトディテクタ‥ 47
ハグ＆キス‥‥‥‥‥‥‥‥‥‥ 260
薄層斜光照明法‥‥‥‥‥‥‥‥ 278
ハニカム状‥‥‥‥‥‥‥‥‥‥ 114
波面収差‥‥‥‥‥‥‥‥‥‥‥ 207
波面センサー‥‥‥‥‥‥‥‥‥ 265
パラスペックル‥‥‥‥‥‥‥‥ 192
半値全幅‥‥‥‥‥‥‥‥ 153, 154
半導体ナノ粒子‥‥‥‥‥‥‥‥ 253
ビオチン‥‥‥‥‥‥‥‥‥‥‥ 194
非回折ビーム‥‥‥‥‥‥‥‥‥ 278
光活性化蛍光タンパク質‥‥‥‥ 139
光スイッチング蛍光タンパク質‥ 138
光スイッチング色素‥‥‥‥‥‥ 244
光転換型色素‥‥‥‥‥‥‥‥‥ 213
光毒性‥‥‥‥‥‥‥‥‥‥ 138, 166
光ニードル‥‥‥‥‥‥‥‥‥‥ 236
光変換蛍光タンパク質‥‥‥‥‥ 139
被写体ぶれ‥‥‥‥‥‥‥‥‥‥ 133
微小管‥‥‥‥‥‥ 43, 188, 238, 281
微小管先端‥‥‥‥‥‥‥‥‥‥ 280
非線形性‥‥‥‥‥‥‥‥‥‥‥ 205
非線形な蛍光応答‥‥‥‥‥ 208, 210

INDEX

非線形な光学応答……………… 207
ビデオレート…………………… 68
標識の大きさ…………………… 129
標識密度………………………… 130
標本染色………………… 95, 96
標本封入………………………… 95
ピンホール……………………… 187
ピンホールサイズ……………… 38
フィルター処理………………… 295
封入剤…………………… 95, 183
フーリエ変換………… 151, 153, 221
フォトダメージ………………… 134
不可逆的なPSFP………………… 139
複合システム…………………… 125
ブリンキング………… 86, 215
フレームレート………………… 68
ブロックフェイスイメージ（BFI）の
　観察条件……………………… 287
分解能………………… 127, 190
分子動態計測技術……………… 271
分子内スピロ環化平衡………… 34
平行光…………………………… 58
ベクトルビーム………………… 235
ベクトル情報…………………… 294
ベッセルビーム………………… 278
ベッセルビームのサイドローブ
　（副極）光…………………… 279
ヘルムホルツ方程式…………… 235

偏光……………………………… 242
偏光角狭帯化…………………… 246
方位偏光ビーム………………… 239
防振台…………………………… 97
紡錘体…………………………… 280
飽和励起………………… 206, 209
ポジティブスイッチング……… 62
補償光学………………………… 264
補正環………………… 98, 108, 170
補正環遠隔操作ユニット……… 108
ボリュームデータ……………… 288
ホワイトライトレーザー……… 80

ま行

マウント材……………………… 72
膜交通…………………………… 257
ミトコンドリア外膜……… 41, 42
明滅………………………… 33, 86
明滅現象………………………… 95
明滅頻度………………………… 102
モアレ……………………… 220, 222
モアレパターン………………… 94

や行

誘導放出………………… 177, 243
誘導放出制御…………………… 179

誘導放出制御（STED）顕微鏡… 206
誘導放出抑制…………………… 80

ら行

ライトシート型超解像顕微鏡… 299
ライトシート照明法…………… 277
ライブイメージング…… 157, 259
ラインシークエンシャルモード… 118
ラインプロファイル…………… 221
ラゲールガウス関数…………… 237
ラスター情報…………………… 294
らせん状の位相分布…………… 239
量子効率………………………… 69
量子ドット……………………… 253
緑色蛍光タンパク質…………… 17
リレーレンズ…………………… 68
リンギング……………………… 43
レーザーセーフティー………… 124
レーザー走査型共焦点顕微鏡
　……………………… 179, 227, 229
レーザー走査型蛍光顕微鏡…… 205
レーザー入射光学系…………… 54
レーザービーム径……………… 55
ローパスフィルター…………… 216

◆ **編者プロフィール** ◆

岡田康志（おかだ やすし）

理化学研究所生命システム研究センター（QBiC）細胞極性統御研究チーム・チームリーダー．医学博士．1993年，東京大学医学部卒業，医籍登録．'94年，日本学術振興会特別研究員DC1．'95年，東京大学医学部解剖学・細胞生物学教室助手を経て2011年より現職．また同年より大阪大学大学院生命機能研究科招へい教授を兼務．2016年より東京大学大学院理学系研究科物理学教室教授を兼務．おもな研究分野は細胞生物学・生物物理学・ライブセルイメージング．おもな著書は「〈1分子〉生物学」（共編著，岩波書店）．

実験医学別冊 最強のステップUPシリーズ

初めてでもできる！超解像イメージング
STED、PALM、STORM、SIM、顕微鏡システムの選定から撮影のコツと撮像例まで

2016年7月1日　第1刷発行	編　集	岡田康志
	発行人	一戸裕子
	発行所	株式会社　羊　土　社
		〒101-0052
		東京都千代田区神田小川町2-5-1
		TEL　　03（5282）1211
		FAX　　03（5282）1212
© YODOSHA CO., LTD. 2016		E-mail　eigyo@yodosha.co.jp
Printed in Japan		URL　　www.yodosha.co.jp/
ISBN978-4-7581-0195-0	印刷所	株式会社加藤文明社

本書に掲載する著作物の複製権，上映権，譲渡権，公衆送信権（送信可能化権を含む）は（株）羊土社が保有します．
本書を無断で複製する行為（コピー，スキャン，デジタルデータ化など）は，著作権法上での限られた例外（「私的使用のための複製」など）を除き禁じられています．研究活動，診療を含み業務上使用する目的で上記の行為を行うことは大学，病院，企業などにおける内部的な利用であっても，私的使用には該当せず，違法です．また私的使用のためであっても，代行業者等の第三者に依頼して上記の行為を行うことは違法となります．

JCOPY ＜（社）出版者著作権管理機構　委託出版物＞
本書の無断複写は著作権法上での例外を除き禁じられています．複写される場合は，そのつど事前に，（社）出版者著作権管理機構（TEL 03-3513-6969，FAX 03-3513-6979，e-mail：info@jcopy.or.jp）の許諾を得てください．

RETIGA

**Higher Performance
Monochrome/Color
Deep-Cooled CCD camera**

高解像度
1.3 – 6M pixel

低暗電流ノイズ
0.0006e/pixel/sec @R3

量子効率 ＞75%

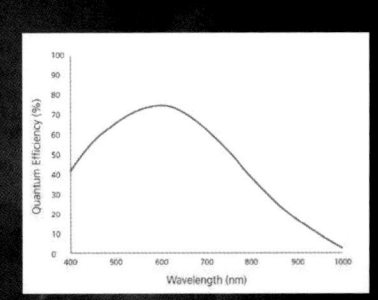

pco. edge

高解像度
2560 x 2160 pixel

低ノイズ
0.8 electrons

**Higher Performance
Monochrome/Color
Scientific CMOS camera**

約10% アップ

量子効率
＞82%

広ダイナミックレンジ
37 500：1　91.5db

高速フレーム
100 fps

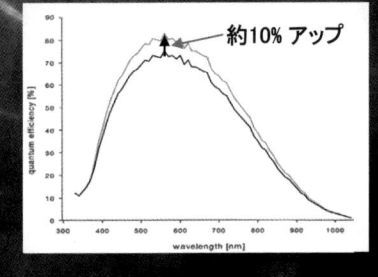

MAP2（微小管結合タンパク質）
写真提供：福岡大学 薬学部 桂林秀太郎 准教授

ショーシンEM株式会社

〒444-0241　愛知県岡崎市赤渋町蔵西1番地14
ショーシンビル
TEL:0564-54-1231　FAX:0564-54-3207
www.shoshinem.com　info@shoshinem.com

羊土社のオススメ書籍

実験医学別冊
NGSアプリケーション
RNA-Seq 実験ハンドブック
発現解析からncRNA、シングルセルまであらゆる局面を網羅！

鈴木 穣／編

次世代シークエンサーの最注目手法に特化し，研究の戦略，プロトコール，落とし穴を解説した待望の実験書が登場！発現量はもちろん，翻訳解析など発展的手法，各分野の応用例まで，広く深く紹介します．

- 定価（本体7,900円＋税） ■ A4変型判
- 282頁 ■ ISBN 978-4-7581-0194-3

実験医学別冊　最強のステップUPシリーズ
in vivo イメージング実験プロトコール
原理と導入のポイントから
2光子顕微鏡の応用まで

石井 優／編

これまでなかった＆これから必須な，注目の先端実験を詳説する入門書が満を持して登場！生きたマウスの中で免疫・がん・神経細胞の動きを可視化する，生体イメージングの原理・機器・手技の実際までがこの一冊に．

- 定価（本体6,200円＋税） ■ B5判
- 251頁 ■ ISBN 978-4-7581-0185-1

実験医学別冊　最強のステップUPシリーズ
miRNA研究からがん診断まで応用∞！
エクソソーム解析マスターレッスン
研究戦略とプロトコールが本と動画でよくわかる

落谷孝広／編

医学・生物学で注目の細胞外小胞「エクソソーム」研究に実験書が初登場．エクソソームの回収法や特異的RNA／タンパク質の検出法，そして診断・医薬への応用戦略までを一冊に凝縮．基本手技が見て解る動画付録．

- 定価（本体4,900円＋税） ■ B5判
- 86頁 ■ ISBN 978-4-7581-0192-9

バイオ画像解析手とり足とりガイド
バイオイメージングデータを定量して
生命の形態や動態を理解する！

小林徹也，青木一洋／編

代表的なソフトウェアの基本操作とともに，細胞数のカウント，シグナル強度の定量，形態による分類など，あらゆる用途に応用可能な実践テクニックをやさしく解説！イメージングデータを扱うすべての研究者，必読の1冊！

- 定価（本体5,000円＋税） ■ A4変型判
- 221頁 ■ ISBN 978-4-7581-0815-7

発行　羊土社 YODOSHA
〒101-0052　東京都千代田区神田小川町2-5-1　TEL 03(5282)1211　FAX 03(5282)1212
E-mail：eigyo@yodosha.co.jp
URL：www.yodosha.co.jp/

ご注文は最寄りの書店，または小社営業部まで